全国高等院校计算机基础教育“十三五”规划教材

计算机多媒体技术

（第二版）

王小虎　主　编
李　勇　王乐乐　副主编

内容简介

本书使用计算机作为处理工具，以声音、图像、视频等几种常见的多媒体数据为线索，以数据表示方法、数据压缩技术和数据存储技术为核心进行讲解，主要内容包括：计算机多媒体技术概论、数字音频基础、数字图像基础、计算机动画处理技术、视频基础、多媒体数据压缩、多媒体存储技术、多媒体传输网络技术基础、手机数据基础。

本书适合作为全国高等院校计算机及相关专业的教材，也可作为从事计算机多媒体技术工作人员的参考用书。

图书在版编目（CIP）数据

计算机多媒体技术/王小虎主编. —2版. —北京：中国铁道出版社，2018.5（2018.10重印）
全国高等院校计算机基础教育“十三五”规划教材
ISBN 978-7-113-24440-8

Ⅰ.①计… Ⅱ.①王… Ⅲ.①多媒体技术-高等学校-教材 Ⅳ.①TP37

中国版本图书馆CIP数据核字（2018）第084639号

书　　名：计算机多媒体技术（第二版）
作　　者：王小虎　主编

策　　划：周海燕　　　读者热线：（010）63550836
责任编辑：周海燕　冯彩茹
封面设计：乔　楚
封面制作：刘　颖
责任校对：张玉华
责任印制：郭向伟

出版发行：中国铁道出版社（100054，北京市西城区右安门西街8号）
网　　址：http://www.tdpress.com/51eds/
印　　刷：三河市宏盛印务有限公司
版　　次：2012年9月第1版　2018年5月第2版　2018年10月第2次印刷
开　　本：787 mm×1 092 mm　1/16　印张：18.75　字数：396千
书　　号：ISBN 978-7-113-24440-8
定　　价：49.00元

前言（第二版）

计算机多媒体技术是计算机专业的一门必修课程，它涉及计算机科学的众多领域。随着科技的进步和人机界面技术的引入，计算机变得越来越友好和人性化，更加促进了多媒体技术的应用和发展。当代大学生更有必要系统地学习和掌握多媒体知识和应用技术，提高计算机应用水平和具备计算机文化素质。

本书编者均多年从事计算机多媒体技术的教学工作，总结了大量的教学经验，在第一版的基础上对本版内容进行了更深层次的思考和重新设计，将理论知识和实践技术更紧密结合，在介绍理论的同时增加实践能力的培养，力求能全面地、多方位地、由浅入深地引导学生步入多媒体技术应用领域。

对于此次改版，主要进行了以下工作：

（1）修正了第一版中叙述不完整的内容，对概念进行了准确性和科学性更正。

（2）对书中使用的软件进行版本的更新。

（3）增加了各种案例的讲解，使各种技术难点更加清晰易懂。

（4）增加了新技术——手机数据基础，介绍了手机中数据的表示与存储。

（5）由于流媒体技术不是主流技术，所以将其整合到多媒体传输网络技术中。

（6）进一步细化和实例化了电子教案的内容。

（7）对本书中重点、难点补充了微视频，读者可以扫描二维码进行学习。

本书的主要特色如下：

（1）注重基础。考虑到理工科的实际教学情况，在编写教材时把重点放在基本理论、基本知识上。希望学生能系统地学习这方面的知识为以后深入研究打下基础。

（2）实践性强。各章后面增加了相关的应用案例，每个案例都有详细的步骤说明，结合每章的相应知识点而设计，帮助学生有效地理解理论知识，提高动手能力，增加对多媒体技术这门课程的学习兴趣。

（3）知识深入。本书在基础理论之上扩充了一些更深入的知识，可作为多媒体爱好者的参考用书。

（4）注重前沿。本书最后一章主要描述手机中的数据，是现阶段计算机多媒体技术的主要研究方向，也是未来手机平台研究的必然趋势。

（5）内容新颖。本书注重多媒体技术应用的新思想、新方法的学习，选题适当、结构完整、层次分明，从多角度描述多媒体技术的应用。

本书由王小虎任主编，李勇和王乐乐任副主编。具体编写分工如下：第 1、2、9 章由王小虎编写，第 3、4 章由赵丹华编写，第 5、6、7 章由王乐乐编写，第 8 章由李勇编写。

由于编者水平有限，加之时间仓促，书中难免存在疏漏和不足之处，敬请读者提出批评和建议。

编　者

2018 年 3 月

教学建议

教学内容	学习要点及教学要求	课时安排（学时）
第 1 章　计算机多媒体技术概论	• 了解多媒体及其相关概念 • 掌握计算机多媒体技术的定义、基本特征 • 了解计算机多媒体技术的应用和发展 • 了解多媒体个人计算机的组成	4
第 2 章　数字音频基础	• 了解声音信号的特征 • 掌握数字化音频获取方法和格式 • 了解 MIDI 的相关知识 • 了解数字化编码的分类及应用	6
第 3 章　数字图像基础	• 了解图像的原理及特征 • 掌握图像颜色的来源、颜色模型 • 了解数字化图像的获取及文件格式 • 掌握在 ACDSee 环境下的数字图像处理方法	6
第 4 章　计算机动画处理技术	• 掌握动画的基础及原理 • 了解动画的发展及应用 • 了解动画处理的方法及文件格式 • 掌握在 Animate CC 下的动画处理方法	6
第 5 章　视频基础	• 了解视频信号的原理 • 了解电视制式的分类 • 掌握数字化视频的方法及格式 • 掌握在 Corel VideoStudio 下的视频处理方法	6
第 6 章　多媒体数据压缩	• 了解数据压缩的基本思想 • 掌握常见无损压缩的方法 • 了解常见有损压缩的方法 • 掌握 JPEG 和 MPEG 压缩方法	8
第 7 章　多媒体存储技术	• 了解光盘的特点及分类 • 掌握光盘存储技术基本原理 • 了解 CD 和 DVD 的特点 • 了解多媒体网络存储技术相关知识	6
第 8 章　多媒体传输网络技术基础	• 多媒体信息通信特点、性能指标、通信协议 • 了解分布式多媒体系统相关内容 • 了解无线网络下的多媒体传输技术 • 掌握流媒体的特点、基本格式、组成、传输技术	6
第 9 章　手机数据基础	• 了解手机数据的获取方法 • 了解手机相关硬件数据的含义 • 掌握 APFS 核心技术的原理 • 掌握手机中逻辑数据含义及其相互关联	6

目　录

第 1 章 计算机多媒体技术概论

早在 20 世纪 80 年代，人们就开始不满足计算机对数字和文字进行单一形式的处理，希望计算机能为人们做更多的事情，要求计算机可以在多领域、多学科处理多种信息。这种要求成就了一门全新的技术——计算机多媒体技术。计算机多媒体技术课程的内容取决于计算机多媒体技术课程的目的，计算机多媒体技术的目的是人机交互，是让计算机能够理解人的意图，按照人的意图做事情，而后反馈给用户，而用户又可以有新的任务交给计算机来完成，重复这个过程。为了实现这个目的，需要计算机理解人的意图，那么需要有“数据表示”，即把有含义的信息由计算机中的“0”和“1”表示出来；同时由于计算机完成任务需要反馈给用户，完成的结果需要“数据存储”，以保证完成的工作得到临时或者长久的使用。

数据来源于人和计算机之间的交互，而人接收信息的最直接方式是五感，即“视觉、听觉、嗅觉、味觉、触觉”。“视觉”和“听觉”直接理解为人们可以使用计算机看电影，画面进入人眼的视觉效果，声音的震撼为听觉效果，存储到计算机中即是音频和视频；而对于“嗅觉”和“味觉”来说，源于设备的识别，显而易见，计算机多媒体技术的发展不仅需要理论基础知识的技术层，还需要对应的硬件设备的发展；“触觉”的研究体现在很多方面，像现在的虚拟现实（VR，如图 1-1 所示）、机器人模拟、触屏控制（见图 1-2）等，通过设备可以把行为动作记录转换成计算机中的数据进行存储。所以，数据目前包含的主要是文本、声音、图像、视频，这几种是人机交互信息的有效载体。

计算机多媒体技术涵盖的内容

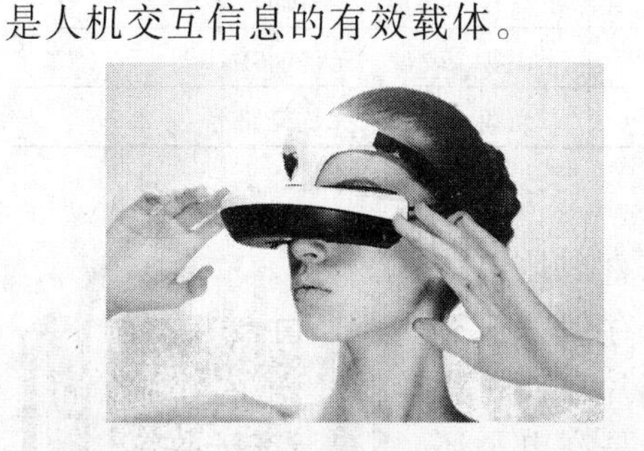

图 1-1　VR

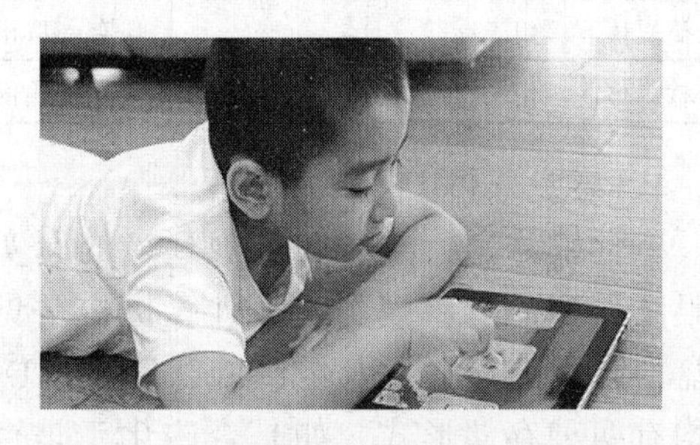

图 1-2　触屏控制

针对以上叙述，计算机多媒体技术的研究内容不仅包括“数据表示”（如声音在计算机中如何表示出来，一个字母 A 在计算机中由 ASCII 编码表示）、“数据存储”

（如光盘中的螺旋轨道上的，物理刻录的凸凹坑代表 0 和 1），而且还有“数据压缩”，因为对于多媒体数据而言，往往具有大数据量（如一幅 1 280×800 像素的 24 位真彩色图像，数字化后数据量约为 2.93 MB），为了存储和网络传输需要，数据压缩在所难免。

综上所述，计算机多媒体技术的核心是“数据表示”“数据压缩”和“数据存储”。本书有两条主线，一是根据知识的深浅程度划分成基础篇和提高篇，二是根据数据处理的过程划分的数据表示、压缩和存储。

1.1 多媒体的基本概念

为了更好地说明计算机多媒体技术的相关概念，首先需要知道什么是“多媒体”，前面已经对计算机多媒体技术所做的工作有了一定的了解，知道课程的目标是进行更好的人机交互，多媒体是用来传递信息的。图 1-3 所示为多媒体数据种类，都可以用来传递信息。

同时，多媒体一词来自英文“Multimedia”，它是由“multiple”和“medium”的复数形式“media”组合而成，其中“multiple”有“多重、复合”的含义，“medium”有“介质、媒介和媒体”的含义。媒介是指用于传播信息的电缆、电磁波。而通常所说的媒体有两种含义：①存储信息的实体；②表现信息的载体。国际电话电报咨询委员会 CCITT 制定的媒体分类标准如表 1-1 所示。

图 1-3　多媒体数据种类

表 1-1　CCITT 制定的媒体分类标准

媒体类型	作　用	表　现	内　容
感觉媒体	用于人类感知客观环境	听觉、视觉、触觉	文字、图形、图像、动画、声音等
表示媒体	用于定义信息的表达特征	计算机数据格式	ASCII 编码、图像编码、声音编码、视频信号等
显示媒体	用于表达信息	输入、输出信息	键盘、鼠标、传声器（俗称麦克风）、手写板、扫描仪、打印机等
存储媒体	用于存储信息	保存、取出信息	U 盘、硬盘、光盘、SD 卡等
传输媒体	用于连续数据信息的传输	信息传输的网络介质	光缆、电缆、无线链路等

1. 感觉媒体

感觉媒体是人类感知客观环境的真实感受，直观地说就是眼睛看到的、手摸到的。计算机中常见的数据存储方法有磁盘的阵列存储、光盘烧结的凸凹坑、U 盘的芯片存储，它们均有两种存储形式，如是否磁化、是否有坑、是高电平还是低电平，这样的形式只能表示两个值，即 0 和 1。所有计算机的底层数据存储的都是 0 和 1。即人们看到的计算机中存储

多媒体类型中的感觉媒体

的图片或听到的歌声，均是 0 和 1。

图 1-4 所示为一幅校园景象的照片，在计算机中存储时并不是真实的图像，存储的是网格，每个小格子都会存储一个颜色，当这样的格子足够小时，由于人类的视觉局限性导致看到的是混色（这种混色如同看几千米外的一栋楼房，只是单一的颜色建筑，却看不到窗户），而且是没有任何毛刺的、流畅连续的景色。

实际上，网格（即“分辨率”）越小，人们察觉的可能性就越小，所以它是数码照相机、显示器等获取图像设备、显示图像设备的重要衡量指标。另外，网格中填的颜色越接近真实的颜色，真实感也就越强。

图 1-4　局部放大的图片

图 1-5 所示是一只飞行中的小鸟在不同时间的照片，把这些照片连续、快速地播放出来，就会得到飞动的小鸟视频。要想得到连续不停顿的视频效果，多幅图像之间的切换一定要快，依据人类的视觉惰性，当翻页的速度达到 50～60 页/秒时，就会感觉到是连续的视频。

图 1-5　连续的图片

2. 多媒体数据表示

表示媒体用来定义信息的表达特征。这样的思维方式，不是由计算机产生的，在文字发明以前，就有“结绳记事”，使用打结描述信息，如图 1-6 所示，小事记小结，大事记大结。

多媒体数据表示

人们的身份证号也是信息的载体，如图 1-7 所示，身份证号不仅是每个人的唯一标识，而且还知道第 7 位到 14 位表示生日。

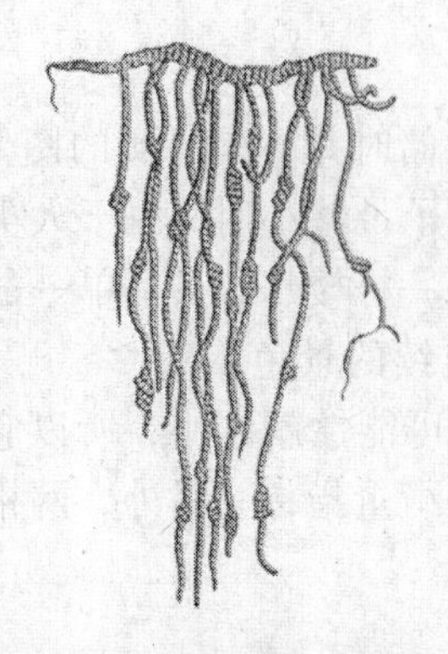

图 1-6　结绳记事

图 1-7　样本身份证

计算机中的表示媒体是什么样的？文字是人类沟通的最主要方式，以文字为例说明计算机中的表示媒体。由于英语是全世界通用的语言，那么把 ABCDEF...表示到计算机，是通过 ASCII 码来实现的，如图 1-8 所示，图中的 Dec 代表十进制，Hex 代表十六进制，Char 代表字符。

以英文字符'A'为例，其在计算机中存储的十进制数为 65、十六进制数为 41、二进制数为 0010 0001。

Ctrl	Dec	Hex	Char	Code	Dec	Hex	Char	Dec	Hex	Char
^@	0	00		NUL	32	20		64	40	@
^A	1	01		SOH	33	21	!	65	41	A
^B	2	02		STX	34	22	"	66	42	B
^C	3	03		ETX	35	23	#	67	43	C
^D	4	04		EOT	36	24	$	68	44	D
^E	5	05		ENQ	37	25	%	69	45	E
^F	6	06		ACK	38	26	&	70	46	F
^G	7	07		BEL	39	27	'	71	47	G
^H	8	08		BS	40	28	(	72	48	H
^I	9	09		HT	41	29	)	73	49	I
^J	10	0A		LF	42	2A	*	74	4A	J
^K	11	0B		VT	43	2B	+	75	4B	K
^L	12	0C		FF	44	2C	,	76	4C	L
^M	13	0D		CR	45	2D	-	77	4D	M
^N	14	0E		SO	46	2E	.	78	4E	N
^O	15	0F		SI	47	2F	/	79	4F	O
^P	16	10		DLE	48	30	0	80	50	P
^Q	17	11		DC1	49	31	1	81	51	Q
⋮	⋮	⋮		⋮	⋮	⋮	⋮	⋮	⋮	⋮

图 1-8　ASCII 码表

注：在计算机中只能存储两种状态，即 0 和 1，所有的数据都是由 0 及 1 组成的，为了能计数，像十进制数一样，从 1，2，3，…，9，10，到 10 时一位变成两位，后位重新开始计数，前面的位增加 1，这就是十进制数的计数原则，而对于二进制数是计数到 2 时进位，即计数原则如 0000（0）、0001（1）、0010（2）、0011（3）、0100（4）…

二进制位对应的表示数据如表 1-2 所示。

表 1-2 二进制位对应的表示数据

1位	2位	3位	4位
0，1	00，01，10，11	000，001，010，011，100，101，110，111	0000，0001，0010，0011，0100，0101，0110，0111，1000，1001，1010，1011，1100，1101，1110，1111

现实世界人们计数使用十进制计数，而计算机世界中由十六进制计数（4 位二进制数），从而有了计算机中的数据量单位——字节（8 位二进制数，或称 2 位十六进制数）。

1.2 计算机多媒体技术概述

计算机多媒体技术是计算机技术和社会需求的综合产物。在计算机发展的早期阶段，人们利用计算机从事军事和工业生产，所解决的全部是数值计算问题。随着计算机技术的发展，尤其是硬件设备的发展，人们开始用计算机处理和表现图像、图形，使计算机更形象逼真地反映自然事物和运算结果。

计算机多媒体技术是指利用计算机对文字、图形、图像、音频、视频、动画等多种媒体信息进行综合处理、建立逻辑关系和人机交互（见图 1-9）作用的产物。整个概念涵盖了使用工具、处理对象、处理方式和最终目标，如表 1-3 所示。

表 1-3 计算机多媒体技术核心表

使用工具	处理对象	处理方式	最终目标
计算机	多媒体数据	由于人类接收（如视觉、听觉、触觉）信息的多样性，所以大脑对信息的获取需要综合处理，因此使得计算机多媒体技术处理方式也需要将信息整合（包括素材处理、建立逻辑关系等）	人机交互

图 1-9 人机交互

1.2.1 计算机多媒体技术的特征

计算机多媒体技术是能够同时获取、处理、编辑、存储和展示两种以上不同类型信息媒体的技术，从本质上看，它具有信息载体的多样性、集成性、交互性和实时性。

1. 多样性

计算机多媒体技术所涉及的是多样化的信息，如图 1-10 所示，信息载体自然也随之多样化。多种信息载体使信息在交换时有更灵活的方式和更广泛的自由空间。信息载体主要应用在计算机的信息输入和信息输出上，多样化的信息载体不再是局限于数值、文本、图片或图像，像指纹、虹膜等技术已经很成熟，这使计算机更具有拟人化的特征，使其更容易操作和控制，更具个性化和安全性，更具有亲和力。

图 1-10　人类信息获取的来源

2. 集成性

多媒体技术的集成性体现在处理多种信息载体集合的能力。而硬件应具备与集成信息处理能力相匹配的设备和配置，软件应具备处理集成信息的操作系统和应用程序。信息载体的集成性主要体现在多种信息的集成处理和多种处理设备的集成。

多种信息的集成处理是指如何把具有特殊性和共性的众多媒体信息，当成一个有机的整体，以便采用多种途径获取信息、统一格式存储信息、组织与合成信息等手段，对信息进行集成化处理。

多种处理设备的集成是指如何把不同功能、种类的设备集成在一起，使其完成信息处理工作，是处理设备的集成所面临的问题。信息处理设备的集成化，带来了许多问题，如急剧增加的信息量、输入/输出通道单一化、网络通信带宽不足等问题。为了解决这些问题，必须提高设备的档次和工作稳定性。如采用能够处理多媒体信息的高速双核 CPU、增加信息存储容量、增加输入/输出的通道数目、增加网络带宽等措施。图 1-11 所示为加拿大渥太华大学的多媒体集成环境。

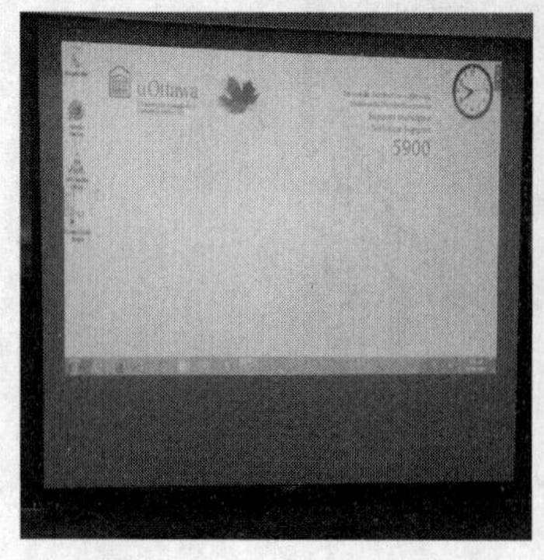

图 1-11　多媒体集成环境

3. 交互性

交互性是指用户与计算机之间进行数据交换、媒体交换和控制权交换的一种特征。多媒体信息载体如果具有交互性，将能够提供用户与计算机进行信息交换的机会。

事实上，信息载体的交互性是由需求决定的，多媒体技术必须实现这种交互性。

根据需求，信息交互具有不同层次。简单的低层次信息交互的对象主要是数据流，由于数据具有单一性，因此交互过程较为简单。较复杂的高层次信息交互的对象是多样化信息，其中包括作为视觉信息的文字、图像、图形、动画、视频信号，以及作为听觉信息的语音、音响等。多样化信息的交互模式比较复杂，可在同一属性的信息之间进行交互动作，也可以在不同属性之间交叉进行交互动作。图 1-12 所示为 VR 交互。

图 1-12　VR 交互

4．实时性

实时性是指多媒体信息系统所具有的高同步和即时处理特征。这也是实现虚拟现实的关键特征。实时的多媒体的集成必须保证高度地同步媒体，才能体现真实感。如在展示讲课过程时，讲演的声音和视频动作必须同步。

在网络应用需求迅速发展的情况下，不仅在多媒体计算机上体现了高度的实时性，而且在互联网的信息传递方面也体现了高度的实时性，就好像面对面一样，这涉及网络、通信设备和通信介质等多方面的技术，这些技术提供了网络即时处理的可能。图 1-13 所示为视频实时监控。

图 1-13　视频实时监控

1.2.2　计算机多媒体的关键技术

计算机多媒体信息的处理和应用需要一系列相关技术的支持，来适应计算机多媒体技术的特殊特征，以下几个方面的关键技术是多媒体研究的热点，也是未来多媒体技术发展的趋势。

1. 大容量数据存储技术

早期计算机处理的信息主要是文本文件和数据文件，数据的类型比较单一，数据量也比较小。随着多媒体技术的发展和应用，数据的种类日渐繁多，同时为了满足更高的需求往往存储的数据量也随之剧增，如何解决大容量数据存储成为多媒体技术的一个关键技术。

目前，存储数据的方式从不同的角度有着不同的划分种类。从用户的使用角度可分为计算机存储、网络服务器存储、U 盘等；从存储的位置可分为本地存储和互联网存储；从物理存储的方式可分为光（CD 或 DVD）、电（RAM、ROM 等）以及磁（硬盘、磁带）等方式存储。

2. 多媒体数据压缩及编码技术

通过计算机获取和利用信息时，数字化后的视频和音频等媒体信息量巨大，与当前计算机所提供的存储资源和网络带宽之间有很大差距，这给存储多媒体信息带来困难，成为阻碍人们获取有效信息的瓶颈。例如，一幅中等分辨率真彩色图像，大约需占 0.88 MB 空间，按每秒 25 帧的播放速度计算，1 s 的数据量高达 22 MB，1 h 的数据量高达 77 GB。

因此，有必要以压缩的形式存储和传播多媒体信息，同时因为多媒体数据之间存在大量冗余现象，如空间冗余、时间冗余、结构冗余、知识冗余、视觉冗余、图像区域的相同性冗余和纹理统计冗余，使多媒体数据压缩成为可能。针对多媒体数据冗余类型的不同，相应的有不同的压缩方法。

举两个例子说明数据压缩的基本思想和原理，图 1-14 所示为网格中的一幅房子图形，可直观地发现房子的构造全由相同的黄色块组成，那么只需要存储一个黄色块的信息即可，其他块内容和此块内容相同、位置不同，只记录位置即可实现黄色房子的存储。同样发现图片中的外围都是透明的网格，网格具有相同的纹理，网格也只存储一个网格内容，再记录网格的数量，这样一幅图片即可存入到计算机中，每个网格都记录对应的颜色，数据量大幅压缩，这样即可完成图片的压缩存储。

图 1-14　房子图形

不难发现数据压缩的核心是不存储重复的数据，如字符串为"ABABABABABABAB"，可以存储为 7AB。而像“54337689”这样的数据无法压缩，可见不同的数据，采用同样的压缩算法，效果可能不一样，并非所有的压缩都是有效的。

多媒体数据压缩技术已经产生了各种各样针对于不同用途的压缩算法、压缩手段，如静态图像数据压缩的 JPEG 标准和旨在解决视频图像压缩、音频压缩及多种压缩数据的复合与同步的 MPEG 标准，都取得了保持在较高质量前提下，压缩比大的效果。

3. 基于内容的多媒体信息检索技术

多媒体数据对数据库操作（特别是对数据库操作的检索与查询）提出了新的要求。非多媒体数据库一般只提供基于表示形式的检索，提供诸如关键字一类的检索和

查询。多媒体数据库则提供基于内容的检索，要求数据库系统能对图像或声音等媒体进行内容语义分析，以达到更深的检索层次。

基于内容的查询是 MMDBS（Main Memory Database System，内存数据库系统）的高级功能，通过这一功能，用户可以查找和获取包含特定内容的多媒体对象，例如，讲述多媒体数据库的文章、包含黑色轿车的图片等。为了支持这一功能，MMDBS 需要解决一系列新的问题，例如，如何提取多媒体对象包含的内容、如何对内容进行抽象及表示、如何为多媒体对象建立基于内容的索引、如何提交内容查询、如何处理内容查询等。

总之，内容查询是一个较为复杂的逐步求精的过程，具有反复性和交互性的特点，同时更加困难的检索是从图像中检索出某一对象，可以称为“基于对象的检索”模型。

4. 多媒体网络技术

多媒体网络技术包括网络构建技术、网络通信技术和网络应用技术，涉及互联网网络的组建技术、多媒体中间件技术、多媒体交换技术、超媒体技术、多媒体通信中的 QoS（Quality of Service，服务质量）管理技术、多媒体会议系统技术、多媒体视频点播与交互电视技术以及 IP 电话技术等。

多媒体网络分为电话网、电视网和计算机网三种，并且在业务上已经互相渗透。随着数字化技术的不断进步，这三种网络将在数字化的前提下逐步统一起来。所以多媒体网络技术研究的主要是如何组织多媒体设备和网络设备实现跨地区的实时应用，具体的任务是能有效地控制网间多媒体信息的接收、存储、转发、传递和输出等实际过程。

5. 智能多媒体技术

1993 年 12 月，英国计算机学会在英国利兹大学举行了多媒体系统和应用国际会议。英国的 Michael D.Vislon 在会议上做了关于建立智能多媒体系统的报告，明确提出了研究智能多媒体技术的问题。多媒体计算机可以利用计算机的快速运算能力，综合处理声音、文字、图形及图像，用交互式的方法来弥补计算机智能的不足。通过计算机智能可以促进多媒体技术的研究：文字的识别和输入（印刷体汉字、联机手写体汉字以及脱机手写体汉字的识别和输入）、汉语语音的识别和输入（主要是特定人、非特定人以及连续汉语语音的识别和输入）、自然语言理解和机器翻译（汉语的自然语言理解和机器翻译）、图形的识别和理解（数字水印的嵌入和检测、边缘检测等）、机器人视觉（基于知识的模式匹配及推理）等。

1.2.3 计算机多媒体技术的发展

计算机多媒体技术的发展是社会需求和社会推动的结果，是计算机技术不断成熟和发展的结果。在国外有很多著名的大学、公司和研究机构就投入人力与物力从事计算机多媒体技术的开创性研究，取得了很多代表性和影响性的成果。

1978 年，美国麻省理工学院的“构造机器小组”有感于广播、出版和计算机三者融合成为电子的新趋势，对人机界面问题进行研究，提出了计算机界面的“所见即所得”的基本概念。同年，日本制造出世界上第一台能识别连续语音的商业声音识别系统 DP-100，成功代替了通常的输入装置，开辟了计算机信息输入的新途径。

1981 年，美国 Maryland 大学研制成的 EMOB 机，用于进行模式识别、图像处理、并行计算等研究。后来开发了工作站级的二维、三维图像处理硬件和软件，同时在动画制作方面也推出了相应的软件。

1984 年，美国 Apple 公司开创了计算机进行图像处理的先河，在世界上首次使用 Bitmap（位图）概念来描述图像。并通过在苹果牌计算机上使用 Macintosh 操作系统实现了图形用户界面，体现了全新的 Windows 概念和 Icon 程序设计理念，并且建立了新型的图形化人机接口标准。

1985 年，美国 Commodore 公司将世界上首台多媒体计算机系统展现在世人面前，该计算机系统被命名为 Amiga。并在随后的 Comdex'89 展示会上，展示了该公司研制的多媒体计算机系统 Amiga 的完整系列。同年，激光只读存储器 CD-ROM 问世，解决了大容量存储的问题，并通过 CD-DA（Compact Disk Digital Audio）技术使得计算机具备了处理和播放高质量数字音响的能力。

1986 年 3 月，荷兰 Philips 公司和日本 SONY 公司共同制订了交互式紧凑光盘系统 CD-I（Compact Disc Interactive），使多媒体信息的存储规范化和标准化。CD-I 标准允许一片直径 5 in 的激光盘上存储 650 MB 的数字信息量。

1987 年 3 月，美国 RCA 公司推出了交互式数字视频系统 DVI（Digital Video Interactive），它以计算机技术为基础，用标准光盘片来存储和检索静止图像、活动图像、声音和其他数据。后来，美国 Intel 公司转让了这项技术，于 1989 年初把 DVI 开发成一种可以普及的商品，将 DVI 芯片安装在 IBM PS/2 PC 的主板上。

1990 年 11 月，美国 Microsoft 公司联合 IBM、Dell、Intel、Philips 等公司在内的一些计算机技术公司成立"多媒体个人计算机市场协会（Multimedia Personal Computer Marketing Council）"。该协会的主要任务是对计算机的多媒体技术进行规范化管理和制定相应的标准。该协会制定了多媒体计算机的"MPC 标准"，该标准将对计算机增加多媒体功能所需的软硬件规定了最低标准的规范、量化指标，以及多媒体的升级规范等。

1991 年，多媒体个人计算机市场协会推出了 MPC1 标准。从此，全球计算机业界共同遵守该标准所规定的各项内容，促进了 MPC 的标准化和生产销售，使多媒体个人计算机成为一种新的流行趋势。

1992 年，Microsoft 公司推出了 Windows 3.1 操作系统。它不仅综合了原有操作系统的多媒体扩展技术，还增加了多个多媒体功能软件（如媒体播放器、录音机等），同时加入了一系列支持多媒体的驱动程序、动态链接库和对象嵌入等技术。同年，运动图像专家组（Moving Picture Expert Group，MPEG）提出了 MPEG-1（用于数字存储多媒体运动图形，其伴音速率为 1.5 Mbit/s 的压缩编码）作为 ISO CD11172 号标准，用于实现全屏幕压缩编码和解码。它由三部分组成：MPEG 音频、MPEG 视频和 MPEG 系统。

1993 年 5 月，多媒体个人计算机市场协会公布了 MPC2 标准，之后协会演变成多媒体个人计算机工作组（Multimedia Personal Computer Working Group）。同年 8 月初，

在美国加利福尼亚州阿纳海姆（Anaheim California）召开了由美国计算机学会举办的第一届多媒体技术国际会议（ACM Multimedia 93）。同年12月，在英国利兹（Leeds）召开了多媒体系统和应用（Multimedia System and Application，MSA）国际会议。

1995年6月，多媒体个人计算机工作组公布了MPC3标准。同年，由Microsoft公司开发的Windows 95操作系统问世，占据个人计算机市场的主导地位，此时的多媒体计算机，界面更容易操作，功能更为强劲。

1998年12月颁布了MPEG-4标准，该标准已经能够向无线电/电视和互联网的各种范例提供技术支持，因而，它将准备成为能够使两者汇合的实用技术。

1998年提出了MPEG-7标准草案，2001年成为对各类多媒体进行标准化以便搜索查询的国际标准。

多媒体技术的发展趋势是逐渐把计算机技术、通信技术和大众传播技术融合在一起，建立更广泛意义上的多媒体平台，实现更深层次的技术支持和应用。

1.2.4 计算机多媒体技术的应用

1. 休闲娱乐

游戏与娱乐产品的一个很重要的市场是千千万万的家庭。经验证明，凡是能进入家庭的产品都有非常巨大的市场。据悉，日本的游戏与娱乐产业就有数百亿美元的市场，可以与汽车业相媲美。多媒体技术不仅具有声音、视频和图像处理方面的功能，更包括三维游戏（见图1-15）、欣赏音乐的CD、观看的VCD和蓝光光盘、制作计算机数字音乐MIDI、虚拟现实等功能，这些必将使休闲娱乐的内容更加丰富多彩。

图1-15　三维游戏“变形金刚”

2. 教育培训

教育培训是多媒体计算机最有前途的应用领域之一，计算机多媒体教学已在较大范围内替代了基于黑板的教学方式，从以教师为中心的教学模式，逐步向以学生为中心、学生自主学习的新型教学模式转移。

用于知识演示、训练、复习自测的大量多媒体课件具有生动形象、人机交流、即时反馈等特点，使教学内容的表达更加形象、学习方式更加丰富，能极大地提高教学效果。同时，学生可以根据自己的水平、接受能力进行自学，掌握学习进度自主权，避免了统一教学进度带来的缺点。图1-16所示为多媒体技术课件。

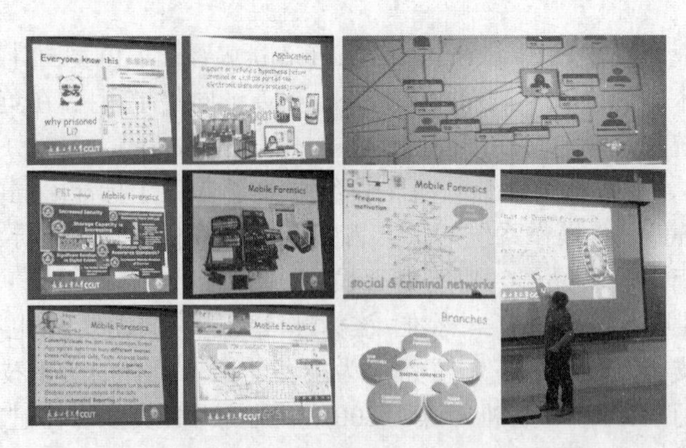

图 1–16　多媒体技术课件

3. 工程应用与科学研究

现代化企业的综合信息管理和生产过程的自动化控制，都离不开对多媒体信息的采集、监视、存储、传输以及综合分析处理和管理。应用多媒体技术来综合处理多种信息，可以做到信息处理综合化、智能化，从而提高工业生产和管理的自动化水平。多媒体技术在工业生产实时监控系统中，尤其在生产现场设备故障诊断和生产过程参数监测等方面有着非常重大的实际应用价值。

将多媒体技术应用于科学计算可视化，可使本来抽象、枯燥的数据用三维图像动态显示，使研究对象的内因与其外形变化同步显示。将多媒体技术用于模拟设备运行、化学反应、火山喷发、海洋洋流、天气预报、天体演化、生物进化等现象的诸多方面，可以使人们轻松、形象地了解事物变化的原理和关键环节，并且能够建立必要的感性认识，使复杂、难以用语言准确描述的变化过程变得形象而具体。

应用多媒体技术综合处理多种信息，可以做到信息处理综合化、智能化，从而提高工业生产和管理的自动化水平。图 1–17 所示为机械制造。

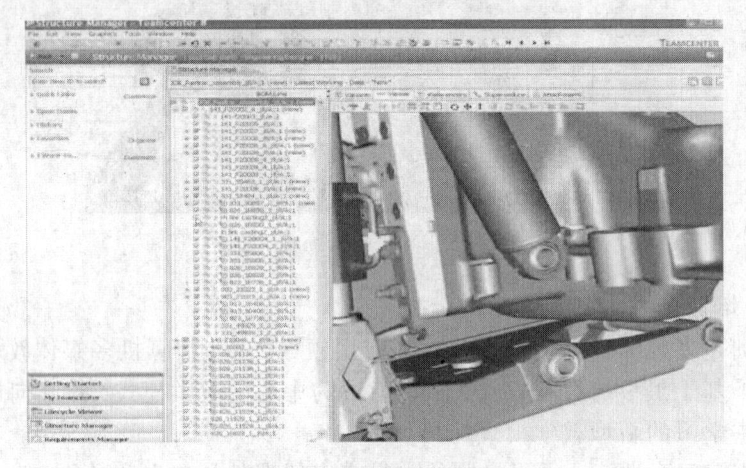

图 1–17　机械制造

多媒体技术还可以进行智能模拟。把专家们的智慧和思维方式融入计算机软件中，人们利用这种具有“专家指导”意义的软件，就能获得最佳的工作成果和最理想的过程。如某些多媒体软件把特级大师的棋艺编制到计算机中，实现人机对弈。

4. 多媒体网络通信

多媒体技术的发展和网络宽带的普及，一方面使得计算机能同时处理视频、音频和文本等多种信息，提高了信息的多样性；另一方面，网络通信技术缩短了人与人之间的距离，地域的限制已经不能阻碍人与人之间的沟通，提高了信息的瞬时性。这两个方面结合起来所产生的多媒体网络通信技术把计算机的交互性、通信的分布性及电视的实效性有效地融为一体，成为当前信息社会的一个重要标志。

多媒体的网络通信涉及的技术面极为广泛，包括人机界面、数字信号处理、大容量存储装置、数据库管理系统、计算机结构、多媒体操作系统、高速网路、通信协议、网络管理、计算机支持的协同工作（Computer Supported Cooperative Work，CSCW）及相关的各种软件工程技术。

多媒体通信主要应用于多媒体实时对话、网络音视频会议、多媒体文件传递、浏览与检索多媒体信息资源、多媒体邮件以及远程教学等方面。

1.2.5 计算机多媒体技术的现状及发展

1. 计算机多媒体技术的现状

近年来，计算机、通信和视频等相关技术的发展，为多媒体技术的发展提供了必要的手段。在短短的几年中，超大规模集成电路的密度不断增加。DVD和蓝光光盘成为计算机使用的低成本、大容量存储设备，并通过数据压缩技术解决了语音、图像和视频信息的存储问题。网络技术的广泛应用使多种媒体信息的共享和远程传输成为可能。同时，JPEG技术和MPEG技术的进步，使得先进的视频处理系统已可以在伴有高保真度音响的条件下显示全屏幕、全运动的视频图像，高清晰真彩色静态图像，还可实施各种视频特技，实现创作三维图形和动画。新一代的人机接口工具，如触摸屏、无线鼠标、摄像头、指纹识别、立体显示头盔和数据手套等已经逐渐普及。另外，计算机多媒体技术在自然语言理解、语音合成和识别方面也有惊人的进展，带语感的语音合成和特定人的语音识别已进入实用化阶段；作为多媒体计算机的心脏，具有多媒体指令处理功能的双核CPU已经成为个人多媒体计算机的主流配置。

计算机多媒体技术使计算机具有向人类提供综合声、文、图、像等各种信息服务的能力，从而使计算机进入人类生活的各个领域。分布式多媒体技术又进一步把媒体的多样性与通信的分布性和计算机的交互性相结合，逐渐向人类提供全新的信息服务，使计算机、通信、新闻和娱乐等行业之间的差别逐渐缩小或消失。计算机多媒体技术正使信息的存储、管理和传输的方式产生根本性的变化，它影响到相关的每个行业，同时也产生了一些新的信息行业。

2. 计算机多媒体技术的发展

计算机多媒体技术的发展趋势包括以下几个方面：

1）三电合一及三网合一

三电合一是指将电信、计算机、电器通过多媒体数字化技术，相互渗透融合，如信息家电、移动办公等。三网合一是指因特网、通信网、电视网合成一体，形成综合数字业务网，使原本不相同的媒体的电视广播、电话和计算机数据通信，全部数字化后把信号组合在一起，通过一个双向宽带网送到每个家庭。三网合一的三大优点是带宽资源利用率高、网络管理费用低廉以及使用便捷。

2）CSCW

CSCW（Computer Supported Collaborative Work，计算机支持的协同工作）是多媒体技术从单机、单点的研究向分布、协同多媒体网络环境及其设备和网上分布式应用与信息服务的研究发展中的重要研究课题之一。它的主要研究内容包括多媒体信息空间的组合方法；要解决多媒体信息交换、信息格式的转换组合策略；由于网络延迟、存储器的存储等待、传输中的不同步以及多媒体等时性的要求等。完善的 CSCW 可以消除空间距离的障碍，消除时间距离的障碍，为人类提供更完善的信息服务。

3）完善的多媒体技术标准

多媒体技术的标准仍然是研究的重点。各类标准的研究将有利于产品规范化，应用更方便。因为以多媒体为核心的信息产业突破了单一行业的限制，涉及诸多行业。而多媒体系统的集成特性对标准化提出了很高的要求，所以必须开展标准化研究，它是实现多媒体信息交换和大规模产业化的关键所在。

4）人机交互智能化

多媒体技术将与相邻技术结合以提供完善的人机交互环境，通过智能化手段提高人机交互能力。它的主要研究包括图像理解、语音识别、全文检索等基于内容的处理；数字图像的三维化设计；机器人视觉和计算机视觉等技术。高智能化的人机交互设计可以使计算机更方便和高效地完成任务。

5）CPU 中多媒体芯片的嵌入

为了使计算机能够实时处理多媒体信息，对多媒体数据进行压缩编码和解码，最早的也是最快的解决办法是采用专用芯片。目前，多媒体个人计算机已经从数学运算及数值处理转向综合处理声、文、图信息及通信的处理，经过大量的实验分析多媒体信息的实时处理、压缩编码算法及通信，大量运行的是 8 位和 16 位定点矩阵运算，那么，把多媒体和通信的功能从软件上处理转换成硬件上的集成会带来更高的效率。

1.3　多媒体个人计算机

通常人们将具有多媒体功能的微型计算机称为多媒体个人计算机（Multimedia Personal Computer，MPC）。多媒体个人计算机并不是一种全新的个人计算机，它是在现有个人计算机的基础上加上一些硬件及相应软件，使其具有综合处理声音、文字、图像等信息的功能，其外观如图 1-18 所示。

一般来说，多媒体个人计算机系统也由计算机硬件和软件两大部分组成。硬件部分体现在各种设备，如显卡、内存、音响等，这些计算机内部和外部的能看得到的实体，是支持计算机多媒体功能的硬件环境。软件部分是如声卡驱动、CPU 加速软件等，支持计算机多媒体功能的软件环境。

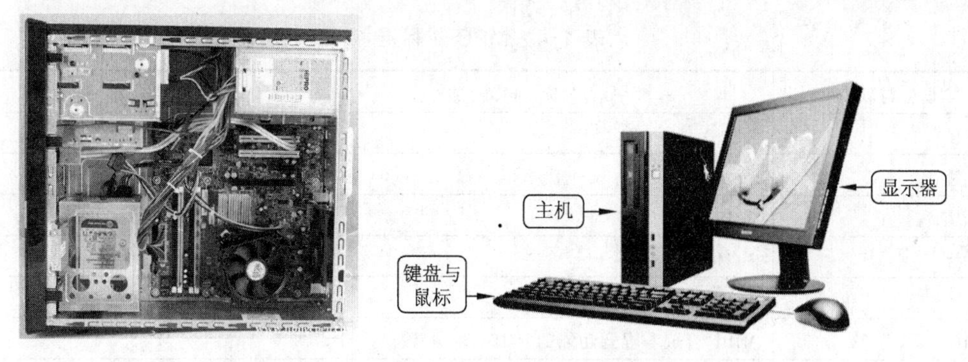

图 1-18　多媒体个人计算机

计算机的硬件由四大部分组成，主要包括主机、输入设备、存储设备和输出设备。图 1-19 所示为多媒体个人计算机的硬件组成，带底纹的部分为多媒体计算机特有的配置。

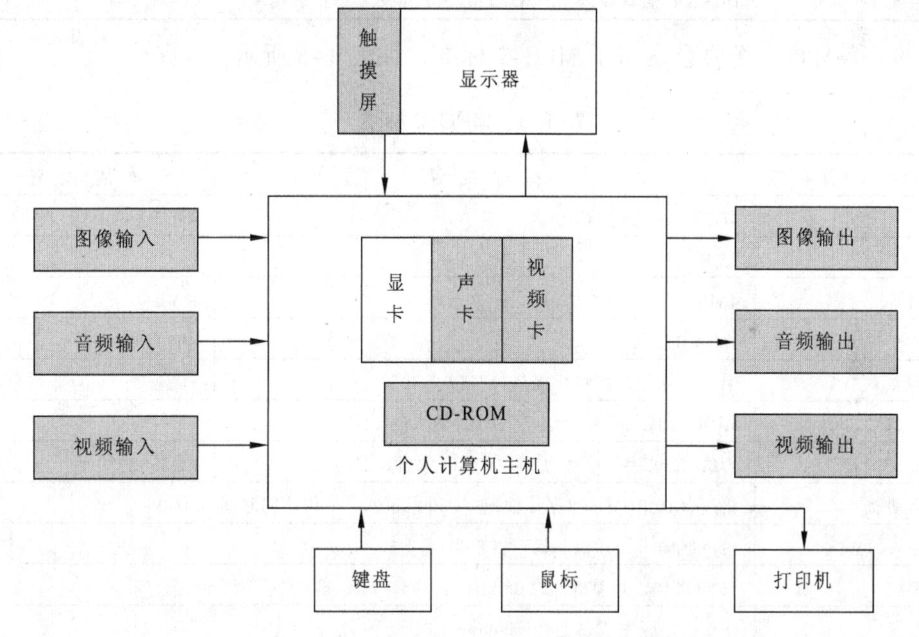

图 1-19　多媒体个人计算机硬件组成

早期的多媒体计算机系统主要由中央处理器、内存储器、外存储器、声卡、显卡、CD-ROM、显示器、鼠标、键盘和音响设备组成。随着多媒体技术的发展，MPC 能够处理的媒体种类不断增加，处理的手段和方法也在不断更新。在输入方面，有语音输入、手写输入、文字自动识别输入等；在输出方面，有语音输出、影像实时输出、投影输出、网络数据输出等。

1. MPC 基本标准

1990 年 11 月，由 Philips、Microsoft 等 14 家著名厂商组成的多媒体微机市场协会，先后制定了多媒体个人计算机标准：MPC-1、MPC-2 和 MPC-3。

1991 年 10 月发表了第一代多媒体个人计算机的标准，如表 1-4 所示。

表 1-4　MPC-1 标准

设备与软件	标准配置	推荐配置
CPU	386 SX	386 DX or 486 SX
主频	16 MHz	
内存储器	2 MB	4 MB
硬盘	30 MB	80 MB
接口种类	串行、并行、游戏棒接口	
MIDI 接口	MIDI 合成与混音功能的 MIDI 输入/输出接口	
显示模式	VGA 模式，分辨率为 640×480 像素，16 色	256 色
激光驱动器	单速 CD-ROM，数据传输速率 150 kbit/s，平均访问时间 <1s	
声音输入/重放	传声器输入，耳机、扬声器输出	
声卡模式	8 位采样，11.025 kHz 和 22.05 kHz 输出	
操作系统	DOS 3.1 版本或以上，Windows 3.0 带多媒体扩展模块	

1993 年 5PC 市场协会发布了 MPC-2 标准，如表 1-5 所示。

表 1-5　MPC-2 标准

设备与软件	标准配置	推荐配置
CPU	486 SX or 兼容 CPU	486 DX or DX2
主频	25 MHz	
内存储器	4 MB	8 MB
硬盘	160 MB	400 MB
接口种类	串行、并行、游戏棒接口	
MIDI 接口	MIDI 合成与混音功能的 MIDI 输入/输出接口	
显示模式	VGA 模式，分辨率为 640×480 像素，256 色	65 536 色
激光驱动器	倍速 CD-ROM，数据传输速率 300 kbit/s，平均访问时间 <0.4s	
声音输入/重放	传声器输入，耳机、扬声器输出	
声卡模式	16 位采样，11.025、22.05 kHz 和 44.1 kHz 输出	
操作系统	DOS 3.1 版本或以上，Windows 3.1	

由表 1-4 和表 1-5 可见，MPC 的技术标准只是阶段性标准，这种标准肯定会随着计算机技术的发展而不断更新。

2. MPC 硬件组成

1）主机

多媒体计算机主机中基本处理部件是计算机主板、CPU、内存等，其中最重要的是根据多媒体技术标准而研制生成的多媒体信息处理芯片和板卡。CPU 具有高速缓冲和通信功能。内存使数据的存储量得以提高。主板在标准接口上的扩展增强且方便其他设备接入，使计算机能协同其他专用多媒体微处理器一起工作。

2）输入/输出设备

与多媒体有关的输入/输出设备种类繁多，这里只列出它们的名称，不逐一讲述。

多媒体计算机中常见的输入设备主要包括键盘、扫描仪、数码照相机、触摸屏等，常见的音频、视频输入设备包括传声器、摄像机、录像机等，还包括光盘。

常见的输出设备主要包括显示器、打印机、绘图仪等，常见的音频、视频输出设备包括音响设备、电视机、录像带等。

3）存储设备

多媒体计算机除了基本配置外还包含一些存储设备，如磁存储设备、光存储设备。在多媒体计算机中把大量的信息长期存放在硬盘是不现实的，虽然目前存储数据很多都以网盘、邮件等方式存储在互联网上，但当网络无法连接，或者网络服务器空间有限导致数据丢失，因此多媒体数据的物理存储十分必要，由于光盘具有存储容量大、价格低廉、保存性好等优点，使得在多媒体计算机中物理存储方式主要由光盘来完成，关于光盘如何存储将在本书第7章详细介绍。

3. MPC软件组成

计算机多媒体软件主要分为四类：系统软件、多媒体素材创作软件、多媒体应用系统开发软件和多媒体应用软件。

1）多媒体系统软件

多媒体系统软件主要指多媒体操作系统，是多媒体软件的核心，主要功能是负责多媒体环境下多个任务的调度。

2）多媒体素材创作软件

能够进行多媒体素材创作的软件非常多，有文字编辑软件、图像处理软件、动画制作软件、音频及视频处理软件等。

文字编辑软件的主要作用是：对文字进行编辑、排版和处理，最具有代表性的软件有：Office组件、金山公司的WPS等。

图像处理软件的主要作用是：对构成图像的数字进行运算、处理和重新编码，形成新的数字组合和描述，从而改变图像的视觉效果。这类软件主要应用于平面设计领域、多媒体产品制作等领域。最具有代表性的软件有：ACDSee、Photoshop、CorelDRAW等。

动画制作软件的主要作用是：具有丰富的图形绘制和上色功能，并具备自动动画生成功能，是原创动画的重要工具。最具有代表性的软件有Flash、3ds Max、Maya等。

音频及视频处理软件的主要作用是：可以完成视频影像的剪辑、加工和修改，同时把声音数字化，并对其进行编辑加工、合成。此类软件往往具有视频、音频同步处理能力。最具有代表性的软件有After Effects、Cool Edit Pro、Premiere等。

3）多媒体应用系统开发软件

多媒体应用系统开发软件又称多媒体开发平台，是集成文本、图形、声音、图像、视频和动画等多种媒体信息的编辑工具，可以用来生成各种多媒体应用软件。

4）多媒体应用软件

多媒体应用软件是指由应用领域专家或者专业人员利用计算机编程语言或者多媒体写作软件开发制作的最终的多媒体产品。主要包括Windows系统提供的多媒体软件、动画播放软件、声音播放软件、光盘刻录软件等。

小　　结

在多媒体技术中，媒体是一个重要的概念，通常所说的媒体有两种含义：①存储信息的实体；②表现信息的载体。

多媒体技术是计算机技术和社会需求的综合产物。多媒体技术是能够同时获取、处理、编辑、存储和展示两种以上不同类型信息媒体的技术，从本质上看，它具有信息载体的多样性、集成性、交互性和实时性这四个主要特征。

多媒体的关键技术主要包括：①大容量数据存储技术；②多媒体数据压缩及编码技术；③基于内容的多媒体信息检索技术；④多媒体网络技术；⑤智能多媒体技术。

多媒体技术主要应用在休闲娱乐、教育培训、工程应用与科学研究、多媒体网络通信等方面。

多媒体个人计算机系统由计算机硬件和软件两大部分组成，计算机的硬件包括主机、输入设备、存储设备和输出设备四大部分。计算机多媒体软件主要分为四类：系统软件、多媒体素材创作软件、多媒体应用系统开发软件和多媒体应用软件。

思　考　题

1. 多媒体不是多种媒体的简单汇合，应该怎样理解“多媒体”？
2. 多媒体技术的研究将朝着什么方向发展？
3. 多媒体技术的发展缩短了人与人之间的距离，具体体现在哪些方面？

习　　题

一、填空题

1. 人接收信息的最直接方式是五感，即是________、________、________、________和________。

2. “结绳记事”可以用来定义信息的表达特征，其属于________媒体。

3. 计算机多媒体技术的主要特征为________、________、________。

4. 信息载体的集成性体现在________集成和________集成。

5. 1984年，美国Apple公司开创了计算机进行图像处理的先河，在世界上首次使用________概念来描述图像。

6. 1985年，美国Commodore公司将世界上首台多媒体计算机系统展现在世人面前，该计算机系统被命名为________。

7. 1990年11月，美国Microsoft公司联合IBM、Dell、Intel、Philips等公司成立了________。该协会制定了多媒体计算机的“MPC标准”。

8. 多媒体计算机的硬件主要由四大部分组成，主要包括________、________、________和________。

二、选择题

1. 以下属于传输媒体的是（　　）。

   A. 光缆　　B. 无线链路　　C. U盘　　D. 电缆

2. 以下是表示媒体的有（　　）。

   A. 图像编码　　B. 扫描仪　　C. 动画　　D. 视频信号

3. 计算机多媒体的关键技术有（　　）。

   A. 大容量数据存储技术

   B. 多媒体数据压缩及编码技术

   C. 基于内容的多媒体信息检索技术

   D. 多媒体网络技术

   E. 智能多媒体技术

4. 多媒体个人计算机系统组件有（　　）。

   A. 显卡　　B. 内存　　C. 声卡驱动　　D. CPU加速软件

三、简答题

1. 计算机中的数据指的是什么？
2. 什么是多媒体技术？
3. 媒体主要有哪几类？其主要特点是什么？
4. 举例说明数据冗余的基本思想和原理。
5. 多媒体技术有哪些应用？具体表现在什么地方？

数字音频基础 «

声音是携带信息的极其重要的媒体，是多媒体技术研究中的一个重要内容。声音的种类繁多，如人的话音、乐器声、动物发出的声音、机器产生的声音以及自然界的雷声、风声、雨声等。在用计算机处理这些声音时，既要考虑这些声音的共性，又要利用它们各自的特性。

2.1 声音数字化

声音是人们传递信息最方便、最快捷、最熟悉的方式。在多媒体系统中，声音是人耳能直接识别的音频信息。人们通过计算机进行聊天、录音都是使用计算机来处理声音信息，声音的数字化也是多媒体所研究的重要范畴之一。

2.1.1 声音概述

声音类似于光，是一种波动现象，但与光波不同的是，声波是一种宏观现象，一些物理器件的运动导致空气分子的振动，进而产生声波。最初发出振动（震动）的物体叫声源，声音以波的形式振动（震动）传播。图 2-1 所示为发出震动的喇叭是声源向四周传播声音。

声音是什么

音频系统中的扩音器前后震动产生径向的压力波，这种波就是人们所能听到的声音。由于声音是径向波，它也具有一般波的属性和行为，如反射、折射（进入另一种具有不同密度的介质时产生的角度变化）和衍射（绕过特定的障碍物）。这些特点有助于人们制造环绕声场。

图 2-1　声音波形

声音的主要物理特性有声音的强度和频率。

1. 声音的强度

声音的强度范围很广，这种强度以能量和音压来表示很不方便，所出常用对数强度（声级）来表示，称为信噪比（Signal-to-Noise Ratio，SNR 或 S/N），其度量单位为分贝（dB）。所谓分贝，是

空气振动发出的声压和标准声压之比的常用对数的20倍。信噪比可由下面的公式表示：

$$\mathrm{SNR}\ (\mathrm{dB}) = 10 \times \log_{10}\left(\frac{P_{\mathrm{signal}}}{P_{\mathrm{noise}}}\right) = 20 \times \log_{10}\left(\frac{A_{\mathrm{signal}}}{A_{\mathrm{noise}}}\right)$$

其中，P_{signal}为信号功率（Power of Signal），P_{noise}为噪声功率（Power of Noise），A_{signal}为信号幅度（Amplitude of Signal），A_{noise}为噪声幅度（Amplitude of Noise）。

因此，每增加10 dB，强度就增加10倍。一般来说，噪声级在50 dB以下时，是安静的，到80 dB左右，就认为较吵闹，而到100 dB时就使人感到了非常吵闹，达到120 dB时耳朵则难以忍受。1 dB以下的音强变化，人的听觉难以辨别，1 dB以上的音强变化可辨别。

2. 声音的频率

声音的频率范围也称为声音的带宽（Bandwidth），通常频带宽度越宽，声音信号的相对变化范围就越大，音响效果也就越好。人们通常把频率小于20 Hz的信号称为次声波，频率范围在 20～20 000 Hz 的信号称为人耳可听域，频率大于 20 000 Hz 的信号称为超声波。图 2-2 所示是常见声源的频率范围。

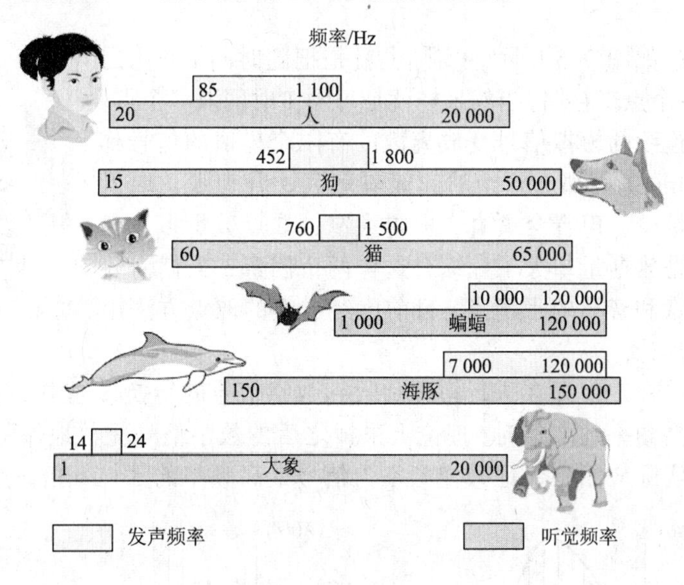

图 2-2 常见的频率范围

2.1.2 声音数字化

由于声音的传播是压力波在空气中传递的过程，是连续变化的模拟信号，把随时间连续变化的机械波保存到计算机中，实现对声音的获取与处理，才能对其进行剪辑、合成、制作特殊效果、增加混响、调整频率、改善频响特性等。整个过程中声音的获取和存储是数字声音处理的重点也是难点。

下面就声音的获取进行说明，为了能把真实声音表示到计算机中，首先需要对模拟信号进行数字信号离散化处理（把真实声音映射到计算机中的有限数据的过程），这个离散化表面上看是出于数据量的考虑，由于人能听到的频率范围有限，只需要存储能听到的数据量即可。但实际上连续的数据是无法存入到计算机中的，图 2-3 所示的原始的声音波形，舍弃点是计算机存储声音无法避免的事实，但是舍弃点的多少很容易发现，如果舍弃点的数量越少，描述出的波形越像原始波形，那么声音也就越像真实声音，如图 2-4 所示。

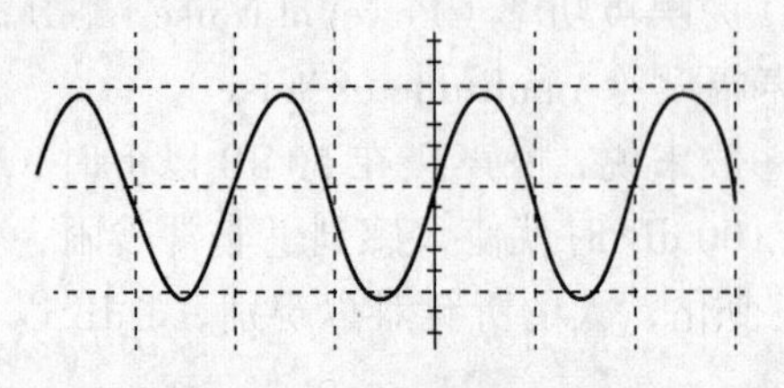

图 2-3　原始的声音波形

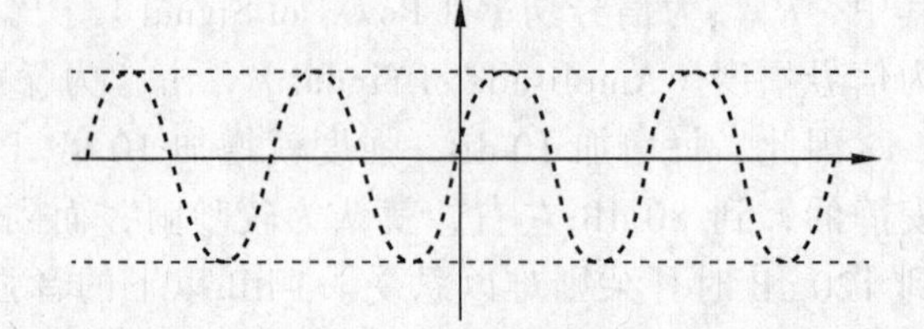

图 2-4　计算机中的声音波形

把连续变化的声音模拟信号转换为数字音频信号，通常需要经过采样、量化、编码三个步骤。其中采样是在波形上取点，由于取的点有限，会导致数据丢失；量化是对于取得的点给予幅值的过程，由于幅值无法精确到真实值，会导致数据的误差；编码是将离散、量化后的数据存入到计算的过程，会有一定的压缩及校验算法。

1. 采样

采样的过程如图 2-5 所示，实际上就是把随时间 t 变化的波形，使用多少个点来存储，当然采样就是每隔 T 时间取一个点。通常把时间上连续的模拟信号变成离散的有限个样值的信号称为采样（Sampling）。那么这个时间间隔多久才合理呢，取得太宽，取点数量少，声音会失真；取得太窄，取点数量多，音质保证了，但是数据量却大了。综合这样两个因素，人们需要找到一个数据量和音质的平衡点，目前已经成熟的取点方法用的是奈奎斯特理论。

声音的采样

奈奎斯特采样定理即在进行模拟信号到数字信号的转换过程中，当采样频率大于声音信号中最高频率的 2 倍时，理论上采样之后的数字信号完整地保留了原始信号中的信息，一般实际应用中保证采样频率为信号最高频率的 5～10 倍。

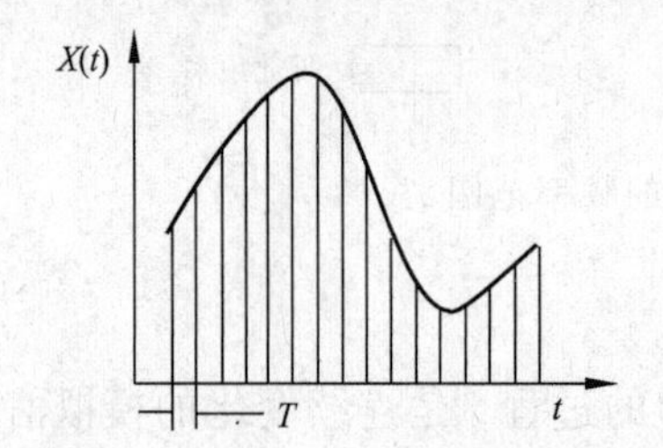

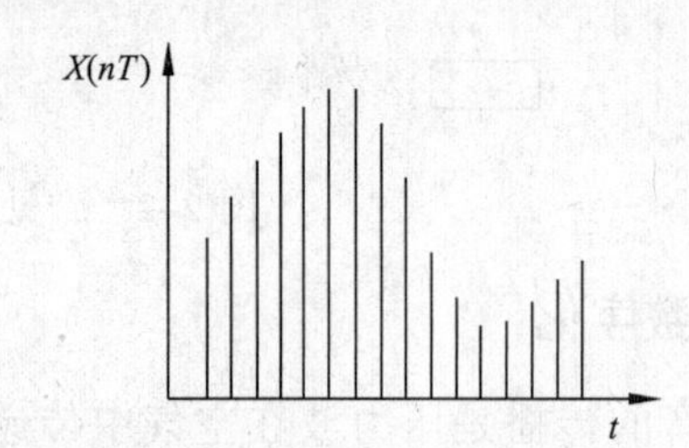

图 2-5　声音波形的采样

奈奎斯特采样定理需要考虑两个因素，一个是最高频率，一个是 2 倍，针对这两个问题，下面分别阐述。

采样定理第一个因素是最高频率的含义。由图 2-6 不难发现，声音信号不是理想的单一正弦波。为了能存储下方的声音，通常情况下，如果使用了足够多的正弦函数，可以把模拟信号分解成一系列正弦函数的和。基于这样的原理，演奏的乐曲，歌曲存储时由多个正弦函数组合而成，每个正弦函数代表一个乐器波形，那么现场演奏的小号、钢琴、架子鼓等都有对应的正弦函数存储波形，播放声音时，把每个波形都单独播放，通过混音就得到了真实的演奏效果。当然这种方法只是采用简单的谐音方式，优点是存储若干个波形，数据量少，对应的缺点是很难展示出真实的现场效果。

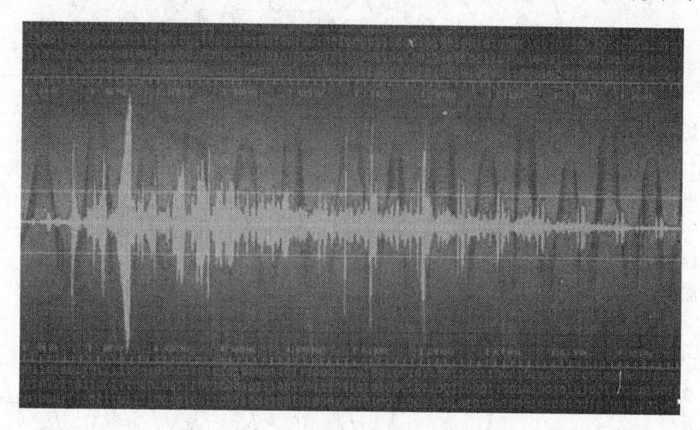

图 2-6 真实声音录制的波形图

在这里最高频率的含义是什么？即声音的模拟信号分解成的一系列正弦函数代表的波形中，频率最高的波形。为什么选择频率最高的波形？因为频率代表单位时间内波形的个数，最高频率代表的是单位时间内波形的个数最多。比如一个模拟信号由两个正弦函数的波形组成，如图 2-7 所示，下方的波形是一个完整的周期，上方的波形是半个周期，很明显下方波形的频率是上方波形频率的 2 倍。如果在频率高的下方波形取两个点，对于频率低的半个周期也对应的取了两个点，那一个周期就是四个点。如果频率高的波形能由少量的几个点还原出来，那频率低的波形由于采样点的数量会更多，就更能还原出真实波形。

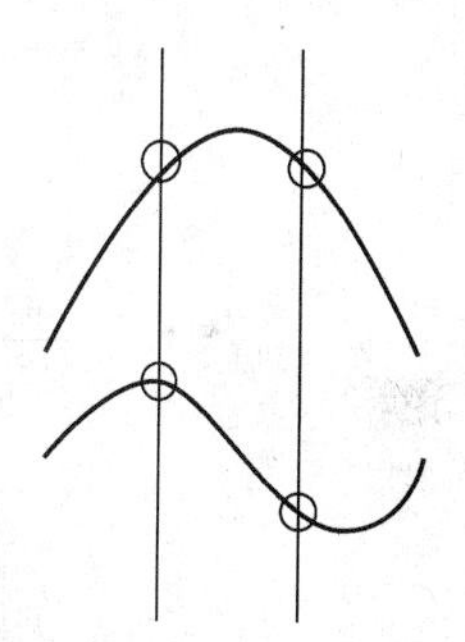

图 2-7 相同时间间隔采样的不同波形

采样定理第二因素是 2 倍的由来。

假设现在对一个模拟信号 $x(t)$，每隔 Δt 时间采样一次，时间间隔 Δt 称为采样间隔或者采样周期，它的倒数 $1/\Delta t$ 称为采样频率。当 $t=0$，Δt，$2\Delta t$，$3\Delta t$，……时，离散函数 $x(n\Delta t)$的数值称为采样值。

采样时，如果采样的频率和真实频率一致，如图 2-8（c）所示，会检测到一个错误信号，它仅是一个常数，频率为 0。如果采样频率为真实频率的 2 倍，如图 2-8（d）所示，此时的采样全是 0，仍然不合适。如果进一步提高采样频率，如图 2-8（e）所示，此时，将采样点连接起来可以近似地得到正弦波的波形。如果采样频率为真实频率的 1.25 倍，即在真实信号中每 4 个周期做了 5 次采样，如图 2-8（f）所示，此时，会得到一个比真实频率小的假频，该频率只有真实频率的 1/4。

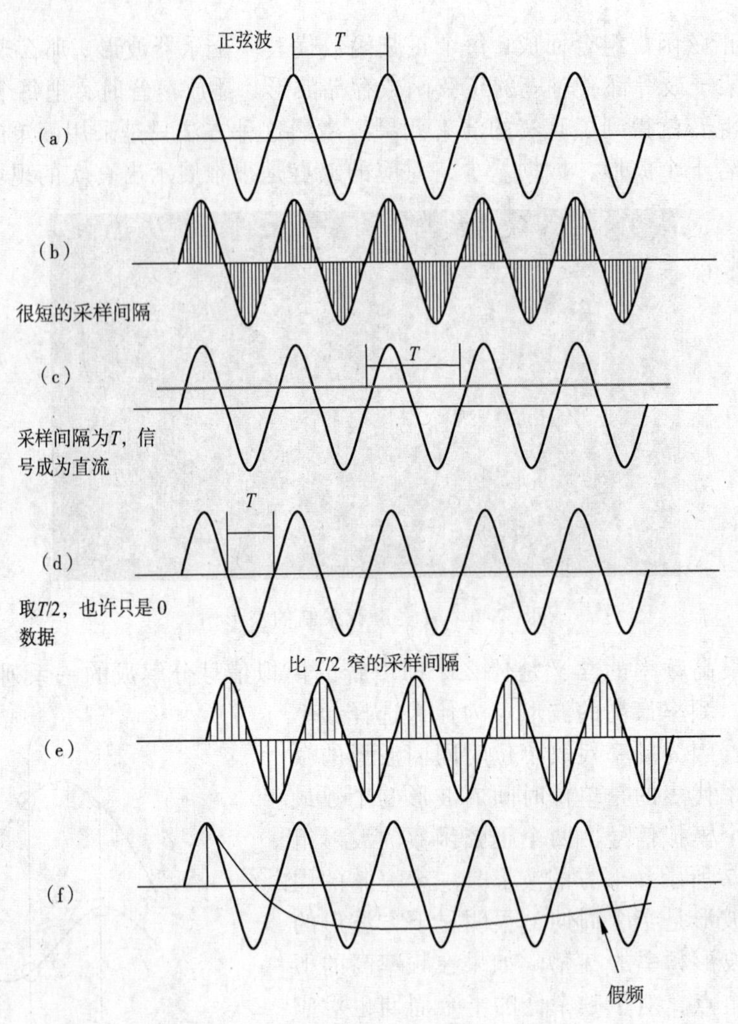

图 2-8　采样频率和真实频率关系对比图

图 2-9 所示为两个采样频率下，还原真实频率的效果。

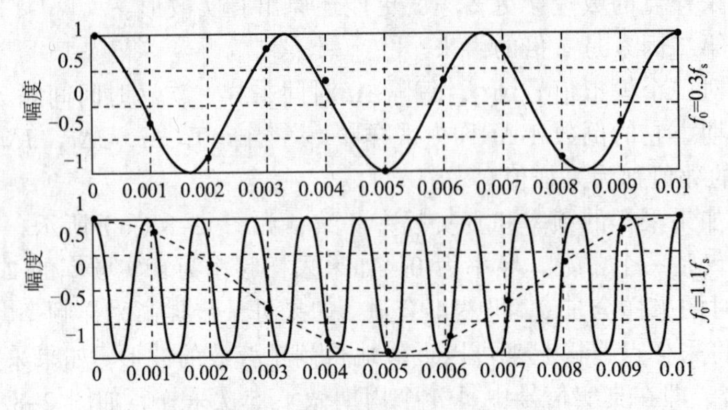

图 2-9　波形还原的例子

基于以上原因，为了得到正确的采样，人们使用奈奎斯特采样定理。其定理内容

是只要采样频率大于或者等于信号中所包含的最高频率的2倍；即当信号是最高频率时，每个周期至少采样两个点，则理论上就可以完全恢复原来的信号。

常用的采样频率分别为44.1 kHz、22.05 kHz、11.025 kHz和8 kHz。

2. 量化

经过采样后的数据是若干个点，如图2-10所示，把这些点存储到计算机的过程就是量化的过程。由于采样得到的表示声音强弱的模拟电压幅值是连续的，把无穷多个电压幅值用有限个数字表示，称为量化（Quantization）。例如把一个连续的幅值3.3333333…存到计算机中为整数3。不难发现这个量化与采样一样有丢失的东西，采样丢失的是点的数量，而量化丢失的是精度，误差的产生，存储的数据是相近的，有可能大，有可能小，完全相等理论上是做不到的。所以在研究声音存储到计算机的过程中，采样量化造成的数据损失不作为评价声音是有损压缩还是无损压缩的因素。

声音的量化

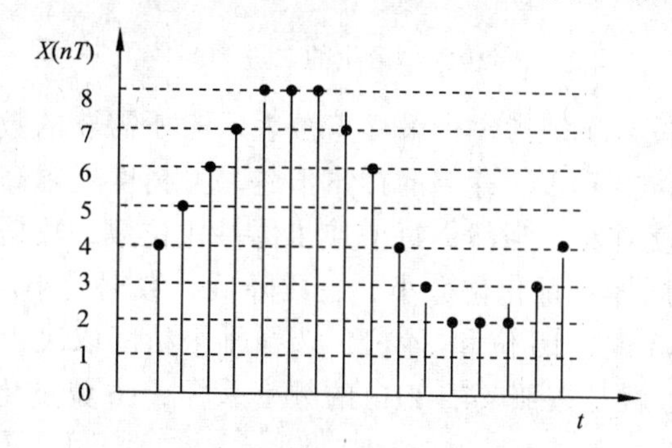

图2-10 量化过程的幅值选取

采样有奈奎斯特定理支持，那么量化的取值原则又是什么呢？这里有两种方案供选择：均匀量化和非均匀量化。为了研究和学习方便本书以均匀量化为主，但实际上应用的非均匀量化较多。

声音量化的核心概念

将整个幅度划分为有限个小幅度（量化阶距）的集合，把落入某个阶距内的样值归为一类，并赋予相同的量化值。如果量化值是均匀分布的，称为均匀量化。设δ为量化阶距，量化器最大范围是$X_{\max}$，则：$\delta=\dfrac{2\times X_{\max}}{2^B}$，$B$为量化位数（即离散点所需的二进制位数）。当波形幅值落在小于$\left(1+\dfrac{1}{2}\right)\times i\times\delta$且大于$\left(1-\dfrac{1}{2}\right)\times i\times\delta$的样值区间，则取值为$i\times\delta$。

在本例子中，量化阶距为整数1，第一个点落在小于$\left(1+\dfrac{1}{2}\right)\times 4\times 1$且大于$\left(1-\dfrac{1}{2}\right)\times 4\times 1$的样值区间内，所以取值为4。使用整型数据作为量化阶距，直观易于理解，唯一的问题是计算机中存的是0和1的字符串，需要从十进制转换到二进制。

也可以在量化时，使用二进制直接描述量化阶距，就无须转换，每个幅值直接对应二进制值，如图 2-11 所示。第一个点距离上线 0000 较远，距离下线 1001 较近，取值为 1001。这里的幅值有 0101，0100，…，1101，共有 11 个值，每个值由 4 个二进制位（bit）表示，为什么是 4 位呢？因为 1 位有 0 和 1 两个值，2 位有 00、01、10、11 四个值，3 位有 000、001、010、011、100、101、110 和 111 八个值。4 位可以存储 16 个值足够存储 11 个样本，所以本例用的是 4 位。同时，不难发现每增加一个二进制位，可以存储的数值个数就增加一倍以及知道个数等于 2^B（B 为量化位数）。

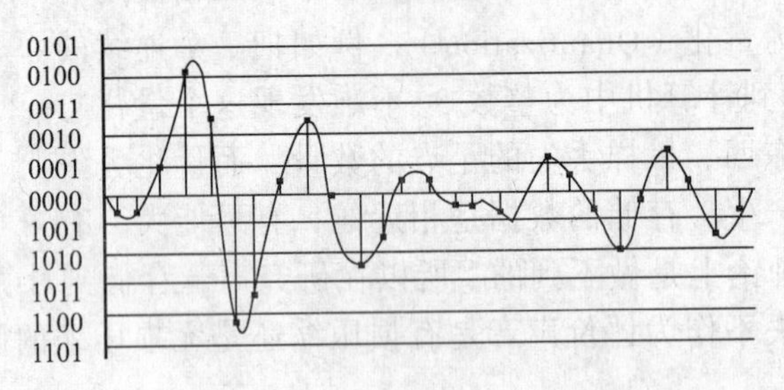

图 2-11　量化的二进制幅值

量化精度（量化位数）是指每个采样点被表示时所需要的数据位数。不同的位数决定了不同的音质，位数越多，存储的样本值越多，精度就越高，对原始波形的模拟就越细腻，失真度也就越小，当然，每增加 1 位量化位数，数据量也就增加一倍，需存储数据量也越大；同样，量化位数小，音质降低，数据量小。

量化精度通常有 8 位、16 位和 24 位，选择哪个精度取决于数据量和音质的平衡点。例如 CD 音频信号就是按照 44.1 kHz 的频率采样，16 位量化具有 65 536（2^{16}）个可能取值的数字信号。

以上说明的是以均匀量化为基础的说明，但实际应用中使用的是非均匀量化，这是为什么呢？首先观察图 2-12 所示的声音波形图，会发现声音的幅值集中在中间区域，个别孤立点虽然有特别高的幅值，但这有可能是噪声，即使不是噪声这样的少量数据丢失也不会影响人听觉的感受，但为了存储这些孤立点导致存储的样本数过多，也就是量化位数多、所需要的二进制位更长、数据量更大。

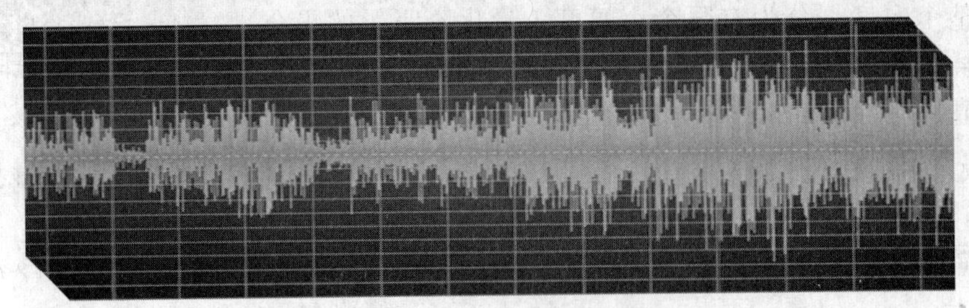

图 2-12　含有噪声的波形图

为了解决这个问题，一般有两种处理方法：一是使用低通滤波器滤波。应用时只对一定频率范围内的信号感兴趣，就可以对经滤波限带的音频信号采样，在采样前，用一个锐截止模拟低通滤波器对音频信号进行滤波。另一种方法是非均匀量化。

下面举例对比说明非均匀量化的原理。左侧是均匀量化，如图 2-13 所示；右侧

是非均匀量化，如图 2-14 所示。均匀量化采用相同的量化阶距，适合计算和学习；非均匀量化采用不同大小的量化阶距，可以看到 X_1、X_2、X_3 之间的阶距很小，X_5 和 X_6 之间的阶距很大。这么做的好处是，X_1、X_2、X_3 之间的阶距小，取值更准确，精度高，而 X_5 和 X_6 之间的阶距大，取值不准确，精度降低，貌似有精度提高的，有精度降低的，平衡起来画蛇添足了，但是实际上由于大部分点集中在精度高的地方，少量点在精度低的地方，这样就会提升整体的平均精度。

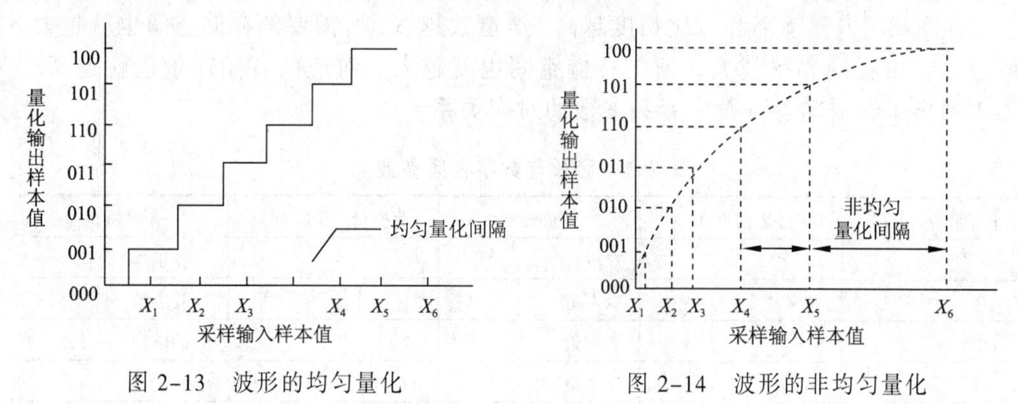

图 2-13　波形的均匀量化　　　　图 2-14　波形的非均匀量化

3. 编码

编码是按一定的格式将离散的数字信号记录下来，并在数据的前、后加上同步、纠错等控制信号的过程，即用二进制数表示每个采样的量化值，完成整个模数转换过程。

音频编码有许多标准，分别用于不同的应用环境。最常用的压缩标准有脉冲编码调制（Pulse Code Modulation，PCM）和自适应差分脉冲编码调制（Adaptive Differential Pulse Code Modulation，ADPCM）。ADPCM 的核心思想为：利用自适应的思想改变量化阶距的大小，即使用小的量化阶距（step-size）去编码小的差值，使用大的量化阶距去编码大的差值；使用过去的样本值估算下一个输入样本的预测值，使实际样本值和预测值之间的差值总是最小。

2.1.3　音频质量与数据量

1. 音频质量

音质是指声音的质量，与频率的范围成正比，一般来说，声音中的谐波成分越多，其所占据的频率范围越宽，声音质量也就越好，当然对应的数据量也就越大。我们把声音每秒的数据量称为声音的码流速率，简称码率（数据传输时单位时间传送的数据位数）。码率又称比特率，声音的码率就是每秒记录音频数据所需要的比特值，通常以 kbit/s 为单位。

计算机中的信息都是用二进制的 0 和 1 来表示，其中每个 0 或 1 称作一个位，用小写字母 b 表示，即 bit（位）；大写字母 B 表示 byte，即字节，1 字节 = 8 位，即 1 B = 8 kbit/s。

声音的码率公式可按照以下公式计算：

声音的码率=采样频率 × 量化精度 × 声道数

2. 音频的数据量

未经压缩的数字化声音的数据量大小取决于对声音信号做数字化处理时的采样

频率和量化精度，并正比于采用的声道数。声音的数据量公式可按照以下公式计算：

声音数据量=采样频率×量化精度÷8×声道数

【例 2-1】对于调频广播级立体声，采样频率为 44.1 kHz，量化位数 16 位，求音频信号数字化后的数据量。

【解】音频信号数字化后的数据量为：

$$44\,100\ \text{Hz} \times 16 \div 8\ \text{B} \times 2 \approx 172\ \text{KB/s}$$

由此看出，采样频率和量化精度越高，声道数越多，所需要的存储空间也就越大。也就是说，声音的码率越大，所需存储空间也就越大。对应的音频质量也就越高。表 2-1 列出了音质与各种数字音频参数的对应关系。

表 2-1　音质与数字音频参数

采样频率/kHz	量化精度/位	声道形式	数据量/（kbit/s）	音频质量
8	8	双声道	16	一般质量
8	16	双声道	31	一般质量
11.025	8	双声道	22	电话质量
11.025	16	双声道	43	电话质量
22.05	8	双声道	43	收音质量
22.05	16	双声道	86	收音质量
44.1	8	双声道	86	收音质量
44.1	16	双声道	172	CD-DA 质量
96	16	双声道	375	DVD-Audio 质量

2.1.4　常见的音频文件格式

音频文件格式专指存放音频数据文件的格式。尽管一种音频文件格式可以支持多种编码，例如 MP3 文件格式，但多数音频文件仅支持一种音频编码。

有两类主要的音频文件格式：

（1）无损格式，如 WAV、PCM、TTA、FLAC、AU。

（2）有损格式，如 MP3、Windows Media Audio（WMA）、Ogg Vorbis（OGG）、AAC。

1. 无损压缩

无损的音频格式（如 TTA）压缩比大约是 2∶1，解压时不会产生数据/质量上的损失，解压产生的数据与未压缩的数据完全相同。如需要保证音乐的原始质量，应当选择无损音频编解码器。例如，用免费的 TTA 无损音频编解码器可以在一张 DVD-R 上存储相当于 20 张 CD 的音乐。

2. 有损格式

有损文件格式是基于声学心理学的模型，去除人类很难或根本听不到的声音，例如，一个音量很高的声音后面紧跟着一个音量很低的声音。MP3 就属于这一类文件。

有损压缩应用很多，但在专业领域使用不多，有损压缩具有很大的压缩比，提供相对不错的声音质量。

下面就几种常见的音频格式进行说明：

1）WAV 波形音频文件

描述：一种最直接的表达声音波形的数字音频文件，主要用于自然声音的保存与重放。

特点：声音层次丰富、还原性好、表现力强；如果采样频率高，其音质极佳；但数据量大，与采样频率、量化位数、声道数成正比。

应用：该格式文件应用非常广泛，各种算法语言可直接使用，电子幻灯片制作、音乐光盘制作等。

2）MIDI 音频文件

描述：一种计算机数字音乐接口生成的数字描述音频文件，文件中包含音符、定时和多达 16 个通道的乐器定义。

特点：文件不记载声音本身的波形数据，用数字形式记录声音特征，演奏 MIDI 乐器或重放时，将数字描述与声音对位处理，数据量小。

应用：该文件适合应用在对资源占用要求苛刻的场合，如多媒体光盘、游戏制作等。

3）MP3 压缩音频文件

描述：采用 MPEG 标准音频数据压缩编码技术压缩之后的数字音频文件。

特点：压缩比高、数据量小、音质好，压缩比例有 10 : 1、17 : 1，甚至 70 : 1；数码率可以是 64 kbit/s，也可以是 320 kbit/s。

应用：该文件由于音质较好，被广泛应用在国际互联网和各个领域。

4）WMA 流式音频文件

描述：Microsoft 研制的一种压缩离散文件或流式文件，它提供了一个 MP3 之外的选择机会。

特点：相对于 MP3 具有较高压缩率和良好音质。当小于 128 kbit/s 时，最为出色且编码后音频文件很小；当大于 128 kbit/s 时，音质损失过大。

应用：该文件由于压缩率较高常常用于网络广播。

5）RA 流式音频文件

描述：Real Networks 推出的一种音乐压缩格式，其压缩比可达到 96 : 1，因此，在网上比较流行。

特点：由于采用流媒体的方式，所以可以实现网上实时播放，即边下载边播放。

应用：该文件主要适用于网络上的在线音乐欣赏。

6）PCM 数字音频文件

描述：模拟的音频信号经过模数转换（A/D 转换）直接形成的二进制数字序列，该文件没有附加的文件头和文件结束标志。

特点：音源信息完整，虽然音质好，但信息量大，冗余度过大。

应用：该文件由于可得到音质相当好的效果常常用于后期录音。

7）TTA 音频文件

描述：一种基于自适应预测过滤的无损音频压缩文件。

特点：可将数据压缩至 30%的无损音频数据压缩；支持实时编码/解码算法；操作快捷、对系统要求低。

应用：该文件是一种新格式，在日本应用范围比较广。

8）OGG 音频文件

描述：OGG 是一个完全开放性的多媒体系统计划的名称，也是 Ogg Vorbis 文件的扩展名，Vorbis 是这种音频压缩格式的名称。

特点：Ogg Vorbis 是一种新的音频压缩格式，它类似于 MP3 等现有的音频压缩格式，但不同的是，它是完全免费、开放和没有专利限制的。

应用：该文件格式可以不断地进行大小和音质的改良，使它很可能成为一个流行趋势。

9）AAC 音频文件

描述：AAC（Advanced Audio Coding）出现于 1997 年，是基于 MPEG-2 的音频编码技术。由 Fraunhofer IIS、Dolby、苹果、AT&T、索尼等公司共同开发，以取代 MP3 格式。2000 年，MPEG-4 标准出台，AAC 重新整合了其特性，故又称 MPEG-4 AAC，即 m4a。

特点：作为一种高压缩比的音频压缩算法，AAC 压缩比通常为 18∶1。使用这一格式存储音乐的并不多，可以播放该格式的 MP3 播放器更是少之又少，目前仅有苹果 iPod、新力 Walkman（A、S、E 系列）、任天堂 NDSi 可以播放该格式。此外计算机上很多音乐播放软体都支持 AAC 格式，如苹果 iTunes。

应用：该文件主要应用于媒体播放器中。

2.2 MIDI 概 述

如果在一些多媒体项目中，我们想对声音做处理，只需要在主板的扩展槽上增加一块声卡，使用乐器数字化接口（Musical Instrument Digital Interface，MIDI）简单的脚本语言以及多种硬件配置方案（如图 2-15 所示的手机、iPad 和电钢琴等），就能够通过连接在主板上的扩音器处理输出声音，通过连接到计算机上的传声器来录制声音，还能处理存储在磁盘上的音频文件。

图 2-15 MIDI 设备

2.2.1 MIDI的相关知识

MIDI 是一个工业标准的电子通信协定，为电子乐器等演奏装置（如合成器）定义各种音符或弹奏码，容许电子乐器、计算机或其他的演奏设备彼此连接，调节和同步，即时交换演奏数据。

MIDI 不传送声音，只传送如音调和音乐强度等数码数据、音量、抖音和 panning（让声音交替地从左右声道上发出，产生声的立体效果）等参数的控制信号，还有设定节奏的时钟信号。在不同的计算机上，输出的声音也有所不同（亚德诺半导体公司编解码器的使用者和创新科技声卡的使用者最为明显）。

MIDI 播映控制协议（MSC Protocol）是为 MIDI 而设的工业标准，由 MIDI 设备生产商协会在 1991 年制定。它允许不同种类的媒体控制装置相互之间的通信，借助计算机可以表现现场显示控制的功能与娱乐应用。与音乐 MIDI 相同，MSC 并不传输实际显示的媒体，它只是简单地传输有关多媒体性能的数字信号。

现在，几乎所有的音乐录音将 MIDI 作为一项关键开放技术来记录音乐。除此之外，MIDI 也用来控制包括录音设备的硬件，如舞台灯、效应踏板等高性能的设备。最近，MIDI 已经渗入移动电话领域。MIDI 用来播放支持 MIDI 移动电话的铃声。MIDI 还可为某些视频游戏提供背景音乐。

2.2.2 MIDI设备

MIDI 设备常见的有以下几种：

1. MIDI 合成器

MIDI 合成器（Synthesizer）是指一个独立的声音生成器。常见的 MIDI 合成器有调频（Frequency Modulation，FM）音乐合成器和波形表（Wave Table）合成器两种。

1）调频音乐合成器

调频的合成方式产生于 1976 年，是用硬件芯片来实现，使用波形发生器合成不同的声音，具有声音合成的任意性。

调频即利用频率调制原理产生各种频率的复合波形，以模拟各种乐器的声音，如单簧管、吉他、鼓等。合成器的各种声音参数和算法存储在声卡的只读存储器中。播放时，根据接收的指令寻找对应的 ROM 地址，从该地址中取出的数据就是用于产生音乐的数据。在理论上，合成器可以合成任意声响和声音，但是，由于决定一种声音特征的参数比较复杂，而合成器只采用简单的谐音法（见图 2-16），所以不能准确地模拟真正乐器的音色。

2）波形表合成器

波形表合成器产生于 1984 年，合成器事先把真实乐器发出的声音（44.1 kHz 采样频率、16 位，CD-DA 质量）经过采样、量化之后以数字形式记录下来，固化在称为声波速查表的 ROM 区中，播放时按照 MIDI 命令由 MIDI 波形合成器做出解释，从 ROM 中读出相关的地址内容，合成后送扬声器播放音乐。

由于采样是以真实波形为基础，具有音色真实、质量丰满的特点，所以在声音再现上波形表比调频有着更好的效果。调频音乐合成器是由数据产生波形来合成的，波形表合成器是读取真实的采样数据，波形表相对于调频需要更大的开销来存储数据。

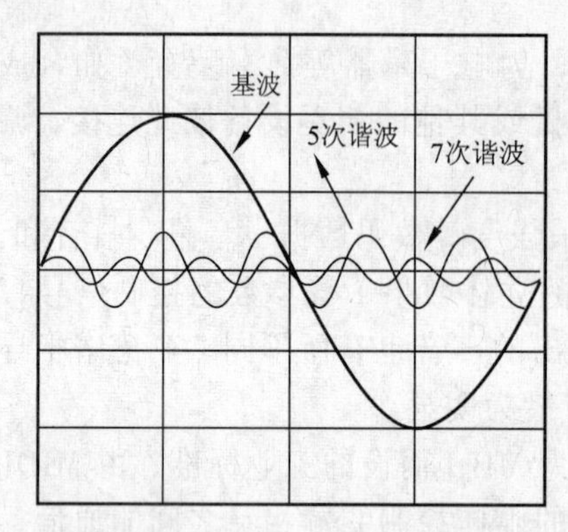

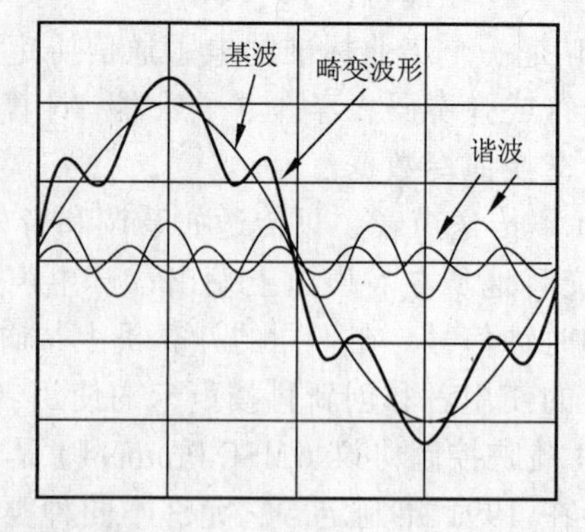

图 2-16　波形的合成

2. MIDI 音序器

MIDI 音序器（Sequencer）是指一种用来以 MIDI 数据形式存储和编辑一系列音乐事件的专用硬件，它能将演奏者实时演奏的音符、节奏及音色变化等信息数字化后按时间或节拍顺序记录在计算机中。

MIDI 音序器的原理是只存储“音乐编号”，而不存储真实的音乐，以至于数据量非常小，很适合网页中的伴音（演奏 2 min 乐曲的 MIDI 文件只需要不到 8 KB 的存储空间）。通道是音乐信息的传输路线，每个 MIDI 乐曲可提供 16 个通道，每个通道代表一个音轨，用来存放一种乐器的信息，也就是说 MIDI 乐曲最多可以存储 16 种乐器（钢琴、电子琴、小号等）的混音，而且每个乐器的发音，不是真实的声音，是预先存储的音乐编码，也就说无法具有真情实感，是拼凑的音符组成乐曲，这里降低了乐曲的真实感，换来了数据量的大幅压缩。

3. MIDI 键盘

MIDI 键盘（Keyboard）不会发出声音，而是产生 MIDI 指令序列，这些指令序列称为 MIDI 消息（MIDI Messages），又称 MIDI 信息，是对于乐谱的数字描述。乐谱包括音乐的音符、音长、节奏、力度、通道号、乐器等信号。一条 MIDI 消息由 1 字节状态信息和 2 字节数据信息组成。

例如，“9nkkvv”信息表示音符的起始，这是一个十六进制数字串。其中 9 表示音乐起始，n 表示通道号（取值 0～15），kk 为键号（0～127），vv 为速度（0～127）。当速度选择为 0 时，表示音符终止。

2.2.3　MIDI 运作

计算机音乐又称电子音乐，是由计算机音乐软件创作、修改和编辑，再通过合成器把数字乐谱变换成声音波形，再经过混音后送到音箱播放的乐曲，如图 2-17 所示。

当 MIDI 乐器演奏了一个音符时，它随之将音符转换成 MIDI 消息。一个典型的由键盘获取的音符的 MIDI 消息的过程如下：

（1）用户以特定速率演奏中央 C 音符。此速率通常转变成音符的音量，但也可以用合成器设定音符的音色。

（2）用户改变按压键盘按键的力度，这个技术称为键后触感。

（3）用户释放并停止演奏中央 C 音符。

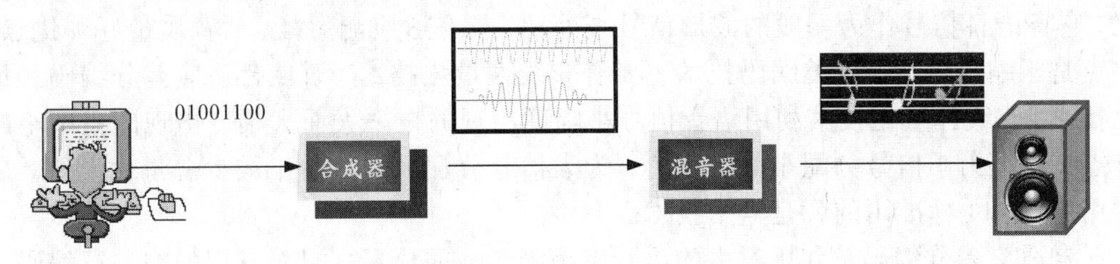

图 2-17　MIDI 与音乐合成

MIDI 消息传输速率达到每秒 31 250 位。其他的相关参数同时也被一同转换。例如，当变调轮有所变化时，这个信息也将在 MIDI 消息中有所体现。只要演奏者演奏音符，乐器就可以自主地完成这样的数据采集工作。

乐器演奏的所有音符的不同都有特定的 MIDI 消息。例如，任何乐器演奏的中央 C 音符，它的 MIDI 消息都是一致的。这使得所生成的二进制信息也保持一致，这种规范化的声明方法是 MIDI 标准的核心部分。

所有的 MIDI 乐器都遵循 MIDI 规范说明，这使得其生成的 MIDI 消息能够明确地指明具体的音符。借助这样的标准和协议，所有的 MIDI 乐器可以相互交换信息，同时也可以和具有 MIDI 识别或者 MIDI 软件的计算机进行信息交换。MIDI 接口用于将当前 MIDI 乐器生成的 MIDI 消息转换成二进制代码，以让接收端的 MIDI 乐器或计算机识别处理。所有的 MIDI 乐器都有内置接口。另外，计算机的声卡通常也具有这种内置的 MIDI 接口。

2.3　数字音频编码

音频信号数字化之后所面临的一个问题是巨大的数据量，这为存储和传输带来了压力。例如，对于 CD 音质的数字音频，所用的采样频率为 44.1 kHz，量化精度为 16 位；采用双声道立体声时，其数码率约为 1.41 Mbit/s；1 s 的 CD 立体声信号需要约 17 KB 的存储空间。因此，为了降低传输或存储的费用，就必须对数字音频信号进行编码压缩。到目前为止，音频信号经压缩后的数码率降低到 32 kbit/s～256 kbit/s，语音低至 8 kbit/s 以下，个别语音甚至低到 2 kbit/s。

为使编码后的音频信息可以被广泛地使用，在进行音频信息编码时需要采用标准算法。因而，需要对音频编码进行标准化。

2.3.1　数字音频编码技术分类

对数字音频信息的压缩主要依据音频信息自身的相关性以及人耳对音频信息的听觉冗余度。音频信息在编码技术中通常分成两类来处理，分别是语音和音乐，各自采用的技术有差异。现代声码器的一个重要课题是，如何把语音和音乐的编码融合起来。

语音编码技术分为三类：波形编码、参数编码以及混合编码。

1）波形编码

波形编码是在时域上进行处理，力图使重建的语音波形保持原始语音信号的形状，它将语音信号作为一般的波形信号来处理，具有适应能力强、话音质量好等优点，缺点是压缩比偏低。该类编码技术主要有非线性量化技术、时域自适应差分编码和量化技术。非线性量化技术利用语音信号小幅度出现的概率大而大幅度出现的概率小的特点，通过为小信号分配小的量化阶，为大信号分配大的量阶来减少总量化误差。最常用的 G.711 标准用的就是这个技术。

自适应差分编码是利用过去的语音来预测当前的语音，只对它们的差进行编码，从而大大减少了编码数据的动态范围，节省了码率。自适应量化技术是根据量化数据的动态范围来动态调整量阶，使得量阶与量化数据相匹配。G.726 标准中应用了这两项技术，G.722 标准把语音分成高低两个子带，然后在每个子带中分别应用这两项技术。

2）参数编码

利用语音信息产生的数学模型，提取语音信号的特征参量，并按照模型参数重构音频信号。它只能收敛到模型约束的最好质量上，力图使重建语音信号具有尽可能高的可懂性，而重建信号的波形与原始语音信号的波形相比可能会有相当大的差别。这种编码技术的优点是压缩比高，但重建音频信号的质量较差，自然度低，适用于窄带信道的语音通信，如军事通信、航空通信等。美国的军方标准 LPC-10，就是从语音信号中提取出反射系数、增益、基音周期、清/浊音标志等参数进行编码的。

3）混合编码

将上述两种编码方法结合起来，采用混合编码的方法，可以在较低的数码率上得到较高的音质。它的基本原理是合成分析法，将综合滤波器引入编码器，与分析器相结合，在编码器中将激励输入综合滤波器产生与译码器端完全一致的合成语音，然后将合成语音与原始语音相比较（波形编码思想），根据均方误差最小原则，求得最佳的激励信号，然后把激励信号以及分析出来的综合滤波器编码送给解码端。如图 2-18 所示，这种得到综合滤波器和最佳激励的过程称为分析（得到语音参数）；用激励和综合滤波器合成语音的过程称为综合；由此可以看出 CELP 编码把参数编码和波形编码的优点结合在一起，使得用较低码率产生较好的音质成为可能。目前通信中用到的大多数语音编码器都采用了混合编码技术，如在互联网上的 G.723.1 和 G.729 标准，在 GSM 上的 EFR、HR 标准，在 3GPP2 上的 EVRC、QCELP 标准，在 3GPP 上的 AMR-NB/WB 标准等。

音乐的编码技术主要有自适应变换编码（频域编码）、心理声学模型和熵编码等技术。

（1）自适应变换编码。利用正交变换，把时域音频信号变换到另一个域，由于去掉相关的结果，变换域系数的能量集中在一个较小的范围，所以对变换域系数最佳量化后，可以实现码率的压缩。理论上的最佳量化很难达到，通常采用自适应比特分配和自适应量化技术来对频域数据进行量化。在 MPEG layer3 和 AAC 标准及 Dolby AC-3 标准中都使用了改进的余弦变换（MDCT）；在 ITU G.722.1 标准中则用的是重叠调制变换（MLT）。本质上它们都是余弦变换的改进。

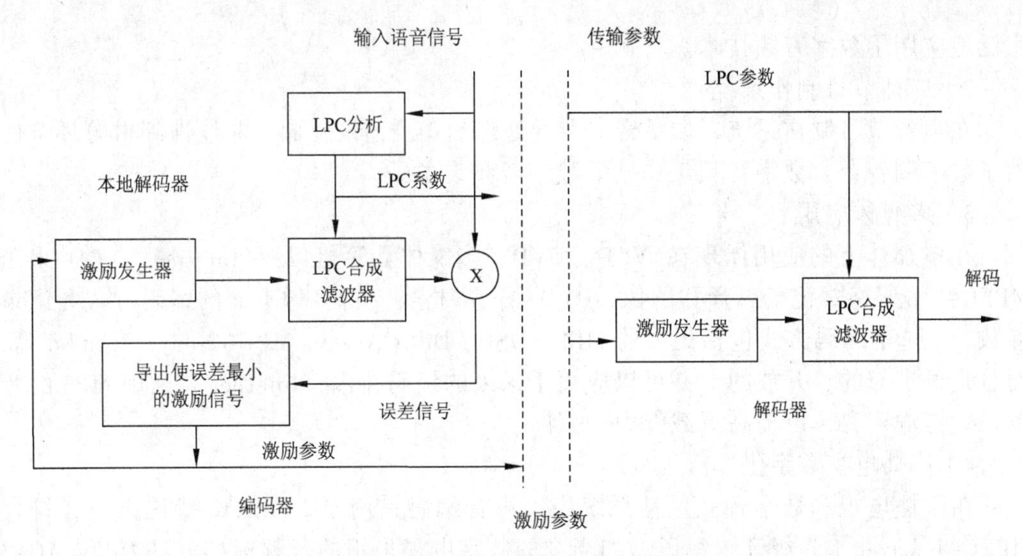

图 2-18 混合编码合成分析图

（2）心理声学模型。其基本思想是对信息量加以压缩，同时使失真尽可能不被觉察出来，利用人耳的掩蔽效应（掩蔽效应指人的耳朵只对最明显的声音反应敏感，而对于不敏感的声音，反应则较不为敏感。例如在声音的整个频率谱中，如果某一个频率段的声音比较强，则人就对其他频率段的声音不敏感。）就可以达到此目的，即较弱的声音会被同时存在的较强的声音所掩盖，使人耳无法听到。在音频压缩编码中利用掩蔽效应，就可以通过给不同频率处的信号分量分配以不同的量化比特数的方法来控制量化噪声，使噪声的能量低于掩蔽阈值，从而使人耳感觉不到量化过程的存在。在 MPEG layer2、MPEG layer 3 和 AAC 标准及 AC-3 标准中都采用了心理声学模型，在目前的高质量音频标准中，心理声学模型是一个最有效的算法模型。

（3）熵编码。根据信息论的原理，可以找到最佳数据压缩编码的方法，数据压缩的理论极限是信息熵。如果要求编码过程中不丢失信息量，即要求保存信息熵，这种信息保持编码称为熵编码，它是根据信息出现概率的分布特性而进行的，是一种无损数据压缩编码。常用的有霍夫曼编码和算术编码。在 MPEG layer1～3 和 AAC 标准及 ITU G.722.1 标准中都使用了霍夫曼编码；在 MPEG4 BSAC 工具中则使用了效率更高的算术编码。

2.3.2 数字音频编码的主要应用

对数字音频信息编码进行压缩的目的是在不影响人们使用的情况下使数字音频信息的数据量最少。通常用如下六个属性来衡量：比特率、主观/客观的语音质量、计算复杂度和对存储器的要求、延迟、对于通道误码的灵敏度、信号的带宽。

由于不同的应用，人们对数字音频信息的要求是不同的，并且在选择数字音频信息编码所采用的技术时也需要了解人们对音频信息的各种应用。目前数字音频信息处理技术主要应用于以下几个方面：

1）消费电子类数字音响设备

CD 唱机、数字磁带录音机（DAT）、MP3 播放机以及 MD（Mini Disc）唱机已经广泛地应用了数字音频技术。

2）广播节目制作系统

在声音节目制作系统，如录音、声音处理加工、记录存储、非线性编辑等环节使用了数字调音台、数字音频工作站等数字音频设备。

3）多媒体应用

在多媒体上的应用体现在 VCD、DVD、多媒体计算机以及 Internet。VCD 采用 MPEG-I 编码格式记录声音和图像；DVD-Audio 格式支持多种不同的编码方式和记录参数，可选的编码方式包括无损的 MLP、DSD、Dilby AC-3、MPEG2-layer2 Audio 等，而且是可扩充的、开放的，并可以应用于未来的编码技术：Internet 上采用 MP3 的音频格式传输声音，以提高下载能力。

4）广播电视数字化

在广播电视和数字音频广播系统中，声音编码采用 MUSICAM 编码方法，符合 MPEG-1 Layer 1 高级音频编码。如当今的数字电视采用的音频标准就是 Dilby AC-3 和 MPEG-layer2。

5）通信系统

在通信系统中，必须对音频进行压缩。传统的 PSTN 电话中采用的是 G.711 和 G.726 的标准；GSM 移动通信采用的是 GSM HR/FR/EFR 标准；CDMA 移动通信采用的是 3GPP2 EVRC、QCELP8k、QCELP16k、4GV 标准；WCDMA 第 3 代移动通信采用的是 3GPP AMR-NB、AMR-WB 标准。另外在 IPTV 和移动流媒体中，采用的是 AMR-WB+ 和 AAC 的标准。

总之，根据应用场合的不同可以将数字音频编码分为如下两种编码：

（1）语音编码：针对语音信号进行的编码压缩，主要应用于实时语音通信中减少语音信号的数据量。典型的编码标准有 ITU-T G.711、G.722、G.723.1、G.729；GSM HR 等。

（2）音频编码：针对频率范围较宽的音频信号进行的编码。主要应用于数字广播和数字电视广播、消费电子产品、音频信息的存储、下载等。典型的编码有 MPEG 1/MPEG 2 的 layer 1、2、3 和 MPEG 4 AAC 的音频编码。还有最新的 ITU-T G.722.1、3GPP AMR-WB+和 3GPP 2 4GV-WB，它们在低码率上的音频表现也很不错。

2.3.3 数字音频编码标准现状和趋势

1. 语音编码标准发展及趋势

国际电信联盟（International Telecommunications Union，ITU）主要负责研究和制定与通信相关的标准，作为主要通信业务的电话通信业务中使用的语音编码标准均是由 ITU 负责完成的。其中用于固定网络电话业务使用的语音编码标准如 ITU-T G.711 等主要在光和其他传送网组（ITU-T SG 15）完成，并广泛应用于全球的电话通信系统中。随着 Internet 网络及其应用的快速发展，在 2005 到 2008 研究期内，ITU-T 主要研究和制定变速率语音编码标准的工作转移到主要负责研究和制定多媒体通信系统、终端标准的 SG 16 中进行。

在欧洲、北美、中国和日本的电话网络中通用的语音编码器是 8 位对数量化器（相应于 64 kbit/s 的比特率）。该量化器所采用的技术在 1972 年由 CCITT（ITU-T 的前身）标准化为 G.711。

在 1983 年，CCIT 规定了 32 kbit/s 的语音编码标准 G.721，其目标是在通用电话网络上应用（标准修正后称为 G.726）。这个编码器价格虽低但却提供了高质量的语音。

至于数字蜂窝电话的语音编码标准，在欧洲，TCH-HS 是欧洲电信标准研究所（ETSI）的一部分，由他们负责制定数字蜂窝标准。在北美，这项工作是由电信工业联盟（TIA）负责执行。在日本，由无线系统开发和研究中心（称为 RCR）组织这些标准化的工作。

经过多年的努力，业界在语音编码领域取得了很多重要的进展。目前在语音编码领域的研究焦点，一方面是在保证语音质量的前提下，降低比特率。在采用的技术方面从基于线性预测，使用合成—分析法向采用参数编码技术方向转变。主要的应用目标是蜂窝电话和应答机。另一方面是对传统的语音编码器进行全频带扩展，使其适应音频的应用。例如，AMR 从 NB 发展到 WB，再到最新的 WB+，现正在进行全频带的扩展工作；G.729 已发展到 G.729.1，目前也在启动全频带的扩展工作；G.722.1 也已发展到 G.722.1 Annex E，已经完成了全频带的扩展工作。

除此之外，为适应在 Internet 上传送语音的需要，ITU-T SG 16 组正在研究和制定可变速率的语音编码标准。变速率的语音编码将是语音编码发展的一个趋势。

2. 音频编码标准现状及趋势

音频编码标准主要由 ISO 的 MPEG 组完成。MPEG1 是世界上第一个高保真音频数据压缩标准。MPEG1 是针对最多两声道的音频而开发的。但随着技术的不断进步和生活水准的不断提高，有的立体声形式已经不能满足听众对声音节目的欣赏要求，具有更强定位能力和空间效果的三维声音技术得到蓬勃发展。而在三维声音技术中最具代表性的是多声道环绕声技术。目前有两种主要的多声道编码方案：MUSICAM 环绕声和杜比 AC-3。MPEG2 音频编码标准采用的是 MUSICAM 环绕声方案，它是 MPEG2 音频编码的核心，是基于人耳听觉感知特性的子带编码算法。而美国的 HDTV 伴音则采用的是杜比 AC-3 方案。MPEG2 规定了两种音频压缩编码算法，一种称为 MPEG2 后向兼容多声道音频编码标准，简称 MPEG 2BC；另一种称为高级音频编码标准，简称 MPEG 2AAC，因为它与 MPEG1 不兼容，故又称 MPEG NBC。

MPEG4 的目标是提供未来的交互多媒体应用，它具有高度的灵活性和可扩展性。与以前的音频标准相比，MPEG4 增加了许多新的关于合成内容及场景描述等领域的工作。MPEG4 将以前发展良好但相互独立的高质量音频编码、计算机音乐及合成语音等第一次合并在一起，并在诸多领域内给予高度的灵活性。

MPEG4 的研究已经开始了一段时间，也取得了一些进展，但由于 MPEG4 本身设定的目标比较远大，一些能力仍然在研究之中。随着以 IPTV 业务为代表的信息检索业务的开展，适合在 IP 网络上传输的音频信号编码技术，用于制作、检索和存储音频信息的技术将成为发展的方向。

2.4 应用案例——波形音频处理软件

Adobe Audition CC 2017

Adobe Audition CC 2017 功能强大，控制灵活，使用它可以录制、混合、编辑和控制数字音频文件，是当前最流行的波形音频编辑软件之一。也可轻松创建音乐、制作广播短片、修复录制缺陷。通过与 Adobe 视频应用程序的智能集成，还可将音频和视频内容结合在一起。使用此软件，可获得实时的专业级效果。

Adobe Audition CC 2017 是一个非常出色的数字音乐编辑器和 MP3 制作软件。它具有如下几个功能：

（1）可以通过此软件用声音来“绘”制，即音调、歌曲的一部分、声音、弦乐、颤音、噪声或是调整静音，有人把它形容为音频“绘画”程序。

（2）还提供了多种特效为作品增色，即放大、降低噪声、压缩、扩展、回声、失真、延迟等。

（3）可以用此软件同时处理多个文件，轻松地在几个文件中进行剪切、粘贴、合并、重叠声音操作。

（4）通过此软件可以生成的声音有噪声、低音、静音、电话信号等。

（5）该软件还包含有 CD 播放器。

（6）其他功能包括：支持可选的插件；崩溃恢复；支持多文件；自动静音检测和删除；自动节拍查找；录制等。

（7）它还可以在 AIF、AU、MP3、Raw PCM、SAM、VOC、VOX、WAV 等文件格式之间进行转换，并且能够保存为 RealAudio 格式。

图 2-19 为 Adobe Audition CC 2017 的主界面。

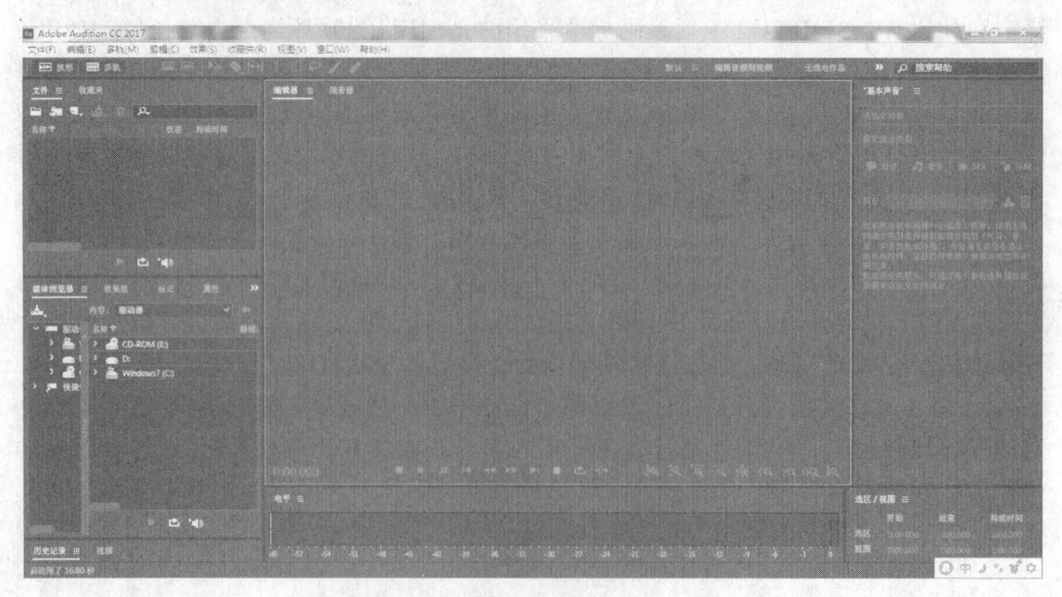

图 2-19 Adobe Audition CC 2017 主界面

【例 2-2】使用 Adobe Audition CC 2017 录制个人音乐。

【解】操作步骤如下：

1）新建一个音频文件

打开 Adobe Audition CC 2017 软件，选择“文件”→“新建”→“音频文件”命令，如图 2-20 所示。

弹出“新建音频文件”对话框，如图 2-21 所示。可以通过列出的相应参数设置音频的采样频率（Sample Rate）、声道数（Channels）、量化精度（Resolution），采样频率默认值是 48 000 Hz，声道默认是“立体声”，位深度默认是“32（浮点）”位，采样频率越大、声道数越多、位深度越大则声音的质量越好，数据量就越大。这些决定了声音的质量和声音的数据量之间的平衡点。

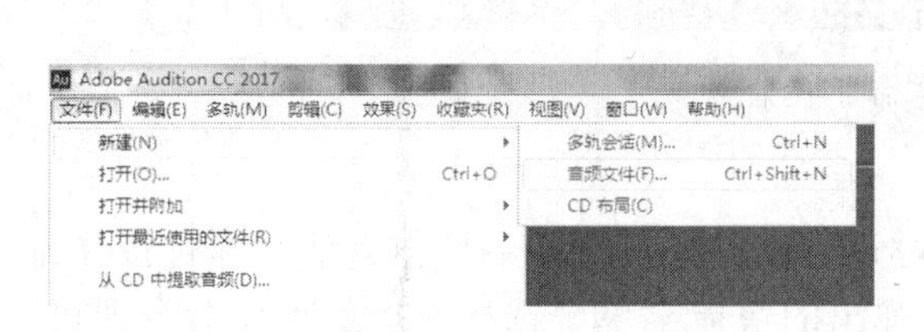

图 2-20 “新建”子菜单

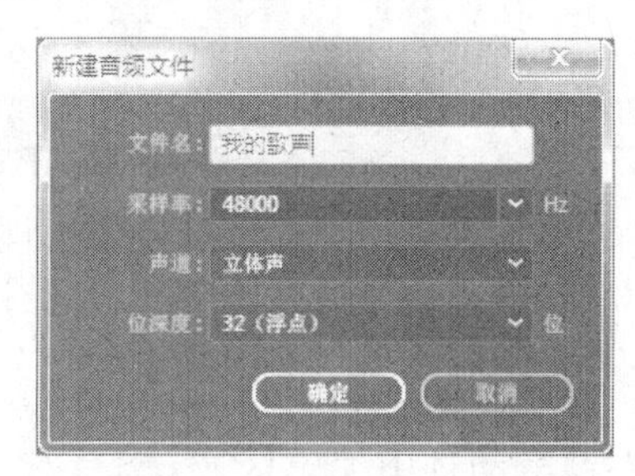

图 2-21 “新建音频文件”对话框

2）录制声音

在文件面板内，由于此时没有任何的波形数据，所以这个空白音频文件中的波形都是直线，没有任何幅值，如图 2-22 所示。

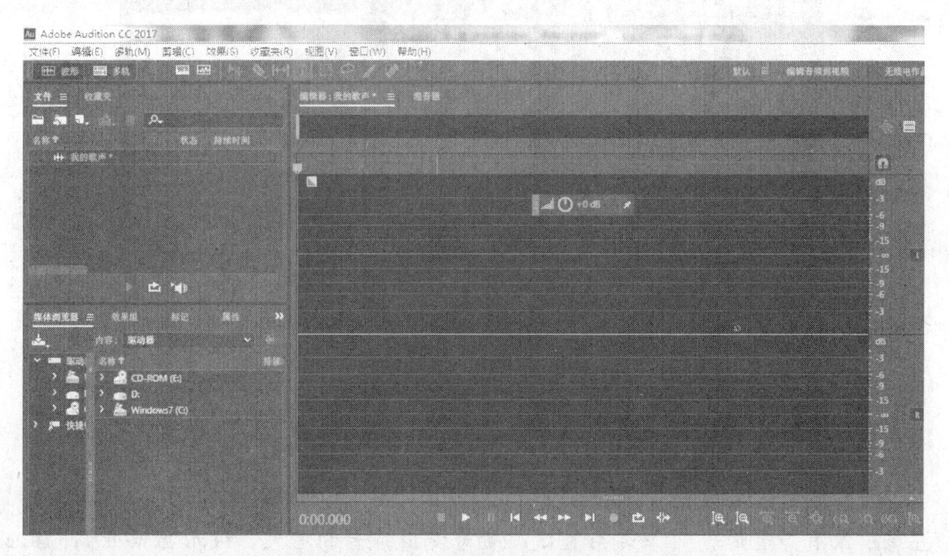

图 2-22 空白音频界面

下面首先确保声音输入设备（如传声器）可以使用，然后开始录制。单击工具栏中的●按钮开始录制。录音结束时，单击工具栏中的■按钮停止，完成录音。由图 2-23 可知此次录音时长 8.832 s。

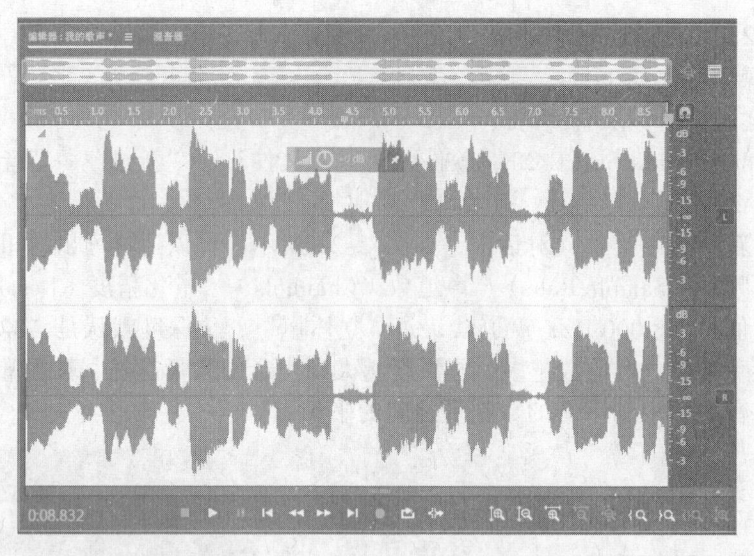

图 2-23　录制后的音频文件

3）对音频文件进行编辑

对录制的音频文件进行编辑，包括移动、删除、复制等。操作方法是通过按住鼠标左键滑动选中编辑区域，然后右击，在弹出的快捷菜单中选择对应的操作命令即可，如图 2-24 所示。菜单中的按键与 Windows 系统的快捷键有相同的使用方法，如剪切（Ctrl+X）、复制（Ctrl+C）、粘贴（Ctrl+V）。

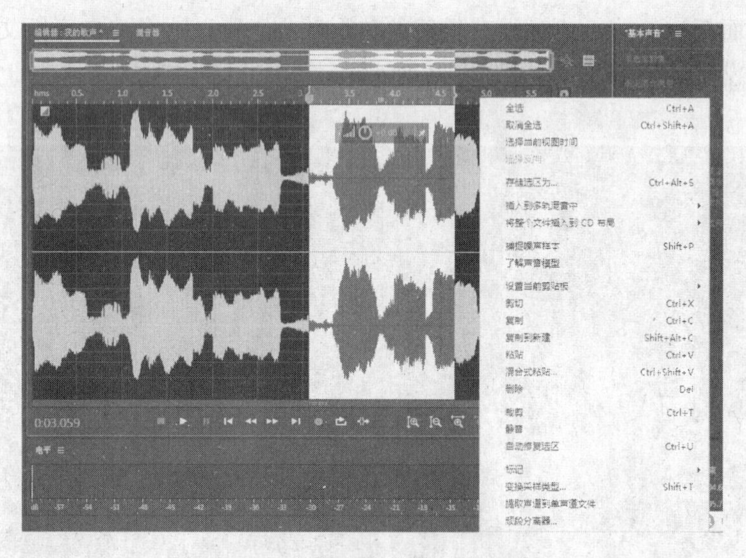

图 2-24　音频文件编辑的右键菜单

注意：没有声音时，记录是条直线，随着发出声音的增大，波形振幅升高，由此可知，声音的强度大小决定了声音波形的振幅高低。

4）保存录制的音乐

选择“文件”→“另存为”命令，弹出“另存为”对话框，如图 2-25 所示。在“保存类型”下拉列表中提供了所有的音频文件格式，如 wav、mp3、pcm 等，如图 2-26 所示。

另存为
文件名:
位置: C:\Users\Administrator\Documents
格式: 波形 PCM (*.wav, *.bwf)
采样类型: 48000 Hz 立体声, 32 位
格式设置: 波形未压缩
32 位浮点 (IEEE)
浏览...
更改...
更改...
包含标记和其他元数据
估计的文件大小: 2.10 MB
确定
取消

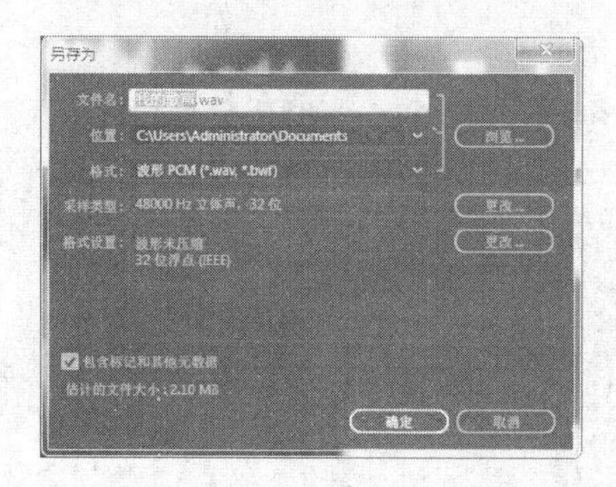

图 2-25 “另存为”对话框

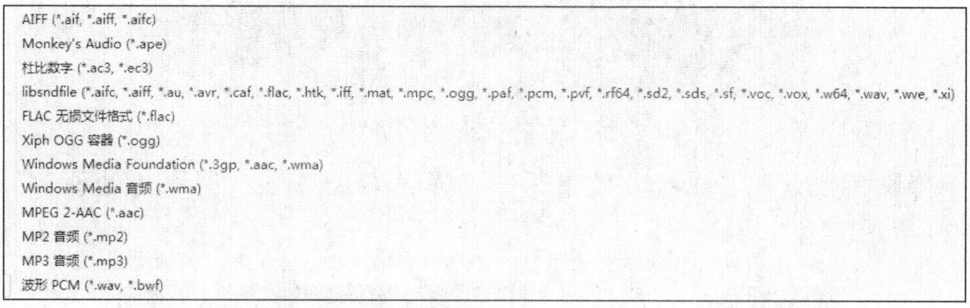

AIFF (*.aif, *.aiff, *.aifc)
Monkey's Audio (*.ape)
杜比数字 (*.ac3, *.ec3)
libsndfile (*.aifc, *.aiff, *.au, *.avr, *.caf, *.flac, *.htk, *.iff, *.mat, *.mpc, *.ogg, *.paf, *.pcm, *.pvf, *.rf64, *.sd2, *.sds, *.sf, *.voc, *.vox, *.w64, *.wav, *.wve, *.xi)
FLAC 无损文件格式 (*.flac)
Xiph OGG 容器 (*.ogg)
Windows Media Foundation (*.3gp, *.aac, *.wma)
Windows Media 音频 (*.wma)
MPEG 2-AAC (*.aac)
MP2 音频 (*.mp2)
MP3 音频 (*.mp3)
波形 PCM (*.wav, *.bwf)

图 2-26 音频文件保存格式

【例 2-3】使用 Adobe Audition CC 2017 软件为声音降噪。

注意：降噪是很重要的一步，利于进一步美化声音。如果降噪失败，则会导致声音失真，彻底破坏原声。

【解】操作步骤如下：

（1）选择音频段。单击波形下方工具栏中的按钮[对应“放大（振幅）”“缩小（振幅）”“放大（时间）”“缩小（时间）”]，以找出一段适合用来做噪声采样的波形。按住鼠标左键不放，拖动选中一部分后右击，在弹出的快捷菜单中选择“复制到新建”命令，如图 2-27 所示。

复制到新建 Shift+Alt+C

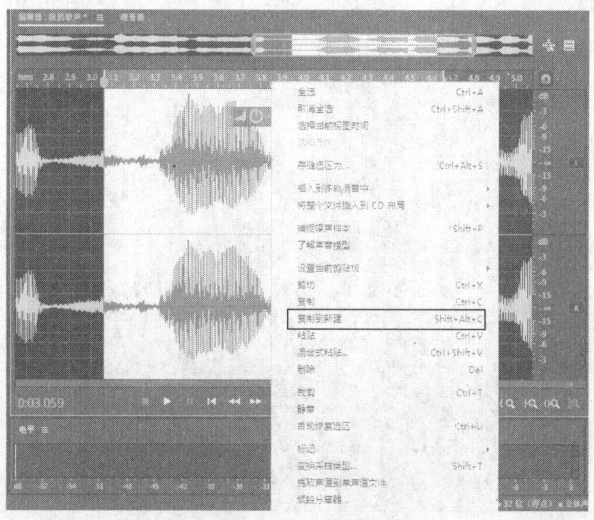

图 2-27 音频文件的选取

图 2-28 所示为截取的声音波形段放大后的波形。

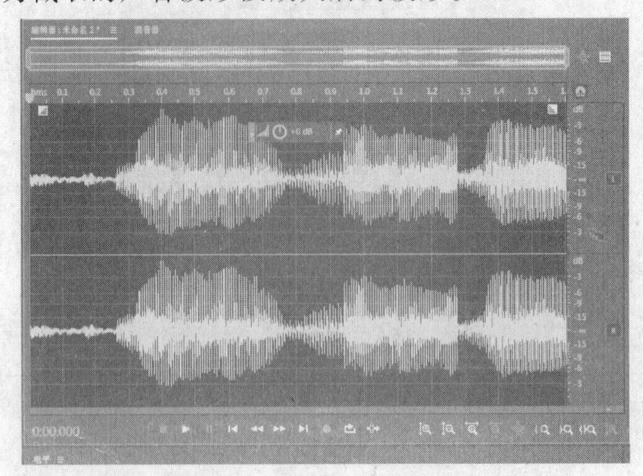

图 2-28　音频文件的部分放大图

（2）降噪参数设置。选择“效果”→“降噪/修复”→“降噪（处理）”命令，如图 2-29 所示。

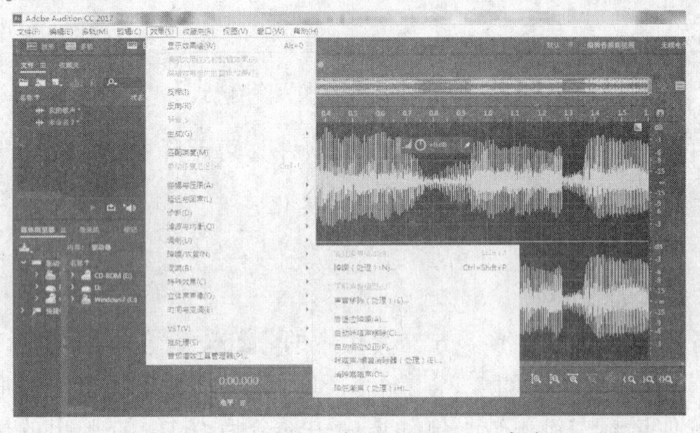

图 2-29　选择“降噪（处理）”命令

弹出“效果-降噪”对话框，参数保持默认设置即可。也可更改参数，但可能会导致降噪后的人声产生较大失真，如图 2-30 所示。

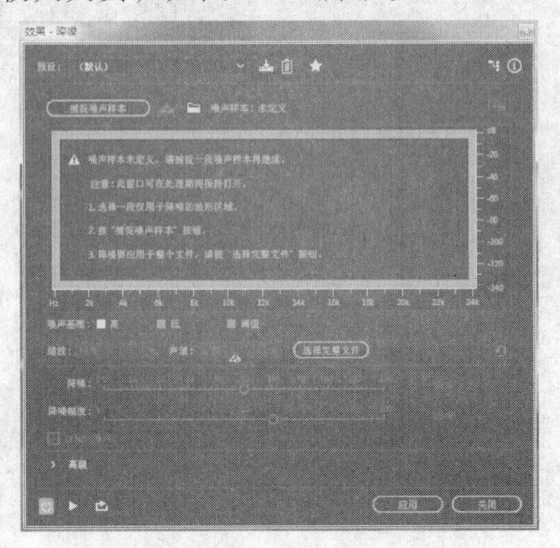

图 2-30　“效果-降噪”对话框

（3）降噪器噪声样本采集。在“效果-降噪”对话框中，单击“捕捉噪声样本”按钮，此时即获取了刚才截取的样本数据的噪声采样，如图 2-31 所示。

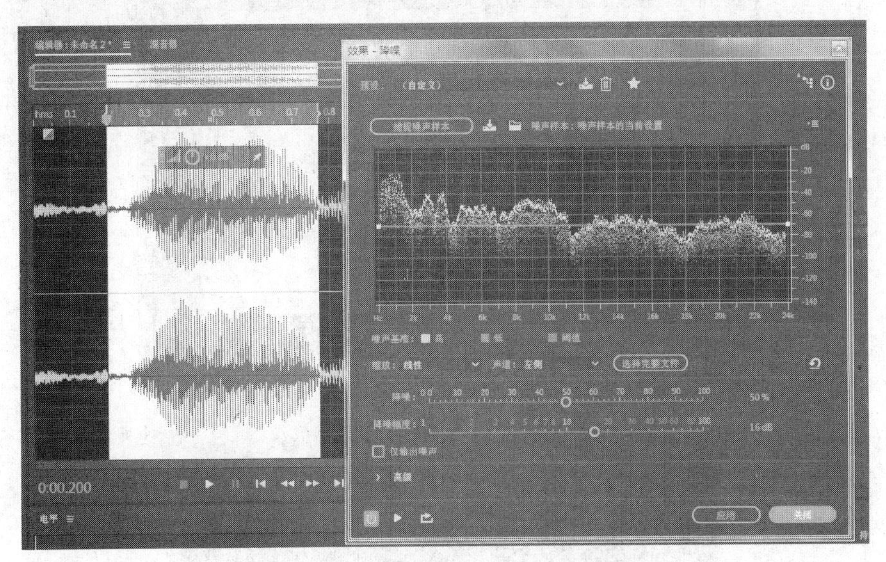

图 2-31 音频文件的降噪效果图

（4）保存噪声样本采集。在“效果-降噪”对话框中，单击按钮，弹出“保存 Audition 噪声样本文件”对话框，默认文件名为“噪声样本.fft”，然后单击“保存”按钮。最后关闭“效果-降噪”对话框，如图 2-32 所示。

图 2-32 噪声样本的保存

（5）整体降噪处理。回到原始的波形编辑界面，选择要处理的整个音频，按【Ctrl+A】组合键全选，如图 2-33 所示。

然后选择“效果”→“降噪/修复”→“降噪（处理）”命令，弹出“效果-降噪”对话框。单击按钮加载之前保存的噪声采样文件“噪声样本.fft”，如图 2-34 所示。

进行降噪处理，单击“应用”按钮。如图 2-35 所示为降噪处理后的效果。

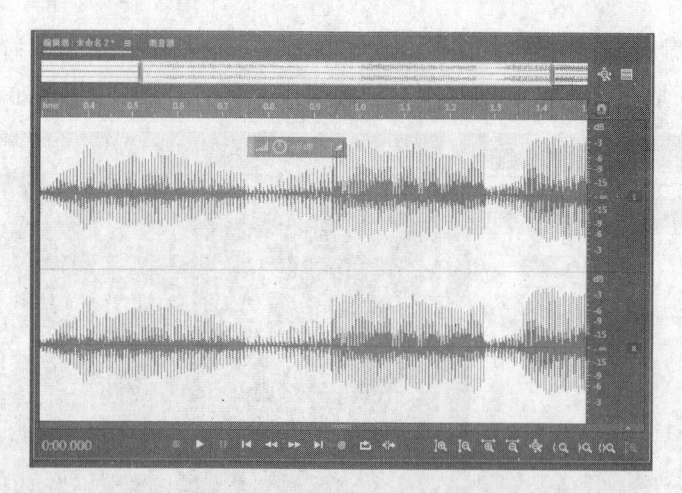

图 2-33 音频文件的全选编辑

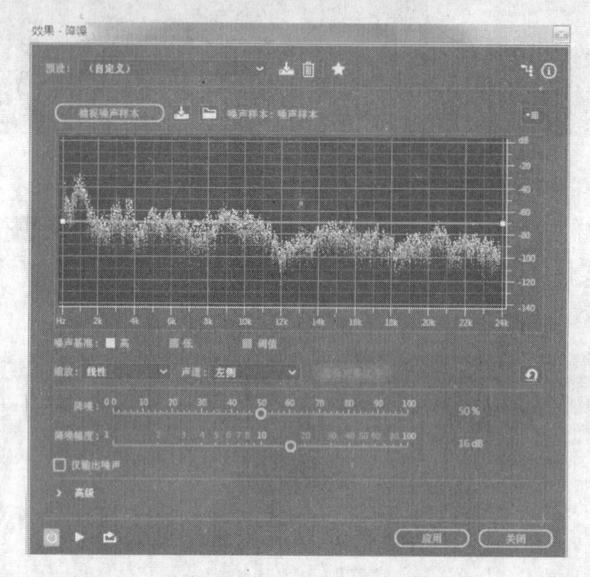

图 2-34 加载噪声采样文件

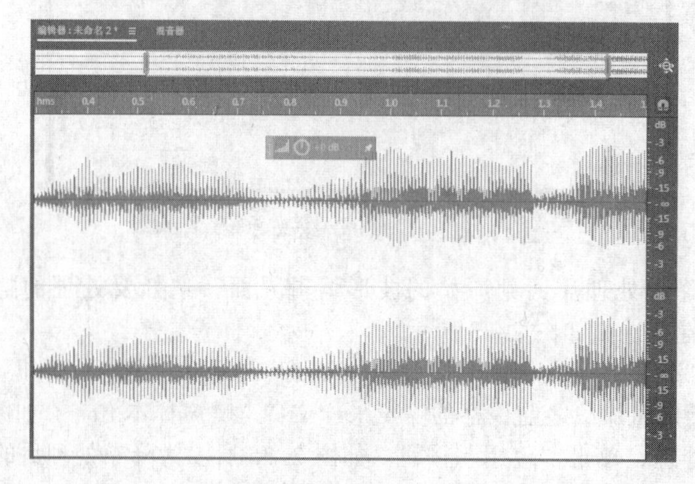

图 2-35 音频文件的降噪效果图

小　结

声音是携带信息的极其重要的媒体，是多媒体技术研究的一个重要内容。声音类似于光，是一种波动现象，声音的主要物理特性有声音的强度和频率。由于模拟信号非常复杂，通常需要经过采样、量化、编码三个步骤将连续变化的模拟信号转换为数字信号。

音频文件格式专指存放音频数据的文件格式，存在多种不同的格式。有两类主要的音频文件格式：无损格式和有损格式。

MIDI是一个工业标准的电子通信协定，为电子乐器等演奏装置（如合成器）定义各种音符或弹奏码，容许电子乐器、计算机或其他演奏设备彼此连接，调节和同步，得到即时交换演奏数据。MIDI常见的设备有MIDI合成器、MIDI音序器、MIDI键盘。

数字音频编码技术又分为三类：波形编码、参数编码及混合编码。目前数字音频信息处理技术主要应用于以下几个方面：消费电子类数字音响设备、广播节目制作系统、多媒体应用、广播电视数字化、通信系统等。

思　考　题

1. 声波的物理特征中，振幅、频率分别表示什么？
2. 一般人的听力范围是多少？
3. 数字音乐是如何形成的？
4. 成年人的发音频率大约在什么范围内？

习　题

一、填空题

1. 声音类似于光，是一些物理器件的运动导致了空气分子的振动，进而产生________。最初发出振动（震动）的物体叫________，声音以波的形式振动（震动）传播。

2. 声音的强度通常用信噪比来描述，其单位是________。

3. 声音的频率范围可分为三种：人耳可听域、________、________。

4. 声音的获取步骤为________、________、________。

5. 语音编码技术分为三类：________、________、________。

6. 奈奎斯特采样定理规定只要采样频率大于或等于信号中所包含的最高频率的倍，则理论上就可以完全恢复原来的信号。

7. 在MIDI合成音乐时，通过MIDI键盘产生MIDI指令序列，这些指令序列称为________。

二、选择题

1. 以下关于声音叙述不正确的是（　　）。

A. 声音是依靠介质（如空气、液体、固体）的振动进行传播的

B. 声音在不同的介质中传播，其传播速度和衰减速率都是一样的

C. 声音是随时间连续变化的物理量

D. 声音是机械振动在弹性介质中传播的机械波

2. 以下是声音的主要物理特性的有（　　）。

A. 强度　　B. 频率　　C. 声道数　　D. 音质

3. 影响数字音频的数据量的因素有（　　）。

A. 采样频率　　B. 量化精度　　C. 声道数　　D. 音量

4. 常见的数字音频文件格式有（　　）。

A. .wav　　B. .aac　　C. .mid　　D. .mp3　　E. .wma

5. 下面的数字音频文件格式属于有损压缩的是（　　）。

A. .wav　　B. .aac　　C. .tta　　D. .mp3　　E. .pcm

三、简答题

1. 音频信号量化过程中的均匀量化与非均匀量化的区别是什么。

对于调频广播级立体声，采样频率为 96 kHz，量化位数为 32 位，求音频信号数字化后的数据量。

2. 简述 ADPCM 的核心思想。

3. 简述 PCM 波形音频的获取过程。

4. 在 MIDI 合成器中分为调频和波形表两种合成器，简述它们的区别。

第3章

数字图像基础 <<<

人类信息量的获取65%来源于视觉，所以计算机中的图像是计算机多媒体技术所处理的重要信息之一，在日常生活中人们会发现，有时用语言和文字难以表达的事物，用一张简单的图就能精辟而准确地表达。因此，在多媒体计算机中图形和图像信息的获取及其文件格式就显得非常重要。

本章将介绍图形和图像的相关知识及基本原理，通过对颜色的理解掌握常见的颜色模型，最后是图像的数据表示，包括学习数字图像的获取过程、数据量和文件格式。

3.1 图像原理

由于本书是以计算机为工具的图像研究，计算机内存储的图像，如不特别强调，通常都是指数字化图像。图 3-1 所示为一计算机图像。

图 3-1 计算机中的图像

如此真实的图像是如何存储到计算机中的呢？在第一章概述中已经有了一定的了解，图像是以网格形式存储的，如图 3-2 所示。只要网格足够细致，就能使画面足够真实，代价是存储的数据量也就越多。图 3-2 只存储了轮廓点，依然能看出图像的内容，但是失真程度很高，根据不同的数据量需求可以选择不同程度的像素点个数的存储。

图 3-2　以像素点查看的图像

下面通过一个例子，说明计算机中图像存储的原理。

在 8×16 的像素点阵，存储字符串“love”，如图 3-3 和图 3-4 所示。

图 3-3　空白像素点组成的 8×16 图像矩阵

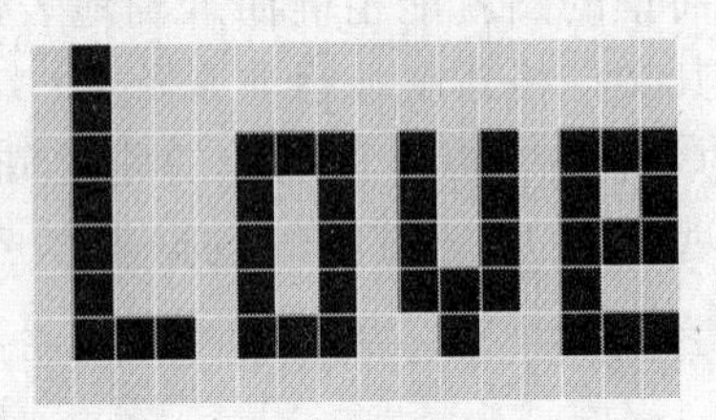

图 3-4　存储了字符串“love”后的像素矩阵

对于有一定计算机程序设计基础的同学来说，首先想到的是使用二维数组存储矩阵数据，可以使用定义 char a[8][16]，代表 8 行 16 列的二维矩阵，假定坐标原点为左下，则有了数据 a[0][0]='灰'，a[0][1]='灰'，a[0][2]='灰'，a[1][1]='黑'，a[1][2]='黑'，……共计 8×16=128 个值可以存储内容为“love”的图。这个过程，实际上已经完成了计算机中图像的数据表示工作，是把图像存入到计算机的过程。

当然，对于多媒体数据来说，图像、照片和影视作品往往占有大量空间，是互联网数据传输负载的主要压力。所以研究多媒体数据存储时，除了数据如何表示外，还会考虑数据压缩。本例可以通过两个方面对存储的图像进行压缩。

（1）像素点个数的压缩。char a[8][16]，一个字符数组元素占一个字节，整个 8 行 16 列的二维数组占 1 字节 ×8×16=128 字节。我们知道，一个二进制位可以代表 0 和 1 两个值，每增加一个二进制位就增加一倍表示的数据，所以 8 行可以由 3 个二进制位表示（第 0 行由 000 表示，第一行由 001 表示，第二行由 010 表示，……），如表 3-1 所示。

表 3-1　行号的二进制映射表

行号	行二进制值
0	000
1	001
2	010
3	011
4	100
5	101
6	110
7	111

同样 16 列可以由 4 个二进制位表示（第 0 列由 0000 表示，第一列由 0001 表示，第二列由 0010 表示，……），如表 3-2 所示。

表 3-2　列号的二进制映射表

列号	列二进制值	列号	列二进制值	列号	列二进制值	列号	列二进制值
0	0000	4	0100	8	1000	12	1100
1	0001	5	0101	9	1001	13	1101
2	0010	6	0110	10	1010	14	1110
3	0011	7	0111	11	1011	15	1111

由此行列共计 7 个二进制位可以存储此二维矩阵，与原来的 128 字节相比不到 1 字节的压缩，效果立竿见影，如图 3-5 所示。

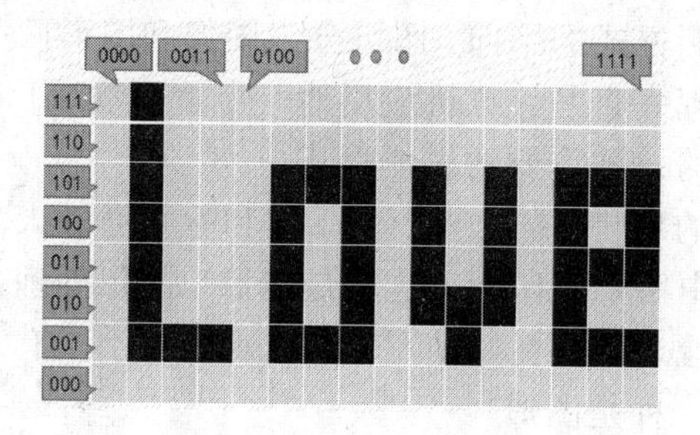

图 3-5　存储字符串“love”后的映射矩阵

（2）像素值的压缩。原来存储的是 a[0][1]='灰'，这样的数据，不难发现此图片矩阵中的数据只有两个值，一个是'灰'，另一个是'黑'。对于只有两个值，正好用 1 个二进制的 0 和 1 表示，这里选择用 0 代表'灰'，因为'灰'的点数量多，在数据压缩过程中，大量的 0 比 1 更有利于各种压缩。

综合像素个数（7 位）和像素值（1 位），此图像共计 8 位即 1 字节即可存储。补充说明一下，这里的二进制位用的是加法，实际上是因为它们都是 2^n 这样的 n 指数。

最终的图像数据由 1 字节记录（3 位行值，4 位列值，1 位颜色值），举几个数据说明一下，如表 3-3 所示。实际上由于只有两种数据'灰'和'黑'，那么只存储一种颜色完全可以表示出所有的数据，所以本例图像存储还可以做进一步的数据压缩。

表 3-3　存储的样本

样本数据	行坐标	列坐标	颜色值
00100011	1	1	黑
00100101	1	2	黑
01000011	2	1	黑
01100110	3	3	灰
…	…	…	…
01100011	3	1	黑

通过本例不难发现，一幅图像的数据量与以下几个因素有关。

（1）分辨率：代表图像所需的网格的细致程度，是 8 × 16 还是 1 024 × 768，行值和列值越高，分辨率越高，图像越清晰，数据量越大。

（2）颜色深度：代表颜色的取值，本例只有“灰”和“黑”两个值，1个二进制位即可存储，如果是256种颜色，由2^8=256可知，8个二进制位就能存256种色彩，存储的颜色越多，色彩越真实，数据量越大。

（3）压缩编码技术：对于多媒体数据来说，数据量大是必须考虑的问题，对于不同的数据有着不同的特征，比如图像内不同位置的局部具有相同的文理结构、相邻像素点之间的空间连续性、一幅图像内很多像素点都是相近的或者相同的颜色、人类视觉原理发现的人眼不敏感色彩等，根据具体数据的不同，有不同的压缩算法。

3.1.1 图像和图形

按照复杂程度和存储方式的不同，图可分为图像和图形两种。对于图形图像的处理一直是计算机应用的一个重要领域，也是多媒体技术所涉及的一种重要的媒体形式。

图形与图像的对比

图像是人们最熟悉的事物，自然界中的景物和生物通过人们的视觉观察，在人脑中留下了印记，这就是图像。图像处理是将已有的图像变成一幅新的、更好的图像。表示图的手段有两种：一种是图像，另一种是图形。

图像是直接量化的原始信号形式，由像素点构成，像素点是组成图像的最基本的元素，如图3-6所示。

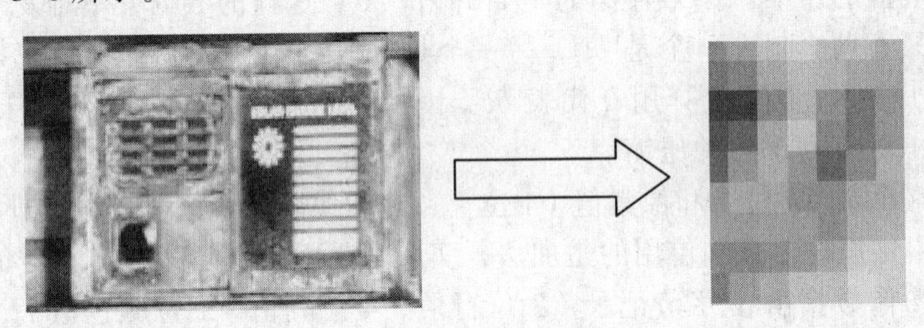
图3-6　由像素点组成的图像

每个像素点采用若干个二进制位进行描述，并且对应每一个显示像素，这种对应关系称为“位映射”关系，因此，图像又称“位图”。像素点是组成图像最基本的元素，构成数字化图像的众多像素点有序排列，形成点阵图，其形式如同报纸上印刷的图片。计算机在处理图像时，并不直接把每个像素点进行传送和保存，而是采用压缩数据算法，找出并去掉图像中的冗余，以较少的数据量进行保存和传送。图像通常用于表现自然景观、人物、动物、植物和一切引起人类视觉感受的事物。

图形是指经过计算机运算而形成的抽象化结果，由具有方向和长度的矢量线段构成。因此，人们通常把图形称为“矢量图”。

图形的描述不使用像素点数据，而是使用坐标数据、运算关系以及颜色描述数据。

由于图形不直接采用逐个描述像素点的方法，因此数据量很小。但是，由于图形的显示完全依赖数据的运算结果，因而稍微复杂的图形需要花费较多的运算时间，显示速度受到影响。

矢量图形如图3-7所示，简单的图形如图3-8所示，复杂的图形如图3-9所示。

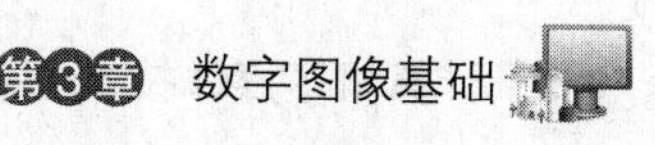

图 3-7 矢量图形

图 3-8 简单的图形

图 3-9 复杂的图形

矢量化的图形通常用于表现直线、曲线、复杂运算曲线以及由各种线段围成的图形。

图像与图形除了构成原理上的区别外，还具有以下区别：

（1）图像的数据量相对较大，图形的数据量相对较小。

（2）图像的像素点之间没有内在联系，在放大与缩小时，部分像素点被丢失或被重复添加，导致图像的清晰度受影响；而图形由运算关系支配，放大与缩小不会影响图形的各种特征。

（3）图像的表现力较强，层次和色彩较丰富，适于表现自然的、细节的事物；图形则适于表现变化的曲线、简单的图案、运算的结果等。

3.1.2 分辨率

1. 屏幕分辨率

屏幕分辨率（Screen Resolution）是由显示器的硬件决定的。分辨率就是屏幕图像的精密度，是指显示器所能显示像素的多少。一般的阴极射线管（Cathode Ray Tube，CRT）显示器通常分辨率都很高，是因为阴极射线可以达到足够细的分辨率。而液晶显示器（Liquid Crystal Display，LCD）或者笔记本式计算机的显示屏由于硬件的液晶分子层间隙的大小，通常只能达到如图 3-10 所示的 1366×768 的分辨率。通常情况下，这种硬件分辨率决定了显示器的质量，分辨率越高，画面越细致。

2. 显示分辨率

显示分辨率（Display Resolution）确定屏幕上显示图像区域的大小，即构成全屏显示的像素点的个数。以每行拥有的像素点数×屏幕显示行数来表示，如 1280×768 等（见图 3-11），显示分辨率最高时可以取硬件分辨率，也就是屏幕分辨率。

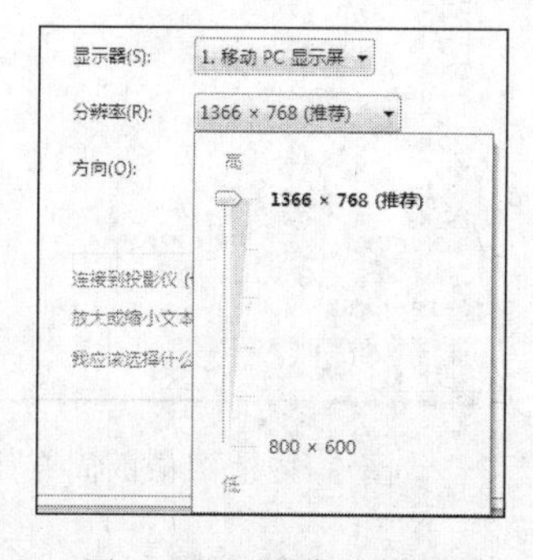

图 3-10 屏幕分辨率

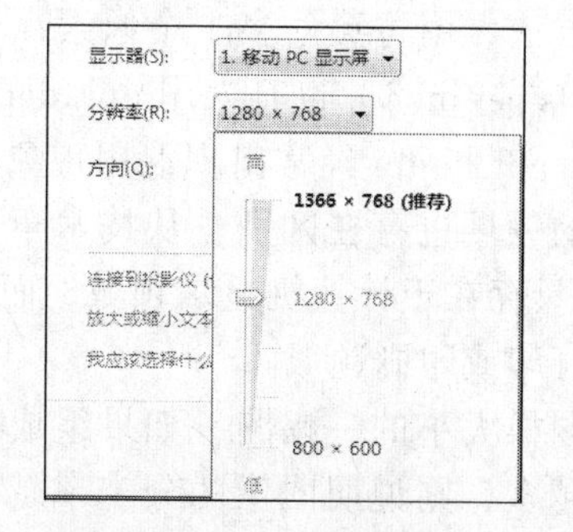

图 3-11 显示分辨率

表 3-4 是常见的显示分辨率，包括单色显示适配器（MDA）、彩色图形适配器

（CGA）、增强图形适配器（EGA）、视频图形阵列（VGA）、多色图形适配器（MCGA）、高级视频图形阵列（SVGA）、扩展图形阵列（XGA）、超级扩展图形阵列（UXGA）、宽屏扩展图形阵列+（WSXGA+）等。

表 3-4　显示分辨率标准

计算机标准	分　辨　率	计算机标准	分　辨　率
CGA	320×200（16:10）	WSXGA	1600×1024（25:16）
QVGA	320×240（4:3）	WSXGA+	1680×1050（16:10）
B&W Macintosh/ Macintosh LC	512×384（4:3）	UXGA	1600×1200（4:3）
EGA	640×350（大约 5:3）	WUXGA	1920×1200（16:10）
VGA and MCGA	640×480（4:3）	QXGA	2048×1536（4:3）
HGC	720×348（60:29）	WQXGA	2560×1600（16:10）
MDA	720×350（72:35）	QSXGA	2560×2048（5:4）
Apple Lisa	720×360（2:1）	WQSXGA	3200×2048（大约 15.6:10）
SVGA	800×600（4:3）	QUXGA	3200×2400（4:3）
XGA	1024×768（4:3）	WQUXGA	3840×2400（16:10）
XGA+	1152×864（4:3）	HSXGA	5120×4096（5:4）
WXGA	1280×768（15:9）	WHSXGA	6400×4096（25:16）
SXGA	1280×1024（5:4）	HUXGA	6400×4800（4:3）
WXGA+	1440×900（16:10）	WHUXGA	7680×4800（16:10）
SXGA+	1400×1050（4:3）		

3. 图像分辨率

图像分辨率（Image Resolution）是图像获取时就固定了的固有属性，由手机或者数码照相机的光敏原件及拍摄的参数决定，图 3-12 所示是 800×600 的图像分辨率。

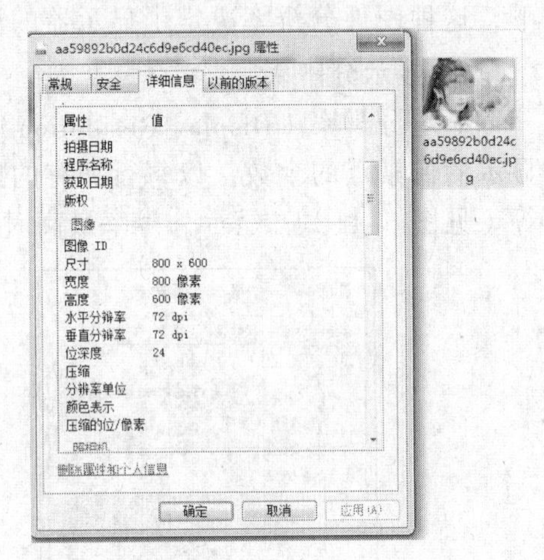

图 3-12　图像的固有属性

图像分辨率是指组成一幅图像的像素密度的度量方法，用每英寸多少个像素点表示，即 ppi(pixels per inch)。也有人用 dpi(dot per inch) 来表示，ppi 和 dpi 经常出现混用现象。但是它们所用的领域也存在区别。从技术角度来说，"像素"只存在于计算机显示领域，而"点"只出现于打印或印刷领域。

对同样大小的一幅图，如果组成该图的图像像素越多，则说明图像的分辨率越高，看起来就越逼真（包含了更多的图像细节）。相反，则图像显得越粗糙。图 3-13 所示是不同图像分辨率的相同图像在相同大小显示区域的显示情况。

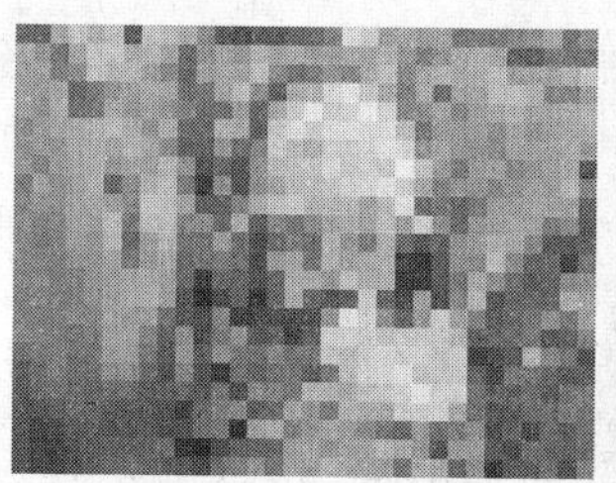

（a）32×24ppi 图像

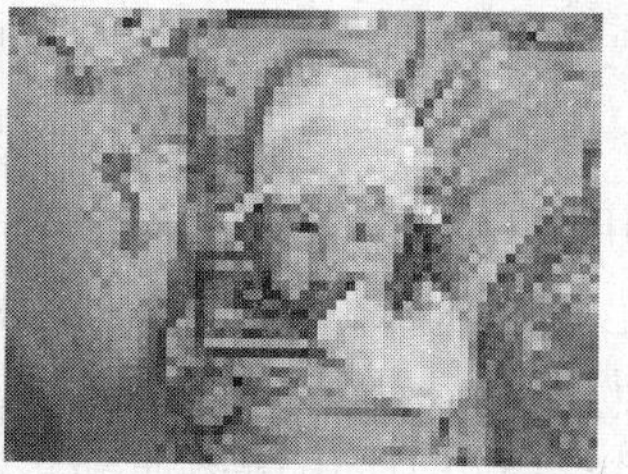

（b）63×47ppi 图像

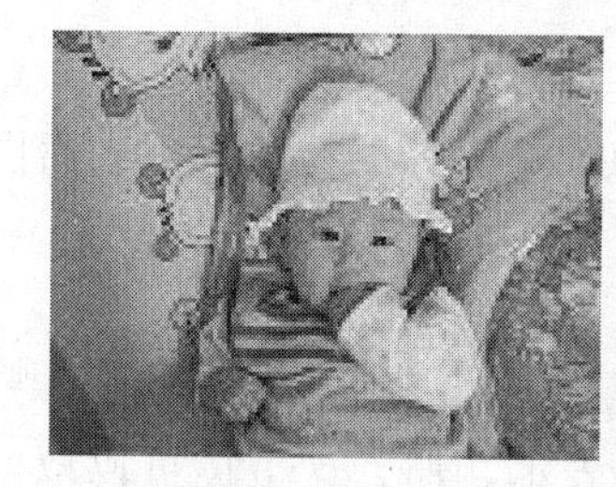

（c）125×94ppi 图像

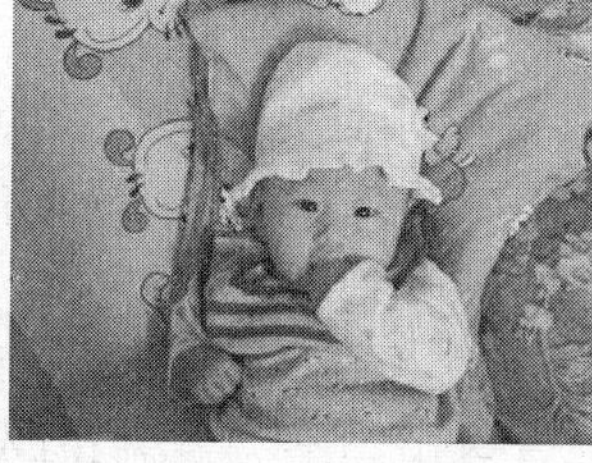

（d）250×188ppi 图像

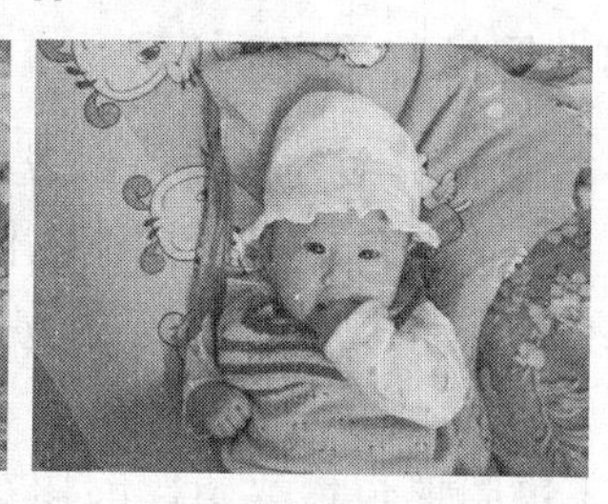

（e）500×375ppi 图像

图 3-13　不同图像分辨率的相同图像在相同大小显示区域的显示情况

4. 图像缩小后再放大的失真

图像像素点阵顾名思义就是由像素点构成的，如同用马赛克去拼贴图案一样，每个马赛克就是一个点，若干个点以矩阵排列成图案。

以下模拟一次缩小的过程，假设要将一幅 10×6 像素组成的图像缩小为 5×3 像素组成的图像，每个灰色方块代表一个像素。当缩小指令发出后，等距离地抽取像素并丢弃。然后再将剩余的像素拼合起来，形成缩小后的图案，如图 3-14 所示。

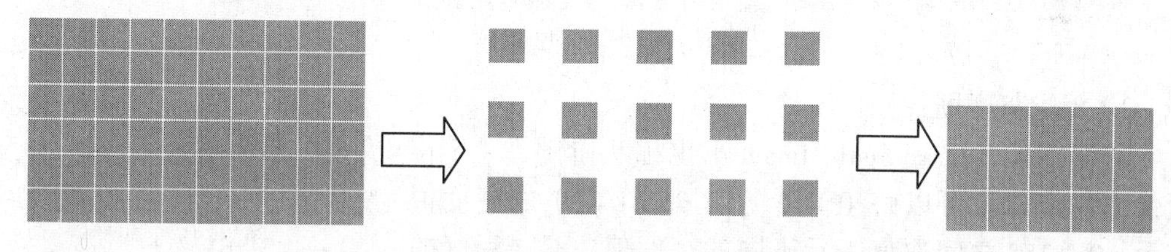

图 3-14　缩小图像的过程

在缩小以后，像素数从 60 降到了 15，这其中丢弃了 45 像素的信息。然后如果又将缩小后的图像扩大到 60 像素，虽然像素总量和原先一样是 60，但在第一次转换中丢弃的 45 像素信息是找不回来的。图形图像处理软件一般是采用插值算法去弥补这 45 像素。所谓插值算法，就好比猜测，凭空去“捏造”那些并不存在的像素。

如取缩小图中左上角那 2×2 的部分。现有 A、B、C、D 四个像素，要将 2×2 扩成 3×3，那么就要多出 5 个像素。图中的标号是 1、2、3、4、5。如何确定这原先并不存在的像素的颜色？一般是将现有两个像素的颜色值取平均，作为新像素的颜色。也就是说 A 和 B 运算后得出 1；AC 运算后得出 2；BD 得出 4；CD 得出 5；3 则是由 1245 运算得出的。插补图像的过程如图 3-15 所示。

图 3-15　插补图像的过程

注意：以上内容是为了便于理解而做的假设，真正的图像运算概念和过程远比这复杂得多。

可以想象，用这种方式“捏造”出来的像素和真正原先的像素肯定存在误差甚至是很大的误差。以上就是图像放大和缩小的原理，过程中会“捏造”或“扔掉”很多像素，调整图像的大小时就是添加或扔掉这些像素重新确定图片的大小。在某些时候为了提高图像的质量，也使用插补法来扩充图像的原有分辨率。

3.1.3 图像的颜色深度

图像分辨率分析的是组成一幅图像需要多少像素点，是图像的幅面问题。而图像深度（Image Depth）是描述图像中每个像素的数据所占的二进制位数，它决定了彩色图像中可以出现的最多颜色数，或者灰度图像中的最大灰度等级数。

1）1 位图像

1 位图像指构成图像的像素点只用一个二进制位来表示，那么这个位可以取两个值 0 和 1，即两种状态。所以把这样的图像称为二值图像，也称为 1 位单色图像，如图 3-16 所示。对于单色图像，依然可以根据像素的疏密程度来显示复杂的内容。

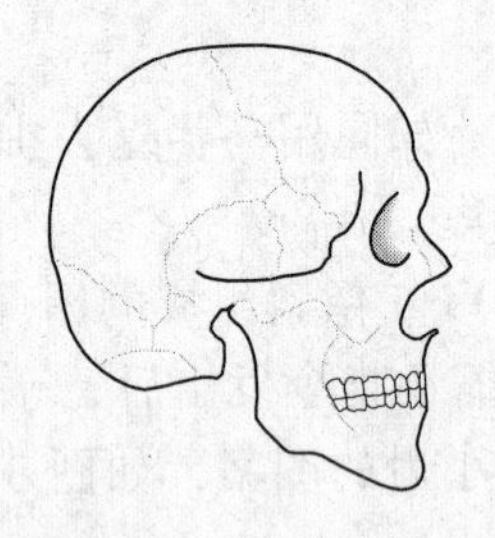

图 3-16 单色图像

2）8 位灰度图像

灰度图像（Gray Scale Image）也称灰阶图像：8 位图像中每个像素可以由 0（黑）到 255（白）的亮度值表示。0～255 之间取值表示不同的亮度值，不同程度的灰度级，如图 3-17 所示。

图 3-17 灰阶

灰度数字图像是每个像素只有一个采样颜色的图像。这类图像通常显示为从最暗的黑色到最亮的白色的灰度，尽管理论上这个采样可以获取任何颜色的不同深浅，甚至可以是不同亮度上的不同颜色。灰度图像与单色图像不同，单色图像只有黑色与白色两种颜色；灰度图像在黑色与白色之间还有许多级的颜色深度。8 位灰色图像如图 3-18 所示。

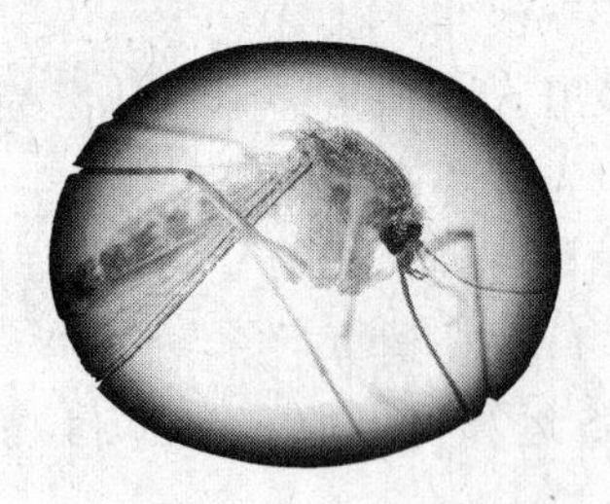

图 3-18 8 位灰度图像

3）24 位真彩色图像

在一个 24 位真彩色图像中，每个像素由 3 字节（3×8 位=24 位，24 位真彩色图像）表示，通常是代表 RGB（Red、Green、Blue）三个基色分量，R、G 和 B 每个分量存储时占用 1 字节。每个 RGB 分量直接决定其基色的强度，取值区间均为 0～255。这种格式支持 16 777 216（256×256×256）种可能的颜色组合，如图 3-19 所示。

24 位真彩色图像如图 3-20 所示。

图 3-19　色带

图 3-20　24 位真彩色图像

4）32 位真彩色图像

在一个使用 32 位存储的真彩色图像中，每个像素由 4 字节（4×8 位=32 位）组成。R（Red）、G（Green）、B（Blue）三种颜色以及阿尔法通道各占 8 位。RGB 代表红绿蓝，阿尔法通道（Alpha Channel）代表一张图片的透明程度（见图 3-21）。由于阿尔法通道由 1 字节存储，即可以取 256 个值（0～255）。

图 3-21　半透明图像

5）阿尔法通道

阿尔法通道并非只能出现在 32 位真彩色图像中，例如，一个使用 16 位存储的图片，可以是 5 位（2^5=32 个值）表示红色（0～31 中取值），5 位表示绿色，5 位表示蓝色，1 位是阿尔法（0 和 1 两个值）。在这种情况下，它要么表示透明的，要么表示不透明的。

图像颜色空间的阿尔法通道

阿尔法通道还可以在图像处理中有所体现，两幅图像 A 和 B 混合成一幅新图像 C，新图像的像素为 New Pixel C color=

(alpha) (pixel A color) + (alpha) (pixel B color)，这里的 alpha 作为参数可以表示透明程度的选择，如图 3-22 所示。

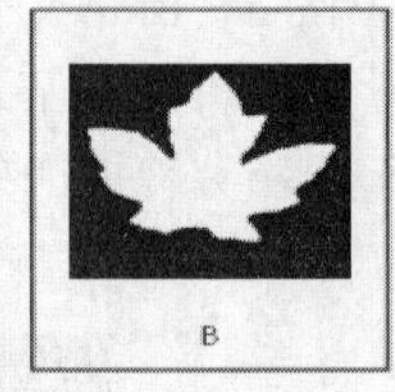

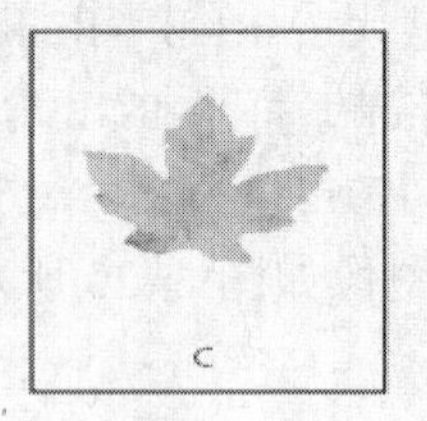

图 3-22　阿尔法通道下图像的混合

6）调色板（颜色查找表）

调色板不仅具有控制色系、颜色效果的功能，更主要的是它可以用来节省空间，也就是图像的一种数据压缩方法。

颜色查找表的选取

以一幅 1280 × 800 像素，24 位（RGB）真彩色图像（数据量约为 2.93 MB）为例，说明调色板的工作原理。

未经压缩的图像，采用 RGB 颜色空间模型，如图 3-23 所示，使用 vec3(r, g, b)表示，相当于三维直角坐标系，X、Y、Z 轴相当于红、绿、蓝三通道，原点 vec3(0.0, 0.0, 0.0)代表黑色，顶点 vec3(1.0, 1.0, 1.0)代表白色，点 vec3(1.0, 0, 0)代表红色，点 vec3(0, 1, 0)代表绿色，点 vec3(0, 0, 1)代表蓝色，原点到顶点的中轴线 $X = Y = Z$ 代表灰度线，灰度线上的点代表另外两维空间颜色值取 0，当前维度为 256 个灰阶中的一个。

为了对这样的立方体进行压缩，减少数据量，最直接的方法是在立方体中选择一些点保留，其他相近的点取这些保留点的值，如图 3-24 所示。

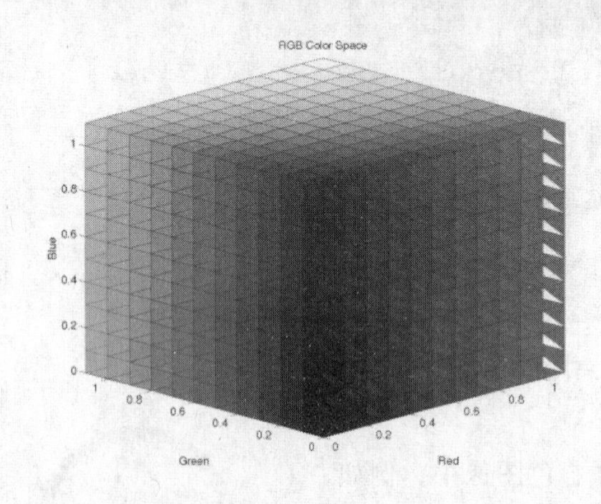

图 3-23　RGB 颜色空间的立方体

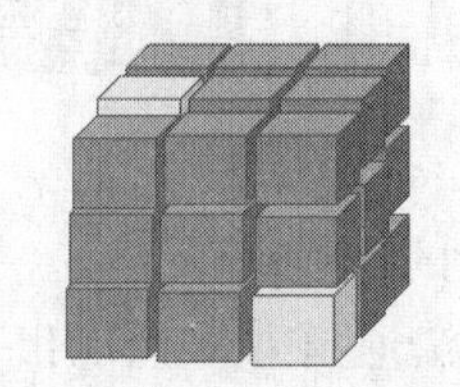

图 3-24　立方体的挑选

这样颜色样本就可以大幅缩减，但随之而来的是，个别像素点的颜色发生了变化，如“黑灰”存储为“黑”，这也就是颜色取值时失真的原因之一。对于这样保留下来的像素点是如何选取的？一个比较直观的取点方法就是先把 RGB 立方体分成大小相等的块，然后选取每小块立方体中央的颜色，如图 3-25 所示。这种方法具有易于理解、算法简单、实现方便等优点。

但实际上获取的像素点并非按照上面的方法完成，图 3-26 所示是一张颜色查找表（Color Look-Up Table，CLUT），是选中的像素点的集合，这些点并不是通过计算得到的，而是根据人类的视觉原理通过实验测试得到的。

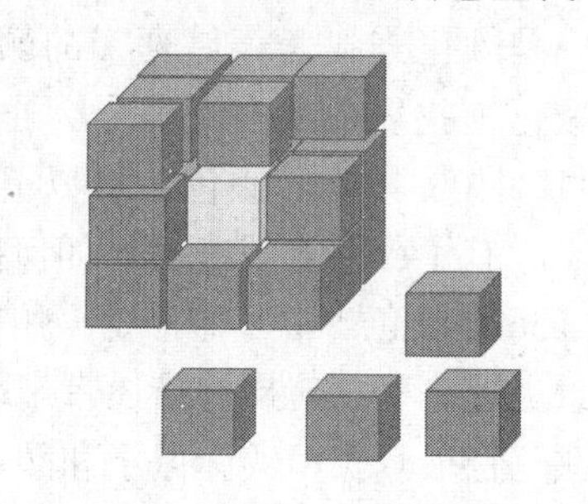

图 3-25 选取立方体中心颜色

人眼对颜色的敏感程度不同，比起蓝色，人类对红色、绿色更敏感，红色和绿色取值就精细一些，蓝色取值就粗犷一些（大量点取相同的值）。例如，图像压缩过程中，可以将红色和绿色的范围从 8 位（0～255）缩小到 3 位（0～7），而蓝色的范围从 8 位缩小到 2 位（0～3），总共 8 位。同时，人类对图像的位置也有所差异，对左上敏感，对右下不敏感，所以在图像的右下是可以进行大量压缩的。

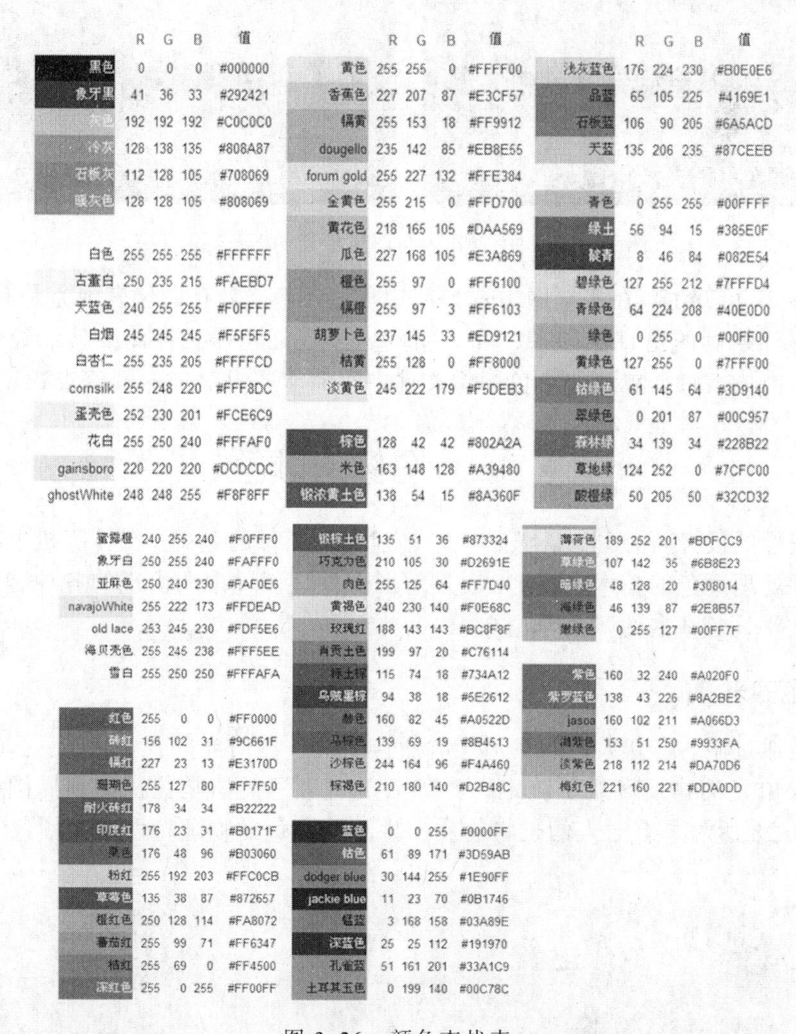

	R	G	B	值
黑色	0	0	0	#000000
象牙黑	41	36	33	#292421
灰色	192	192	192	#C0C0C0
冷灰	128	138	135	#808A87
石板灰	112	128	105	#708069
暖灰色	128	128	105	#808069
白色	255	255	255	#FFFFFF
古董白	250	235	215	#FAEBD7
天蓝色	240	255	255	#F0FFFF
白烟	245	245	245	#F5F5F5
白杏仁	255	235	205	#FFFFCD
cornsilk	255	248	220	#FFF8DC
蛋壳色	252	230	201	#FCE6C9
花白	255	250	240	#FFFAF0
gainsboro	220	220	220	#DCDCDC
ghostWhite	248	248	255	#F8F8FF
蜜露橙	240	255	240	#F0FFF0
象牙白	250	255	240	#FAFFF0
亚麻色	250	240	230	#FAF0E6
navajoWhite	255	222	173	#FFDEAD
old lace	253	245	230	#FDF5E6
海贝壳色	255	245	238	#FFF5EE
雪白	255	250	250	#FFFAFA
红色	255	0	0	#FF0000
砖红	156	102	31	#9C661F
镉红	227	23	13	#E3170D
珊瑚色	255	127	80	#FF7F50
耐火砖红	178	34	34	#B22222
印度红	176	23	31	#B0171F
栗色	176	48	96	#B03060
粉红	255	192	203	#FFC0CB
草莓色	135	38	87	#872657
橙红色	250	128	114	#FA8072
蕃茄红	255	99	71	#FF6347
桔红	255	69	0	#FF4500
深红色	255	0	255	#FF00FF

	R	G	B	值
黄色	255	255	0	#FFFF00
香蕉色	227	207	87	#E3CF57
镉黄	255	153	18	#FF9912
dougello	235	142	85	#EB8E55
forum gold	255	227	132	#FFE384
金黄色	255	215	0	#FFD700
黄花色	218	165	105	#DAA569
瓜色	227	168	105	#E3A869
橙色	255	97	0	#FF6100
镉橙	255	97	3	#FF6103
胡萝卜色	237	145	33	#ED9121
桔黄	255	128	0	#FF8000
淡黄色	245	222	179	#F5DEB3
棕色	128	42	42	#802A2A
米色	163	148	128	#A39480
锻浓黄土色	138	54	15	#8A360F
锻棕土色	135	51	36	#873324
巧克力色	210	105	30	#D2691E
肉色	255	125	64	#FF7D40
黄褐色	240	230	140	#F0E68C
玫瑰红	188	143	143	#BC8F8F
肖贡土色	199	97	20	#C76114
标土棕	115	74	18	#734A12
乌贼墨棕	94	38	18	#5E2612
赫色	160	82	45	#A0522D
马棕色	139	69	19	#8B4513
沙棕色	244	164	96	#F4A460
棕褐色	210	180	140	#D2B48C
蓝色	0	0	255	#0000FF
钴色	61	89	171	#3D59AB
dodger blue	30	144	255	#1E90FF
jackie blue	11	23	70	#0B1746
锰蓝	3	168	158	#03A89E
深蓝色	25	25	112	#191970
孔雀蓝	51	161	201	#33A1C9
土耳其玉色	0	199	140	#00C78C

	R	G	B	值
浅灰蓝色	176	224	230	#B0E0E6
品蓝	65	105	225	#4169E1
石板蓝	106	90	205	#6A5ACD
天蓝	135	206	235	#87CEEB
青色	0	255	255	#00FFFF
绿土	56	94	15	#385E0F
靛青	8	46	84	#082E54
碧绿色	127	255	212	#7FFFD4
青绿色	64	224	208	#40E0D0
绿色	0	255	0	#00FF00
黄绿色	127	255	0	#7FFF00
钴绿色	61	145	64	#3D9140
翠绿色	0	201	87	#00C957
森林绿	34	139	34	#228B22
草地绿	124	252	0	#7CFC00
酸橙绿	50	205	50	#32CD32
薄荷色	189	252	201	#BDFCC9
草绿色	107	142	35	#6B8E23
暗绿色	48	128	20	#308014
海绿色	46	139	87	#2E8B57
嫩绿色	0	255	127	#00FF7F
紫色	160	32	240	#A020F0
紫罗蓝色	138	43	226	#8A2BE2
jasoa	160	102	211	#A066D3
湖紫色	153	51	250	#9933FA
淡紫色	218	112	214	#DA70D6
梅红色	221	160	221	#DDA0DD

图 3-26 颜色查找表

颜色查找表就是通常所说的调色板（palette）。图像中的其他像素点的颜色取值在颜色查找表中找到相近的点进行存储。同时，发现实际上计算机存储图像数据的方法，可以由原来的每个像素点单独存储自己的像素值（RGB），现在分两部分存储：一是颜色查找表存储真实的颜色值；二是像素点存储的颜色索引值（此索引值只是在颜色查找表中的一个编号，通过此编号可以找到对应的颜色值），由于存储的是索引号，不是具体的颜色，可以节省大量存储空间。

有了颜色查找表后，如何把原来的 24 位真彩色图像，映射到颜色查找表中的 8 位（256 种颜色）中？通常是采用中值区分算法，计算实际像素值和颜色查找表中的哪个像素更近一些。这样的描述带来两种可能：实际像素和颜色查找表的某个像素很近，那么颜色将很真实；实际像素和颜色查找表的多个像素都很相近，选择其中一个都会有很大误差，导致图像失真。如图 3-27 所示为颜色查找表和图像实际像素不同程度的匹配效果。

图 3-27　颜色查找表与图像像素的匹配效果

由图 3-27 可知道，在一幅图中选择使用哪些颜色，具有最佳表现力是有意义的：如果一幅图像绘画的是日落场景，那么精确地表现红色而又存储少量的绿色是合理的。这就是为什么每个单独的彩色图像文件中存储着各自对应的颜色查找表的原因。

3.2　图像的颜色

对于图像的设计与处理，认识颜色是创建完美图像的基础。在计算机上有一套特定的记录和处理颜色的技术。因此，要理解图像处理软件中所出现的各种有关颜色的术语，首先要具备基本的颜色理论知识。

3.2.1　颜色的来源

颜色是通过眼、脑和人们的生活经验所产生的一种对光的视觉效应。人对颜色的感觉不仅仅由光的物理性质所决定，比如人类对颜色的感觉往往受到周围颜色的影响，如图 3-28 所示。有时人们也将物质产生不同颜色的物理特性称为颜色。

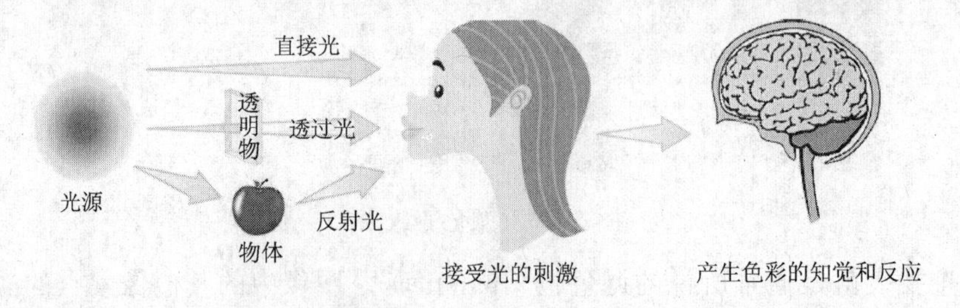

图 3-28　人类感知颜色

电磁波的波长和强度有很大区别，在人可以感受的波长范围内（约 380～740 nm），光称为可见光，简称光。假如将一个光源各个波长的强度列在一起，就可以获得这个光源的光谱，如表 3-5 所示。一个物体的光谱决定这个物体的光学特性，包括它的颜色。不同的光谱可以被人接收为同一个颜色。虽然可以将一个颜色定义为所有这些光谱的总和，但是不同的动物所看到的颜色是不同的，不同的人所感受到的颜色也是不同的，因此这个定义是相当主观的。

表 3-5　可见光的光谱

颜　　色	波长/nm	频率/MHz
红色	625～740	480～405
橙色	590～625	510～480
黄色	565～590	530～510
绿色	500～565	600～530
青色	485～500	620～600
蓝色	440～485	680～620
紫色	380～440	790～680

假如一个物体的表面的结构使得它有间隙的吸光和反光部分，而这些不同的光学特性的部分之间的距离与光的波长相应，那么白光照射到这个表面上时就会发生衍射，一定颜色的光会向一定的角度反射。这个物体的表面就会产生特别的彩虹般的闪光。孔雀的羽毛、许多蝴蝶的翅膀、贝母等就会产生这样的结构颜色。

3.2.2　颜色概述

纯颜色通常使用光的波长来定义，用波长定义的颜色称为光谱色。除了用波长描述颜色外，还可以通过大脑对不同颜色的感觉来描述。这些感觉由国际照明委员会（International Commission on Illumination，CIE，这个委员会创建的目的是要建立一套界定和测量色彩的技术标准。可回溯到 1930 年，此标准一直沿用到数字视频时代，其中包括白光标准和阴极射线管内表面红、绿、蓝三种磷光理论上的理想颜色。）做了定义，用颜色的三个特性来区分颜色，分别是色调、饱和度和亮度。

（1）亮度是光作用于人眼时所引起的明亮程度的感觉，它与被观察物体的发光强度有关。由于其强度不同，看起来可能亮一些或者暗一些，显然，如果颜色光的强度降到使人看不到了，在亮度标尺上它应与黑色对应，同样，如果其强度变得很大，那么亮度等级应与白色对应。对于同一物体照射的光越强，反射光也就越强，也称为越亮；对于不同的物体在相同照射情况下，反射越强者看起来越亮。此外亮度还与人类视觉系统的视敏函数有关，即便强度相同，不同颜色的光照射同一物体时也会产生不同的亮度。

（2）色调是当人眼看一种或者多种波长的光时所产生的彩色感觉，它反映颜色的种类，是决定颜色的基本特性。红色、棕色等都是指色调。某一物体的色调，是指该物体在日光照射下，所发射的各光谱成分作用于人眼的综合效果，对于透射物体则是透过该物体的光谱综合作用的结果。

（3）饱和度是指颜色的纯度即掺入白光的程度，或者说是指颜色的深浅程度，对于同一色调的彩色光，饱和度越深颜色越鲜明或说越纯。例如，当红色加入白光之后冲淡为粉红色，其基本色调还是红色，但是饱和度降低，换句话说，淡色的饱和度比浓色要低一些。饱和度还和亮度有关，因为若在饱和的彩色光中增加白光的成分，增加了光能，因而变得更亮了，但是它的饱和度却降低了。如果在某色调的彩色光中，掺入别的彩色光，则会引起色调的变化，只有掺入白光时才引起饱和度的变化。

通常使用图 3-29 所示的颜色圆来表示亮度、色调和饱和度。其中用沿着圆周来表示色调，沿径向表示饱和度，沿垂直方向表示亮度。

通常把色调和饱和度通称为色度，上述内容总结为亮度表示某彩色光的明亮程度，而色度则表示颜色的类别与深浅程度。

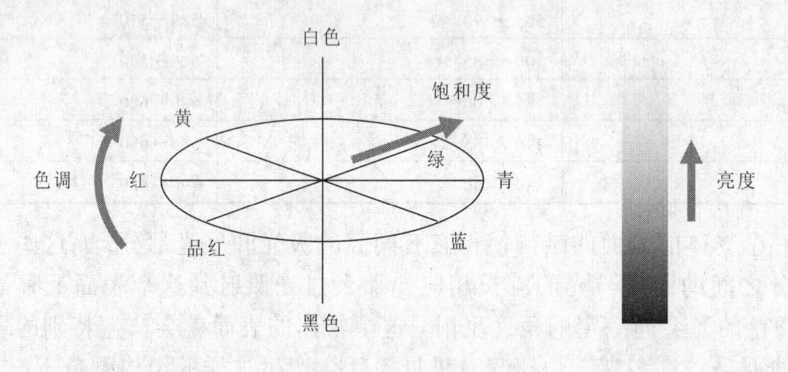

图 3-29　颜色圆

3.2.3　三基色原理

自然界常见的各种彩色光，都可以由红（Red 用 R 表示）、绿（Green 用 G 表示）、蓝（Blue 用 B 表示）三种颜色按照不同比例相配而成，绝大多数颜色也可分解成红、绿、蓝三种色光，这就是三基色原理。对于人们目前使用的显示器就是用三色来实现彩色的输出显示。三基色的选择不是唯一的，根据具体情况可以选择其他的三种颜色作为三基色。但是，选择的颜色必须是互相独立的，即任何一种颜色都不能由其他两种颜色合成。由于人眼对红、绿、蓝三种色光最敏感，所以一般都选择这三种颜色作为基色。

把三种基色光按照不同比例混合相加，称为相加混色。由红、绿、蓝三基色相加混色的情况如下：

红色+绿色=黄色

红色+蓝色=品红

绿色+蓝色=青色

红色+绿色+蓝色=白色

由于人眼对相同亮度单色光的主观感觉不同，所以用相同亮度的三基色混色时，如果把混色后所得到的单色光亮度定为 100%，那么人的主观感觉是：绿光仅次于白光，是三基色中最亮的；红光次之，亮度约为绿光的一半；蓝光最弱，亮度约占红光

的 1/3。当白色光的亮度用 Y 表示时，那么用如下方程描述白色光：

$$Y=0.299R+0.587G+0.114B$$

这是最常用的亮度公式。它是根据美国国家电视标准委员会的 NTSC（National Television Standards Committee）制式推导得到的。如果采用 PAL（Phase Alternating Line）制式；亮度公式应为：

$$Y=0.222R+0.707G+0.071B$$

这两个公式不同的原因是由于所选取的显示三基色不同。

三基色在相加混色时有三种方法：时间混色法、空间混色法和生理混色法。

颜色相加原理

（1）时间混色法。将三基色按照一定比例轮流投射到同一屏幕上，由于人眼的视觉惰性（视觉惰性现象又称视觉的暂留。当一幅图像在眼睛中成像后，图像的突然消失并不会使视觉神经和视觉处理中心的信号也突然消失，而是发生一个按指数规律衰减的过程，信号完全消失需要一个相当长的时间。当人在黑暗中挥动一支点燃的香烟时，实际的景物是一个亮点在运动，然而看到的却是一个亮圈。如果让观察者观察按时间重复的亮度脉冲，当脉冲重复频率不够高时，人眼就有一亮一暗的感觉，称为闪烁；重复频率足够高，闪烁感觉消失，看到的则是一个恒定的亮点。闪烁感觉刚好消失时的重复频率称为临界闪烁频率。脉冲的亮度越高，临界闪烁频率也相应地越高。），只要交替速度足够快，产生的彩色视觉与三基色直接相混时一样。图 3-30 所示为旋转和静止的陀螺。

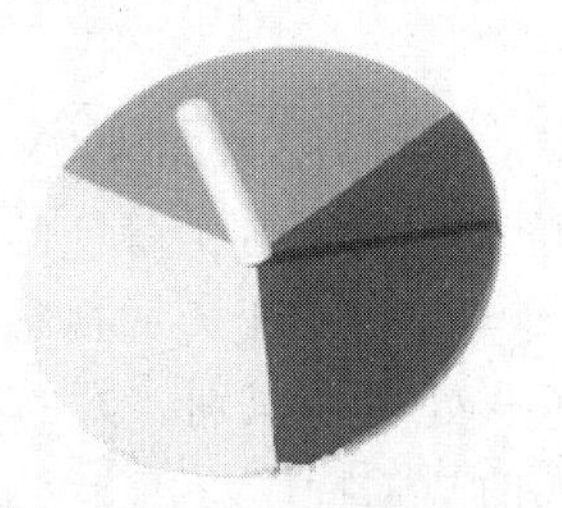

（a）静止的陀螺

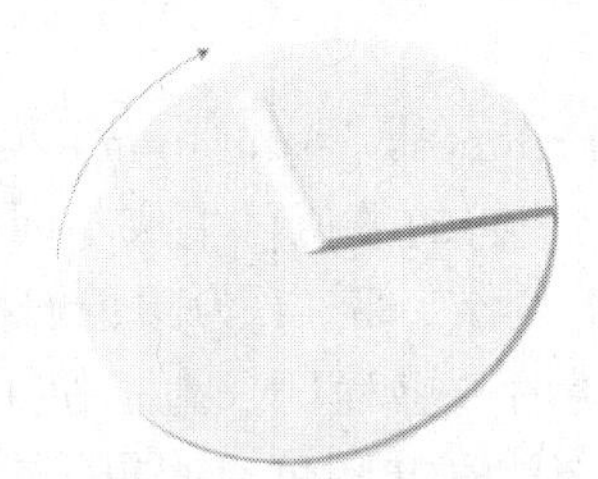

（b）旋转的陀螺

图 3-30 时间混色法

（2）空间混色法。将三基色同时投射到彼此距离很近的点上，利用人眼分辨力有限的特性而产生混色，或者使用空间坐标相同的三基色光的同时投射产生合成光。如图 3-31 所示，近看是若干个瓦片，瓦片颜色各异，远看房顶是一个混合的颜色。

图 3-31 空间混色法

（3）生理混色法。利用两只眼睛分别观看两个不同颜色的同一景象，也可以获得混色效果，如图 3–32 所示。

图 3–32　生理混色法

3.2.4　颜色模型

颜色模型是指彩色图像所使用的颜色描述方法。使用颜色模型的目的是尽可能多地和有效地描述各种颜色，以便需要时能方便地加以选择。各个领域一般使用不同的颜色模型，如计算机显示时采用的是 RGB 模型，彩色电视信号传输时采用 YUV 模型，打印输出彩色图像时用 CMY 模型，下面讨论几种常见的颜色模型。

1. RGB 模型

在多媒体计算机技术中，因为计算机的彩色监视器的输出需要 RGB 三个彩色分量，通过三个分量的不同比例，在显示屏幕上合成所需的任意颜色。所以无论多媒体系统中采用什么形式的颜色模型表示，最后输出一定要转换成 RGB 彩色表示。

RGB 模型采用相加混色的方法，因为没有光时是全黑，各色光加入后才产生色彩。同时越加越高，加到极限时成为白色，如图 3–33 所示。现在使用的彩色显示器和电视机都是利用这三基色混合原理来显示图像，而把彩色图片输入到计算机的彩色扫描仪则是利用它的逆过程。扫描是把一幅彩色图片分解成 R、G、B 三种基色，每一种基色的数据代表特定颜色的强度。当这三种基色的数据在计算机中重新混合时又显示出它原来的颜色。

2. HSL 模型

HSL（Hue、Lightness、Saturation）模型是使用 H、L 和 S 三个参数生成颜色。H 为颜色的色调，改变它的数值可生成不同的颜色表示；S 为颜色的饱和度，改变它的数值可使颜色变亮或者变暗；L 为颜色的亮度参量。由于人的视觉对亮度的敏感程度远强于对颜色浓淡的敏感程度，为了便于色彩处理和识别，人的视觉系统经常采用 HSL 颜色空间，它比 RGB 颜色空间更符合人的视觉特性。

3. YUV 模型

YUV 是被欧洲电视系统所采用的一种颜色编码方法，是 PAL 和 SECAM 模拟彩色电视制式采用的颜色空间。YUV 主要用于优化彩色视频信号的传输，与 RGB 视频信号传输相比，它最大的优点在于只需占用极少的频宽（RGB 要求三个独立的视频信号同时传输）。其中“Y”表示明亮度（Luminance），也就是灰阶值；而“U”和“V”表示的则是色度（Chrominance），作用是描述影像色彩及饱和度，用于指定像素的颜色。“亮度”是透过 RGB 输入信号来建立的，方法是将 RGB 信号的特定部分叠加到一起。“色度”则定义了颜色的两个方面——色调与饱和度，分别用 Cr 和 Cb 来表示。其中，Cr 反映了 RGB 输入信号红色部分与 RGB 信号亮度值之间的差异。而 Cb 反映的是 RGB 输入信号蓝色部分与 RGB 信号亮度值之间的差异。

采用 YUV 色彩空间的重要性是它的亮度信号 Y 和色度信号 U、V 是分离的。如果只有 Y 信号分量而没有 U、V 分量，那么这样表示的图像就是黑白灰度图像。彩色

电视采用YUV空间正是为了用亮度信号Y解决彩色电视机与黑白电视机的兼容问题，使黑白电视机也能接收彩色电视信号。

4. CMY 模型

计算机屏幕显示彩色图像时采用的是 RGB 模型，而在打印时一般需要转换成 CMY 模型。CMY 模型（Cyan、Magenta、Yellow）是采用青、品红（洋红）、黄色三种基色按一定比例合成颜色的方法。CMY 模型和 RGB 模型不同，色彩的产生不是直接来自于光线的色彩，而是由照射在颜料上反射回来的光线所产生。颜料会吸收一部分光线（“减去”光），而未吸收的光线会反射出来，成为视觉判定颜色的依据，所以这种色彩的产生方式称为减色法。所有的颜料都加入后才能成为纯黑，当颜料减少时，才开始出现色彩，颜料全部除去后才成为白色，如图 3-34 所示。

RGB 模式是一种发光的色彩模式，你在一间黑暗的房间内仍然可以看见屏幕上的内容；CMY 是一种依靠反光的色彩模式，人们如何阅读报纸的内容？是由阳光或灯光照射到报纸上，再反射到我们的眼中，才看到内容。它需要有外界光源，如果你在黑暗房间内是无法阅读报纸的。

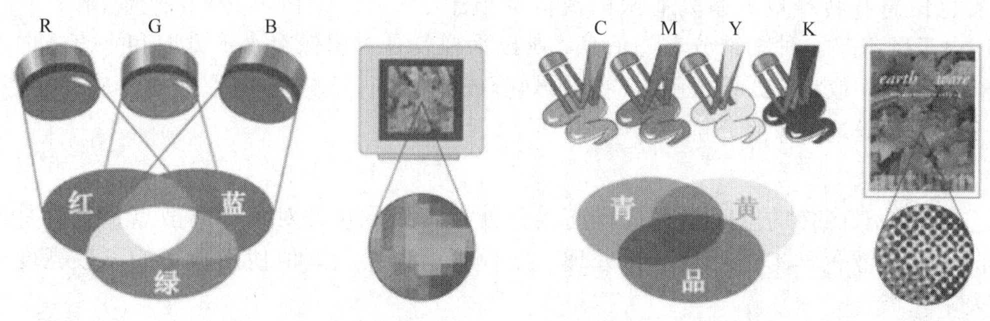

图 3-33　RGB 颜色空间（色光加色）　　图 3-34　CMY 颜色空间（色料减色）

虽然理论上利用 CMY 三原色混合可以制作出所需要的各种色彩，但实际上同量的 CMY 混合后并不能产生完善的黑色或者灰色。因为所有打印油墨都会包含一些杂质，这三种油墨实际上产生一种土灰色，必须与黑色 K（Black）油墨混合才能产生真正的黑色。因此，在印刷时必须加上一个黑色，这样又称 CMYK 模式。四色印刷便是依据 CMYK 模式发展而来的。以常见的彩色印刷品为例，我们所看到的五颜六色的彩色印刷品，其实在印刷的过程中仅仅只用了四种颜色。在印刷之前先通过计算机将一张真彩色图像，分成四张单色透明的灰度图的分色胶片，只有将 C、M、Y、K 四种颜色叠印在一起的时候，才能产生一张绚丽多姿的彩色照片，如图 3-35 所示。

图 3-35　CMYK 四色印刷

3.3 数字化图像

如同音频信号是基于时间的连续函数，在现实空间，以照片形式或视频记录介质保存的图像，其亮度与颜色等信号都是基于二维空间的连续函数。计算机无法接收和处理这种空间分布和亮度取值均连续分布的图像。图像信号的数字化，就是按照一定的空间间隔自左到右、自上而下提取画面信息，并按一定的精度进行量化的过程。

3.3.1 数字图像的获取

数字图像的获取可以分为采样、量化和编码三个步骤。其中采样的结果就是通常所说的图像分辨率，而量化的结果则是图像所能容纳的颜色总数（图像深度）。数字图像的获取效果如图 3-36 所示。

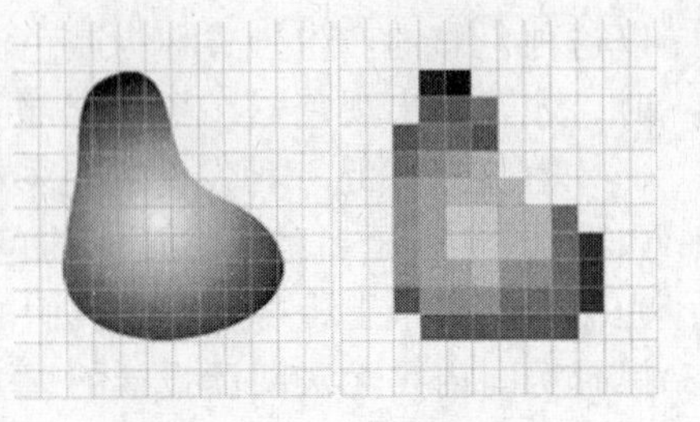

图 3-36 图像的获取

1. 采样

图像采样就是将二维空间上模拟的连续亮度或彩色信息，转换成一系列有限的离散数值来表示。由于图像是一种二维分布的信息，所以采样就是对图像在水平方向和垂直方向上进行等间隔的取样。如果水平方向上被划分成 M 个点，垂直方向上被划分成 N 个点，那么 $M \times N$ 就是图像的分辨率。

2. 量化

采样是对图像的空间坐标进行离散化处理，而量化是对每个离散点，也就是像素的灰度或颜色样本进行数字化处理，把模拟的连续亮度值使用数字的离散亮度值来表示。

3. 编码

数字化得到的图像数据量十分巨大，必须采用编码技术来压缩信息。在一定意义上讲，编码压缩技术是实现图像传输与存储的关键。

3.3.2 数字图像的数据量

一幅模拟图像按照一定的图像分辨率和图像深度进行采样，从而得到一幅数字化的图像。数字图像的数据量可按照以下公式计算：

$$图像数据量=图像水平分辨率 \times 图像垂直分辨率 \times 图像深度 \div 8$$

【例 3-1】一幅分辨率为 1 280 × 800 像素的 24 位真彩色图像，计算图像数字化后的数据量。

【解】图像的数据量为：

$$图像数据量=1\ 280 \times 800 \times 24 \div 8=3\ 072\ 000\ \text{B}=3\ 000\ \text{KB} \approx 2.93\ \text{MB}$$

由此看出，图像的分辨率越高，图像的深度越深，则数字化后的图像效果就越逼真，但图像数据量也就越大。表 3-6 列出了常见的图像分辨率、图像深度与图像数据量的对应关系。

表 3-6　图像分辨率、图像深度与图像数据量的对应关系

图像分辨率/像素	图像深度/位	数据量/KB
800 × 600	16	937.5
800 × 600	24	1 406.25
1 024 × 768	24	2 304
1 024 × 768	32	3 072
1 280 × 800	24	3 000
1 280 × 800	32	4 000

3.3.3　数字图像的文件格式

图像文件有很多不同类型的格式，主要是在文件编码的过程中，定义了不同的识别信息和压缩方法。如果能理解识别信息的用途和压缩原理的编码规则，就不难读/写各类图像文件，甚至自行设计出一种图像文件格式。

1．图像文件的一般结构

一般的图像文件结构主要包含文件头、文件体和文件尾三部分。

（1）文件头：软件 ID、软件版本号、图像分辨率、图像尺寸、图像深度、彩色类型、编码方式、压缩算法。

（2）文件体：图像数据、彩色变换表。

（3）文件尾：用户名、注释、开发日期、工作时间。

以上是一个大概的图像文件结构说明，实际的结构根据不同的格式其中的条目要细得多，结构也复杂得多，各个条目所占空间及条目间的排列顺序也大不相同。目前还没有非常统一的图像文件格式，但大多数图像处理软件都与数种图像文件格式相兼容，即可读取多种不同格式的图像文件。这样，不同的图像格式间可相互转换。

2．BMP 图像文件格式

BMP（Bitmap）是一种与硬件设备无关的图像文件格式，使用范围非常广。它采用位映射存储格式，除了图像深度可选以外，不采用其他任何压缩，因此，BMP 文件所占用的空间很大。BMP 文件的图像深度可选 1 位、4 位、8 位及 24 位。BMP 文件存储数据时，图像的扫描方式是按从左到右、从下到上的顺序。

由于 BMP 文件格式是 Windows 环境中交换与图有关的数据的一种标准，因此在 Windows 环境中运行的图形图像软件都支持 BMP 图像格式。

典型的 BMP 图像文件由三部分组成：①位图文件头数据结构，包含 BMP 图像文件的类型、显示内容等信息；②位图信息数据结构，包含有 BMP 图像的宽、高、压缩方法；③定义颜色等信息。图 3-37 和图 3-38 所示为一幅 BMP 格式的图片显示及其十六进制形式的显示。

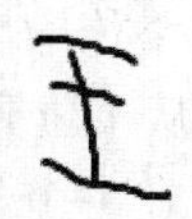

图 3-37　样本图像属性

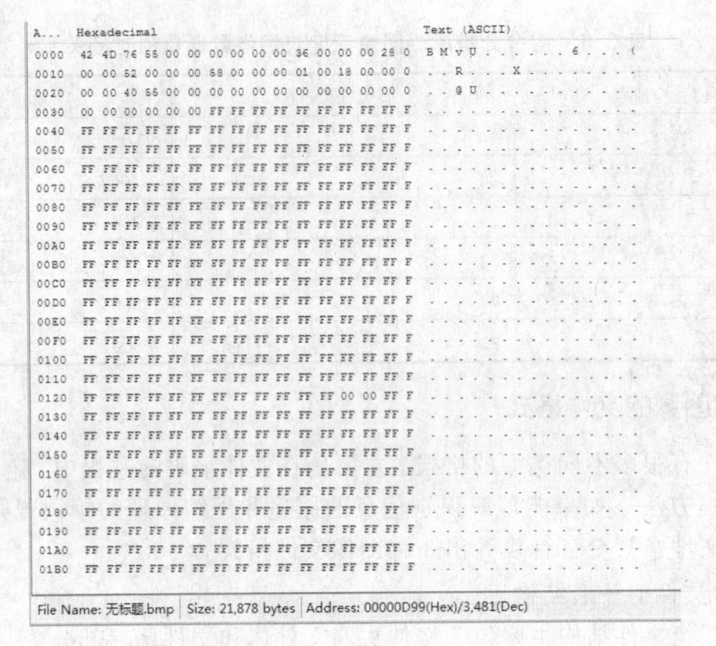

图 3-38 样本图像十六进制显示

3. PCX 图像文件格式

PCX 雏形是出现在 Zsoft 公司推出的名叫 PC Paintbrush 的用于绘画的商业软件包中。后来被微软公司将其移植到 Windows 环境中，是最早支持彩色图像的一种位图图像文件格式。它先在微软的 Windows 3.1 中广泛应用，随着 Windows 的流行，加之其强大的图像处理能力，使 PCX 同 GIF、TIFF、BMP 图像文件格式一起，被越来越多的图形图像软件工具所支持。

PCX 其文件的扩展名为“.PCX”，PCX 的图像深度可选为 1 位、4 位、8 位。由于这种文件格式出现较早，它不支持真彩色。

PCX 图像文件由文件头和实际图像数据构成。文件头由 128 字节组成，描述版本信息和图像显示设备的横向、纵向分辨率以及调色板等信息。在实际图像数据中，表示图像数据类型和彩色类型。PCX 图像文件中的数据都是用 PCXREL 技术压缩后的图像数据。

4. GIF 文件格式

GIF 是 CompuServe 公司在 1987 年开发的图像文件格式，其文件的扩展名为“.GIF”。

GIF 图像文件的数据是经过压缩的，而且是采用了可变长度等压缩算法。数据量小，所以常常用在网络传输上，传输这种文件的速度比其他图像格式快得多。

GIF 图像的深度从 1 位到 8 位，也就是 GIF 最多支持 256 种色彩的图像。GIF 格式的另一个特点是它在一个 GIF 文件中可以存多幅彩色图像，如果把存于一个文件中的多幅图像数据逐幅读出并显示到屏幕上，就可构成一种最简单的动画。

5. JPG 文件格式

JPEG（Joint Photographic Experts Group）是由国际电报电话咨询委员会（CCITT）和国际标准化组织（ISO）联合组成的一个图像专家组制定的第一个压缩静态数字图

像的国际标准，其标准名称为“连续色调静态图像的数字压缩和编码”，简称 JPEG 算法。

该文件的扩展名为“.jpg”或“.jpeg”，它是最常用的图像文件格式，是一种有损压缩格式，能够将图像压缩在很小的存储空间，图像中重复或不重要的资料会被丢失，因此容易造成图像数据的损伤。尤其是使用过高的压缩比例，将使最终解压缩后恢复的图像质量明显降低，如果追求高品质图像，不宜采用过高压缩比例。但是 JPEG 压缩技术十分先进，它用有损压缩方式去除冗余的图像数据，就是可以用最少的磁盘空间得到较好的图像品质。

JPEG 格式是目前网络上最流行的图像格式，是可以把文件压缩到最小的格式，在 Photoshop 软件中以 JPEG 格式存储时，提供 11 级压缩级别，用 0～10 级来表示。其中 0 级压缩比最高，图像品质最差。即使采用细节几乎无损的 10 级质量保存时，压缩比也可达 5∶1。在以 BMP 格式保存时，得到 4.28 MB 图像文件，在采用 JPG 格式保存时，其文件仅为 178 KB，压缩比达到 24∶1。经过多次比较，采用第 8 级压缩是存储空间与图像质量兼得的最佳比例。

JPEG 格式的应用非常广泛，特别是在网络和光盘读物上，都能找到它的身影。目前各类浏览器均支持 JPEG 图像格式，因为 JPEG 格式的文件尺寸较小，下载速度快。而且大多数软件都支持 JPEG 格式的图形文件，如 Photoshop、Illustrator 7.0 等均可输出 JPEG 格式。

需要指出的是 JPEG 文件具有较高的压缩率，而且具有渐近式支持交错功能。所谓渐近式支持交错功能是在网上传输图像的一种方式，就是在接收方接收图像时，图像可以先以粗线条的形式显示轮廓，然后逐渐地完善图像细节的显示。这种方式非常有利于在网络上快速传输。如果要输出高质量的图像，应该选择 TIF 格式。

6. PSD 文件格式

PSD 是 Photoshop 图像处理软件的专用文件格式，文件扩展名是“.psd”，可以支持图层、通道、蒙版和不同色彩模式的各种图像特征，是一种非压缩的原始文件保存格式。PSD 文件容量很大，但由于可以保留所有原始信息，在图像处理中对于尚未制作完成的图像，选用 PSD 格式保存是最佳的选择。

7. PCD 文件格式

PCD 是 Kodak Photo CD 的缩写，文件扩展名是“.pcd”，是 Kodak 开发的一种 Photo CD 文件格式，其他软件系统只能对其进行读取。该格式使用 YCC 色彩模式定义图像中的色彩。YCC 和 CIE 色彩空间包含比显示器和打印设备的 RGB 色和 CMYK 色多得多的色彩。Photo CD 图像大多具有非常高的质量。

8. WMF 文件格式

WMF 是 Microsoft Windows 中常见的一种图像文件格式，它具有文件短小，图案造型化的特点，整个图像常由各个独立的组成部分拼接而成，但其图像往往较粗糙，并且只能在 Microsoft Office 中调用编辑。也可在 AutoCAD 中编辑此文件格式，并且 CAD 支持输出此格式文件的像素为 32 334×16 524。

9. PNG 图像文件格式

PNG（Portable Network Graphics，可移植性网络图像）是网上接受的最新图像文件格式。PNG 能够提供长度比 GIF 小 30%的无损压缩图像文件。它同时提供 24 位和 48 位真彩色图像支持以及其他诸多技术性支持。由于 PNG 非常新，所以目前并不是所有的应用程序都可以用它来存储图像文件，但 Photoshop 可以处理 PNG 图像文件，也可以用 PNG 图像文件格式存储。

10. TIFF 图像文件格式

TIFF（Tag Image File Format）是 Mac 中广泛使用的图像格式，它由 Aldus 和微软联合开发，最初是出于跨平台存储扫描图像的需要而设计的。它的特点是图像格式复杂、存储信息多。正因为它存储的图像细微层次的信息非常多，图像的质量也得以提高，故而非常有利于原稿的复制。

TIFF 格式有压缩和非压缩两种形式，其中压缩可采用 LZW 无损压缩方案存储。不过，由于 TIFF 格式结构较为复杂，兼容性较差，个别软件不能正确识别 TIFF 文件。目前在 Mac 和 PC 上移植 TIFF 文件也十分便捷，因而 TIFF 现在也是微机上使用最广泛的图像文件格式之一。

3.3.4 数字图像处理

数字图像处理（Digital Image Processing）又称计算机图像处理，它是指将图像信号转换成数字信号并利用计算机对其进行处理的过程。

1. 数字图像处理发展概况

数字图像处理最早的应用之一是报纸业，当时图像第一次通过海底电缆从伦敦传往纽约。早在 20 世纪 20 年代曾引入 Bartlane 电缆图片传输系统，把横跨大西洋传送一幅图片所需的时间从一个多星期减少到 3 个小时。

20 世纪 50 年代，当时的电子计算机已经发展到一定水平，人们开始利用计算机来处理图形和图像信息。第一台可以执行有意义的图像处理任务的大型计算机出现在 20 世纪 60 年代早期。到了 20 世纪 60 年代末至 20 世纪 70 年代初数字图像处理技术开始用于医学图像、地球遥感监测和天文学等领域。

从 20 世纪 60 年代到现在，图像处理领域已经得到了生机勃勃的发展。图像处理技术在许多应用领域受到广泛重视并取得了重大的开拓性成就，属于这些领域的有航空航天、生物医学工程、工业检测、机器人视觉、公安司法、军事制导、文化艺术等，使图像处理成为一门引人注目、前景远大的新型学科。例如，伽马射线成像、紫外波段成像、天气观测与预报无线电波成像等。随着图像处理技术的深入发展，从 20 世纪 70 年代中期开始，随着计算机技术和人工智能、思维科学研究的迅速发展，数字图像处理向更高、更深层次发展。人们已开始研究如何用计算机系统解释图像，实现类似人类视觉系统理解外部世界，这称为图像理解或计算机视觉。很多国家或地区，特别是发达国家投入更多的人力、物力到这项研究，取得了不少重要的研究成果。其中代表性的成果是 20 世纪 70 年代末 MIT 的 Marr 提出的视觉计算理论，这个理论成为计算机视觉领域其后十多年的主导思想。图像理解虽然在理论方法研究上已取得不小的进展，但它本身是一个比较难的研究领域，存在不少困难，因人类本身对自己的视觉过程了解甚少，因此计算机视觉是一个有待人们进一步探索的新领域。

2．数字图像处理主要研究的内容

数字图像处理主要研究的内容有以下几个方面：

1）图像变换

图像变换由于图像阵列很大，无论是处理还是存储涉及的计算量都很大。因此，往往采用各种图像变换的方法，如傅里叶变换、离散余弦变换、小波变换等间接处理技术，将空间域的处理转换为变换域处理，不仅可减少计算量，而且可获得更有效的处理。

2）图像编码压缩

图像编码压缩技术可减少描述图像的数据量（即比特数），以便节省图像传输、处理时间和减少所占用的存储器容量。压缩可以在不失真的前提下获得，也可以在允许的失真条件下进行。编码是压缩技术中最重要的方法，它在图像处理技术中是发展最早且比较成熟的技术。

3）图像增强和复原

图像增强和复原的目的是提高图像的质量，如去除噪声，提高图像的清晰度等。其最终目的是改善给定的图像。尽管图像增强和图像复原有相交叉的领域，但是图像增强主要是一个主观的过程，而图像复原的大部分过程是一个客观过程。图像复原试图利用退化现象的某种先验知识来重建或复原被退化的图像。因而，复原技术就是把退化模型化，并且采用相反的过程进行处理，以便复原出原图像。

4）图像分割

图像分割是数字图像处理中的关键技术之一。图像分割是将图像细分为构成它的子区域或对象。分割的程度取决于要解决的问题。就是说，在应用中，当感兴趣的对象已经被分离出来时，就停止分割，如图 3-39 所示。

图 3-39　图像分割

图像分割算法一般是基于亮度值的两个基本特性之一：不连续性和相似性。第一类性质的应用途径是基于亮度的不连续变化分割图像，如图像的边缘。第二类的主要应用途径是依据事先制定的准则将图像分割为相似的区域。

目前，对图像分割的研究还处于不断深入之中，是图像处理中研究的热点之一。

5）图像的表示与描述

图像的表示与描述是对得到的被分割的像素集进行表示和描述。表示一个区域包括两种选择：一是可以用其外部特性来表示区域，另一个是用其内部特性来表示区域。当关注的主要焦点集中于形状特性上时，可以选择外部表示法。而当主要的焦点集中于内部性质上时，可以选择内部表示法，如颜色、纹理等。因此图像的表示与描述也是图像处理的重要部分。

6）图像分类（识别）

图像分类（识别）属于模式识别的范畴，其主要内容是图像经过某些预处理（增强、复原、压缩）后，进行图像分割和特征提取，从而进行判决分类。图像分类常采用经典的模式识别方法，有统计模式分类和句法（结构）模式分类，近年来新发展起来的模糊模式识别和人工神经网络模式分类在图像识别中也越来越受到重视。

3．数字图像处理的应用

图像是人类获取和交换信息的主要来源，因此，图像处理的应用领域必然涉及人类生活和工作的方方面面。随着人类活动范围的不断扩大，图像处理的应用领域也将随之不断扩大。

1）航天和航空技术方面的应用

数字图像处理技术在航天和航空技术方面的应用，除了美国宇航员喷气推进实验室（JPL）对月球、火星照片的处理之外，另一方面的应用是在飞机遥感和卫星遥感技术中。许多国家每天派出很多侦察飞机对地球上有兴趣的地区进行大量的空中摄影。对由此得来的照片进行处理分析，以前需要雇用几千人，而现在改用配备有高级计算机的图像处理系统来判读分析，既节省人力，又加快了速度，还可以从照片中提取人工所不能发现的大量有用情报。

从 20 世纪 60 年代末以来，美国及一些国际组织发射了资源遥感卫星（如 LANDSAT 系列）和天空实验室（如 SKYLAB），由于成像条件受飞行器位置、姿态、环境条件等影响，图像质量不是很高。因此，以如此昂贵的代价进行简单直观的判读来获取图像是不合算的，而必须采用数字图像处理技术。如 LANDSAT 系列陆地卫星，采用多波段扫描器（MSS），在 900 km 高空对地球每一个地区以 18 天为一周期进行扫描成像，其图像分辨率大致相当于地面上十几米或 100 m 左右（如 1983 年发射的 LANDSAT-4，分辨率为 30 m）。这些图像在空中先处理（数字化，编码）成数字信号存入磁带中，在卫星经过地面站上空时，再高速传送下来，然后由处理中心分析判读。这些图像无论是在成像、存储、传输过程中，还是在判读分析中，都必须采用很多数字图像处理方法。

现在世界各国都在利用陆地卫星所获取的图像进行资源调查（如森林调查、海洋泥沙和渔业调查、水资源调查等）、灾害检测（如病虫害检测、水火检测、环境污染检测等）、资源勘察（如石油勘查、矿产量探测、大型工程地理位置勘探分析等）、农业规划（如土壤营养、水分和农作物生长、产量的估算等）、城市规划（如地质结构、水源及环境分析等）。我国也陆续开展了以上诸方面的一些实际应用，并获得了良好的效果。在气象预报和对太空其他星球研究方面，数字图像处理技术也发挥了相当大的作用。

2）生物医学工程方面的应用

数字图像处理在生物医学工程方面的应用十分广泛，而且很有成效。除了上面介绍的 CT 技术之外，还有一类是对医用显微图像的处理分析，如红细胞、白细胞分类，染色体分析，癌细胞识别等。此外，在 X 光肺部图像增晰、超声波图像处理、心电图分析、立体定向放射治疗等医学诊断方面都广泛地应用图像处理技术。

3）通信工程方面的应用

当前通信的主要发展方向是声音、文字、图像和数据结合的多媒体通信。具体地讲是将电话、电视和计算机以三网合一的方式在数字通信网上传输。其中以图像通信最为复杂和困难，因图像的数据量十分巨大，如传送彩色电视信号的速率达 100 Mbit/s 以上。要将这样高速率的数据实时传送出去，必须采用编码技术来压缩信息的比特量。在一定意义上讲，编码压缩是这些技术成败的关键。除了已应用较广泛的熵编码、DPCM 编码、变换编码外，目前国内外正在大力开发研究新的编码方法，如分形编码、自适应网络编码、小波变换图像压缩编码等。

4）工业和工程方面的应用

在工业和工程领域中图像处理技术有着广泛的应用，如自动装配线中检测零件的质量、并对零件进行分类，印制电路板瑕疵检查，弹性力学照片的应力分析，流体力学图片的阻力和升力分析，邮政信件的自动分拣，在一些有毒、放射性环境内识别工件及物体的形状和排列状态，先进的设计和制造技术中采用工业视觉等。其中值得一提的是研制具备视觉、听觉和触觉功能的智能机器人，将会给工农业生产带来新的激励，目前已在工业生产中的喷漆、焊接、装配中得到有效利用。

5）军事公安方面的应用

在军事方面图像处理和识别主要用于导弹的精确和制导，各种侦察照片的判读，具有图像传输、存储和显示的军事自动化指挥系统，飞机、坦克和军舰模拟训练系统等；公安业务图片的判读分析、指纹识别、人脸鉴别、不完整图片的复原，以及交通监控、事故分析等。目前已投入运行的高速公路不停车自动收费系统中的车辆和车牌的自动识别都是图像处理技术成功应用的例子。

6）文化艺术方面的应用

目前这类应用有电视画面的数字编辑、动画的制作、电子图像游戏、纺织工艺品设计、服装设计与制作、发型设计、文物资料照片的复制和修复、运动员动作分析和评分等，已逐渐形成一门新的艺术——计算机美术。

3.4 应用案例——数字图像处理软件 ACDSee

ACDSee 软件是较流行的数字图像处理软件之一，它能广泛应用于图片的获取、管理、浏览、优化甚至和他人的分享。使用 ACDSee 可以从数码照相机和扫描仪高效获取图片，并进行便捷的查找、组织和预览。图 3-40 所示为 ACDSee 官方免费版的主界面。

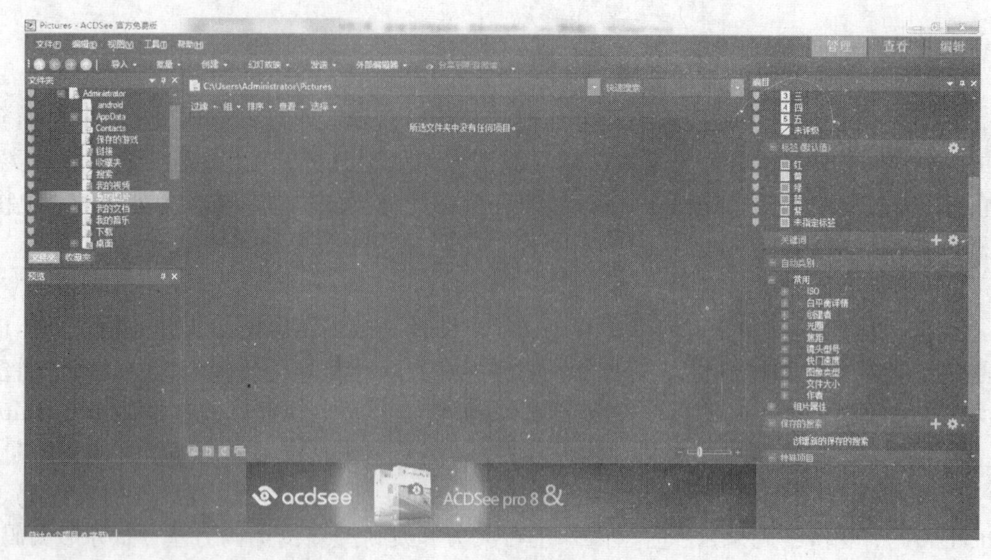

图 3-40　ACDSee 官方免费版主界面

【例 3-2】使用 ACDSee 官方免费版分析图像的基本属性。

【解】具体设置如下：

首先打开一幅图像，可以通过双击图片（如果 ACDSee 已经关联该格式的图像）打开，也可以通过在运行的 ACDSee 软件中，选择“文件”→“打开”命令，选择图像后单击【确定】按钮打开。

打开图像后，要想对图像进行编辑，单击右上角的“编辑”按钮，图像进入编辑状态，如图 3-41 所示。

图 3-41　ACDSee 编辑界面

1）图像分辨率

在“几何形状”选项组中单击“调整大小”按钮。左侧的“编辑模式菜单”变成了“调整大小”菜单，如图 3-42 所示。可以看到当前的图像分辨率为 3 264 × 2 448，对于分辨率大小的修改，可以在“像素”选项组中通过调整“宽度”和“高度”）直接修改像素点的个数。也可以在“百分比”选项组中通过“宽度”和“高度”进行调整。

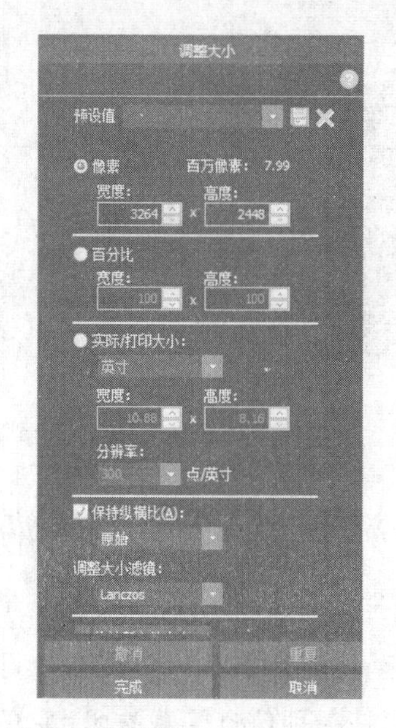

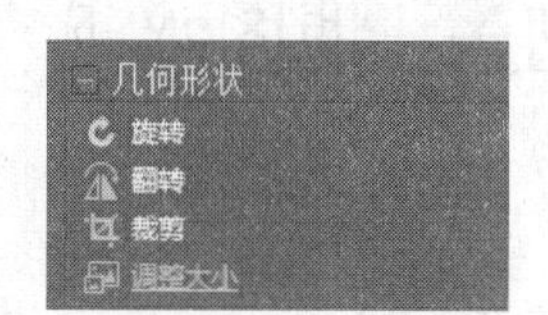

图 3-42　图像尺寸设置

本例的图像初始大小为 3.37 MB（3 535 049 B），将分辨率从 3 264×2 448 降低到 1 024×768，单击“完成”按钮，完成图像分辨率降低的操作，单击“保存”按钮保存图像，查看图像此时的数据量为 414 KB（424 261 B）。由此可知，图像数据量与分辨率有关，分辨率（水平分辨率对应“宽度”、垂直分辨率对应“高度”）越大，图像的数据量越大。反之，分辨率越小，图像的数据量就越小。

2）图像的颜色深度

在“颜色”选项组中单击“色彩平衡”按钮。左侧的“编辑模式”菜单变成了“色彩平衡”菜单，如图 3-43 所示。这里可以看到为了使用方便，ACDSee 把当前图像的两种颜色空间放在一起展示给用户，一个是 HSL 颜色空间的“饱和度”“亮度”“色调”，另一个是 RGB 颜色空间的“红”“绿”“蓝”。

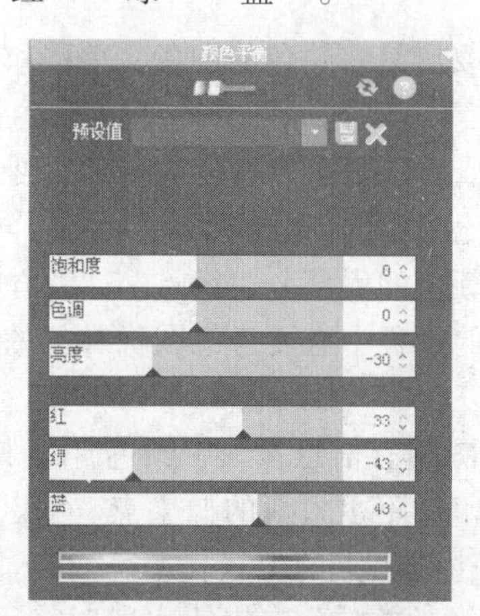

图 3-43　图像颜色设置

自行设置颜色空间的参数，生成新的图像，与原图像的对比如图 3-44 所示。

图 3-44　图像颜色更新后的效果图对比

3.5　应用案例——地图水印

相关的概念：

1）数字水印

一个地图水印的例子

数字水印技术是一种信息隐藏技术，它的基本思想是在数字图像、音频和视频等数字产品中嵌入秘密信息，以便保护数字产品的版权，证明产品的真实可靠性、跟踪盗版行为或者提供产品的附加信息。其中的秘密信息可以是版权标志、用户序列号或者产品相关信息。一般，它需要经过适当的变换再嵌入到数字产品中，通常称变换后的秘密信息为数字水印。它的核心是信息隐藏技术。

图 3-45 所示是古代银票上的印章，古人通过修改汉字的少刻录一笔、多刻录一横等形式进行加密，仿制者制作印章时，不会知道这些，如"理"字的右下部分丢失，以为是没印上红泥，同时每隔一段时间就更换不同的印章，使得仿制者无法通过查看多张银票发现规律。

图 3-45　古代银票中的水印

2）边缘提取

对于一幅已经提取出某一颜色的图像，平移和差分运算将图像平移一个像素，再把原图像与平移后的图像相减，得到差值。该差值反映了图像亮度的变化，变化率大的部分增加亮度，变化率小的部分减小亮度。这样就可以得到一幅图像中某一颜色的大部分边缘点。这种方法虽然不能完整地提取全部边缘点，但是由于在水印嵌入的过程中也要考虑图像补偿的问题，因此并不会影响实验结果。

3）嵌入水印

经过研究发现地图具有信息量大、颜色含量少、各种颜色区间明显、分界清晰等特点，为了在嵌入水印时不引入新的像素点，考虑改变边线点之间的距离来达到嵌入水印的目的，即移动边线上点的位置。

为了减少带来的视觉差异，在嵌入水印时采用水印序列的值是（-1，0，1）中的一个随机数，这样可以使在一定区域内嵌入的水印代数和为 0。也就是对于选择一段颜色区间的边缘上的点来说，垂直移动每个点的纵坐标，改变相邻两点间的距离。通过随机插入一系列的（-1，0，1）值实现水印的插入，具体算法如下：

1. 基于颜色特征的地图水印嵌入的过程

考虑到字移和行移算法的思想，在水印嵌入过程中为了不增加新的像素点，不改变图像中色彩的信息，又考虑到地图的颜色特征，这是地图中比较稳定的特征。现设计水印嵌入方法，这种算法主要分成以下几部分：

（1）水印嵌入（见图 3-46）。

① 提取地图中某一指定的颜色。

② 在得到的特定颜色范围内取该颜色的边缘像素点。

③ 在边缘像素点中随机嵌入水印序列，实现水印的嵌入。

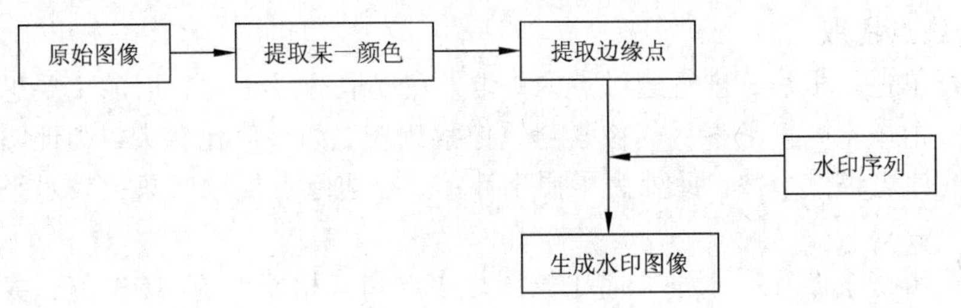

图 3-46　水印嵌入过程

（2）水印检测（见图 3-47）。

① 在原始图像中进行边缘点提取。

② 在水印图像中进行边缘点提取。

③ 比较原始图像和水印图像之间是否具有相关性。

④ 检测水印的存在性。

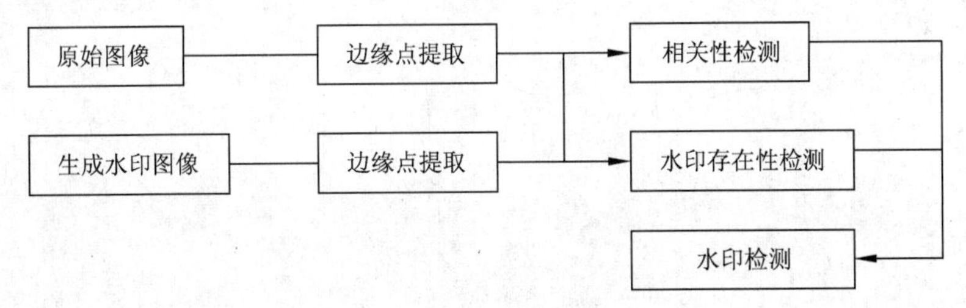

图 3-47　水印检测过程

2. 颜色提取

颜色提取的操作步骤如下：

（1）选定一幅地图。如选择长春市地图中的某个区域作为实验地图，分析地图上颜色的特点，颜色的选取可以根据需要来选择，在这幅地图中选择色彩清晰、分界比较明显的道路颜色，然后求得它的 RGB 值。

（2）进行颜色提取。考虑到误差的存在，在选择样本时给定其误差范围为上限和下限 RGB 值不超过 10。然后通过程序选择所需要的颜色区域，实验效果如图 3-48 所示。

（3）为了便于后面的边线提取，在颜色提取过程中，判断每个点的 RGB 值，如果它的值在选定区间内就统一赋为白色（250，250，250），其余的点赋给一个其他值，这里赋值为蓝色，这样就实现了同一颜色的提取。

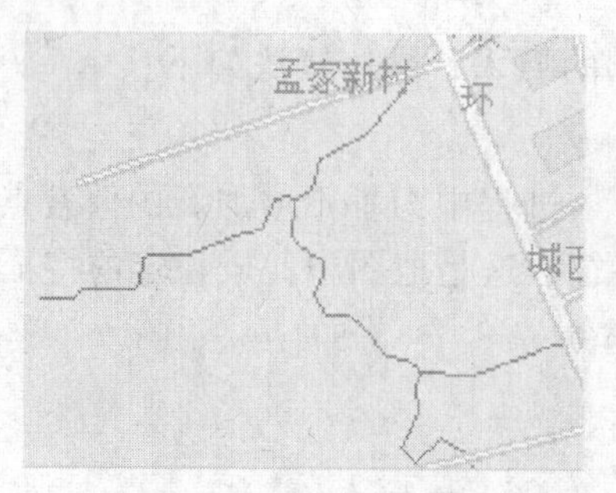

（a）长春市地图中的某个区域

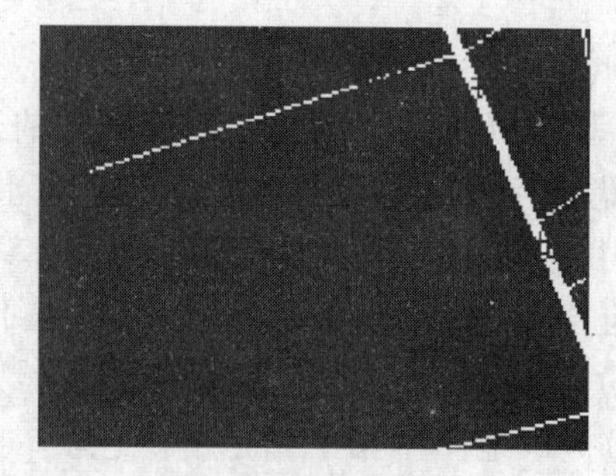
（b）单色提取后的效果图

图 3-48　实验效果图

3. 边缘点提取

在进行单色提取后，进行边缘点的提取。在提取边缘点时采取的主要思想是把原图像平移一个像素，将平移后的像素与原像素比较，如果值比较大，则证明此点是边缘点，并统计边缘点个数。此处为了便于计算，在边缘点提取时只比较水平方向颜色的变化。

（1）遍历整个图片，水平方向比较图片中点和其相邻点的 RGB 值，找出变化大的像素点。

（2）显示边缘点。判断差是否为 250 或-250 来决定该点是否为边缘点。通过该方法得到一系列边缘点，效果如图 3-49 所示。

（3）得到地图边缘点后，准备对其边缘点嵌入水印。

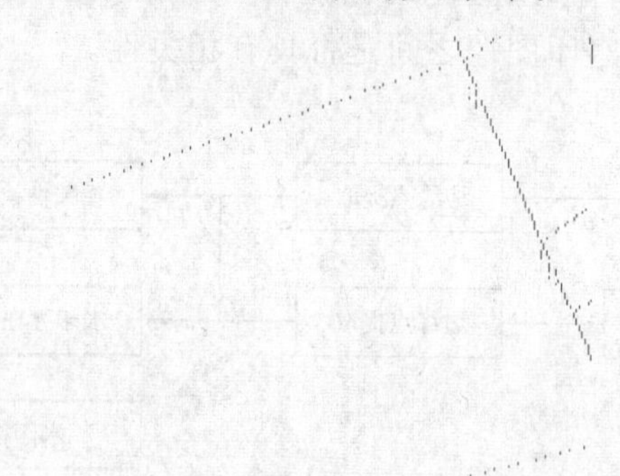

图 3-49　对地图中进行边缘点提取后的效果图

4. 水印的嵌入

在对图像进行边缘点的提取后，就准备对其边缘点进行水印嵌入。在水印嵌入的过程中，对于每个边缘像素点，用变量 image.GetPixel(x,y)来存储，对于每个边缘点，行坐标 X 有一个 w 的位移。每个位移 w 是从(−1,0,1)中随机选择的，这样是为了保证每个边缘有一个最小的位移。因为对于每个像素点的最小位移是一个像素。为了使嵌入后的水印图像中不引入新的像素，所以对于元素 w，取值时使它满足如下条件：

$$\sum_{n=0}^{m-1} w_n = 0$$

其中，m 为一选定颜色区域内的边缘像素点的个数。由于每个 w 都是在(−1,0,1)中选择，为了保证其代数和为 0，设定对于每 3 个像素点取值时的所有可能为{(1,0,−1),(1,−1,0),(0,−1,1),(0,1,−1),(−1,0,1),(−1,1,0)}中的其中一种。本例通过设定随机函数实现随机取值。

基于颜色特征的水印嵌入思想如下：

遍历地图图片，查找出边缘点，对边缘点上的像素随机左移一位、右移一位或者不移动。通过这种方法来实现改变相邻点之间的距离。相邻点之间距离发生变化就意味着其像素值发生变化，这样就实现了水印的嵌入。嵌入水印后实验结果如图 3-50 所示。

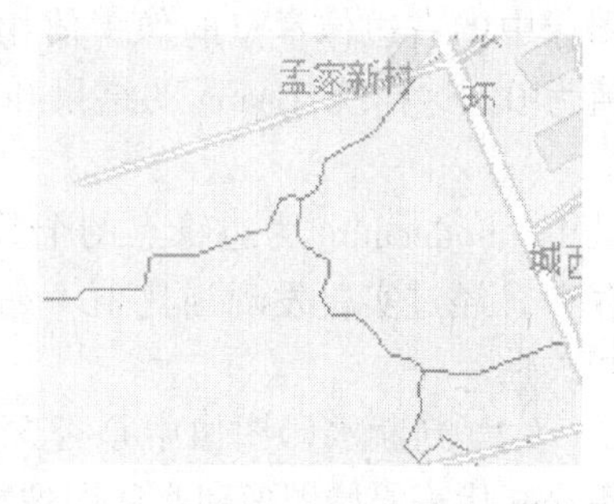

图 3-50　地图嵌入水印后的效果图

在此通过改变边缘点位置达到嵌入水印的目的。把地图嵌入水印后的图像放大可以看到边缘点发生的变化，如图 3-51 所示。

图 3-51　长春地图在其边缘线嵌入

对于放大的图中可以看到边缘线处像素点有微小的变化。但是，对于地图的使用来说，常常是采用非常大的图像，因此这点变化是微不足道的。

5. 水印的检测

水印的检测和提取是水印技术中关键的部分之一。常见的水印检测技术主要分为两类，一类是基于相关的水印检测算法，另一类是基于统计决策理论的检测算法。

相关检测的主要思想是计算接收到的载体作品 $\hat{x}$ 与水印信号 w 之间的相似性，通过相似性度量是否超过给定的阈值来判断载体作品 $\hat{x}$ 中是否已经嵌入水印 w。在嵌入水印后的图像中为了检测出该图像受到版权保护，此处在水印检测时利用了原始图像和水印图像之间边缘点的相关性，也属于基于相关的水印检测方法。

这里在水印检测时主要分成两步：一是判断原始图像和水印图像是否具有相关性，也就是判断水印图像是否是由原始图像得来的；二是判断水印图像是否是由插入了水印序列(−1,0,1)而得来。由于本文在水印嵌入时是嵌入的随机序列，因此在检测时也是利用这个随机序列的特点来检测水印。具体实现如下：

（1）判断原始图像和水印图像之间的相关性。在检测水印时定义一个变量 sum，用 sum 来代表原始图像和水印图像之间边缘点的变化情况。

$$\text{sum}=\begin{cases}\text{sum}+1, \text{image1.GetPixel}(x,y).R=\text{image2.GetPixel}(x'+1,y').R,\\ \text{sum}-1, \text{image1.GetPixel}(x,y).R=\text{image2.GetPixel}(x'-1,y').R\\ \text{sum}+0, \text{image1.GetPixel}(x,y).R=\text{image2.GetPixel}(x',y').R\end{cases}$$

其中，$\text{image1.GetPixel}(x,y).R$代表原始图像中边缘点的颜色，$\text{image2.GetPixel}(x,y).R$是水印图像中边缘点的颜色，$(x,y)\in\text{image1}$，$(x',y')\in\text{image2}$。

对于原始图像和水印图像来说，比较两幅图中相对的两点。如果原始图像中某点与水印图像中的左边像素点的像素值相同，sum 就减 1；如果原始图像中某点与水印图像中的右边像素点的像素值相同，sum 就加 1；两点之间没有变化，我们给 sum 赋值为 0。这样统计 sum 的结果和边缘点个数 nodecount 的比值 N_1。

$$N_1=\text{abs}(\text{sum}/\text{nodecount})$$

其中，nodecount 为边缘点的个数。该值在理想状态下比值应为 0。由于考虑到误差的存在，经过实验发现当比值不超过 0.01 时，认为该水印图像和原始图像具有一定的相关性。

（2）判断水印图像中是否含有嵌入的水印序列，即水印检测。定义一个变量sum'，用sum'代表原始图像和水印图像之间边缘点的变化情况。

$$\text{sum}=\begin{cases}\text{sum}+1,\text{image1.GetPixel}(x,y).R=\text{image2.GetPixel}(x'+1,y').R,\\ \text{sum}+1,\text{image1.GetPixel}(x,y).R=\text{image2.GetPixel}(x'-1,y').R\\ \text{sum}+0,\text{image1.GetPixel}(x,y).R=\text{image2.GetPixel}(x',y').R\end{cases}$$

其中，$\text{image1.GetPixel}(x,y).R$代表宿主图像中边缘点的颜色，$(x,y).R$是水印图像中边缘点的颜色，$(x,y)\in\text{image1}$，$(x',y')\in\text{image2}$。

如果原始图像中某点与水印图像中的左边像素点的像素值相同，sum'就加 1；如果原始图像中某点与水印图像中的右边像素点的像素值相同，sum'也加 1；两点之间没有变化，给sum'赋值为 0。这样统计sum'的结果和边缘点个数 nodecount 的比值 N_2。

$$N_2=\text{abs}(\text{sum}'/\text{nodecount})$$

其中，nodecount 为边缘点的个数。由于在嵌入水印时，为了保证在嵌入的过程中不引入新的像素点，文本在水印嵌入时采用每相邻三个点随机地选取(-1,0,1)之间的一个值。那么在水印提取时利用sum'存储发生变化点的个数，如果满足按照对应点是在(-1,0,1)之间取的值，就在sum'上加 1。然后计算sum'与边缘点的比值，在理想状态下其比值应为 0.6666。考虑到误差的存在性以及嵌入水印后的图像在受到攻击后的干扰，经过大量实验测得当比值超过 0.60 时，该图像是受到水印保护的图像。

就本例来说，比较原始图像和水印图像，计算它的 N_1 和 N_2 的值，N_1 为 0.00388，N_2 为 0.66213，则它是受水印保护的图像。

小　结

图像是计算机多媒体技术所处理的重要信息之一，表示“图”的手段有两种，一种是图像，一种是图形。图像是直接量化的原始信号形式，由像素点构成，像素点是组成图像的最基本的元素。图形是指经过计算机运算而形成的抽象化结果，由具有方向和长度的矢量线段构成。

在处理图像时分辨率是非常重要的，图像分辨率是指组成一幅图像的像素密度的度量方法，用每英寸多少个像素点表示。对同样大小的一幅图，如果组成该图的图像像素越多，则说明图像的分辨率越高，看起来就越逼真（包含了更多的图像细节）。相反，则图像显得越粗糙。图像深度是描述图像中每个像素的数据所占的二进制位数，它决定了彩色图像中可以出现的最多颜色数，或者灰度图像中的最大灰度等级数。

图像的颜色是创建完美图像的基础，用颜色的三个特性来区分颜色，分别是色调、饱和度和亮度。颜色模型是指彩色图像所使用的颜色描述方法。RGB模型是人们最常用的颜色模型。

图像在计算机中存储也需要数字化图像，数字图像的获取可分为采样、量化和编码三个步骤。其中采样的结果就是通常所说的图像分辨率，而量化的结果则是图像所能容纳的颜色总数。图像的数字化应用越来越广泛，生活中的很多地方都离不开它。

思考题

1. 表示“图”的手段有哪两种，它们有什么特点？
2. 三基色原理是什么？
3. 数字图像处理研究的内容有哪些？
4. 数字图像处理的发展方向是什么？有哪些应用？

习题

一、填空题

1. 图像是直接量化的原始信号形式的，由________构成。
2. ________是描述图像中每个像素的数据所占的二进制位数。
3. 图像分辨率是指组成一幅图像的像素密度的度量方法，其单位是________。
4. 一幅24位彩色图像的每个像素用R、G、B这3个分量表示，如果每个分量使用8个二进制位，那么可以表达的颜色数目为________。
5. 图像的颜色存储中，包含有________通道来说明图像的透明程度。
6. 图像按照色彩方式，主要分为________和________两种。
7. 区分颜色的三个特性分别是________、________和________。
8. 相加混色的常见三种方法分别是________、________和________。
9. DSP是指将图像信号转换成数字信号并利用计算机对其进行处理的过程，其英文全称是________。

二、选择题

1. 以下分辨率中，（　　）是显示器硬件条件决定的，（　　）确定了屏幕上显示图像区域的大小，（　　）是描述一幅图像的像素密度。

A. 屏幕分辨率　B. 打印分辨率　C. 图像分辨率　D. 显示分辨率

2. 影响图像质量的因素有（　　）。

A. 图像分辨率　　B. 图像的内容
C. 图像的颜色深度　　D. 图像的压缩率

3. 以下描述错误的是（　　）。

A. 单色图像就是只有一种颜色的图像

B. 图像的细致程度和图像分辨率的高低有关

C. 图像色彩的鲜艳程度和图像颜色的深度相关

D. 灰度图就是黑色和白色两种颜色构成的

4. 以下说法错误的是（　　）。

A. 使用调色板存储的是真实的图像数据，是无损存储

B. 颜色是通过眼、脑和人们的生活经验所产生的一种对光的视觉效应

C. 不同国家或地区定义合成白色光公式的标准是不同的

D. 图像分辨率越高，图像深度越深，则数字化后的图像数据量也就越大

5. 常见的颜色模式有（　　）

A. RGB　　B. HSL　　C. YUV　　D. CMY

6. 采用 CMY 颜色模式的彩色图能描述的颜色是（　　）位。

A. 8　　B. 16　　C. 24　　D. 32

7. 图像文件的一般结构是（　　）。

A. 文件头　　B. 文件体　　C. 文件尾　　D. 文件夹

8. 常见的数字图像文件格式有（　　）。

A. BMP　　B. GIF　　C. VOC　　D. PNG

E. PCX

三、简答题

1. 图的表示方法有图形和图像，它们的区别是什么？
2. 简述图像缩小存储后，再放大成原来的尺寸产生图像失真的原因。
3. 简述图像调色板的原理，并说明如何设置颜色查找表比较合理。
4. 根据颜色的特性，通过画图来描述颜色。
5. 简述三种混色的方法。
6. 计算一幅分辨率为 1 024×768 像素、32 位真彩色的图像的文件大小。

第 4 章 计算机动画处理技术

计算机动画是多媒体技术应用领域的一个重要分支。它将人类的视觉引入到炫酷的世界，让人们进入一场视觉的盛宴。计算机动画以计算机及其相关的软硬件为工具，制作动画产品，修饰视觉效果属性，并将之呈现于现实之中。

本章将介绍计算机动画的发展历史、动画的制作原理、动画的基本处理过程，以及二维三维动画制作的基本技术，最后依托 Flash 案例介绍简单二维动画的制作过程。

4.1 计算机动画技术基础

当序列中每一帧图像都是由人工或计算机软件制作而成时，称这组动态图像为动画。动画按照制作手段可分为手工绘制和计算机动画；按照空间的视觉效果可分为二维动画和三维动画。随着计算机硬件与图形学的发展，计算机动画已经成为主流，它广泛应用于商业广告、影视制作、游戏娱乐、动态模拟及科学研究等领域。

4.1.1 计算机动画的历史与发展

1828 年，法国人保罗·罗盖特利用视觉暂留现象创造了运动画面的幻觉。而真正意义上的计算机动画产品是美国迪士尼（Disney）公司于 1982 年推出的《电脑争霸》电影。

计算机动画的研究开始于 20 世纪 60 年代初期。1963 年 Bell 实验室制作了第一部计算机动画片。最初的工作主要集中于二维动画系统和语言的研制，应用于科教片制作。通过近十几年的研究，计算机动画引起了国际上许多计算机科学家的重视。从 20 世纪 70 年代开始，动画研究的重心集中在三维动画系统的研究与开发上。三维动画被赋予了许多崭新的内容，使计算机动画的发展呈现勃勃生机。

计算机动画是一门实用性很强的技术。世界上一些著名的高校、研究机构和计算机公司联合研制新型的商业动画系统，给计算机动画应用和普及创造了有利条件。如 Adobe 公司的 Animate CC 是国内流行的二维交互式矢量动画软件，国际上比较流行的专业二维动画制作软件主要有 Animo、USAnimation、RETAS 等；Autodesk 公司开发的基于 PC 系统的三维动画渲染和制作软件 3D Studio Max，简称 3ds Max 或 MAX，因其具有优良的运算能力、丰富的建模能力和出色的材质编辑系统，吸引了大批三维动画制作者和公司，在国内可以说一枝独秀，此外流行的三维动画制作软件还包括 Maya、Houdini、Sumatra 等。

4.1.2 动画的原理

动画是由一系列拥有连续内容的静态画面组成的，由于人的视觉暂留效应，当画面连续不断地出现在人的视野中时，就看到了动画。

计算机动画是基于数学公式的创作方法，由算法产生作品。本质上，计算机动画就是采用图形图像技术，借助算法编程，生成一系列景物画面，每幅画面都是对前一幅的部分修改。计算机动画依据其控制方式分为帧动画和算法动画。

关键帧动画是基于传统动画原理而来的，设置好了两个关键帧，计算机会自动为程序生成中间的帧，即传统动画中的中间画。还有一种运动控制是基于物理原理的，主要应用在三维动画制作中，软件会先生成一个三维的模型，再根据物体的运动要求，采用动力学、物理学原理自动产生物体的运动，模拟出逼真的运动效果。

4.2 计算机动画分类

动画的分类没有一定之规。如果从空间的视觉效果来划分，则动画可分为二维动画、三维动画和变形动画；如果从制作技术和手段来划分，则动画可分为以手工绘制为主的传统动画和以计算机为主的计算机动画；如果从播放的效果上来划分，则动画可分为顺序动画和交互式动画；如果从每秒播放的画面幅数来划分，则动画可分为全动画和半动画。

计算机动画多数按空间视觉效果来划分，它有着传统动画不可比拟的优越性：传统动画多表现为二维动画，只能顺序播放，由于人工绘制的因素其画面的幅数多为半动画，其艺术表现力、应用领域和制作效率都不及计算机动画。计算机动画无论是二维动画制作软件，还是三维动画制作软件都支持顺序播放，同时还提供了交互的控制语句，使动画的表现更加灵活；同时也提供了对中间层的处理功能，使画面的幅数根据设计要求进行调整，从而更好地表达设计思想。

4.2.1 二维动画

二维动画由一系列关键帧（画面）和中间帧（画面）组成，每帧（画面）都可以是一幅图像，制作二维动画就是要建立相当数量的帧画面，并对帧画面的动画角色进行设置，建立它们的运动轨迹，最后生成动画并输出成可以播放的文件形式。二维动画的应用领域已经从传统的作品展示扩展到了网络世界，是网络信息的一个重要载体；随着手机技术的发展和娱乐性的增加，二维动画开始成为手机发展的新方向之一。

二维计算机动画属于计算机辅助动画，其主要用途是辅助动画师制作传统动画，动画的制作主要体现在以下几方面：

（1）关键帧（原画）的产生。

（2）中间画面的生成。

（3）分层制作合成。

（4）预演。

借助计算机，在完成上述工作后，可以大大提高工作效率，使动画的创作人员从繁杂的手工绘制工作中解脱出来。

4.2.2 三维动画

三维动画是“空间动画”，其动画主体的三维空间造型是经过计算和处理得到的，是用计算机模拟空间造型和运动轨迹的动画形式。它通过创建三维模型的背景与物体，运用各种造型运动，形成动画的完美展现。

三维动画制作最少要经过以下几个步骤：

（1）造型：利用计算机生成一个真实的三维物体。

（2）图像编辑：对物体进行色彩、表面材质、着色等细节处理，使之更真实。

（3）动作控制：通过采用关键帧法、运动路径法、物体变形法等算法，使之动起来。

（4）回放与录制：对动画场景和模型加以调整，并生成最终的文件。

三维动画制作采用独特的理论和算法，制作人员只需定义关键帧，中间帧的处理都交给计算机完成，就可以得到绚丽的动画，提供用户使用。三维动画技术不仅可以模拟现实的立体世界，还能建立现实世界无关的虚拟情境。随着计算机技术的迅速发展，三维动画已经渗透到人们生活的各个领域，如电影、电视、广告、生产设计、科学研究和教学等。

4.2.3 变形动画

变形动画是二维动画的一种，它采用很多帧来记录变形的过程。变形动画不是人为绘制的，而是由变形动画软件自动形成的。

变形动画是一种较复杂的二维图像处理，需要对各像素点颜色、位置做变换。变形的起始图像和结束图像分别为两幅关键帧，从起始形状变化到结束形状的关键在于自动地生成中间形状，即自动生成中间帧。

在变形动画中，首尾画面是两幅尺寸相同、颜色模式一致的图像，事先用图像处理软件加工处理，制作变形动画时，首先确定变形过程需要多少帧，然后在首尾画面上设置对称的变形参考点，变形动画根据这些点形成过渡的过程。如果参考点越多，帧数就越多，形成的图像就更细腻，反之，参考点越少，形成的图像变化就越粗糙。

变形动画的一般制作过程为：

（1）关键帧选取。

（2）设置关键帧的特征结构。

（3）参数设置。

（4）动画生成。

在实际应用中，可以设置连续的多组关键帧，后一组关键帧的起始图像是前一组的结束图像，由此形成画面的过渡。在变形动画完成后，往往添加背景、文字、声音等信息，这些是后期制作需要解决的问题，一般需要其他软件完成。

4.3 动画的处理

动画的制作是相当艰巨的工程。在动画制作时要事先准确地策划好每个动作的时间和画面数，避免财力和时间的浪费。

计算机动画处理的关键技术体现在计算机制作软件及硬件上，动画的创作又是一种艺术的实践，它是一种高技术、高艺术和超想象的创造性工作。

4.3.1 动画的制作过程

动画制作的一般处理过程是：

（1）输入处理：动画对象的载入，它可通过合适的程序制作或数字化图像处理来完成，用于保证动画对象的不失真。

（2）合成处理：动画对象的融合，使动画对象按照情景要求完成角色的化妆，如着色、灯光及纹理等处理。

（3）控制处理：利用过程控制、约束控制、动力学和运动学控制，生成动画。

（4）显示与传输：利用合理的技术，减少动画的显示与传输时间，使动画的播放更流畅。

4.3.2 动画的制作软件

能够进行动画制作的软件通常具备大量的编辑工具和效果工具，可以用来绘制和加工动画素材。不同的动画制作软件用于制作不同形式的动画，Animator Pro、Animate CC、绘声绘影等软件用于制作各种形式的平面动画，如专业动画、网页动画等。3D Studio Max、Maya、After Effect、Cool 3D 等软件用于制作各种三维动画，如文字三维动画、特技三维动画等。但在实际应用中，往往都不是单个软件能实现的。例如《阿凡达》的制作中不仅应用了 3D Studio Max 软件，还应用了 Photoshop、After Effect、Premiere Pro 等软件。

4.3.3 动画的文件格式

动画文件格式指存放动画数据的文件格式，因其应用领域不同，其动画文件也存在不同类型的存储格式。其常见的动画格式有：

1. GIF 动画格式

描述：采用了无损数据压缩方法中的统计编码，其基本思想是用符号代替一串字符。

特点：将动画存储为若干幅静止图像，进而形成连续的动画，其存储与传输时，只处理符号，译码时根据编码规则还原图像数据，使动画文件的尺寸很小。

应用：目前 Internet 上大量采用的彩色动画文件多为 GIF 格式的文件。很多图像浏览器可直接观看此类动画文件。

2. FLI/FLC 格式

描述：采用无损数据压缩方法中的行程编码算法和重复数据删除算法进行处理。

特点：首先压缩并保存整个动画序列中的第一幅图像，然后逐帧计算前后两幅相邻图像的差异或改变部分，并对这部分数据进行压缩，由于动画序列中前后相邻图像的差别通常不大，因此可以得到相当高的数据压缩率。

应用：它是2D/3D动画制作软件中采用的彩色动画文件格式，FLIC是FLC和FLI的统称，其中，FLI是最初的基于320×200像素的动画文件格式，而FLC则是FLI的扩展格式，采用了更高效的数据压缩技术，其分辨率也不再局限于320×200像素。它被广泛用于动画图形中的动画序列、计算机辅助设计和计算机游戏应用程序。

3. FLA、SWF格式

描述：它采用曲线方程描述其内容，不是由像素点阵来描述其内容。

特点：这种格式的动画在缩放时不会失真，适合描述由几何图形组成的动画；同时，它还是一种“准”流形式的文件，即在观看时，可不必等到动画文件全部下载到本地再观看，而是边下载边观看。

应用：这种格式的动画与HTML文件充分结合，并能添加音乐，因此被广泛应用于网页上，是一种能用比较小的体积来表现丰富内容的动画格式。

FLA是Flash预设的存储格式，SWF是Flash的动画播放格式。

4. AVI格式

描述：它是对视频、音频文件采用的一种有损压缩方式，该方式的压缩率较高。

特点：可将音频和视频混合到一起，但当分辨率提高时，画面缩小。

应用：用来保存电影、电视等各种影像信息。

制作三维动画一般用Maya或3d Max，Maya文件一般存为.MB格式；3ds Max文件一般存为.MAX格式。当制作动画完成时，都可将其存为.AVI格式的文件进行播放。

5. MOV、QT格式

描述：它是QuickTime的文件格式，该格式支持256位色彩，支持RLE、JPEG等领先的集成压缩技术。

特点：提供多种视频效果和声音效果，能通过Internet提供实时的数字化信息流、工作流与文件回放。

作用：国际标准化组织（ISO）选择QuickTime文件格式作为开发MPEG4规范的统一数字媒体存储格式，用以实现一种崭新的交互方式——基于内容的交互。

4.4 应用案例——动画制作软件 Animate CC

Flash是重要的动画制作工具，它使用交互式矢量多媒体技术进行处理，是目前流行的二维动画制作软件。2016年，Adobe公司宣布将Flash Professional改名为Animate CC，顺应技术与应用的变化，为游戏设计人员、开发人员、动画制作人员及教育类展示人员提供了很多新的功能。

1. Animate CC的特点

Flash的开发目的是给网页增加动态效果，因此，它具有如下特点：

（1）它是基于矢量的图形系统，各元素都是矢量的，只要用少量向量数据就可以描述一个复杂的对象，非常适合在网络上使用。同时，可以做到真正的无级放大，无论用户的浏览器使用多大的窗口，图像始终可以完全显示，并且不会降低画面质量。

（2）它使用插件方式工作，用户只要安装插件，即可快速启动并观看动画。

（3）它还提供其他一些增强功能。比如，支持位图、声音、渐变色、Alpha、透明等。拥有了这些功能，完全可以建立一个全部由 Flash 制作的站点。

（4）影片其实是一种“准”流（stream）形式文件，可以随时欣赏动画，而不必完全下载到硬盘。

2. 新增功能

Animate CC 在支持原有 Flash 开发工具外，新增支持 HTML 5 创作工具，为网页开发者提供更适应现有网页应用的音频、图片、视频、动画等创作功能。

（1）HTML5 Canvas 支持。针对 HTML5 Canvas 平台定制创作环境，从而构建交互式内容，如添加 JavaScript 技术支持，编写帧脚本时有良好的编译环境——包括代码提示、代码着色等。

（2）改进的画笔。通过新增画笔的图案、画笔像素范围的扩大及高效的平滑处理，可使用户绘制高品质的线条。

（3）色彩更改更简单。对标记的颜色命名，使得在更改一个颜色后，该颜色会在整个构图中自动更新。

（4）新增缓动预设。通过使用新的缓动预设定义传统补间和形状补间的速度，从而加快创建真实的运动。

（5）具备 HiDPI 支持的更佳观看体验。在屏幕上显示更多像素，从而能够以极高的清晰度查看图标和文字的细节。

3. Animate CC 窗口介绍

安装软件后，即可体验它的强大功能。选择“开始”→“所有程序”→“Adobe Animate CC”命令，即可打开开始界面，如图 4-1 所示。

图 4-1　Animate CC 开始界面

为方便设计人员进行创作，将色彩、形变、对齐、动画预设等功能独立出来，其图标如图 4-2 所示。

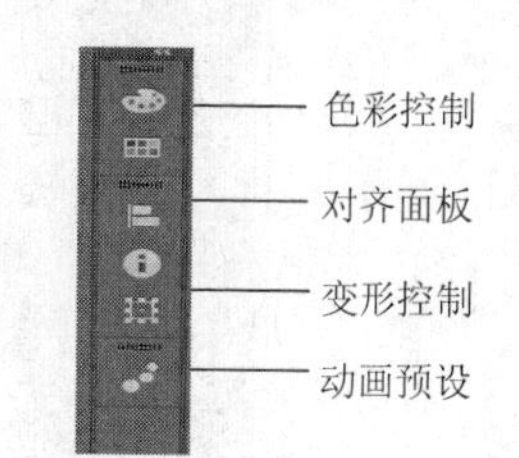

图 4-2 Animate CC 独立面板

操作界面上还包括工具箱、时间轴、动画编辑器、场景、画板、属性及库。

工具箱：提供了用来创作动画素材的必备工具。

时间轴：用来组织动画播放顺序及激活画板对象的关键工具。

动画编辑器：用来设置动画的属性。

场景（scene）：用来组织动画的内容，一个动画可以有多个场景，每个场景可包含多个层和帧。

画板：动画设计的载体，每一幅画面都是一帧。

属性及库：用来设置动画元件及组织存放相关元件。

【例 4-1】 蝶舞翩翩——逐帧动画。

了解了 Animate CC 操作界面后，应为设计动画准备相应的动画元件，其来源可以是从外部文件中导入，也可自行创建。本例中将展示如何导入外部素材进行创作。

（1）创建新项目，建立一个新的 HTML5 Canvas 画布。

它提供两种创建方法：

① 在开始界面单击“新建”选项组中的“HTML5 Canvas”按钮来创建，如图 4-3 所示。

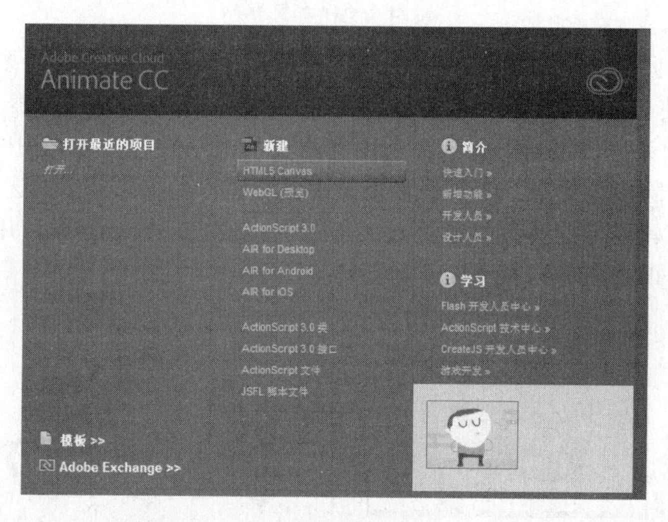

图 4-3 单击“HTML5 Canvas”按钮

② 选择“文件”→“新建”命令，弹出“新建文档”对话框，如图 4-4 所示。设置场景的大小、背景颜色等基本信息，然后选择“HTML5 Canvas”选项，单击“确定”按钮。

（2）将素材“蝴蝶”导入到舞台。选择“文件”→“导入”→“导入到舞台”命令，将“蝴蝶”图片导入到舞台中，同时单击“编辑场景”按钮，设计舞台的背景为无色，如图 4-5 所示。

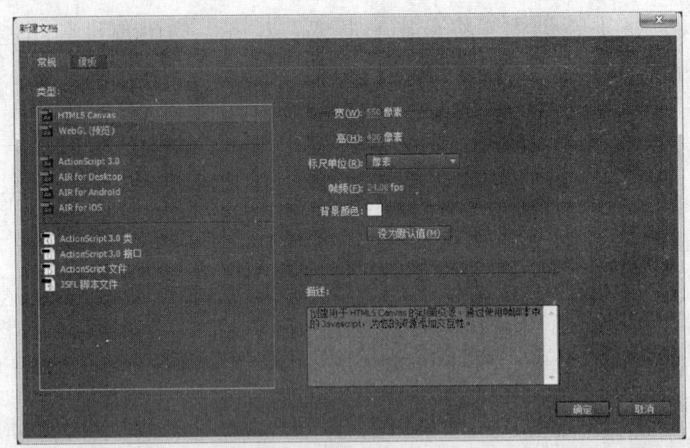

图 4-4 “新建文档”对话框

图 4-5 素材导入

（3）制作元件——素材整理。导入的 JPG 文件不能直接使用，要进行整理，转化为元件才能使用。对于复杂的素材，可先利用剪切工具处理掉舞台外的图像；按【Ctrl+B】组合键完成素材的分离，利用套索工具及反转选区将无用的素材清除，利用魔术棒工具清除白色背景，细节处可用橡皮擦处理；利用选择工具选取其中一个对象，按【F8】键将素材转化为元件；修改元件的大小使之一致；同时使用任意形变工具进行角度调整，得到两个蝴蝶元件，如图 4-6 所示。

图 4-6 素材整理

（4）制作动画。在第 1、5、10、15 帧分别插入四个空白关键帧，将上一步制作的元件依次放入舞台，调整大小距离，按【Enter】键测试动画，完成逐帧动画的制作。

（5）保存动画。选择“文件”→“另存为”命令，将其保存在指定目录中，命名为“蝴蝶.fla”；按【Ctrl+Enter】组合键生成“蝴蝶.swf”播放文件，可直接在 HTML 中运行。

【例 4-2】蝶舞翩翩——补间动画。

在动画的设计过程中，利用元件、位图，设定开始的关键帧和结束关键帧，由计算机推算将要发生的动画。它可以产生关于位移、缩放、色调、透明度的动画。其制作步骤如下：

（1）创建新的文档，将背景图片“花海”导入舞台，利用剪切工具修剪图片并处理背景效果，如图4-7所示。

（2）把第一图层命名为“背景”，在第60帧处插入关键帧。同时插入新图层并命名为“蝴蝶”，导入例4-1中制作的蝴蝶元件。选择“插入”→“新建元件”命令，创建一个电影剪辑，利用例4-1制作的逐帧动画元件。将新元件3放入关键帧1和关键帧60处。其操作结果如图4-8所示。

图4-7 插入背景后的效果

图4-8 添加蝴蝶图层

修改第60帧处蝴蝶的位置，在第1帧上右击，在弹出的快捷菜单中选择“创建传统补间”命令，按【Ctrl+Enter】组合键在IE上观看动画效果。

在“蝴蝶”层利用鼠标右键可添加传统引导层，利用铅笔工具在第1帧绘制运动路径。在“蝴蝶”层的第1帧，将蝴蝶的中心点与路径的起点对应；在第60帧，同样将蝴蝶的中心点与路径的终点对应。其操作结果如图4-9所示。

图4-9 路径设置

按【Ctrl+Enter】组合键观看动画效果。选择“文件”→“另存为”命令，保存该动画。

【例4-3】手绘元素。

前面的例子中，都是利用现成的素材进行动画的创作。事实上，Animate CC还提供了相当丰富的绘制功能，用于支持设计人员的原创设计。现以手绘小丑为例，演示手绘过程。

其制作步骤如下：

（1）头部绘制。在绘制动画元素前，应修改“属性”面板中的大小属性，将其修改为300×300像素。选择椭圆工具，将其线条及填充颜色设置为黄色（#FFCC00），在画板中绘制一个椭圆形，如图 4-10 所示。

按住鼠标左键修改椭圆的形状，使之发生形变，如图 4-11 所示。

（2）绘制面部。单击时间轴中的“新建图层”按钮，新建“图层 2“；利用椭圆工具、多边形工具和铅笔工具画出面部，线条颜色设置为黑色（#000000），填充色设置为白色（#FFFFFF），如图 4-12 所示。

图 4-10　绘制椭圆

图 4-11　椭圆形变

图 4-12　绘制面部

（3）绘制眼球与草帽。分别建立新“图层 3”和“图层 4”，将两眼球分别绘制在这两个图层中；建立“图层 5”，绘制草帽，并利用鼠标调整形状，如图 4-13 所示，完成动画元件设计，并保存文件。

图 4-13　小丑效果

经过上述步骤，完成了动画元件的绘制工作。Animate CC 除了提供上述工具外，还提供了任意形变、钢笔、文字、直线、刷子、橡皮擦等绘图工具，其扩充了笔触类型，使创作更加灵活有效。

Animate CC 动画分为逐帧动画和渐变动画。逐帧动画就像传统的手工动画一样，由一幅幅相连的图形构成；而渐变动画只需定义动画的开始和结尾两个关键帧的内容，中间帧由 Animate CC 自动计算创建，使得文件所占的空间较小，利于网络传输。

渐变动画分为形状渐变和运动渐变。运动渐变是对单一对象（实例、文字或位图）进行的位移、缩放、旋转和颜色的渐变，当其要处理的对象是自绘图形时，应先将其转成实例，而后进行动画设计，例 4-2 中飞舞的蝴蝶制作方法为运动渐变。

形状渐变可以处理位置、大小、颜色和形状的变化，其处理对象是可编辑的图形。当处理对象是实例、文字或位图时，选择“修改”→“分离”命令后，才可进行形状渐变。

【例 4-4】渐变动画制作——变形的帽子。

其制作步骤如下：

（1）右击“图层 5”中的第 50 帧，在弹出的快捷菜单中选择“插入关键帧”命令。以同样的方法对“图层 1”～“图层 4”进行处理，得到图 4-14 所示的时间轴。

（2）右击“图层 5”中的第 15 帧，在弹出的快捷菜单中选择“创建补间形状”命令，如图 4-15 所示。

（3）右击图层 5 中的第 30 帧，在弹出的快捷菜单中选择“转换为关键帧”命令，并修改帽子的形状，如图 4-16 所示。

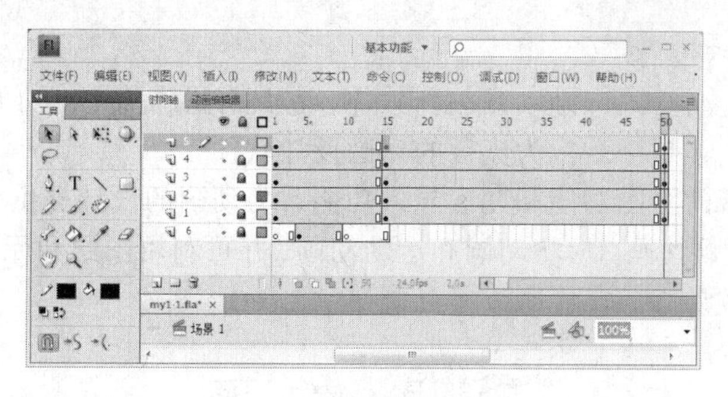

图 4-14 动画时间轴

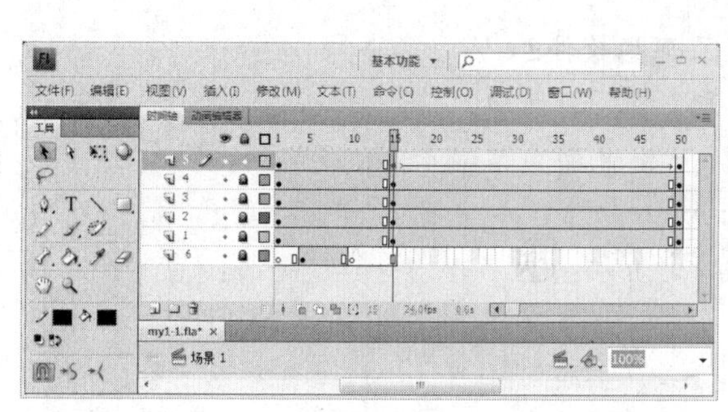

图 4-15 创建补间形状

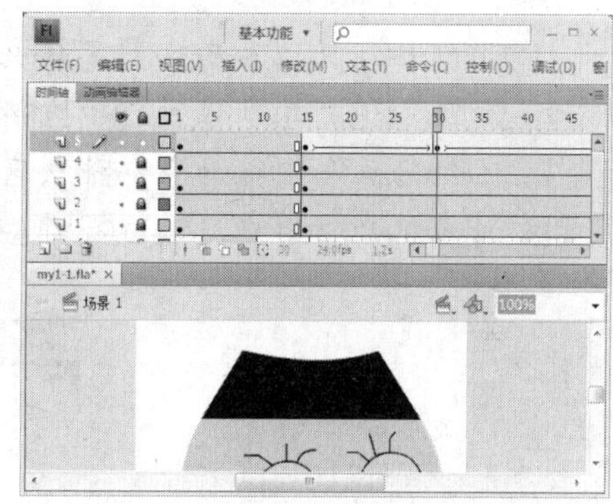

图 4-16 修改关键帧

（4）测试动画。

选择“控制”→“测试影片”命令，即可观看动画效果，如图 4-17 所示。

图 4-17 补间形状动画效果

其中第 2 幅至第 4 幅画面是计算机自动生成的。

小　结

计算机动画是多媒体技术在实践领域内的成功范例。它始于 20 世纪 60 年代初期，并在进入 80 年代后步入了辉煌的商业阶段。

计算机动画是利用人的视觉暂留效应，将一系列由计算机运算处理产生的画面呈现在人的视野中形成动画。

计算机动画处理过程包括：输入处理、合成处理、控制处理、显示与传输这几个阶段。从画面的空间表现来说，计算机动画分为二维动画和三维动画，它们有其各自独特的处理技术。

Animate CC 是交互式二维动画制作软件，它具有操作简单、功能强大、文件小巧和播放方便的特点，是一款极为流行的动画设计软件。

它提供了丰富的绘图功能和元素导入功能，为动画的设计提供了多种操作元件。同时，它可实现逐帧动画、形状动画和运动动画，并可利用图层和元件将其任意组合，生成完美的动画效果。

思 考 题

1. 视频和动画的本质区别是什么？
2. 《阿凡达》在制作过程中应用了哪些软件？
3. 二维动画和三维动画有什么区别？
4. 计算机动画的应用领域有哪些？

习 题

一、填空题

1. 动画按照制作手段可分为________和________。
2. 动画按照空间的视觉效果可分为________和________。
3. 动画产生的视觉原理是________。
4. 计算机动画是基于________创作方法，由算法产生作品。
5. 从播放的效果上来划分，动画可以分为________和________。
6. 三维动画制作最少要经过四个步骤，即________、________、________和________。
7. ________是 Animate CC 的动画播放格式。

二、选择题

1. 动画从空间的视觉效果来划分，以下描述错误的是（　　）。
   A. 二维动画　B. 变形动画　C. 三维动画　D. 逐帧动画
2. 属于二维动画制作首要步骤的是（　　）。
   A. 利用计算机生成一个真实的三维物体
   B. 对物体进行色彩、表面材质、着色等细节处理，使之更真实
   C. 关键帧（原画）的产生
   D. 利用过程控制、约束控制、动力学和运动学控制生成动画
3. 二维动画辅助动画师制作传统动画，主要体现在（　　）。
   A. 关键帧（原画）的产生　B. 中间画面的生成
   C. 分层制作合成　D. 预演
4. 属于 Animate CC 的播放文件格式是（　　）。
   A. FLA 格式　B. SWF 格式　C. MOV 格式　D. AVI 格式

5．以下格式属于无损压缩的是（　　）。

A．FLA 格式　　B．GIF 格式　　C．MOV 格式　　D．AVI 格式

三、简答题

1．什么是计算机动画？

2．简述计算机动画的发展史，并对二维、三维动画制作软件进行简单介绍。

3．简述二维动画的制作过程。

4．简述变形动画的制作过程。

5．简述 Flash 的基本功能和特点。

四、案例操作题

1．制作眨眼的星星。

操作提示：选择“文件”→“导入”→“导入到库”命令，将素材中的“打电话的星星.bmp”导入到库中。将素材星星拖动至画板，并利用分离操作使素材可以编辑。

可利用刷子工具修改笔触及颜色，将星星的一侧眼睛涂成黄色，形成眨眼效果。

特别提示：注意关键帧的选取位置。

2．制作升起的太阳。

操作提示：选择“文件”→“导入”→“导入到库”命令，将素材中的“太阳.GIF”文件导入到库中。将素材太阳拖动至画板，修改开始与结束关键帧的位置，生成传统补间的移动动画；生成新图层，加入矩形在画板中，修改开始与结束关键帧的颜色，生成补间形状的颜色渐变动画，从而表现当太阳升起时，天亮了。

特别提示：注意图层间的关系。

第 5 章 视频基础

视频技术最早是从阴极射线管的电视系统的建立而发展起来的，但是之后新的显示技术的发明，让视频技术包括的范畴更大。人们试图从基于电视的标准和基于计算机的标准两个不同的方面来发展视频技术。现在得益于计算机性能的提升，并且伴随着数字电视的播出和记录，这两个领域又有了新的交叉和集中。

伴随着运算器速度的提升、存储容量的提高和宽带的逐渐普及，通用计算机都具备了采集、存储、编辑、发送视频文件的能力。

视频信息是连续变化的影像，是多媒体技术最复杂的处理对象。视频通常指实际场景的动态演示，如电影、电视、摄像资料等。视频信息带有同期音频，画面的信息量非常大，表现的场景也非常复杂，常常采用专门的硬件及软件对其进行获取、加工和处理。图 5-1 所示为电影视频截图。

图 5-1　电影视频截图

视频信号是指活动的、连续的图像序列。在视频中，一幅图像称为一帧，是构成视频信息的最基本单位。在空间、时间上互相关联的图像序列（帧序列）连续起来就是动态视频图像，如图 5-2 所示。

对于一个视频信号来说，由于它是把若干的帧连续播放，一秒的播放次数最少需要 50～60 页，才会让人觉得是连续的。但是 1 张 3 MB 的图像，播放 60 次，就是每秒钟播放 180 MB，这种程度的数据量是不能接受的，数据压缩在所难免。详细内容请参考本书的数据压缩部分，这里只说明视频处理的分页方法，为了能减少播放的页数，视频把一幅图像拆成两幅，奇数行组成一幅，偶数行组成另一幅，原来的 50～60 页只需要 25～30 页即可播放。这样做虽然降低了图像质量，但却增强了图像的连续性，该方法广泛应用在视频文件中。

图 5-2 连续的图像构成视频

5.1 视频信号概述

视频信号主要由图像信号（视频信号）和伴音信号（音频信号）两大部分组成。图像信号的频带为 0～6 MHz，伴音信号的频带一般为 20 Hz～20 kHz。为了能够远距离传送，并避免两种信号的相互干扰，在发射台将图像信号和伴音信号分别采用调幅和调频的方式调制在射频载波上，形成射频电视信号，从电视发射天线发射出去，供各个电视机接收。随着技术的发展，相继出现了卫星广播方式和有线电视网广播方式。图 5-3 所示为电视无线接收信号。

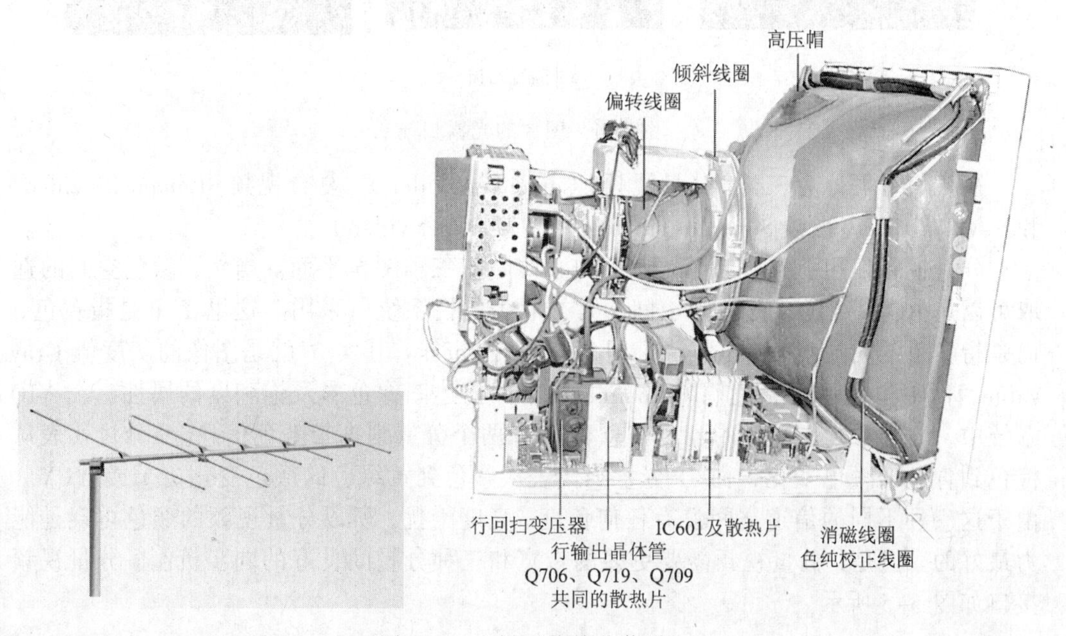

图 5-3 电视无线接收信号

传送电视图像时，将每幅图像分割成很多像素，按照一个一个像素、一行一行的方式顺序传送或接收称为扫描。扫描过程按水平扫描和垂直扫描两种方式综合进行。水平扫描是水平方向的扫描，称为行扫描；垂直扫描是垂直方向的扫描，称为场扫描。扫描的方式很多，我国的电视系统采用隔行扫描（Interlaced Scanning），而计算机显示器中采用隔行扫描方式或逐行扫描方式（Progressive Scanning）。

隔行扫描需要从上到下扫描两遍才能完成一幅图像的显示。第一遍扫描奇数行，称为奇数场（Odd Field）；第二遍扫描偶数行，称为偶数场（Even Field）。经过这两步才能完成一个完整的画面，最后使得人眼看到更加连续的活动图像，如图 5-4(a)显示。

逐行扫描是电视摄像管或显示器中的电子束沿水平方向从左到右，从上到下依照顺序一行紧跟一行地扫描显示图像。这样从上到下扫描一幅完整的画面，称为一帧（Frame），如图 5-4（b）显示。

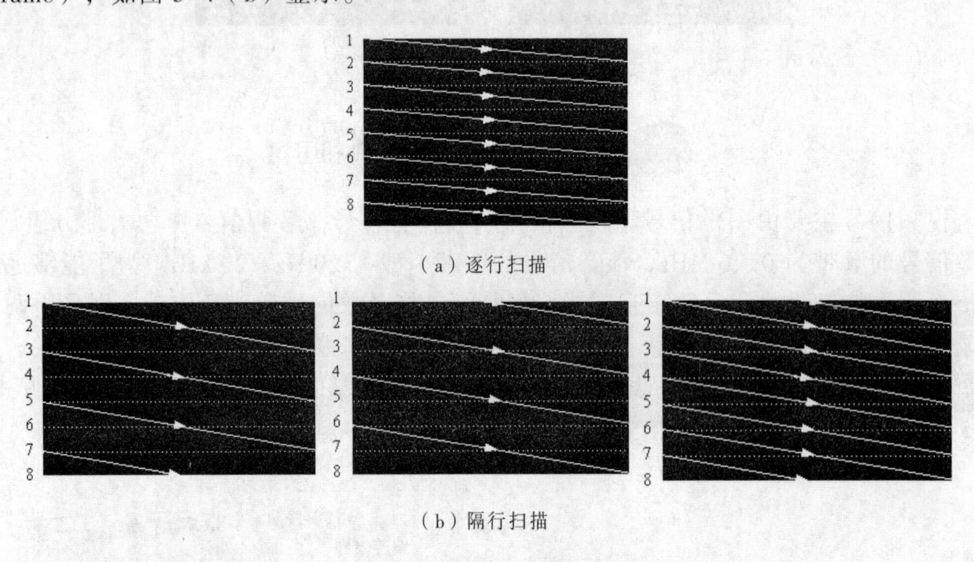

（a）逐行扫描

（b）隔行扫描

图 5-4　图像的光栅扫描

视频信号可分为三类：分量视频（Component video）、复合视频（Composite video）和 S-video（分离视频 Separate video 或超视频 Super video）。

分量视频使用三路视频信号表示红、绿、蓝三种图像平面。当然，颜色空间的选取可以是 RGB、YIQ（此色彩空间通常被北美电视系统所采用。这里 Y 不是指黄色，而是指颜色的明视度 Luminance，即亮度 Brightness。其实 Y 就是图像的灰度值 Gray value，而 I 和 Q 则是指色调 Chrominance，即描述图像色彩及饱和度的属性。在 YIQ 系统中，Y 分量代表图像的亮度信息，I、Q 两个分量则携带颜色信息，I 分量代表从橙色到青色的颜色变化，而 Q 分量则代表从紫色到黄绿色的颜色变化。）或 YUV。由于这三种不同的信道之间没有任何色度、亮度干扰，所以分量视频的颜色再现是能力最好的。但是，分量视频需要更多的带宽和三种分量间良好的同步机制。分量视频接口如图 5-5 所示。

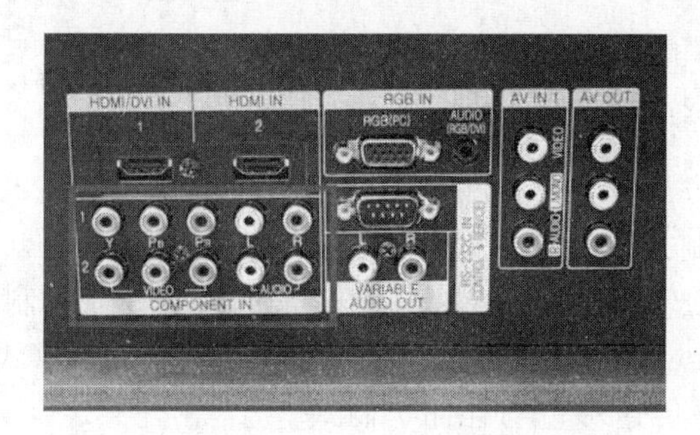

图 5-5　分量视频接口

在复合视频中，颜色（色度）和强度（亮度）信号混合成一个载波。色度是由两种颜色分量（I 和 Q，或者 U 和 V）构成的复合视频，用于彩色电视广播，并且它是兼容黑白电视广播的。在 NTSC（National Television System Committee，国家电视标准委员会，此委员会负责开发一套美国标准电视广播传输和接收协议）制式的电视中，I 和 Q 合并为色度信号，颜色副载波频率将色度信号移至与亮度信号共享的信道的高频段。色度和亮度分量可以在接收端进行分离，并且这两种颜色分量可以进一步恢复。在传送过程中，不仅把颜色和亮度封装到一个信号中，而且把音频信号也附加到这样的信号上，那么亮度和色度之间的干扰则是不可避免的。复合视频接口如图 5-6 所示。

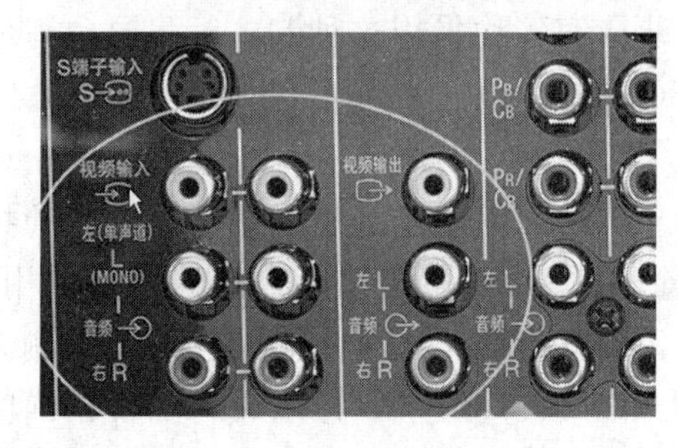

图 5-6　复合视频接口

复合视频中的影像图像质量降低的因素有两个：一是亮度和色度在分离和解码时导致的数据丢失；二是亮度和色度信号混合编码，相互干扰。

S-video 使用两条线，一条用于亮度信号，另一条用于混合的色度信号。这样，颜色信息与关键的灰度信息之间的色度亮度干扰会少一些。将亮度作为信号，一部分原因是对于视觉感知来说黑白信息是至关重要的。因为人类对灰度图中的空间分辨率更为敏感，彩色图的彩色部分则相对黑白部分稍差些，所以，在发送过程中，颜色信息就没有强度信息那样精确。图 5-7 所示为一个 S 端子，含有 2 个地线（1 个亮度和 1 个色度）。

图 5-7　S-video 端子

5.2 电视制式

实现电视的特定方式称为电视的制式。在黑白电视和彩色电视的发展过程中，分别出现过多种不同的制式。制式的区分主要在于其帧频（场频）、分解率、信号带宽以及载频、色彩空间的转换关系不同等。比较常见的三种兼容制彩色电视信号制式有NTSC制式、PAL（Phase Alternating Line，逐行倒相）制式和SECAM（Sequential Couleur Avec Memoire，按顺序传送彩色与存储）制式。

新型态数字视频信号制式有ATSC（Advanced Television Systems Committee，先进电视制式委员会）制式、DVB（Digital Video Broadcasting，数字视频广播）制式和ISDB（Integrated Services Digital Broadcasting，综合业务数字广播）制式。

1. NTSC制式

NTSC制式又称N制，是1952年12月由美国国家电视标准委员会制定的彩色电视广播标准，两大主要分支是NTSC-J与NTSC-US（又名NTSC-U/C）。它属于同时传输制，帧频为29.97 fps，扫描线为525行，逐行扫描，画面比例为4∶3，分辨率为720×480。这种制式的色度信号调制包括平衡调制和正交调制两种，解决了彩色黑白电视广播兼容问题，但存在相位容易失真、色彩不太稳定的缺点。美国、加拿大、墨西哥等大部分美洲国家以及日本、韩国、菲律宾等均采用这种制式。我国台湾地区和香港特别行政区部分电视公司也采用NTSC制式广播。

2. PAL制式

PAL是电视广播中色彩调频的一种方法，它采用逐行倒相正交平衡调幅的技术方法，因此被称为逐行倒相正交平衡调制。除了北美，世界上大部分地区都是采用PAL。PAL有时也被用来指625 线，每秒25帧，隔行扫描，PAL色彩调频的电视制式。

PAL本身是指色彩系统，经常被配以625线，每秒25帧画面，隔行扫描的电视广播格式如B、G、H、I、N。有的PAL是配以其他分辨率的格式，如巴西使用的M广播格式为525线，29.97帧，与NTSC制式一样，但巴西使用PAL彩色调频。现在大部分PAL电视机都能收看以上所有不同系统格式的PAL。很多PAL电视机更能同时收看基频的NTSC-M，如电视游戏机、录影机等的NTSC信号。但是它们却不一定可以接收NTSC广播。

PAL制式采用YUV颜色模型，它首先是将U和V这两个色差信号进行正交平衡调幅，如色差信号V对副载波进行平衡调幅时，一行为90°，另一行为-90°。PAL制式改善了对于相位的敏感性，从而减少了由于相位变化所引起的色调失真。

3. SECAM制式

SECAM 制式是法国采用的一种兼容彩色电视制式，1956 年由法国工程师亨利·弗朗斯提出，它采用顺序传送彩色信号与存储恢复彩色信号制，因此也被称为顺序传送彩色与存储制。它在信号传输过程中，亮度信号每行传送，而两个色差信号则逐行依次传送，即用行错开传输时间的办法来避免同时传输时所产生的串色以及由其造成的彩色失真。

SECAM制式的特点是不怕干扰，彩色效果好，但兼容性差。帧频为25 fps，扫描线为625行，隔行扫描，画面比例4∶3，分辨率为720×576像素。使用SECAM制式的国家主要集中在法国、东欧和中东一带。表5-1所示为NTSC、PAL和SECAM的对比表。

表5-1 NTSC、PAL和SECAM的对比表

特性 \ 制式	NTSC	PAL	SECAM
帧频/fps	29.97	25	25
扫描线数	525	625	625
信道总宽度/MHz	6.0	8.0	8.0
亮度带宽/MHz	4.2	5.5	6.0
分量I或U宽度/MHz	1.6	1.8	2.0
分量Q或V宽度/MHz	0.6	1.8	2.0
颜色空间	YIQ	YUV	YUV

4. ATSC制式

ATSC是美国高清晰度数字电视联盟制定的包括数字式高清晰度电视在内的先进电视系统的技术标准。

ATSC标准由四个层级组成，最高为图像层，确定图像的形式，包括像素阵列、幅型比和帧频。接着是图像压缩层。再下来是系统复用层，特定的数据被纳入不同的压缩包中。最后是传输层，确定数据传输的调制和信道编码方案。下面两层共同承担普通数据的传输。上面两层确定在普通数据传输基础上运行的特定配置。

ATSC于1996年正式批准系统标准，ATSC不仅应用于高清晰度电视HDTV，也包括标准清晰度电视SDTV和计算机图形格式等的参数规范。ATSC成员30个，其中有美国国内成员20个，来自阿根廷、法国、韩国等7个国家的成员10个，我国的广播科学研究院也参加了ATSC组织。

5. DVB制式

DVB是利用了包括卫星、有线、地面、SMATV、MNDSD在内的所有通用电视广播传输媒体。

DVB包括多个标准，具体如下：

（1）DVB-S：用于数字电视卫星直播。它采用QPSK调制，通过减小传输信号频带来提高信道带利用率，可以将二进制数据变换为多进制数据来传输。

（2）DVB-C：用于数字电视有线广播。主要有16QAM、32QAM、64QAM三种调制方式，采用64QAM调制时，一个PAL通道的传送码率为41.34 Mbit/s，还可供多套节目复用。

（3）DVB-T：用于数字地面开路电视。MPEG-2数字视频压缩编码是开路传输的核心。采用COFDM调制方式，8 Mbit/s带宽。

DVB成员已经达到265个（来自35个国家和地区），主要集中在欧洲并遍及世界各地，我国的广播科学研究院和TCL电子集团也在其中。从三个数字电视标准的成

员数量及分布情况看，DVB 标准的发展最快，普及范围最广。

6. ISDB 制式

ISDB 是日本的 DIBEG（Digital Broadcasting Experts Group，数字广播专家组）制定的数字广播系统标准。

ISDN 利用一种已经标准化的复用方案在一个普通的传输信道上发送各种不同种类的信号，同时已经复用的信号也可以通过各种不同的传输信道发送出去。ISDB 具有柔软性、扩展性、共通性等特点，可以灵活地集成和发送多节目的电视和其他数据业务。表 5-2 所示为 ATSC、DVB 和 ISDB 的对比表。

表 5-2　ATSC、DVB 和 ISDB 的对比表

特性 \ 制式	日本 ISDB-T	欧洲 DVB-T	美国的 ATSC
带宽	5.6 MHz，432 kHz	6.6 MHz，7.6 MHz	5.6MHz
调制	COFDM	COFDM	8VSB
载频调制	DQPSK、16QAM、64QAM	QPSK、16QAM、64QAM	8VSB
载频数	5.6 MHz：1 045 行（2K 模式）5 617 行（8K 模式） 432 kHz：109 行（2K 模式）433 行	1 705 行（2K 模式） 6 817 行（8K 模式）	单载频
纠错	卷积（1/2，2/3，3/4，5/6，7/8）+RS（204，188）	卷积（1/2，2/3，3/4，5/6，7/8）+RS（204，188）	2/3 格码+RS（207，187）
多工方式	MPEG-2 系统	MPEG-2 系统	MPEG-2 系统
编码	MPEG-2 编码	MPEG-2 编码	MPEG-2 编码（声音为 AC-3）
信息码率	5.6 MHz：3.68 Mbit/s～21.46 Mbit/s 432 kHz：283 kbit/s～1.65 Mbit/s	4.35 Mbit/s～31.67 Mbit/s	19.39 Mbit/s
移动接收	可以	困难（有条件的可以）	不可以

5.3　数字视频

数字视频（Digital Video，DV）是定义压缩图像和声音数据记录及回放过程的标准。和数字视频相对应的是模拟视频，如普通的（模拟）电视机。现在的数字视频通常可以直接被数码照相机、卡片机等数字设备直接记录在存储卡中，然后复制到 DVD 或者硬盘上使用。

由于电视和计算机的显示机制不同，若在计算机上显示动态视频图像需要做许多技术处理。例如，电视是隔行扫描，计算机的显示器通常是逐行扫描；电视是亮度和色度的复合编码，而计算机的监视器工作在 RGB 彩色空间；电视图像分辨率和显示屏分辨率也各不相同，等等。这些问题在电视图像数字化过程中都需要考虑。

5.3.1　数字视频概述

数字视频的内容是计算机捕捉并数字化了的摄像机或电影的胶片，通过把图像、

图形等放在一起创建动画也可以获得数字视频。

普通视频，像 PAL 制式和 NTSC 制式的视频信号都是模拟的，而计算机只能处理和显示数字信号，因此在计算机能使用制式之前，必须进行数字化，并经过模数转换和颜色空间变换等过程。

数字视频与模拟视频相比，主要特点如下：

（1）数字视频可以无失真地进行无限次地复制，模拟信号每转录一次就会有一次误差积累，产生失真信号。

（2）数字视频信号可以长时间存放，质量不会降低，模拟信号经过长时间存放后视频质量就会降低。

（3）数字视频的数据量非常大，在存储和传输时必须进行压缩编码。

（4）数字视频可以进行非线性的编辑，可以在此基础上增加特技等效果。

因此说数字视频具有影像质量好、音响效果好、设备价格低、制作过程中不会降低质量、捕捉和录制是实时的特点。而且数字视频可以通过软件播放器在计算机上直接播放。但如果在摄像机、电视机上观看数字视频，则要将其转换成模拟信号才能进行播放。

5.3.2 视频数字化采样

视频图像既是空间函数，也是时间函数，所以采样方式比静态图像的采样方式要复杂得多，采样时得到的是样本点，然后进行样本点的量化，最后才能得到数字化视频数据。对彩色电视图像进行采样时，可以采用两种采样方法。一种是使用相同的采样频率对图像的亮度信号和色差信号进行采样，另一种是对亮度信号和色度信号分别采用不同的采样频率进行采样。

图像子采样是简单的数字图像压缩技术，它的根本依据是人的视觉系统所具备的两条特性，一是人眼对色度信号的敏感程度比对亮度信号的敏感程度低，利用这个特性可以把图像中表达颜色的信号去掉一些而使人不察觉；二是人眼对图像细节的分辨能力有一定的限度，利用这个特性可以把图像中的高频信号去掉而使人不易察觉。

子采样表示为 4∶m∶n 的格式，4 代表 ITU-R-601 标准制定的 NTSC、PAL 和 SECAM 视频亮度信号 Y 数字化的标准采样频率 13.5 MHz，后面两个数字分别代表色差信号 Cb 和 Cr 的采样频率。目前使用的子采样格式有如下几种（见图 5-8）：

（1）方案 4∶4∶4：这种采样不是子采样，它是指在每条扫描线上每 4 个连续的采样点，取 4 个亮度 Y 样本，4 个红色差 Cr 样本和 4 个蓝色差 Cb 样本。这就相当于每个像素用 3 个样本表示。

（2）方案 4∶2∶2：这种子采样是指在每条扫描线上每 4 个连续的采样点，取 4 个亮度 Y 样本，2 个红色差 Cr 样本和 2 个蓝色差 Cb 样本，平均每个像素用 2 个样本表示。当显示像素时，对于没有 Cr 和 Cb 的 Y 样本，使用前后相邻的 Cr 和 Cb 样本进行计算得到 Cb 和 Cr 样本。

（3）方案 4∶1∶1：这种子采样是指在每条扫描线上每 4 个连续的采样点，取 4 个亮度 Y 样本、1 个红色差 Cr 样本和 1 个蓝色差 Cb 样本，平均每个像素用 1.5 个样本表示。当显示像素时，对于没有 Cr 和 Cb 的 Y 样本，使用前后相邻的 Cr 和 Cb 样本进行计算得到 Cb 和 Cr 样本。

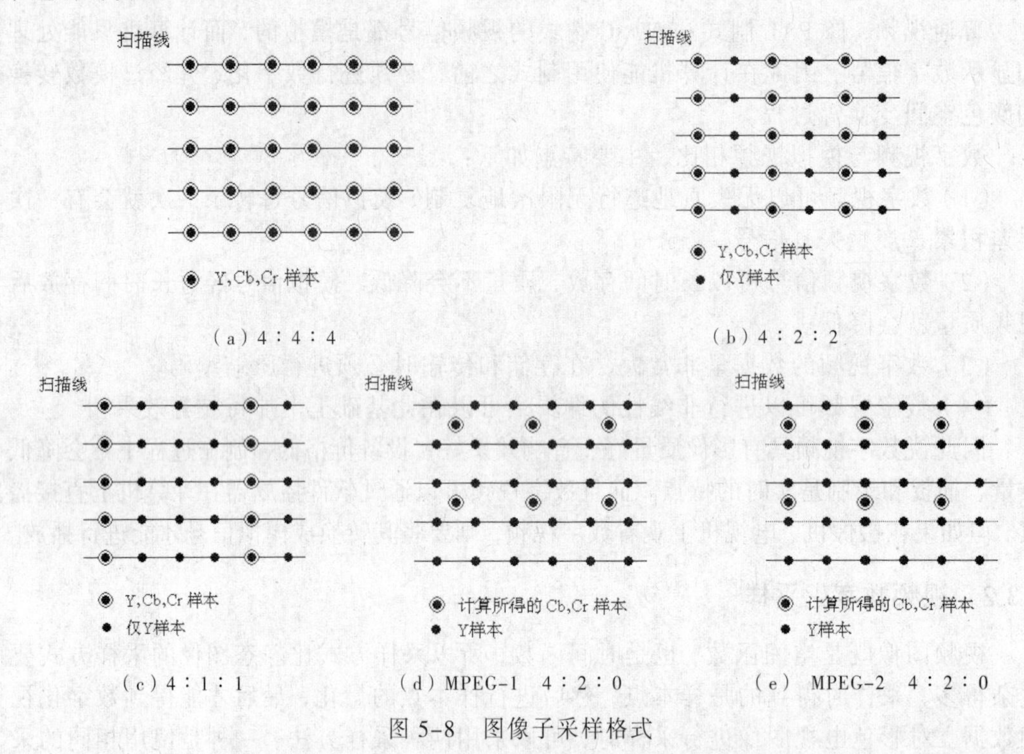

图 5-8 图像子采样格式

（4）方案 4：2：0：这种子采样是指在水平和垂直方向上每 2 个连续的采样点上各取 2 个即 4 个亮度 Y 样本、1 个红色差 Cr 样本和 1 个蓝色差 Cb 样本，平均每个像素用 1.5 个样本表示。与 MPEG-1 的 4：2：0 相比 MPEG-2 的子采样在水平方向上没有半个像素的偏移。

5.3.3 数字视频标准 ITU-R-601

1982 年，国际无线电咨询委员会（Consultative Committee for International Radio，CCIR）制定了彩色电视图像数字化标准，称为 ITU-R-601 标准。该标准规定了彩色电视图像转换成数字图像时使用的采样频率，RGB 和 YCbCr 两个彩色空间之间的转换关系等。表 5-3 所列为彩色电视数字化的指标。

表 5-3 彩色电视数字化参数摘要

采样格式	信号形式	采样频率/MHz	样本数/扫描行		数字信号取值范围（A/D）
			NTSC	PAL	
4：2：2	Y	13.5	858（720）	864（720）	220 级（16～235）
	Cr	6.75	429（360）	432（360）	225 级（16～240）
	Cb	6.75	429（360）	432（360）	（128 ± 112）
4：4：4	Y	13.5	858（720）	864（720）	220 级（16～235）
	Cr	13.5	858（720）	864（720）	225 级（16～240）
	Cb	13.5	858（720）	864（720）	（128 ± 112）

1. 彩色空间之间的转换

在数字域而不是模拟域中，RGB和YCbCr两个彩色空间之间的转换关系用下式表示：

$$Y = 0.299R + 0.587G + 0.114B$$

$$Cr = (0.500R - 0.4187G - 0.0813B) + 128$$

$$Cb = (-0.1687R - 0.3313G + 0.500B) + 128$$

2. 采样频率

为了保证信号的同步，采样频率必须是电视信号行频的倍数。CCIR为NTSC、PAL和SECAM制式制定的共同的电视图像采样标准：CCIR为NTSC、PAL和SECAM制式规定了共同的电视图像采样频率。

$$fs=13.5\ \text{MHz}$$

这个采样频率正好是PAL和SECAM制式行频的864倍、NTSC制式行频的858倍，可以保证采样时采样时钟与行同步信号同步。

3. 有效显示分辨率

根据采样频率，可算出对于PAL和SECAM制式，每一扫描行采样864个样本点；对于NTSC制式则是858个样本点。由于电视信号中每一行都包括一定的同步信号和回扫信号，故有效的图像信号样本点并没有那么多，ITU-R-601规定对所有的制式，其每一行的有效样本点数为720点。每一扫描行的采样结构如图5-9所示。

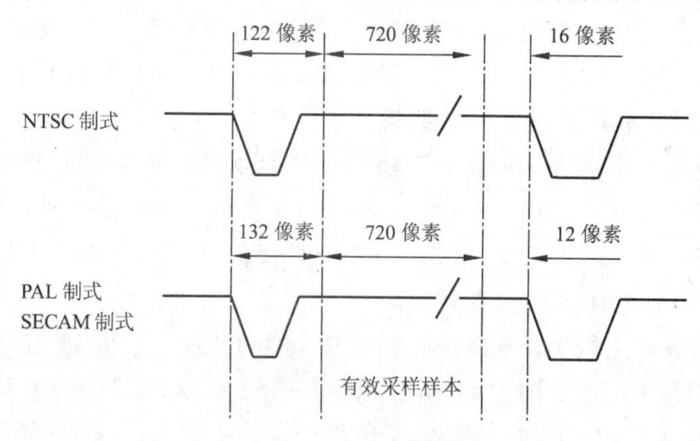

图5-9 ITU-R-601的亮度采样结构

5.3.4 数字视频的码率

在ITU-R-601标准中，数字视频的码率是在单位时间内系统所能达到的最大数据量。传输数字视频信号时信道设备的带宽必须大于通过该通道的码率。视频的码率公式可按照以下公式计算：

数字视频的码率=每行的取样点数×扫描线数×量化精度×帧频

有效码率（视频有效码率）是在单位时间内与视频信号有关的数据量。因为在电视信号的水平和垂直消隐期内没有视频信息，所以有效码率一般只是码率的60%～80%。使用磁带、硬盘或光盘存储数字视频信号时可以只记录有效码率代表的视频信息。

1. NTSC数字视频的码率

在NTSC制式中，每行的取样点数为858个，扫描线数为525行，每秒30帧，由于 NTSC 采用 4∶2∶2 方案，每个像素能够用两个字节表示。

$$\text{NTSC 数字视频的码率} = 858 \times 525 \times 2\text{ 字节} \times 8\,\frac{\text{位}}{\text{字节}} \times 30 \approx 216\text{Mbit/s}$$

2．PAL 数字视频的码率

在 PAL 制式中，每行的取样点数为 864 个，扫描线数为 625 行，每秒 25 帧，采样方案为 4∶2∶2。

$$\text{PAL 数字视频的码率} = 864 \times 625 \times 2 \times 8 \times 25 \approx 216\text{ Mbit/s}$$

3．NTSC 数字视频的有效码率

在 NTSC 制式中，每行的有效取样点数为 720 个，扫描线数为 525 行，每秒 30 帧，采样方案为 4∶2∶2。

$$\text{NTSC 数字视频的有效码率} = 720 \times 525 \times 2 \times 8 \times 30 \approx 181\text{ Mbit/s}$$

4．PAL 数字视频的有效码率

在 PAL 制式中，每行的有效取样点数为 720 个，扫描线数为 625 行，每秒 25 帧，采样方案为 4∶2∶2。

$$\text{PAL 数字视频的有效码率} = 720 \times 625 \times 2 \times 8 \times 25 \approx 180\text{ Mbit/s}$$

5．SDTV 电视系统的有效码率

每行的有效取样点数为 720 个，扫描线数为 576 行，每秒 25 帧。

在采样方案为 4∶2∶2 时，码率 $= 720 \times 576 \times 2 \times 8 \times 25 \approx 166$ Mbit/s。

在采样方案为 4∶2∶0 时，码率 $= 720 \times 576 \times 1.5 \times 8 \times 25 \approx 124$ Mbit/s

6．窄屏 HDTV 电视系统的有效码率

每行的有效取样点数为 1 440 个，扫描线数为 1 152 行，每秒 25 帧。

在采样方案为 4∶2∶2 时，码率 $= 1\,440 \times 1\,152 \times 2 \times 8 \times 25 \approx 664$ Mbit/s。

在采样方案为 4∶2∶0 时，码率 $= 1\,440 \times 1\,152 \times 1.5 \times 8 \times 25 \approx 498$ Mbps

7．宽屏 HDTV 电视系统的有效码率

每行的有效取样点数为 1 920 个，扫描线数为 1 152 行，每秒 25 帧。

在采样方案为 4∶2∶2 时，码率 $= 1\,920 \times 1\,152 \times 2 \times 8 \times 25 \approx 885$ Mbit/s。

在采样方案为 4∶2∶0 时，码率 $= 1\,920 \times 1\,152 \times 1.5 \times 8 \times 25 \approx 664$ Mbit/s

由以上码率可知，针对与相同的标准 ITU-R-601 来说，不论使用的是 NTSC，还是 PAL 或者 SECAM，码率基本都是相等的；取样点的数量越多，扫描的线数越多，每秒显示的帧数越多，那么对应的码率也就越大；由于传输过程中的带宽是固定的，所以对于码率大的压缩的比例也就越大。

5.3.5 数字视频文件格式

多媒体计算机可以通过信号转化器把彩色电视信号数字化后，以文件的形式存储到计算机的存储器中，下面介绍几个比较常见的视频文件格式。

1．AVI 文件

AVI（Audio Video Interleaved，音频视频交错）是 Microsoft 公司于 1992 年开发的一种数字音频与视频文件格式，其文件扩展名为.AVI，最早用于微软的 Microsoft Video for

Windows（VFW）环境，现在已被大多数操作系统直接支持。AVI允许视频和音频交错在一起同步播放，这种方式可以提高系统的工作效率，同时也可以迅速地加载和启动播放程序，减少用户的等待时间。AVI文件目前主要应用在多媒体光盘上，用来保存电影、电视等各种影像信息，有时也出现在Internet上，供用户下载、欣赏新影片的精彩片断。

2. MPEG文件

MPEG（Moving Pictures Experts Group，运动图像专家组）是运动图像压缩算法的国际标准，家里常看的VCD、DVD就是这种文件格式。其文件扩展名为.MPG或.MPEG。MPEG采用有损压缩方法减少运动图像中的冗余信息，同时保证每秒30帧的图像动态刷新率，几乎已被所有的计算机平台共同支持。MPEG标准包括MPEG视频、MPEG音频和MPEG系统（视频、音频同步）三个部分。

MPEG压缩标准是针对运动图像而设计的，其基本方法是：在单位时间内采集并保存第一帧信息，然后只存储其余帧相对第一帧发生变化的部分，从而达到压缩的目的，它主要采用两个基本压缩技术：运动补偿技术（预测编码和插补码）实现时间上的压缩，变换域（离散余弦变换DCT）压缩技术实现空间上的压缩。MPEG的平均压缩比为50∶1，最高可达200∶1，压缩效率非常高，同时图像和音响的质量也非常好，并且在微机上有统一的标准格式，兼容性相当好。

图5-10所示为MPEG图像编码过程，视频内的帧内图像经过采样、量化和编码，帧间图像采用运动补偿技术。

（1）使用数码照相机获取的图像为RGB（红绿蓝）颜色空间的图像，首先做空间转换，转换成YUV（亮度、色差1、色差2）颜色空间，因为人对亮度敏感，对色差不敏感，压缩色差能减少数据量。

数字视频的压缩过程

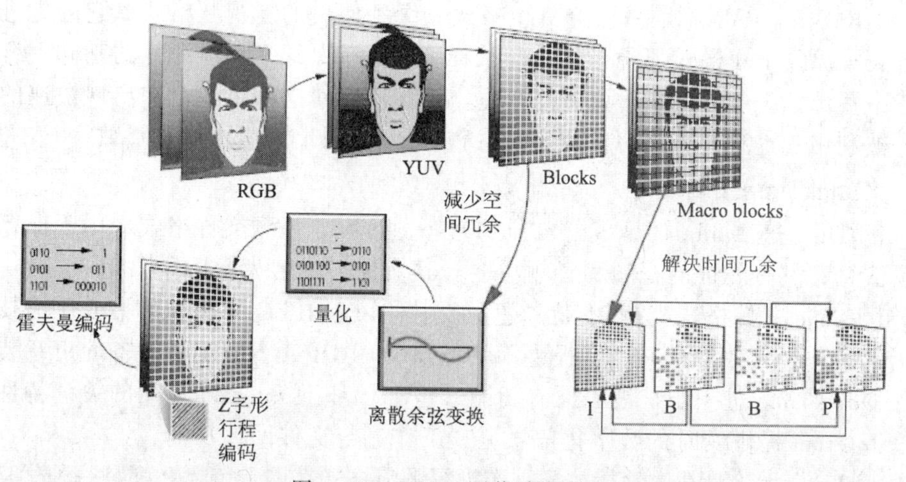

图5-10 MPEG图像编码过程

（2）YUV的亮度及色差图片，单独处理。把图片划分成若干小块，每个小块（Blocks）大小是8×8的64个点。

（3）针对图像内的每个小块，做JPEG数据压缩过程，来减少空间冗余（Remove Spatial Redundancy）。首先是离散余弦变换（Discrete Cosine Transform），可以把连续的数据离散（对应图像的分辨率）；而后是量化（Quantization）处理（对应图像的颜色深度），对图像做映射，比较典型的处理就是颜色查找表（调色板）方式，可以压缩图像数据；最后是编码，采用的是 Z 字形的行程编码和基于概率的霍夫曼编码（Huffman Coding）。

（4）图像之间采用运动补偿技术，解决时间冗余（Remove Temporal Redundancy）。即把连续的若干帧划分成四种，原始图像 I 保留图像内所有数据，预测图像 P 保留变化的部分，插补图像 B 不存储，播放时由 I 和 P 图像生成。

MPEG 格式在以下三方面优于其他压缩方案：

（1）具有很好的兼容性。

（2）能够比其他算法提供更好的压缩比，最高可达 200：1。

（3）在提供高压缩比的同时对数据的损失很小。

3．Real Video 文件

Real Video 文件是 Real Networks 公司开发的一种新型的、高压缩比的流式视频文件格式，其文件扩展名为.RA、.RM 或者.RMVB。整个 Real 视频系统由三部分组成：RealServer、RealEncoder 和 RealPlayer。RealEncoder 负责将已有的音/视频文件或现场的音/视频信号实时转换成 RealMedia 格式，RealServer 负责广播 RealMedia 格式的音/视频，而 RealPlayer 则负责实时播放传输过来的 RealMedia 格式的音/视频数据流。它主要用来在低速率的广域网上实时传输活动视频影像，可以根据网络数据传输速率的不同而采用不同的压缩比率，从而实现影像数据的实时传送和实时播放。目前，Internet 上已有不少网站利用 Real Video 技术进行重大事件的实况转播。

（1）RM。RM 格式的主要特点是用户使用 RealPlayer 或 RealOne Player 播放器可以在不下载视频内容的条件下实现在线播放。

（2）RMVB。RMVB 是一种由 RM 格式升级延伸出的新视频格式，它的先进之处在于打破了原先 RM 格式那种平均压缩采样方式，在保证平均压缩比的基础上合理利用比特率资源，这样可以流出更多的带宽空间，从而使这些带宽会在出现快速的运动场景时被利用。这种文件可以用 RealOne Player 2.0 以上的版本进行播放。

4．QuickTime 文件

QuickTime 是 Apple 计算机公司开发的一种音频、视频文件格式，用于保存音频和视频信息，具有先进的视频和音频功能。其文件扩展名为.QT 或者.MOV。

QuickTime 文件格式支持 25 位彩色，支持 RLE、JPEG 等领先的集成压缩技术，提供 150 多种视频效果，并配有提供了 200 多种 MIDI 兼容音响和设备的声音装置。新版的 QuickTime 进一步扩展了原有功能，包含了基于 Internet 应用的关键特性，能够通过 Internet 提供实时的数字化信息流、工作流与文件回放功能。

QuickTime 无论是在本地播放还是作为视频流格式在网上传播，都是一种优良的视频编码格式，其画面效果优于 AVI 格式。它以其领先的多媒体技术和跨平台特性、较小的存储空间要求、以及系统的高度开放性，已成为数字媒体软件技术领域的工业标准。

5．Microsoft 流媒体文件

ASF（Advanced Streaming Format，高级流格式）是 Microsoft 公司 Windows Media

的核心，也是一个在 Internet 上实时传播多媒体的技术标准。其文件扩展名为.ASF。

ASF 的主要优点包括：体积小，适合本地或网络回放、可扩充的媒体类型等。ASF 应用的主要部件是 NetShow 服务器和 NetShow 播放器。有独立的编码器将媒体信息编译成 ASF 流，然后发送到 NetShow 服务器，再由 NetShow 服务器将 ASF 流发送给网络上的所有 NetShow 播放器，从而实现单路广播或多路广播。

WMV 又是一种独立于编码方式的在 Internet 上实时传播多媒体的技术标准。其文件扩展名为.WMV。WMV 的主要优点包括：体积小，适合本地或网络回放、可扩充的媒体类型、文件下载、可伸缩的媒体类型、流的优先级化、多语言支持、环境独立性等。

6. 3GP 文件

3GP 是“第三代合作伙伴项目（3GPP）”制定的一种多媒体标准，是一种 3G 流媒体的视频编码格式，其文件扩展名为.3GP。主要是为了配合 3G 网络的高传输速度而开发的，也是目前手机中最为常见的一种视频格式。其目标是使用户能使用手机享受高质量的视频、音频等多媒体内容。其核心由包括高级音频编码（AAC）、自适应多速率（AMR）和 MPEG-4 和 H.263 视频编码解码器等组成，大部分支持视频拍摄的手机都支持 3GP 格式的视频播放。

3GP 是新的移动设备标准格式，应用在手机、PSP 等移动设备上，优点是文件体积小，移动性强，适合移动设备使用；缺点是在 PC 上兼容性差，支持软件少，且播放质量差，帧数低，较 AVI 等传统格式相差很多。

5.4 应用案例——数字视频处理软件 Corel VideoStudio X10

Corel VideoStudio X10 可用于捕获视频、编辑视频并将最终作品分享到 CD、DVD、HDDVD 或 Web 上。它采用了逐步式的工作流程，可以轻松捕获、编辑和分享视频。具体步骤分为以下三步：添加素材、添加特效和渲染输出。

它还提供了一百多个转场效果、专业标题制作功能和简单的音轨制作工具。保证短时间内即可熟悉程序并开始制作视频。图 5-11 所示为 Corel VideoStudio X10 的主界面。

图 5-11　Corel VideoStudio X10 主界面

【例 5-1】添加素材。

【解】具体操作步骤如下：

（1）查看素材区的内容，图 5-12 所示为系统自带的素材库。其中“SP-V02.mp4”和“SP-V04.wmv”为视频文件，其文件左上角显示有图标表示其为视频；图片“SP-I01.jpg”“SP-I02.jpg”和“SP-I03.jpg”直接以缩略图显示；剩余的为声音文件，以图标显示。

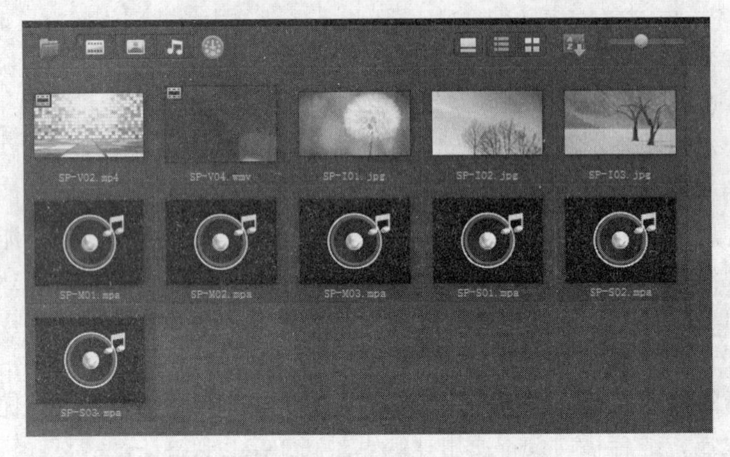

图 5-12　Corel VideoStudio X10 素材区

（2）添加素材到素材库。在素材区域的工具栏中单击按钮，在弹出的对话框中，选择需要使用的素材文件。并重复单击按钮，完成素材文件的添加。当鼠标指针移动到添加的视频文件上方时，会有文件的简要信息提示，如图 5-13 所示。

为了查看更多插入素材的信息，选中文件并右击，在弹出的快捷菜单中选择“属性”命令，弹出“属性”对话框，可看到素材的相关详细信息描述，如图 5-14 所示。

图 5-13　添加后的素材信息

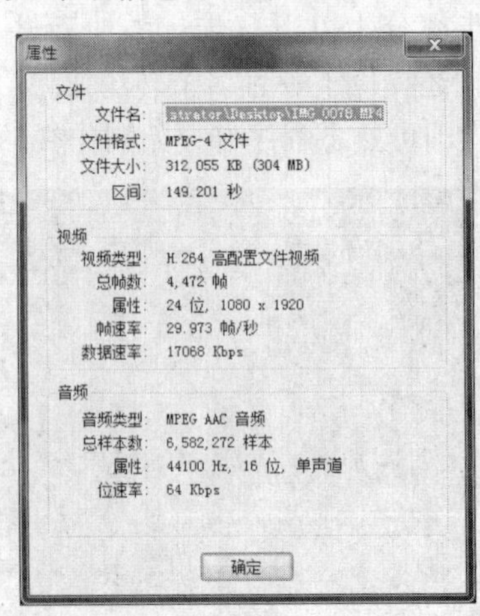

图 5-14　“属性”对话框

（3）添加素材到轨道工作区。在轨道工作区的工具栏中，可以通过“故事板视图”按钮添加素材，而后通过“时间轴视图”按钮选择素材的添加位置。为了方便本例直接在时间轴视图中添加素材，在素材区选择导入的视频文件 IMG_0078.mp4，按住鼠标左键，拖动到时间轴视图中的“视频轨”内。

这时，可以播放测试所添加的视频的效果，播放过程中，时间轴随时间向右移动。

为了能实现图 5-15 所示的“画中画”效果，需要两个视频素材。一个是 IMG_0078.mp4 视频，一个是“背景”视频。首先把 IMG_0078.mp4 视频从“视频轨”通过按住鼠标左键拖动到“覆叠轨”，然后把“背景”视频，拖放到“视频轨”。这样可以保证两个视频同时播放。

图 5-15　添加两个视频轨道后的效果

【例 5-2】添加特效。

【解】具体操作步骤如下：

（1）“转场”。在视频素材之间的场间隙，通过添加转场，实现了视频之间的无缝连接。单击按钮后，选择一个转场，通过按住鼠标左键拖动转场的方式到需要的位置后释放鼠标，实现添加转场，如图 5-16 所示。

图 5-16　转场设置

本例选择的是“对开门”转场，效果图如图 5-17 所示。

图 5-17　转场后的效果

（2）“滤镜”。就是人们通常所说的为视频添加特效。对视频素材进行编辑时，可以将它应用到视频素材上。使用滤镜可以掩饰视频素材的瑕疵，还可以使视频产生出绚丽的视觉效果，使视频更具有表现力。

单击FX按钮，右侧会出现很多的视频滤镜，如“波纹”“光芒”“浮雕”等。选择一个视频滤镜，通过按住鼠标左键拖动滤镜的方式到需要的视频文件后松手，实现添加滤镜。本例拖动“涟漪”视频滤镜到“SP-V02.mp4”文件上，单击“播放”按钮，查看视频的播放效果，如图 5-18 所示。

图 5-18　滤镜效果图

（3）“字幕”。没有开幕词、字幕和闭幕词的影片是不完整的。

单击T按钮后，右侧会出现很多风格的标题，如、、等。选择一个风格的标题，通过按住鼠标左键拖动的方式到“标题轨”后释放鼠标，实现字幕的添加，如图 5-19 所示。

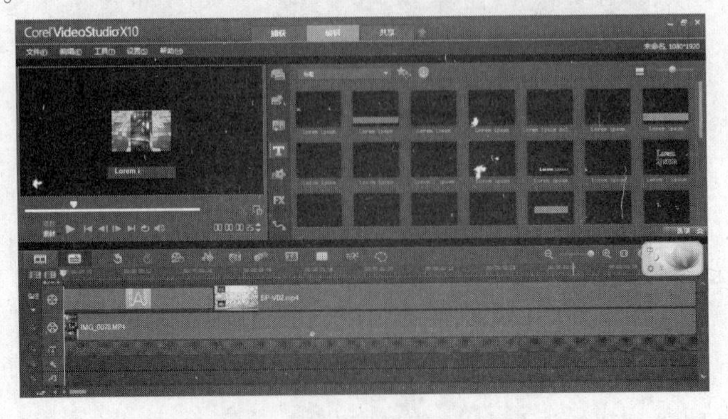

图 5-19　字幕风格设置

双击“标题轨”中的字幕，会显示出标题的属性界面，编辑里面的时长、字体、位置、样式及背景等内容，同时可以直接在“标题轨”中拖拽 来调整字幕的播放时间、长度、起始和结束位置。

修改字幕内容，首先保证字幕标题的选中状态，然后在播放区内双击文字部分，修改后的效果如图 5-20 所示。

（4）“音乐”。如图 5-21 所示是为影片添加音频的界面。本例是通过在素材区选中“SP-M01.mpa”，将其拖动到时间轴视图中的“音乐轨”内。播放的最终效果就是视频轨、覆盖轨、声音轨、标题轨、音乐轨的混合效果。

图 5-20　标题窗体显示字幕

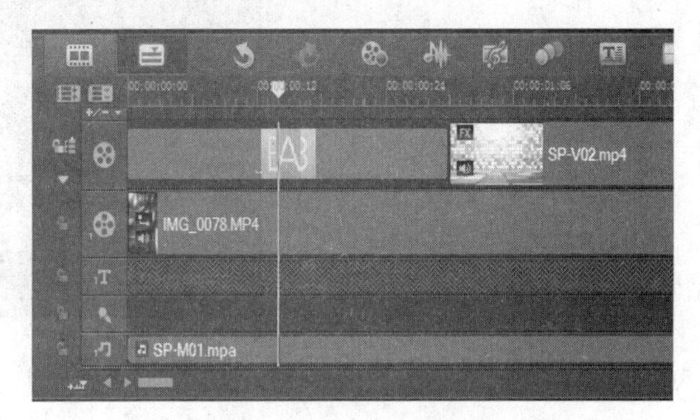

图 5-21　添加音频

【例 5-3】文件输出。

在主界面上选择“共享”选择卡，如图 5-22 所示，“格式”上选择 MPEG-4，“配置文件”选择 MPEG-4 AVC（1920×1080,25p,15Mbps），不同的配置文件，决定了视频的质量好坏和数据量大小。

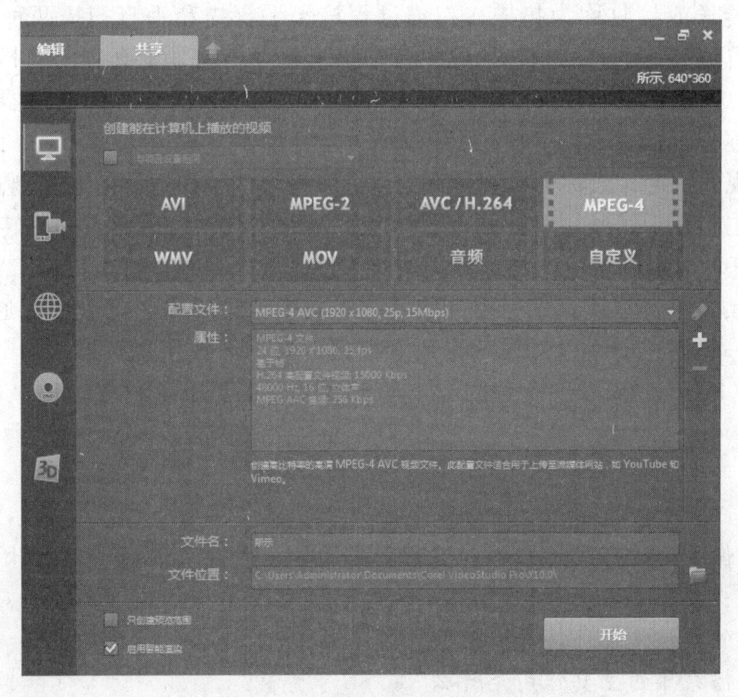

图 5-22　视频保存参数设置

“属性”内为视频文件的相关信息，填写“文件名”，选择“文件位置”后，单击“开始”按钮，文件就被成功输出。找到文件，打开播放生成的视频，效果如图 5-23 所示。

图 5-23　视频播放效果

小　　结

视频泛指将一系列的静态影像以电信号方式加以捕捉、记录、处理、存储、传送与重现的各种技术。

在传送电视图像时，将每幅图像分割成很多像素，按照一个一个像素、一行一行的方式顺序传送或接收称为扫描。扫描过程按水平扫描和垂直扫描两种方式综合进行。水平扫描是水平方向的扫描，称为行扫描；垂直扫描是垂直方向的扫描，称为场扫描。扫描的方式很多，我国的电视系统采用隔行扫描，而计算机显示器中采用隔行扫描方式或逐行扫描方式。

实现电视的特定方式称为电视的制式。目前不同国家和地区的电视制式不尽相同，制式的区分主要在于其帧频、分解率、信号带宽以及载频、色彩空间的转换关系等。比较常见的三种兼容制彩色电视信号制式有 NTSC 制式、PAL 制式和 SECAM 制式。

数字视频的内容是计算机捕捉并数字化了的摄像机或电影的胶片，通过把图像、图形等放在一起创建动画也可以获得数字视频。常见的数字视频格式为 AVI 文件、MPEG 文件、Real Video 文件、Microsoft 流媒体文件、3GP 文件等。

思　考　题

1. 在图像显示时有隔行扫描和逐行扫描两种方式，它们的区别是什么？
2. 数字视频有哪些优点？
3. 常见的流媒体文件格式有哪些？
4. 媒体播放器的主要作用是什么？

习　题

一、填空题

1. 在视频中，________是构成视频信息的最基本单位。

2. 视频信号主要由________和________两大部分组成。

3. 传送电视图像时，将每幅图像分割成很多像素，按照一个一个像素、一行一行的方式顺序传送或接收称为________。

4. 数字视频中码率单位 kbit/s 的含义是________。

5. ________扫描需要从上到下扫描两遍才能完成一幅图像的显示。

6. 比较常见的三种兼容制彩色电视信号制式有________、________和________。

二、选择题

1. 视频信号可以分为（　　）。

A. 分量视频　　B. 数字视频　　C. 复合视频　　D. S-video

2. 以下电视制式是数字电视制式的有（　　）。

A. NTSC　　B. ATSC　　C. DVB　　D. PAL

3. 以下电视制式是模拟电视制式的有（　　）。

A. SECAM　　B. PAL　　C. DVB　　D. ISDB

4. DVB 标准包括（　　）。

A. DVB 广播传输系统　　B. DVB 基带附加信息系统

C. DVB 交互业务系统　　D. DVB 条件接收及接口标准

5. 数字图像采样中的采样方案包括（　　）。

A. 4∶4∶4　　B. 4∶2∶2　　C. 4∶1∶1　　D. 4∶2∶0

6. 以下关于 ITU-R-601 标准的说法正确的是（　　）。

A. ITU-R-601 标准原来称为 CCIR-601 标准，是国际无线电咨询委员会 CCIR 制定的

B. CCIR 为 NTSC 制、PAL 制和 SECAM 制规定了共同的电视图像采样频率

C. CCIR 规定采样频率必须是目前所有电视信号行频的倍数

D. 数字视频的码率和有效码率是指同一概念

7. 下列与数字视频的码率有关的因素有（　　）。

A. 每行的取样点数　　B. 扫描线数

C. 量化精度　　D. 帧频

8. 以下叙述正确的是（　　）。

A. 在计算机中 kbps 和 kibps 是等价的

B. 在带宽一定的条件下，数字视频的码率和压缩率成正比

C. 数字图像采样格式中 4∶2∶0 和 4∶1∶1 具有相同的码率

D. 数字视频的每行取样点越多，扫描的线数越多，每秒扫描的帧数也越多，那么对应的数字视频的码率也就越大

9. 以下不是数字视频格式的有（　　）。

A. AVI　　B. MPG　　C. WAV　　D. RM　　E. MOV

10. 以下是数字视频格式的有（　　）。

A. ASF　　B. RAM　　C. 3GP　　D. DAT　　E. QT

三、简答题

1. 比较说明分量视频、复合视频和 S-video 的优缺点。

2. 在 PAL 电视制式中采用的色彩调频方法称为“逐行倒相”，说明其工作原理。

3. 简述 NTSC、PAL 和 SECAM 的区别。

4. 结合实际说明数字视频的获取过程。

5. 简述数字图像采样过程中的方案有哪些，描述其采样思想。

6. 在 NTSC 制式中，每行的取样点数为 858 个，扫描线数为 525 行，每秒 30 帧，由于 NTSC 采用 4∶2∶2 方案，每个像素能够用两个字节表示，那么这时的数字视频的码率为多少？

7. 在 PAL 制式中，每行的取样点数量为 864 个，其中有效取样点数为 720 个，扫描线数为 625 行，每秒 25 帧，采样方案 4∶2∶2。那么此时的数字视频的有效码率为多少？

8. 在 PAL 制式的宽屏 HDTV 电视系统中，每行的有效取样点数为 1 920 个，扫描线数为 1 152 行，每秒 25 帧，在采样方案为 4∶2∶2 时，数字视频的码率是多少？在采样方案为 4∶2∶0 时，数字视频的码率是多少？

第 6 章

多媒体数据压缩 «‹

随着信息时代的进入，人们更多地依靠计算机来获取信息，信息从单一媒体转到了多种媒体，信息变得越来越大，与当前硬件技术所能提供的计算机存储资源和网络带宽之间有很大的差距，这给存储多媒体信息带来了很大困难。

处理和传输大的数据量，要求计算机有更高的数据处理和数据传输的速度以及巨大的存储空间，因此，有必要以压缩的形式存储和传播多媒体信息。图 6-1 所示为大数据时代。

图 6-1　大数据时代

多媒体数据中常见的数据冗余有以下几种：

1. 重复冗余

多媒体数据之间存在大量重复的现象，使多媒体数据压缩成为可能。如图 6-2 所示，连续播放的视频图片，其帧间具有大量重复的像素点颜色。

数据冗余

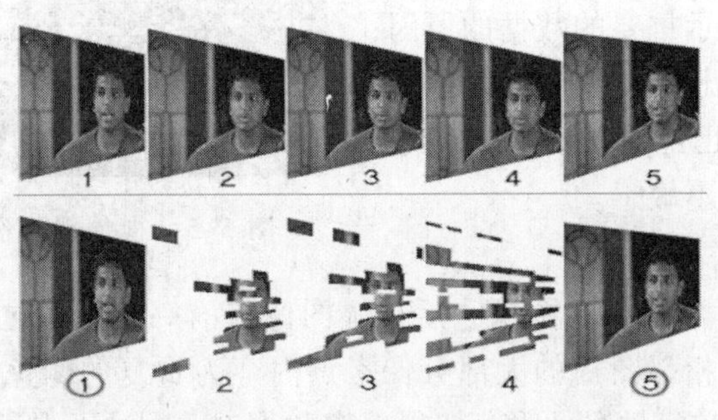

图 6-2　重复的视频信号

2．空间冗余

自然界中的同一景物表面上的采样点的颜色之间，通常存在空间相关性，相邻各点的取值往往相近或者相同。图 6-3 所示为一颗枫树，枫树叶子之间虽然颜色不同，但是相邻的叶子之间颜色连续，同样天空的颜色虽然有些许的云彩，但像素点颜色也是连续的、相同或相近的。

3．结构冗余

某些图像从大域上看，存在非常强的纹理结构。相同的纹理结构，带来的是部分区域与区域之间的数据重复。图 6-4 所示背景墙中的类似波纹形状的连续的区域，可以只存储部分数据，其他存储位置信息即可节省空间。

图 6-3　相近像点的图像

图 6-4　相同纹理的图像

4．视觉冗余

人类的视觉和听觉系统由于受到生理特征的限制，对于图像和声音信号的一些细微变化是感觉不到的，忽略这些变化后，信号仍然被认为是完好的。我们把这些超出人类视（听）觉范围的数据称为视（听）觉冗余。

图 6-5 中的冗余可以考虑以下几点：蓝色相对红色、绿色更不敏感，所以存储时颜色相近可以更多地取相同的颜色值；人类观察事物对边缘线有着自然而然的关注力，这就是为什么各种 PPT 或者文档愿意使用网格表格的方式突出显示重要的数据的原因；人对亮度更敏感，超出色差，当亮度足够暗时，颜色是什么样的已经无法察觉；人类查看图像时对右下区域不敏感。

图 6-5　视觉部分察觉不到的像素图像

5．时间冗余

图像序列中的两幅相邻的图像，后一幅图像与前一幅图像之间有较大的相关性，这表现为时间冗余。相邻图片的大部分像素点内容为重复的颜色，只有部分像素点发生变化，且变化是简单算法的平移，使得保存数据时，通过不保存重复数据节省空间，得到连续的视频效果，是直观且较易实现的方法。图 6-6 所示为简单平移的视频图像。

图 6-6 简单平移的视频图像

数据压缩技术是当前多媒体技术的一个研究热点，可以根据压缩解码后，信息不能改变，还能完全恢复到压缩前的原样，而不引起任何失真来进行分类。如果经过压缩和解压后的数据与原来一致，则称为无失真编码（也称无损压缩），如果经过压缩和解压缩后的数据与原来不一致，则称为有失真编码（也称有损压缩）。

6.1 无损压缩算法

无损压缩指数据经过压缩后，信息不受损失，还能完全恢复到压缩前的原样而不引起任何失真。它和有损压缩相对，这种压缩通常压缩比小于有损压缩的压缩比。由于压缩率是受到数据统计冗余度的理论限制，所以一般为 2∶1 到 5∶1。这类方法广泛用于文本数据、程序和特殊应用场合的图像数据（如指纹图像、医学图像等）的压缩。由于压缩比的限制，仅使用无损压缩方法是不可能解决图像和声音的存储和传输的所有问题。经常使用的无损压缩方法有熵编码、行程编码、香农-范诺编码、霍夫曼编码、词典编码和算术编码等。

在研究这些压缩编码算法之前，首先要知道数据所含的信息量，以及如何计算数据的信息量。由于本门课程是与计算机相关的多媒体数据，所以信息量代表的是信息在计算机中的数据量，可以直观地理解为所需要的字节数或二进制位（bit）数。例如，在计算机中存储身份证号的字符串“220***19790414****”，其中的 220 代表吉林省，1979 代表出生年，04 代表出生月，14 代表出生日，其在计算机中的数据量为 19 字节（每个字符使用 char 类型占 1 个字节 × 18+字符串结束标志 1 个字节）。

在数学上，信息量的大小和消息有一定的关系，消息是其出现概率的单调下降函数。信息量越大，消息的可能性越少，反之亦然。信息量是指：为了从 N 个相等的可能事件中挑选出一个事件所需要的信息度量和含量，所提问“是或否”的次数。也就是说，在 N 个事件中辨识特定的一个事件要询问“是或否”次数。

信息量如何计算

例如，要从 128 个数中选定某一个数，可以先提问“是否大于 64？”，不论回答“是”或“否”，半数的可能事件都会被取消。如果继续询问下去，每次询问将对应一个 1 位的信息量。随着每次询问，都将有半数的可能事件被取消，这个过程由以下公式表示：$\log_2 128 = 7$ 位。由上可知，对于 128 个数的询问只要进行 7 次，即可确定一个具体的数。同样可以知道，存入 128 个数到计算机中，只需要 7 个二进制位的数据量即可。由此，可知信息量的公式如下：

$$I(x) = \log_2\left[{1}/{p(x)}\right] = -\log_2 p(x)$$

因为计算机中的数据只有 0 和 1 两个值,所以对数的底使用 2 来转换成二进制位数。

例如，英文 26 个字母，等概率出现，即每个概率为 $\frac{1}{26}$，单个字母的信息量为 $\log_2\left[1/\frac{1}{26}\right] = \log_2 26 = 4.7$。

常用汉字 2 500 个，若等概率出现，即每个概率为 $\frac{1}{2\,500}$，单个汉字的信息量为 $\log_2 2500=11.3$。

由上面的英文字母和汉字存入到计算机中的信息量对比发现，1 个字母只需要平均 4.7 位（5 位）就可以完全存储，而 1 个汉字需要平均 11.3 位（12 位）才能完全存储。由此发现，存储的数据划分的种类越多，所占的二进制位越多，带来的数据量也就越大。

以上都是在所有的事件等概率的情况下的研究，非等情况下又会有什么不同？看下面的例子：

假设 $X = \{a,b,c\}$ 是由三个事件构成的集合，对应概率

$$p(a) = 0.5, p(b) = 0.25, p(c) = 0.25$$

则这些事件的信息量为：

$$I(a) = \log_2\left\lfloor {1}/{0.5} \right\rfloor = 1\,\text{bit},\ I(b) = \log_2\left\lfloor {1}/{0.25} \right\rfloor = 2\text{位},\ I(c) = 2\text{位}$$

那么可以直观的进行这样对应的编码【a:0】【b:10】【c:11】。整个 X 对应 2 位进行编码即可。

这时考虑到 X 有三种可能 a、b、c，而 2 位（00，01，10，11）就能存储四种可能，无需任何概率，直接分配即可。计算每个消息单独的信息量，这么做是否多此一举？是否合理？

答案当然是肯定的。比如当 b 和 c 出现的概率趋向于无穷小时，小到可以忽略不计，那么此时 X 只有 a 这一种可能，表面上用 1 位存储 a 即可，但实际上是信息量趋向于 0，不用任何存储。

由此可知，概率影响了信息量，接下来的信息熵编码中会有进一步的理解。

6.1.1 信息熵编码

数据压缩技术的理论基础是信息论。根据信息论的原理，可以找到最佳数据压缩

编码的方法，数据压缩的理论极限是信息熵（即信息中排除了冗余后的平均信息量）。如果要求编码过程中不丢失信息量，即要求保存信息熵，这种信息保持编码称为熵编码，是根据消息出现概率的分布特性而进行的，是无损压缩编码。

平均的信息量——熵

如果将信息源所有可能事件的信息量进行平均，即可得到信息的“熵”（Entropy）。一个具有符号集 $S=\{s_1, s_2, \ldots, s_n\}$ 的信息源的熵 η 定义公式为 $\eta=-\sum_{i=1}^{n} p_i \log_2 p_i$，其中 p_i 是 S 中符号 S_i 出现的概率。

【例 6-1】信息熵发来 2 位，4 个结果。

若为 $1/4$ 等概率，则 $H(x)=4\times(1/4)\times\log_2 4=2$。

若为 $\frac{1}{2},\frac{1}{6},\frac{1}{6},\frac{1}{6}$ 概率，则 $H(x)=(1/2)\times\log_2 2+3\times(1/6)\times\log_2 6=1.7925$。

熵代表平均的信息量，熵值越小，代表所需的平均二进制位越少，总体数据量就越少。所以，熵可以用来衡量数据量的标准之一。对比上面的两组数据，同样四种可能的消息划分，等概率时熵值最高，概率落差越大熵值越低，随后的几个例子更能说明这一点。

【例 6-2】把一幅图像存入计算机中。

若为 256 色等概率，则 $H(x)=\sum_{i=1}^{n}(1/256)\times\log_2 256=8$。

若 $\frac{1}{3}$ 暗，$\frac{2}{3}$ 亮概率，则 $H(x)=(1/3)\times\log_2 3+(2/3)\times\log_2 3/2=0.92$。

由上面的数据发现，不同角度的划分，熵值差距很大，256 色等概率需要 8 位，而只区分亮和暗两种值平均需要 0.92 位。对比上面的两个数据，同样的图片存储到计算机中，可能的数据量却有很大差异，说明选择不同角度的划分，会影响数据量。

【例 6-3】图 6-7 所示，基于不同属性的不同熵值进行计算。属性 1：填充（实心、空心）；属性 2：形状（方形、圆形、心形、菱形）。通过四种方式存入计算机中进行分析，并计算其各自的熵值。

图 6-7 图形矩阵

根据图 6-7，按照从左到右、从上到下的顺序，得到表 6-1 所示的统计表。

表 6-1　图形的数据表示

序号	填充	形状	序号	填充	形状	序号	填充	形状
1	no	方形	7	no	心形	13	yes	心形
2	no	圆形	8	yes	圆形	14	yes	菱形
3	no	方形	9	yes	圆形	15	no	心形
4	no	方形	10	no	方形	16	yes	圆形
5	yes	菱形	11	no	圆形			
6	yes	圆形	12	yes	心形			

（1）单以“填充”为属性的划分，不存储“形状”。

8 个实心，8 个空心：

$$H(x)=2\times\left(\frac{8}{16}\right)\log_2\left(1\Big/\frac{8}{16}\right)=1$$

不论实心还是空心，所占概率均为$\frac{8}{16}$。

（2）单以“形状”为属性的划分：不存储是否“填充”。

圆形 6 个，方形 4 个，菱形 2 个，心形 4 个：

$$\begin{aligned}H(x)=&\left(\frac{6}{16}\right)\log_2\left(16/6\right)\\&+2\times\left(\frac{4}{16}\right)\log_2\left(16/4\right)\\&+\left(\frac{2}{16}\right)\log_2\left(16/2\right)=1.9\end{aligned}$$

分别对应概率为$\frac{6}{16},\frac{4}{16},\frac{2}{16},\frac{4}{16}$。

（3）先以“填充”为属性，后以“形状”为属性的划分，如图 6-8 所示。

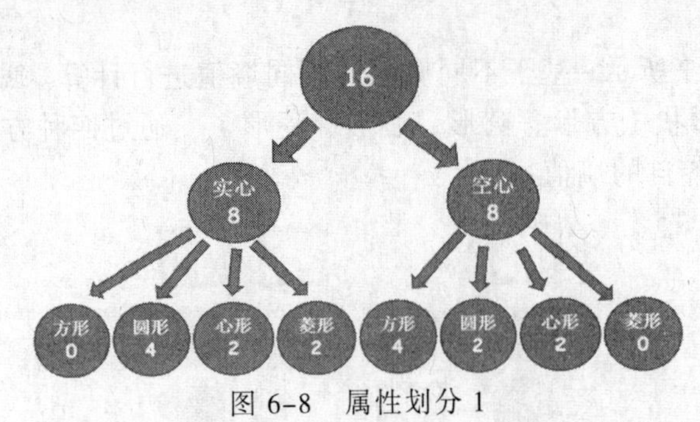

图 6-8　属性划分 1

实心和空心都有 8 个，各占总数的$\frac{1}{2}$，且子集都是（4，2，2，0）的组合，虽然顺序不同，但是计算概率却是相同的。所以有了下面公式开始部分的$2\times\frac{1}{2}$。

随便选择一种填充计算即可，当填充为实心时，子集有（方形 0 个、圆形 4 个、

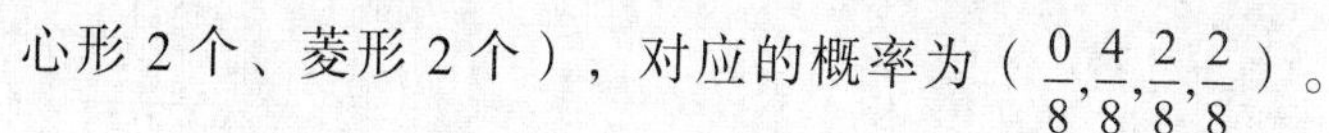

心形2个、菱形2个），对应的概率为（$\frac{0}{8},\frac{4}{8},\frac{2}{8},\frac{2}{8}$）。

$$H(x)=2\times\frac{1}{2}\times\left(0+\frac{4}{8}\times\log_2\frac{8}{4}+\frac{2}{8}\times\log_2\frac{8}{2}+\frac{2}{8}\times\log_2\frac{8}{2}\right)=1.5$$

（4）先以“形状”为属性，后以“填充”为属性的划分，如图6-9所示。

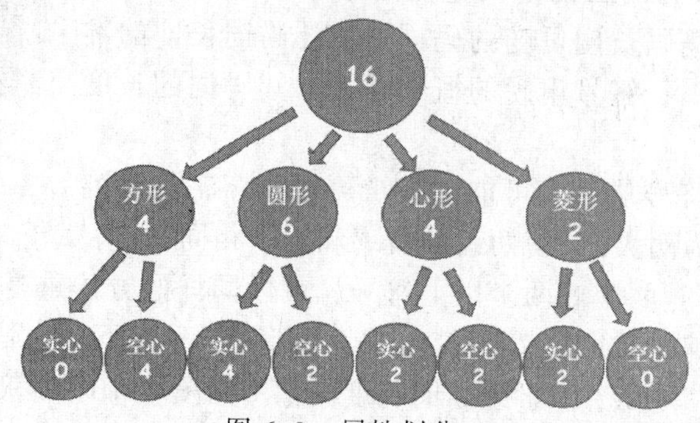

图6-9 属性划分2

方形有4个，圆形有6个，心形有4个，菱形有2个，它们占16个图形中的对应概率为$\left(\frac{4}{16},\frac{6}{16},\frac{4}{16},\frac{2}{16}\right)$。分别计算各自的信息量，才可以按照各自概率合成整体信息量。

方形一共4个（实心0，空心4），对应的概率为（$\frac{0}{4}$，$\frac{4}{4}$），其信息量为$H(x1)=\frac{0}{4}\times\log_2\frac{4}{0}+\frac{4}{4}\times\log_2\frac{4}{4}=0$。

圆形一共6个（实心4，空心2），对应的概率为（$\frac{4}{6}$，$\frac{2}{6}$），其信息量为$H(x2)=\frac{4}{6}\times\log_2\frac{6}{4}+\frac{2}{6}\times\log_2\frac{6}{2}$。

心形一共4个（实心2，空心2），对应的概率为（$\frac{2}{4}$，$\frac{2}{4}$），其信息量为$H(x3)=\frac{2}{4}\times\log_2\frac{4}{2}+\frac{2}{4}\times\log_2\frac{4}{2}=1$。

菱形一共2个（实心2，空心0），对应的概率为（$\frac{2}{2}$，$\frac{0}{2}$），其信息量为$H(x4)=\frac{2}{2}\times\log_2\frac{2}{2}+\frac{0}{2}\times\log_2\frac{2}{0}=0$。

总信息量为$H(x)=\frac{4}{16}\times H(x1)+\frac{6}{16}\times H(x2)+\frac{4}{16}\times H(x3)+\frac{2}{16}\times H(x4)=0.59$。

通过以上四种方案存储图形数据，计算得到的熵值各不相同，发现并不是存储属性少，信息量就少，计算最优的是以“形状”为属性，后以“填充”为属性的划分，平均信息量为0.59，平均不到1位的存储；划分后的数据分布越是不均，信息量就会越少；信息量为0的产生，这是人们所期望的最佳存储效果。这样的发现不仅可以节省和压缩空间，而且可以发现数据之间的规律（如果是菱形，那么一定是实心的），进一步的研究可以参考数据挖掘中基于熵的决策树算法。

6.1.2 香农-范诺编码

香农-范诺算法是由贝尔实验室的 shannon 和 MIT 的 Robert Fano 独立开发的。这种发放采用从上到下的方法进行编码。香农-范诺编码的目的是产生具有最小冗余的码词。其基本思想是产生编码长度可变的码词。估计码词长度的准则是符号出现的概率，符号出现的概率越大，其码词的长度越短。

香农-范诺编码

编码方法：将符号从最大可能到最少可能排序，将排列好的信源符号分化为两大组，使两组的概率和近于相同，并各赋予一个二元码符号“0”和“1”。只要组内有两个或两个以上符号，就以同样的方法重复以上分组，以此确定这些符号的连续编码数字。依次下去，直至每一组只剩下一个信源符号为止。

【例 6-4】有一幅 40 个像素组成的灰度图像（见图 6-10），灰度共有 5 级，分别用符号 A、B、C、D 和 E 表示，问这幅图像编码需要多少位？

40 个像素中出现灰度 A 的像素数有 15 个，出现灰度 B 的像素有 7 个，出现灰度 C 的像素数有 7 个，出现灰度 D 的像素数有 6 个，出现灰度 E 的像素数有 5 个。如果用 3 个位表示 5 个等级的灰度值，也就是每个像素用 3 位表示，编码这幅图像总共需要 120 位。

如果用熵的方法来计算：$\eta=(15/40)\times\log_2(40/15)+(7/40)\times\log_2(40/7)+\cdots+(5/40)\times\log_2(40/5)=2.196$。这就是说每个符号用 2.196 位表示，40 个像素需要用 87.72 位。

【解】其步骤如下：

（1）根据每个符号出现的频率对符号进行排序。

（2）递归地将这些符号分成两组，每一组中的符号具有相近的频率，直到所有的组都只含有一个信源符号为止。

实现上述过程的一种很自然的方法就是建立一棵二叉树。如图 6-11 所示，按照惯例，给二叉树中的左分支赋予 0，给所有的右分支赋予 1。则对应的符号编码为 A：00，B：01，C：10，D：110，E：111。

图 6-10　灰度像素矩阵

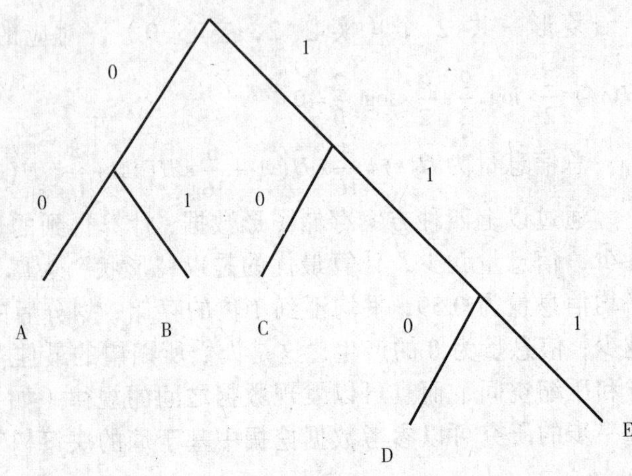

图 6-11　香农-范诺算法的合并过程

根据以上数据得到表 6-2 所示的数据，其中需要的位数由出现的次数和分配的代码的乘积得到，每个字符的信息量由公式 $\log_2(1/p(x))$ 得到。

表 6-2　香农-范诺算法的统计

符　号	出现的次数	信　息　量	分配的代码	需要的位数
A	15（0.375）	1.4150	00	30
B	7（0.175）	2.5145	01	14
C	7（0.175）	2.5145	10	14
D	6（0.150）	2.7369	110	18
E	5（0.125）	3.0000	111	15

使用香农-范诺算法压缩的数据所占位数为 30+14+14+18+15=91 位。使用熵计算最好的可能为 87.72 位，简单算法的 5 个符号直接由 3 位编码表示需要 120 位。对比三个数据，香农-范诺算法接近理想压缩。

6.1.3　霍夫曼编码

霍夫曼编码（Huffman Coding）是一种编码方式，是一种用于无损压缩的熵编码（权编码）算法。1952 年，David A. Huffman 在麻省理工攻读博士时所发明的，并发表于《一种构建极小多余编码的方法》（*A Method for the Construction of Minimum-Redundancy Codes*）一文中。在计算机资料处理中，霍夫曼编码使用变长编码表对源符号（如文件中的一个字母）进行编码，其中变长编码表是通过一种评估来源符号出现机率的方法得到的，出现机率高的字母使用较短的编码，出现机率低的则使用较长的编码，这使编码之后的字符串的平均长度、期望值降低，从而达到无损压缩数据的目的。

霍夫曼编码

例如：分析使用霍夫曼编码后的压缩效果，消息序列为 AAGGDCCCDDDGFBBB FFGGDDDDGGGEFFDDCCCDDFGAAA

根据出现的次数得到下面的数据：A（5），B（3），C（7），D（12），E（1），F（6），G（9）。

出现的字符从 A 到 G，共 7 个字符，如果采用等概率简单的做法 3 位（2^3=8 个）就能装下，即可使用如下的编码：A（001），B（010），C（011），D（100），E（101），F（110），G（111）。每个字符分配 3 位，按照出现的次数，一共需要 3×（5+3+7+12+1+6+9）=129 位。

按照出现概率高的用较短编码，概率低的用较长编码，则使用霍夫曼编码后，得到的对应编码为 A（001），B（0001），C（111），D（10），E（0000），F（110），G（01）。每个字符依然是用出现的次数和表示的符号位数成绩来计算各个字符的空间大小，统计所占的总位数为 3×5+4×3+3×7+2×12+4×1+3×6+2×9=112 位。

压缩比为 112∶129≈1∶1.15。

例如，在英文中，e 的出现机率最高，而 z 的出现概率则最低。当利用霍夫曼编码对一篇英文进行压缩时，e 极有可能用一个位元来表示，而 z 则可能花去 25 个位（不是 26）。用普通的表示方法时，每个英文字母均占用一个字节（B），即 8 个位元。两者相比，e 使用了一般编码的 1/8 的长度，z 则使用了 3 倍多。倘若能实现对于英文中各个字母出现概率的较准确的估算，就可以大幅度提高无损压缩的比例。

霍夫曼树又称最优二叉树，是一种带权路径长度最短的二叉树。所谓树的带权路径长度，就是树中所有的叶结点的权值乘上其到根结点的路径长度（若根结点为 0 层，叶结点到根结点的路径长度为叶结点的层数），记为 WPL=($W_1 \times L_1+W_2 \times L_2+W_3 \times L_3+\cdots+W_n \times L_n$)，N 个权值 W_i（i = 1，2，…，n）构成一棵有 N 个叶结点的二叉树，相应的叶结点的路径长度为 L_i（i = 1，2，…，n）。霍夫曼树是具有最小的 WPL 值。

霍夫曼编码过程如下：

（1）将信源符号按概率递减顺序排列。

（2）把两个最小的概率加起来作为新符号的概率。

（3）重复（1）和（2），直到概率和达到 1 为止。

（4）在每次合并消息时，将被合并的消息赋予 1 和 0 或赋予 0 和 1。

（5）寻找从每一信源符号到概率为 1 的路径，记录下路径上的 1 和 0。

（6）对每一符号写出从码树的根结点到终结点的 1、0 序列。

【例 6-5】信源符号有集合{X_1，X_2，X_3，X_4，X_5，X_6，X_7，X_8}，对应的概率为{0.40，0.18，0.10，0.10，0.07，0.06，0.05，0.04}，列出霍夫曼编码过程。

【解】霍夫曼编码的过程如图 6-12 所示。

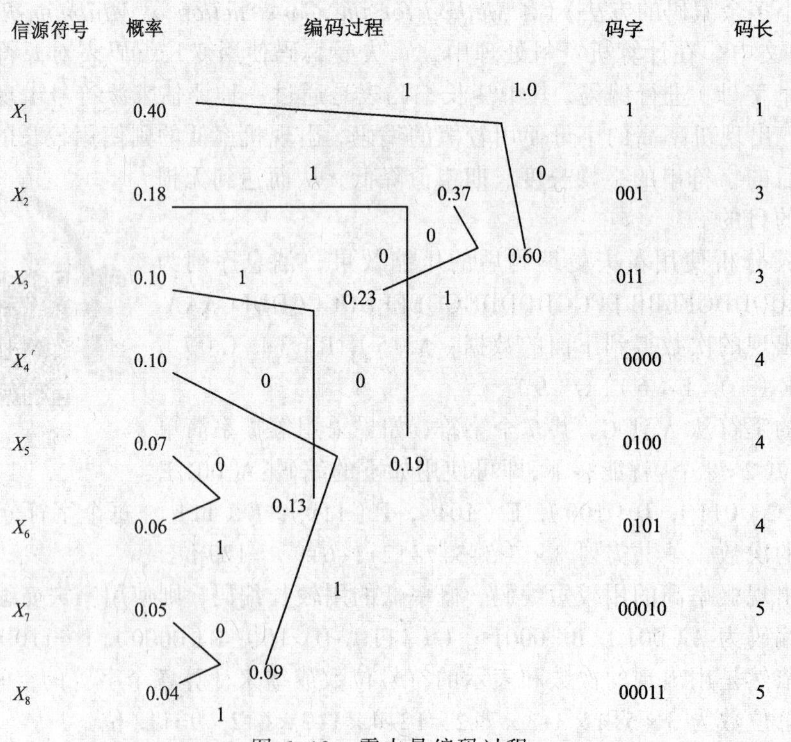

图 6-12　霍夫曼编码过程

霍夫曼编码的特点如下：

（1）霍夫曼编码字长参差不齐，硬件实现困难。因此译码时间较长，使得霍夫曼编码的压缩与还原相当费时。

（2）霍夫曼编码对不同信源的编码效率是不同的。在信源概率分布很不均匀时效率高，所以当信源概率比较均匀时，不用霍夫曼编码。

（3）对信源进行编码后，形成对应的信源符号编码表，在解码时，必须参照此编码表才能正确译码。

（4）为保证解码的唯一性，短码字不构成长码字的前缀。

（5）由于“0”与“1”的指定是任意的，故由上述过程编出的最佳码不是唯一的，但其平均码长是一样的，故不影响编码效率与数据压缩性能。

6.1.4 算术编码

算术编码方法的原理是将被编码的信息表示成实数 0 和 1 之间的一个间隔。通常，可以通过画图和公式计算两种方式编码，下面将各举一例说明编码过程。

算术编码

例如，信源符号{00，01，10，11}，这些符号概率为{0.6,0.2,0.1,0.1}，通过画图的方式，编码的消息序列为0010110000010100000。

算术编码的过程首先是将已有的信源符号按照概率的不同，映射到[0,1）之间，得到初始编码间隔表，如表 6-3 所示。

表 6-3 初始编码间隔表

符　　号	概　　率	初始编码间隔
00	0.6	[0，0.6）
01	0.2	[0.6，0.8）
10	0.1	[0.8，0.9）
11	0.1	[0.9，1）

图 6-13 是只对消息序列做部分编码，把消息（001011）映射为 0.536 的过程。

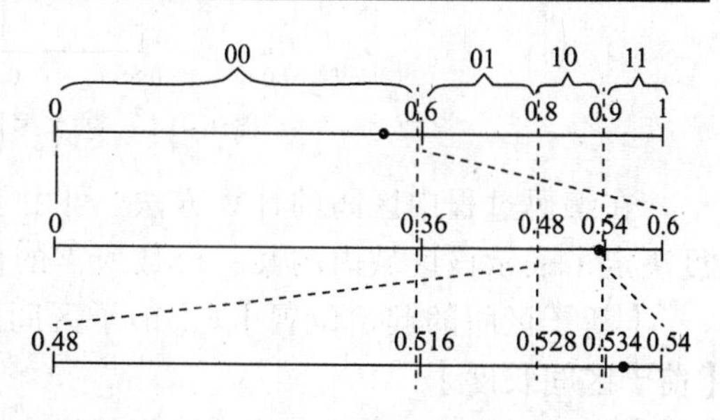

图 6-13 算术编码过程

（1）编码过程首先是消息中的头两位 00（由于所有的符号都是两位的，所以取两位），由初始编码间隔表知道，00 对应区间[0,0.6），把此区间作为新的映射区间的起始和结束端，即下个区间不是[0,1）,而是[0,0.6）。

（2）继续编码接下来的两位 10，把新的区间按照概率继续划分成 4 个区间，找到 10 对应的区间[0.48,0.54）作为新的区间。

（3）继续编码取消息中的 11，由于新的区间是[0.48,0.54），依然按照初始的概率划分区间块，找到 11 所映射的区间[0.534,0.54）。

（4）消息的编码输出可以是最后一个编码间隔中的任意数。由于数据压缩的目标是减少数据量，所以在此区间内选择数据表示的二进制位数少的更为合理，此处区间选择了 0.536。

通过从编码 001011 映射到 0.536 的算术编码过程，很容易发现：随着编码长度的增加，映射到[0,1）之间的区间越来越小；在解码过程中根据概率得到的初始编码间隔表，0.536 在[0,0.6）之间，所以第一次解码就是 00；第二次解码时发现落在[0.48,0.54）之间，说明符号是 10；第三次解码落在[0.534,0.54）之间，说明符号 11。

信息编码越长表示它的间隙就越小，表示这一间隙所需的二进制位就越多，大概率符号出现的概率越大对应于区间越宽，可用长度较短的码字表示；小概率符号出现的概率越小层间愈窄，需要长度较长的码字表示。

【例 6-6】信源符号{00,01,10,11}，这些符号概率为{0.1,0.4,0.2,0.3}，如果二进制消息序列为 10001100101101，则此编码的取值范围是多少。

【解】首先根据概率可把间隔[0,1）分成 4 个子间隔，并画出对应的信源符号、概率和初始编码间隔表，如表 6-4 所示。

表 6-4　初始编码间隔表

符　号	概　率	初始编码间隔
00	0.1	[0,0.1）
01	0.4	[0.1,0.5）
10	0.2	[0.5,0.7）
11	0.3	[0.7,1）

若采用画图方式编码，则如图 6-14 所示。

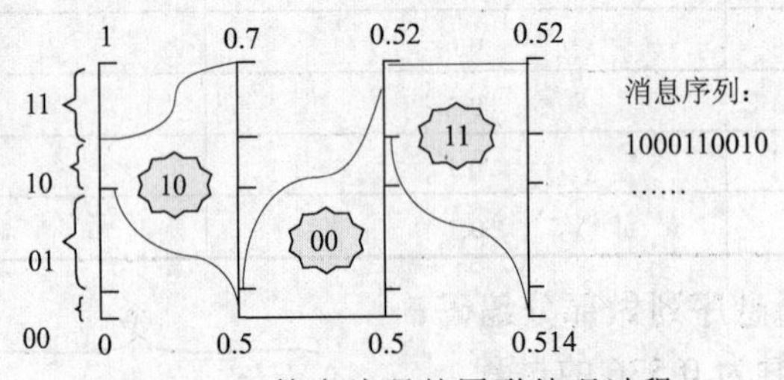

图 6-14　算术编码的图形处理过程

在编码过程中区间的计算方法，可由下面的公式来计算，最后得到的子区间的长度决定了表示该区域内的某一个数所需的位数。

【新子区间的起始位置】=【前子区间的起始位置】+【当前符号的区间左端】×【前子区间长度】

【新子区间长度】=【前子区间长度】×【当前符号的概率】

计算步骤如下

步骤 1：对符号 10 做编码，【前子区间的起始位置】=0，【当前符号的区间左端】=0.5，【前子区间长度】=1，【当前符号的概率】=0.2。则【新子区间的起始位置】=0+0.5×1=0.5，【新子区间长度】=1×0.2=0.2。

步骤 2：对符号 00 做编码，【前子区间的起始位置】=0.5，【当前符号的区间左端】=0，【前子区间长度】=0.2，【当前符号的概率】=0.1。则【新子区间的起始位置】=0.5+0×0.2=0.5，【新子区间长度】=0.2×0.1=0.02。

步骤 3：对符号 11 做编码，【前子区间的起始位置】=0.5，【当前符号的区间左端】=0.7，【前子区间长度】=0.02，【当前符号的概率】=0.3。则【新子区间的起始位置】=0.5+0.7×0.02=0.514，【新子区间长度】=0.02×0.3=0.006。

根据输入的消息序列划分编码间隔，如表 6-5 所示。

表 6-5　根据输入消息序列划分编码间隔

步骤	符号	编码间隔	编码判断
1	10	[0.5,0.7）	符号的间隔范围[0.5,0.7）
2	00	[0.5,0.52）	[0.5,0.7）间隔的第一个 1/10
3	11	[0.514,0.52）	[0.5,0.52）间隔的最后一个 1/10
4	00	[0.514,0.5146）	[0.514,0.52）间隔的第五个 1/10 开始，两个 1/10
5	10	[0.5143,0.51442）	[0.514,0.5146）间隔的最后 3 个 1/10
6	11	[0.514384,0.51442）	[0.5143,0.51442）间隔的最后 3 个 1/10
7	01	[0.5143836,0.514402）	[0.514384,0.51442）间隔的 4 个 1/10，从第一个 1/10 开始
8	[0.5143836，0.514402）从中选择一个数作为输出：0.5143876		

【例 6-7】已知信源 X：出现的符号是 0 和 1，对应的概率为$\frac{1}{4}$和$\frac{3}{4}$。按以上规则，对 1011 进行算术编码。

【解】设 C 表示子区间的起始位置，A 表示子区间的长度。Q_e=1/4，P_e=3/4，所以符号“0”的区间的左端为 0，“1”的区间的左端为 1/4，初始区间为[0,1），编码过程如表 6-6 所示。

表 6-6　算术编码过程

序号	符号	C	A
1	1	1/4	3/4
2	0	1/4	3/16
3	1	19/64	9/64
4	1	85/256	27/256

最后的子区间起始位置=$(85/256)_D=(0.01010101)_B$，子区间的长度=$(27/256)_D=(0.000011011)_B$，所以子区间尾=$(7/16)_D=(0.0111)_B$。编码结果为子区间头尾之间（0.0101,0.0111）的取值，其值为“0.0110”，可编成“011”。可见 4 个原始符号已压缩成 3 个符号。解码是编码的逆过程。首先将区间[0,1）按 Q_e 靠近 0 侧、P_e 靠近 1 侧分割成两个子区间。判断被解码的码字值落在哪个区间，便赋予对应的符号。

算术编码的工作原理：在给定符号集和符号概率的情况下，算术编码可以给出接近最优的编码结果。使用算术编码的压缩算法通常先要对输入符号的概率进行估计，然后再编码。这个估计越准，编码结果就越接近最优的结果。

对一个简单的信号源进行观察，得到的统计模型如下：60%的机会出现符号“中性”，20%的机会出现符号“阳性”，10%的机会出现符号“阴性”，10%的机会出现符号“数据结束符”（出现这个符号的意思是该信号源‘内部中止’，在进行数据压缩时这样的情况是很常见的。当第一次也是唯一的一次看到这个符号时，解码器就知道整个信号流已被解码完成）。

算术编码可以处理的例子不止是这种只有四种符号的情况，还可以处理更复杂的情况，包括高阶的情况。所谓高阶的情况，是指当前符号出现的概率受之前出现的符号的影响，之前出现的符号，也被称为上下文。比如在英文文档编码时，在字母 Q 或者 q 出现之后，字母 u 出现的概率就大大提高。这种模型还可以进行自适应的变化，即在某种上下文出现的概率分布的估计随着每次这种上下文出现时的符号而自适应更新，从而更加符合实际的概率分布。不管编码器使用怎样的模型，解码器也必须使用同样的模型。下面用一个符号序列如何被编码来做一个例子：假如有一个以 A、B、C 三个出现机会均等的符号组成的序列。若以简单的分组编码会十分浪费用 2 位来表示一个符号：其中一个符号是可以不用转的（下面可以见到符号 B 正是如此）。为此，这个序列可以三进制的 0 和 2 之间的有理数表示，而且每位数表示一个符号。例如，“ABBCAB”这个序列可以变成 0.011201（base3）（即 0 为 A，1 为 B，2 为 C）。用一个定点二进制数字去对这个数编码使之在恢复符号表示时有足够的精度，譬如 0.001011001（base2）只用了 9 位，比起简单的分组编码少（1 - 9/12）×100% = 25%。这对于长序列是可行的，因为有高效的、适当的算法去精确地转换任意进制的数字。

【例 6-8】下面对使用前面提到的 4 符号模型进行编码的一段信息进行解码。

【解】编码的结果是 0.538（为了容易理解，这里使用十进制而不是二进制；假设得到的结果的位数恰好够解码。下面会讨论这两个问题）。

像编码器那样从区间[0,1）开始，使用相同的模型，将它分成编码器所必需的四个子区间。0.538 落在 NEUTRAL 所在的子区间[0,0.6）；这提示编码器所读的第一个符号必然是 NEUTRAL，这样就可以将它作为消息的第一个符号记下来。

然后将区间[0,0.6）分成子区间：

（1）“中性”的区间是[0,0.36）—[0,0.6）的 60%。

（2）“阳性”的区间是[0.36,0.48）—[0,0.6）的 20%。

（3）“阴性”的区间是[0.48,0.54）—[0,0.6）的 10%。

（4）“数据结束符”的区间是[0.54，0.6）—[0,0.6）的 10%。

分数 0.538 在[0.48,0.54）区间，所以消息的第二个符号一定是 NEGATIVE。再一次将当前区间划分成子区间：“中性”的区间是 [0.48,0.516）、“阳性”的区间是[0.516,0.528）、“阴性”的区间是 [0.528,0.534）、“数据结束符”的区间是 [0.534,0.540）。分数.538 落在符号 END-OF-DATA 的区间，所以，这一定是下一个符号。由于它也是内部的结束符号，这也就意味着编码已经结束（如果数据流没有内部结束，需要从其他途径知道数据流在何处结束——否则永远将解码进行下去，并错误地将不属于实际编码生成的数据读进来。）。

同样的消息能够使用同样短的分数来编码实现，如.534、.535、.536、.537 或者是.539，这表明使用十进制而不使用二进制会降低效率。

算术编码的特点如下：

（1）算术编码有基于概率统计的固定模式，也有相对灵活的自适应模式。

（2）自适应模式适用于不进行概率统计的场合。

（3）算术编码是一种对错误很敏感的编码方法，如果有一位发生错误就导致整个消息译错。

（4）当信号源符号的出现概率接近时，算术编码的效率高于霍夫曼编码。

（5）算术编码的实现相应地比霍夫曼编码复杂，但在图像测试中表明，算术编码效率比霍夫曼编码的效率高 5%左右。

6.1.5 行程编码

行程编码（RLE，Run-length Encoding）又称行程长度编码，在控制论中对于二值图像而言是一种编码方法，对连续的黑、白像素数以不同的码字进行编码。行程编码是一种简单的非破坏性资料压缩法，其好处是加压缩和解压缩都非常快。

行程编码

行程编码的基本思想是，如果要压缩的信息源中的符号具有这样的性质，即同一个符号常常形成连续的片段出现，可以对这个符号以及这个片段的长度进行编码，而不是对片段中的每个符号单独编码。它是一种压缩过的位图文件格式，RLE 压缩方案是一种极其成熟的压缩方案，特点是无损失压缩，既节省了磁盘空间又不损失任何图像数据。

【例 6-9】有一张图片，以 W 表示白色，B 表示黑色：WWWWWWWWWWWWBWWWWWWWWWWWWBBBWWWWWWWWWWWWWWWWWWWWWWWWBWWWWWWWWWWWWWW

使用这个压缩法便可得到 12WB12W3B24WB14W。

【例 6-10】有一个数据流为

12	32	45	67	65	34	88	88	88	88	88	88	88	56	66

使用 RLE 算法后得到的数据是：

12	32	45	67	65	34	0	7	88	56	66

这里设计规定的格式是个三元组（0，7，88）。其中的 0 代表的是标记，重复数据的起点；7 代表的是出现的次数；88 代表的是具体符号值。

更先进的算法如 DEFLATE 都是基于将重复出现的资料“压缩”的想法。常见的行程编码格式包括 TGA、Packbits、PCX 以及 ILBM。行程编码是一种无损压缩，非常适合基于调色板的图标图像。但是它并不适用于连续色调图像的压缩，如日常生活中的照片；JPEG 格式是一个反例，JPEG 在对图像进行转换和离散化后有效地使用了行程压缩。

行程编码还用于传真机（并和其他技巧一起组成了修改过的霍夫曼编码）。相对而言，行程编码是比较有效的，因为传真的文档主要是黑白的（二值文档）。

行程编码特点如下：

（1）此编码的压缩比的大小取决于图像本身的特点。如果图像中具有相同颜色的图像块越大，图像块数目越多，则压缩比就越高；反之，压缩比就越小。

（2）此编码是连续的精确的编码，如果其中一位符号发生错误，即可影响整个编码序列，使行程编码无法还原回原始数据。在实际中，采用了同步措施来限制错误的作用范围。

6.1.6 词典编码

词典编码的根据是数据本身包含有重复代码这个特性。例如文本文件和光栅图像就具有这种特性。词典编码法的种类很多，归纳起来大致有两类。

词典编码中的指针法与短语法

第一类词典法的想法是企图查找正在压缩的字符序列是否在以前输入的数据中出现过，然后用已经出现过的字符串替代重复的部分，它的输出仅仅是指向早期出现过的字符串的“指针”，如图 6-15 所示。

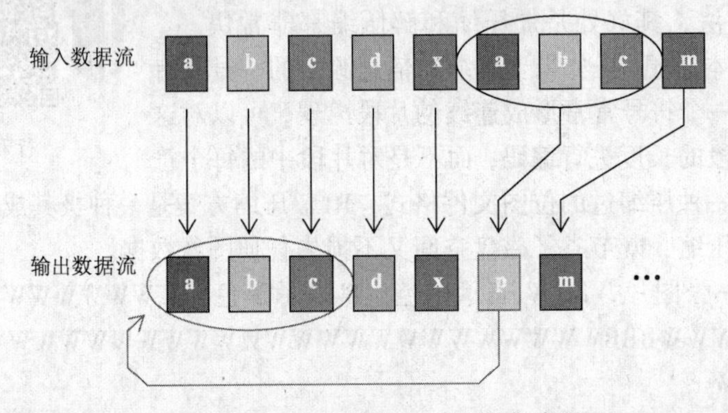

图 6-15　指针方式的词典编码

第二类词典法的想法是企图从输入的数据中创建一个“短语词典”，这种短语不一定是具有具体含义的短语，它可以是任意字符的组合。编码数据过程中遇到已经在词典中出现的“短语”时，编码器就输出这个词典中的短语的“索引号”，而不是短语本身，如图 6-16 所示。

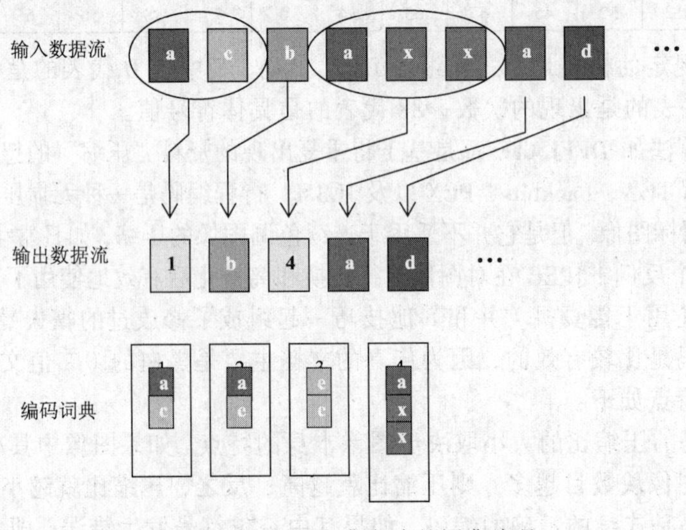

图 6-16　短语字典方式的词典编码

1. LZ77

LZ77 编码算法的核心是查找从前向缓冲存储器开始的最长的匹配串。编码算法的具体执行步骤如下：

（1）把编码位置设置到输入数据流的开始位置。

（2）查找窗口中最长的匹配串。

（3）以“(Pointer, Length) Characters”的格式输出，其中 Pointer 是指向窗口中匹配串的指针，Length 表示匹配字符的长度，Characters 是前向缓冲存储器中的不匹配的第 1 个字符。

（4）如果前向缓冲存储器不是空的，则把编码位置和窗口向前移（Length+1）个字符，然后返回步骤 2。

LZ77 算法通过使用编码器或者解码器中已经出现过的相应匹配数据信息替换当前数据从而实现压缩功能。

待编码的数据流如表 6-7 所示，编码过程如表 6-8 所示。

对表 6-8 说明如下：

①“步骤”栏表示编码步骤。

②“位置”栏表示编码位置，输入数据流中的第 1 个字符为编码位置 1。

③“匹配串”栏表示窗口中找到的最长的匹配串。

④“字符”栏表示匹配之后前向缓冲存储器中的第 1 个字符。

⑤“输出”栏以指定格式输出。

例如，表 6-8 中的输出“(5,2) C”告诉译码器回退 5 个字符，然后复制 2 个字符“AB”。

表 6-7 待编码的数据流

位置	1	2	3	4	5	6	7	8	9
字符	A	A	B	C	B	B	A	B	C

表 6-8 编码过程

步骤	位置	匹配串	字符	输出
1	1	--	A	(0,0) A
2	2	A	B	(1,1)B
3	4	--	C	(0,0)C
4	5	B	B	(2,1)B
5	7	AB	C	(5,2)C

2. LZ78

LZ77算法针对过去的数据进行处理，而LZ78算法却是针对后来的数据进行处理。LZ78 的编码思想是不断地从字符流中提取新的字符串，通俗地理解为新“词条”，然后用“代号”也就是码字表示这个“词条”。这样一来，对字符流的编码就变成了用码字去替换字符流，生成码字流，从而达到压缩数据的目的。

LZ78 通过对输入缓存数据进行预先扫描与它维护的字典中的数据进行匹配来实现这个功能，在找到字典中不能匹配的数据之前它扫描进所有的数据，这时它将输出数据在字典中的位置、匹配的长度以及找不到匹配的数据，并将结果数据添加到字典中。

LZ78 尽管在最初得到流行，但是后来逐渐衰减，这可能是由于在 LZ78 刚出现时，一部分 LZ78 算法获得了美国专利保护。最流行的 LZ78 压缩形式是 LZW 算法，这个算法是 LZ78 的变体。

3．LZW

LZW（Lempel-Ziv-Welch）是一种通用无损压缩算法。它使用了一种很实用的分析方法，称为贪婪分析算法（Greedy Parsing Algorithm）。在贪婪分析算法中，每一次分析都要串行地检查来自字符流的字符串，从中分解出已经识别的最长的字符串，也就是已经在词典中出现的最长的前缀。用已知的前缀加上下一个输入字符 C，也就是当前字符（Current Character），作为该前缀的扩展字符，形成新的扩展字符串——缀-符串（P-C）。这个新的缀-符串是否要加到词典中，还要看词典中是否存有和它相同的缀-符串。如果有，那么这个缀-符串就变成前缀（Prefix），继续输入新的字符，否则就把这个缀-符串写到词典中生成一个新的前缀，并给一个代码。

LZW 编码算法的具体执行步骤如下：

步骤 1：开始时的词典包含所有可能的根（Root），而当前前缀 P 是空的。

LZW 编码

步骤 2：当前字符(C) =字符流中的下一个字符。

步骤 3：判断缀-符串 P+C 是否在词典中。

（1）如果“是”，则 P=P+C（用 C 扩展 P）。

（2）如果“否”，则

① 把代表当前前缀 P 的码字输出到码字流。

② 把缀-符串 P+C 添加到词典。

③ 令 P=C（现在的 P 仅包含一个字符 C）。

步骤 4：判断码字流中是否还有码字要译。

（1）如果“是”，就返回步骤 2。

（2）如果“否”，则

① 把代表当前前缀 P 的码字输出到码字流。

② 结束。

LZW 算法描述如下：

```
Begin
    P=next input character;
    while not EOF
    {
        C=next input character;
        if P+C exists in the dictionary
            P=P+C;
        else
        {
            output the code for P;
            add string P+C to the dictionary with a new code;
            P=C;
```

```
        }
    }
    output the code for P;
END
```

例如，对字符串 ABBABABAC，采用 LZW 算法编码的过程如表 6-9 所示。

表 6-9 LZW 编码过程

步 骤	词 典	输 出
	①A	
	②B	
	③C	
1	④AB	①
2	⑤BB	②
3	⑥BA	②
4	⑦ABA	④
5	⑧ABAC	⑦
6		③

LZW 压缩技术对于可预测性不大的数据具有较好的处理效果，常用于 GIF 格式的图像压缩，其平均压缩比在 2∶1 以上，最多压缩比可达到 3∶1。对于数据流中连续重复出现的字节和字串，LZW 压缩技术具有很高的压缩比。LZW 压缩技术有很多变体，例如常见的 ARC、RKARC、PKZIP 高效压缩程序。这种压缩方法对于硬件要求不高，而且压缩和解压缩速度较快。

6.2 有损压缩算法

多媒体信息包括文本、数据、声音、动画、图形、图像，以及视频等多种媒体信息，经过数字化处理后其数据量非常大，如果不进行数据压缩处理，计算机系统就难以对它进行存储和交换。采用无损压缩可以使信息不受损失，还能完全恢复到压缩前的原样而不引起任何失真，但是通常压缩比不是很好，不能达到理想的压缩效果。本章使用有损压缩，用损失部分数据的方法来提高压缩比。图 6-17 所示是经过 JPEG 压缩后的图像与原图像的对比效果。

图 6-17 经过 JPEG 压缩后的图像与原图像的对比

所谓有损压缩，就是利用人类对图像或声波中的某些频率成分不敏感的特性，允许压缩过程中损失一定的信息。虽然不能完全恢复原始数据，但是所损失的部分对理解原始图像的影响较小，换来的是大得多的压缩比，图 6-18 所示是近乎十倍的压缩。有损压缩广泛应用于语音、图像和视频数据的压缩。常见的声音、图像、视频压缩基本都是有损的。

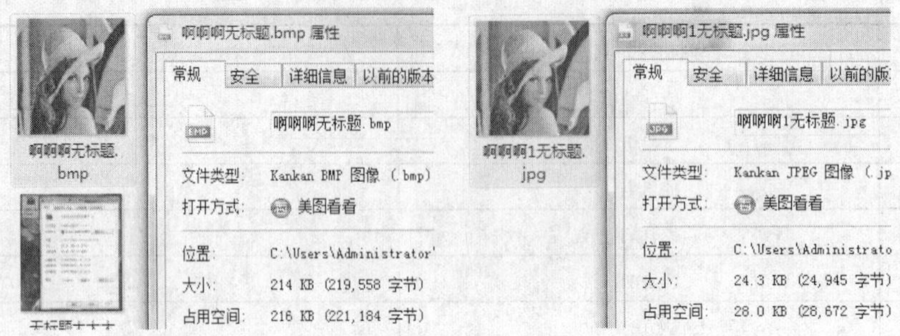

图 6-18　经过 JPEG 压缩的图像与原图像的数据量对比

在多媒体应用中，常见的压缩方法有 PCM（脉冲编码调制）、预测编码、变换编码、插值和外推法、统计编码、矢量量化和子带编码等，混合编码是近年来广泛采用的方法。mp3、divX、Xvid、jpeg、rm、rmvb、wma、wmv 等都是有损压缩。

有损数据压缩方法是经过压缩、解压的数据与原始数据不同但是非常接近的压缩方法。有损数据压缩又称破坏型压缩，即将次要的信息数据压缩掉，牺牲一些质量来减少数据量，使压缩比提高。这种方法经常用于因特网尤其是流媒体以及电话领域。在这篇文章中经常成为编解码。它是与无损数据压缩对应的压缩方法。根据各种格式设计的不同，有损数据压缩都会带来渐进的质量下降。人眼或人耳能够察觉的有损压缩带来的缺陷称为压缩失真。

6.2.1　预测编码

预测编码是一种有失真的编码，是根据离散信号之间存在一定的相关性的特点，利用前面一个或多个信号预测下一个信号，然后对实际值和预测值的差（预测误差）进行编码。如果预测比较准确，误差信号就会很小。预测编码非常适合对声音和图像进行压缩。对声音而言，预测对象是声波的下一个音色。对于图像而言，预测对象是下一个像素。由于声音和图像中通常存在很多冗余信号，而且相邻的值之间相关性比较强，差值比较小可以通过已知的样本值进行预测。

预测编码中典型的压缩方法有脉冲编码调制 PCM、差分脉冲编码调制 DPCM 等，它们较适合于声音、图像数据的压缩。

1．脉冲编码调制

脉冲编码调制（Pulse Code Modulation，PCM），是对连续变化的模拟信号进行抽样、量化和编码而产生的数字信号。PCM 的优点是音质好，缺点是体积大。脉冲编码调制主要经过三个过程：抽样、量化和编码。抽样过程将连续时间模拟信号变为离散时间、连续幅度的抽样信号，量化过程将抽样信号变为离散时间、离散幅度的数字信号，编码过程将量化后的信号编码成为一个二进制码组输出。

量化有多种方法。最简单的是只应用于数值，称为标量量化，另一种是对矢量（又

称向量）量化。标量量化可归纳成两类：一类称为均匀量化，另一类称为非均匀量化。理论上，标量量化也是矢量量化的一种特殊形式。采用的量化方法不同，量化后的数据量也就不同。因此，可以说量化也是一种压缩数据的方法。

（1）均匀量化。采用相等的量化间隔处理采样得到的信号值，称为均匀量化。均匀量化就是采用相同的“等分尺”来度量采样得到的幅度，也称线性量化，如图 6-19 所示。

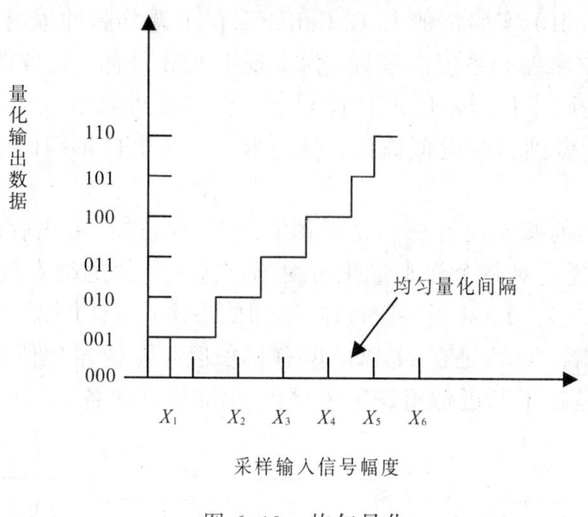

图 6-19 均匀量化

（2）非均匀量化。用均匀量化方法量化输入信号时，无论对大的输入信号还是小的输入信号一律都采用相同的量化间隔。为了适应幅度大的输入信号，同时又要满足精度要求，就需要增加量化间隔，这将导致增加样本的位数。但是，有些信号（如话音信号），大信号出现的机会并不多，增加的样本位数就没有充分利用。为了克服这个不足，就出现了非均匀量化的方法，这种方法也称非线性量化，如图 6-20 所示。非线性量化的基本想法是，对输入信号进行量化时，大的输入信号采用大的量化间隔，小的输入信号采用小的量化间隔，这样就可以在满足精度要求的情况下用较少的位数来表示。量化数据还原时，采用相同的规则。

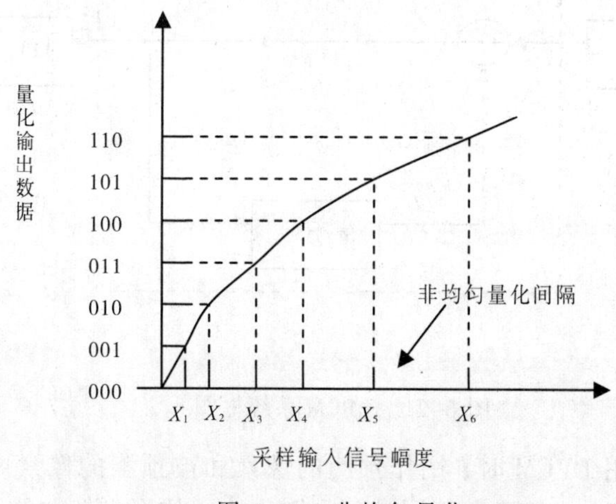

图 6-20 非均匀量化

2. 差分脉冲编码调制

在 PCM 系统中，原始的模拟信号经过采样后得到的每一个样值都被量化成为数字信号。为了压缩数据，可以不对每一样值都进行量化，而是预测下一样值，并量化实际值与预测值之间的差值，这就是 DPCM（Differential Pulse Code Modulation，差分脉冲编码调制）。

1952 年贝尔（Bell）实验室的 C. C. Cutler 取得了差分脉冲编码调制系统的专利，奠定了真正实用的预测编码系统的基础。为实现 DPCM 目标，应当具有一定的“预测”能力，或至少能在编码本位样本时能估计到下一样本是否与本位样值有所差别，或没有什么不同，如果能做到这种近似估计，就相当于在一个样本编码前就大体知道了该样本值。

DPCM 预测编码的基本设计思想是对预测误差 $e(k)$ 进行量化后，编成 PCM 码传输。而不像 PCM 系统是对每个样本量化值编码。这一差值的动态范围应当比 PCM 的绝大多数样本值小得多。PAM 序列的 $x(k)$ 所用的参考值 $\tilde{x}(k)$ 来自于带有预测器而不断累积的阶梯波输出，$\tilde{x}(k)$ 是在 kT_s 以前所有累积值与差值量化值 $\hat{e}(k)$ 相加的结果。因此阶梯波 $\tilde{x}(k)$ 总是在不断近似追踪输入序列 PAM 信号的各 $x(k)$ 值，如图 6-21 所示。

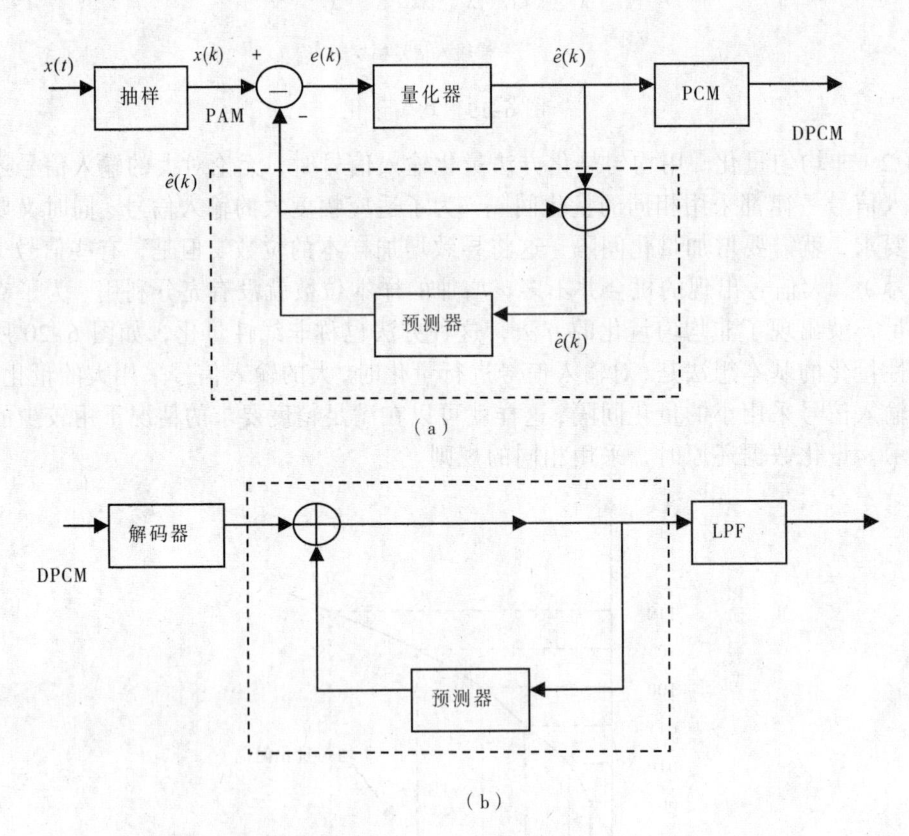

图 6-21 DPCM 系统框图

在图像信号中应用 DPCM 时，用作预测的像素和被预测的像素可以在同一行，也可以在不同行（同一帧），甚至在不同帧，分别称为一维预测、二维预测和三维预测。

声音信号中的预测只是一维预测。

DPCM 的优点是算法简单，易于硬件实现；缺点是对信道噪声很敏感，会产生误差扩散。即某一位码出错，对图像一维预测来说，将使该像素以后的同一行各个像素都产生误差；而对二维预测，该码引起的误差还将扩散到以下的各行。这样，将使图像质量大大下降。同时，DPCM 的压缩率也比较低。随着变换编码的广泛应用，DPCM 的作用已很有限。

3. ADPCM

ADPCM 是 PCM 编码系列的新成员，也是继 DPCM 之后充分利用线性预测的高效编码模式。为了进一步改善量化性能或压缩数据率采用自适应量化或自适应预测，即自适应脉冲编码调制（ADPCM）。它的核心思想是：①利用自适应的思想改变量化阶的大小，即使用小的量化阶去编码小的差值，使用大的量化阶去编码大的差值；②使用过去的样本值估算下一个输入样本的预测值，使实际样本值和预测值之间的差值总是最小。

由 ADPCM 提供的低比特率编码，特别用于信道拥挤和昂贵传输费用的传输系统，如无线卫星、微波，尤其是 TDMA、蜂窝无线通信系统，可为用户提供质量尚为满意的通信。

ADPCM 充分利用了语音波形的统计特征和人耳听觉的特性，其设计思路主要瞄准了两个目标：尽可能在语言信号中消除冗余；对消除冗余后的信号，以明显而离散的方式，从适用角度进行最佳编码。

ADPCM 同时采用了自适应预测策略，对于语音信号系统，由于它是非平稳随机信号，其自相关函数与相应的功率谱均为时变函数，采用自适应预测是最为有效的策略。和自适应量化一样，自适应预测也有两种模式：①具有前向估值的自适应预测是利用未量化的输入信号样本来计算预测器系数的估值。它与前向估值的自适应量化一样，也有诸如边信息传输、缓存量和延时等缺点。因此在实际应用中，也被后向估值预测模式所取代。②具有后向估值的自适应预测是利用量化样本和预测误差来计算预测系数的估值。它是利用已量化样本或发送数据，可达到最佳化预测系数的估值效果，因此它逐一对样本进行频繁而满意的更新，是最适于 ADPCM 选择的预测方案。自适应预测和量化，采用了信号处理中常用的最小均方误差算法，并以同步机制将两者有机结合在收发两端，并被 ITU-T 定为 ADPCM 的标准。

6.2.2 有损压缩的优点与不足

有损压缩方法最主要的优点是在一些情况下能够获得比采用无损压缩方法小得多的文件，并且这些文件又能满足系统的需要。当用户得到采用有损压缩的方法压缩文件时，解压文件与原始文件在数据位的层面上看可能会有很大差别，但是对于多数实用目的来说，人耳或者人眼并不能分辨出两者之间的区别。

有损方法经常用于压缩声音、图像以及视频。采用这种方法的视频文件来说能够在质量下降的允许范围内达到如 300：1 这样非常大的压缩比。因此，有损压缩用在视频文件中比用在音频或者图像中能得到更好的效果。

有损压缩技术的基本依据是利用了人的眼睛对光线比较敏感，光线对景物的作用比颜色的作用更为重要的原理。有损压缩编码是利用了人类视觉和听觉器官对图像或声音中的某些频率成分不敏感的特性，允许在压缩过程中损失一定的信息。

有损压缩图像的特点是保持颜色的逐渐变化，删除图像中颜色的突然变化。例如，对于蓝色天空背景上的一朵白云，有损压缩的方法就是删除图像中景物边缘的某些颜色部分。当在屏幕上看这幅图时，大脑会利用在景物上看到的颜色填补所丢失的颜色部分。利用有损压缩技术，某些数据被有意删除，而被取消的数据也不再恢复。

有损压缩技术可以大大压缩文件的数据，但是会影响图像质量。有损压缩的主要缺点是如果要把一幅经过有损压缩技术处理的图像用高分辨率打印机打印出来，那么图像质量就会有明显的受损痕迹。也就是说利用有损压缩技术在屏幕上显示图像并不会有太大区别，但是它不适合高分辨率的打印。

6.3 JPEG 压缩编码技术

JPEG（Joint Photographic Experts Group）是由 ISO/IEC JTC1/SC2/WG8 和 CCITT VIII/NIC 于 1986 年底联合组成的专家小组。JPEG 小组研究具有连续色调的图像（包括灰度及彩色图像）的压缩算法，并将其制定为适用于大多数图像存储及通信局设备的标准算法，JPEG 小组于 1990 年提出 JPEG 算法的建议，并决定对建议中的算法不再修改，除非发现了危害压缩算法标准的问题。

6.3.1 JPEG 标准

JPEG 作为静态图像压缩的标准算法，必须满足以下要求：①算法独立于图像的分辨率；②具有低于 1 位/像素的编码率，并且能够在 5 s 内建立图像，以满足实时要求；③在压缩比大约是 2 的情况下能够无失真地恢复原图像；④支持顺序编解码和渐进编解码；⑤对各种图像成分及数据精度的自适应能力；⑥要求编解码设备简单易实现。

JPEG 小组指定了一系列实现静态图像压缩编码的方法，这些方法的选择决定于具体应用的要求及性能价格比的考虑。这些方法基本上可分为两类：基于离散余弦变换的编码和基于空间域预测编码的方法。前者，即离散余弦变化的方法压缩倍率较高但算法复杂，较难实现；后者，即预测编码的方法虽然压缩倍率较低，但可以实现无损压缩。

JPEG 标准中规定了以下四种压缩模式：

（1）顺序编码（Sequential encoding）：每个图像分量按从左到右，从上到下扫描，一次扫描完成编码。

（2）渐进编码（Progressive encoding）：图像编码在多次扫描中完成。渐进编码传输时间长，接收端收到的图像是多次扫描由粗糙到清晰的渐进过程，如图 6-22 所示。

（3）等级编码（Hierarchical encoding）：也称分层编码，此编码在多个空间分辨率进行编码。当信道传送速率慢，接收端显示器分辨率也不高的情况下，只需要做低分辨率图像解码。

图 6-22 渐进编码模糊、清晰效果图

（4）无损编码（Lossless encoding）：也称无失真编码方法，此方法保证解码后完全精确地恢复源图像采样值，其压缩比低于有失真压缩编码方法。

应用最为广泛的为基于 DCT 变换的顺序编码，也称基准模式（Baseline mode），其他几种模式都以此为基础。这里采用了 JPEG 基准模式对图像进行压缩，在基准模式中，熵编码采用哈夫曼编码方法，图 6-23 是编码过程的图解。

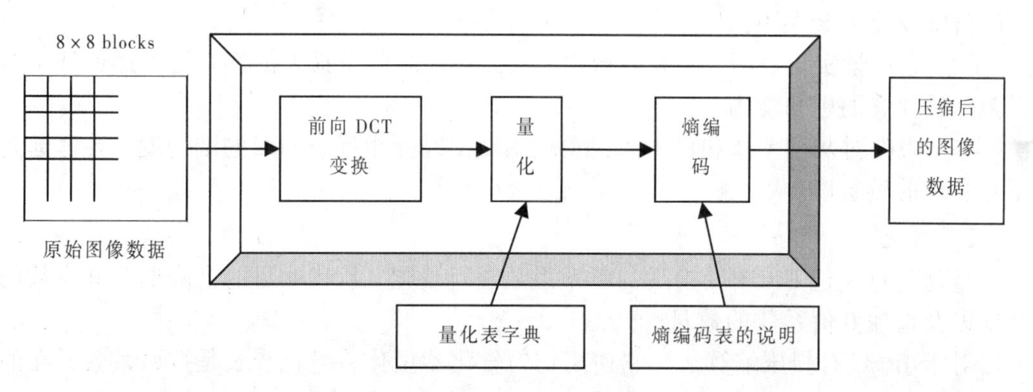

图 6-23 基于 DCT 的 JPEG 编码过程图

6.3.2 JPEG 压缩算法主要步骤

JPEG 压缩算法的原理是把原始图像顺序分割成一系列 8×8 的子块后，使用离散余弦变换把空间域表示的图变成频率域表示的图，然后使用加权函数对其系数进行量化，最后对量化系数进行编码。

1. 图像块的 DCT 变换

基于离散余弦变换（Discrete Cosine Transform，DCT）的压缩算法把输入的数据流划分为 8×8 的子块。在编码器的输入端，把原始图像顺序地分割成一系列 8×8 的子块，设原始图像的采样精度为 p 位，是无符号整数，输入时把$[0,2^p-1]$范围内的无符号整数变成$[-2^{p-1},2^{p-1}-1]$范围内的有符号整数，以此作为正向离散余弦变换（Forward Discrete Cosine Transform，FDCT）的输入。在解码器的输入端经逆向离散余弦变换

（Inverse Discrete Cosine Transform，IDCT）后，得到一系列 8×8 的图像数据块，需将其数值范围由$[-2^{p-1},2^{p-1}-1]$再变回$[0,2^{p}-1]$范围内的无符号整数来获得重构图像。

下面是 8×8FDCT 和 8×8IDCT 的数学变换公式：

$$F(u,v)=\frac{1}{4}C(u)C(v)\left[\sum_{x=0}^{7}\sum_{y=0}^{7}f(x,y)\cos\frac{(2x+1)u\pi}{16}\cos\frac{(2y+1)v\pi}{16}\right]$$

逆变换如下：

$$f(x,y)=\frac{1}{4}\left[\sum_{x=0}^{7}\sum_{y=0}^{7}C(u)C(v)F(u,v)\cos\frac{(2x+1)u\pi}{16}\cos\frac{(2y+1)v\pi}{16}\right]$$

其中，$\begin{cases}C(u),C(v)=1/\sqrt{2} & \text{当}u、v=0\\ C(u),C(v)=1 & \text{其他}\end{cases}$

源图像的 8×8 样本块由 64 个像素点构成，输入时，经过正变换，将 64 个离散信号译码成 64 个正交基信号，每个正交基信号包含一个二维空间频率，然后以 64 个 DCT 系数的形式进行编码，这个过程就是数据压缩过程。解码时，压缩的图像数据送至解码器，经过逆变换，把 64 个 DCT 系数重新建立成 64 个像素点的图像。

基于 DCT 变换的 JPEG 压缩编码效率基于下述三个特性：

（1）在图像区域内，有用的图像内容变化相对缓慢，也就是说，在一个小区域内亮度值的变化不会太频繁。

（2）心理学实验表明，在空间域内，人类对高频分量损失的感知能力远远低于对低频分量损失的感知能力。

（3）人类对灰度（黑和白）的视觉敏感度（区分相近空间线的准确度）要远远高于对彩色的敏感度。

2. 量化

量化是对经过 FDCT 变换后的频率系数进行量化。量化的目的是降低非 0 系数的幅度以及增加 0 值系数的数目。

对于 JPEG 有损压缩算法，它使用均匀量化器量化，量化步长是按照系数所在的位置和每种颜色分量的色调值来确定。因为人眼对亮度信号比对色度信号更敏感，所以采用了亮度量化表和色度量化表两种，且色度量化比亮度量化的力度要大很多；此外，由于人眼对低频分量的图像比对高频分量的图像更敏感，因此不论是亮度量化表还是色度量化表，其表内的左上角的量化步长要比右下角的量化步长小。

JPEG 量化的目标是减少压缩图像所需要的位数。它是由每个频率除以一个整数，然后取整得到的，所以量化是 JPEG 压缩中产生信息丢失的主要原因。量化的计算公式如下：

$$F^{Q}(u,v)=\text{Integer Round}(F(u,v)/Q(u,v))$$

其中 $Q(u,v)$是量化步长，它是量化表中的元素，量化表元素随 DCT 变换系数的位置和彩色分量的不同而具有不同的值。量化表的尺寸为 8×8，与 64 个 DCT 变换系数一一对应。这些量化步长是能够得到最大的压缩率，同时能使 JPEG 图片的感知损失最小。$Q(u,v)$量化矩阵的默认值如表 6-10 和表 6-11 所示。

表 6-10 亮度量化表

16	11	10	16	24	40	51	61
12	12	14	19	26	58	60	55
14	13	16	24	40	57	69	56
14	17	22	29	51	87	80	62
18	22	37	56	68	109	103	77
24	35	55	64	81	104	113	92
49	64	78	87	103	121	120	101
72	92	95	98	112	100	103	99

表 6-11 色度量化表

17	18	24	47	99	99	99	99
18	21	26	66	99	99	99	99
24	26	56	99	99	99	99	99
47	66	99	99	99	99	99	99
99	99	99	99	99	99	99	99
99	99	99	99	99	99	99	99
99	99	99	99	99	99	99	99
99	99	99	99	99	99	99	99

逆量化的计算公式如下：

$$F'(u,v)= F^{Q}(u,v)Q(u,v)$$

不难看出，当使用大的量化值时，在逆量化过程中所用的 DCT 输出会有大的误差，幸运的是逆量化过程中高频分量的误差不会对图像的质量有严重影响。显然有许多方案可用来选择量化矩阵中的元素值。

3. DC 系数的 DPCM 编码

每一个 8×8 的图像块只有一个 DC 系数，且在矩阵的左上角，它表示每个图像块的平均亮度。相邻的图像块之间的直流系数有很强的相关性。JPEG 对于量化后的直流系数采用差分编码（DPCM），即对相邻块之间的直流系数的差值 DIFF = $DC_i - DC_{i-1}$ 编码（见图 6-24）。假设图像块的 DC_i 系数值为 15，而上一个图像块的 DC_{i-1} 系数为 12，则差值为 3。

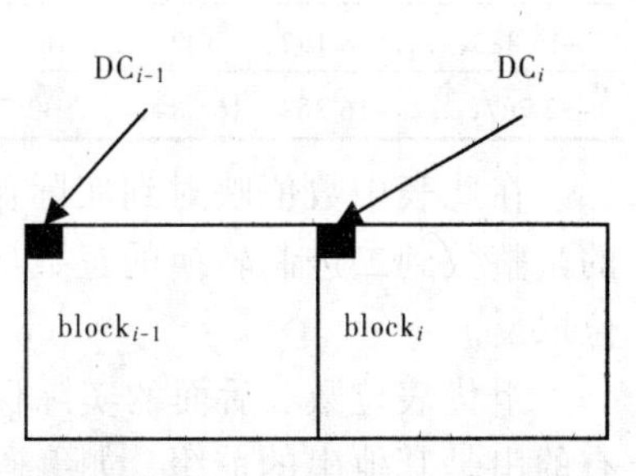

图 6-24 DC 系数的 DPCM 编码

接下来考虑，是真的把整数 3 当成图像数据存到计算机中的吗？

答案当然还是否定的，因为整型数据大多数情况下会占用 2 个字节（16 位）存储数值，存储的数据范围是（-32 768，32 767）。如果用这两个字节存储数据，由前面学习的信息量和熵编码的相关知识，知道这样的存储非常适用于在 2^{16} 这么多个数中选择一个时，即所有整数出现等概率。

图像的一个特点就是相邻像素点之间具有连续性。也就是通常情况下，相邻的点之间会相同或者相近，对于相邻块之间的直流系数的差值 $DIFF = DC_i - DC_{i-1}$，多数数据会趋向于 0。因此，直流系数的差值将按照概率非均匀分布，且以 0 为中心向两侧呈概率递减。

为了更进一步节约空间，可降低平均的编码长度。不直接保存数据的具体数值，根据概率不同，将数据按照位数分为 16 组，出现概率高的，用较短编码；出现概率低的，用较长编码，保存在一张表中即可。这也就是所谓的变长整数编码表（Variable length coding，VLI），如表 6-12 所示。

VLI 变长整数编码表

表 6-12　变长整数编码表

数　值	组	实际保存值
0	0	
-1，1	1	0,1
-3，-2，2，3	2	00，01，10，11
-7，-6，-5，-4，4，5，6，7	3	000，001，010，011，100，101，110，111
-15，…，-8，8，…，15	4	0000，…，0111，1000，…，1111
-31，…，-16，16，…，31	5	00000，…，01111，10000，…，11111
-63，…，-32，32，…，63	6	
-127，…，-64，64，…，127	7	
-255，…，-128，128，…，255	8	
-511，…，-256，256，…，511	9	
-1 023，…，-512，512，…，1 023	10	
-2 047，…，-1 024，1 024，…，2 047	11	
-4 095，…，-2 048，2 048，…，4 095	12	
-8 191，…，-4 096，4 096，…，8 191	13	
-16 383，…，-8 192，8 192，…，16 383	14	
-32 767，…，-16 384，16 384，…，32 767	15	

在此表中数值映射到实际保存值（如-1 存储 1，15 存储为 1111）。正整数存储的是整数到二进制转换的正数原值，负数存储的是对应的正数转换成二进制数后，按位取反。

组代表位数，后面的实际保存值的二进制位数。因为此表并非霍夫曼编码表，即有的串是其他串的前缀，如编码 00 代表-3，编码 000 代表-7，如果不记录编码长度，当解码时就无法断定是 00 还是 000。

DC 差值为 3 的数据，通过查找 VLI 可以发现，整数 3 位于 VLI 表格的第 2 组，因此，可以写成“（2）（3）”的形式，该形式称为 DC 系数的中间格式。

4. AC 系数的行程编码

除左上角外的其余 63 个交流系数采用行程编码，从左上方 AC_{01} 开始沿对角线方向，以“Z”字形进行行程扫描，直至 AC_{77} 扫描结束。量化后的交流系数通常会有许多零值，以“Z”字形路径进行行程编辑，可增加扫描连续的零的个数，如图 6-25 所示。

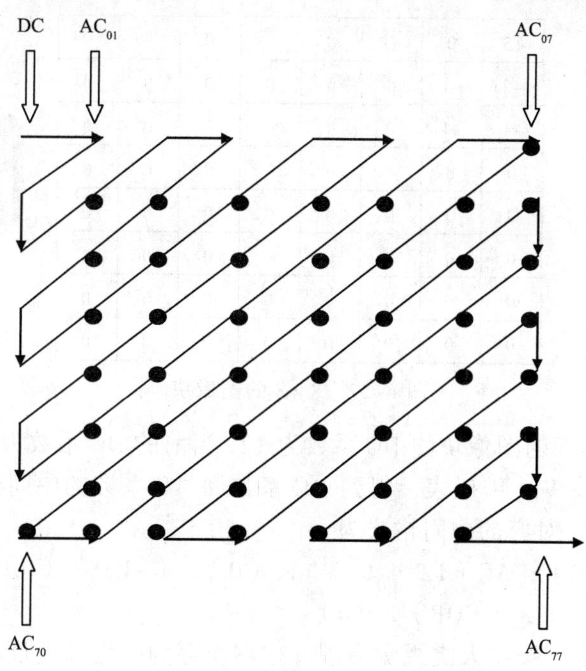

图 6-25 JPEG 中的“Z”形排列扫描

例如：对图 6-26 所示的 8×8 的图像块，使用行程编码（RLC）进行编码，并按照 AC 系数的中间格式保存。

57	45	0	23	0	0	0	0
0	0	0	0	0	0	0	0
0	-30	1	0	0	0	0	0
-8	0	0	0	0	0	0	0
0	0	0	0	0	0	0	0
0	0	0	0	0	0	0	0
0	0	0	0	0	0	0	0
0	0	0	0	0	0	0	0

图 6-26 8×8 的图像块

图像数据到中间格式存储

由于采用“Z”字形的编码，得到的字符串为 57，45，0，0，0，0，23，0，-30，-8，0，0，1，0，0，...，0。在 JPEG 编码中的行程编码（RLC）是一个（M，N）的数据对，其中 M 是两个非零 AC 系数之间连续的 0 的个数（即行程长度），N 是下一个非零的 AC 系数的值。经 RLC 后，变成以下形式：

（0,57）；（0,45）；（4,23）；（1,-30）；（0,-8）；（2,1）；（0,0）

接下来只处理每对数右边的那个数据，对其进行和 DC 系数相同的变长整数编码表 VLI 进行编码。比如 57 在第 6 组中，因此，将其写成（0,6）（57）的形式，该形式称为 AC 系数的中间格式。

5. 完整例子

从 8×8 的图像块到计算机中的二进制串存储过程，如图 6-27 所示。

15	0	−1	0	0	0	0	0
−2	−1	0	0	0	0	0	0
−1	−1	0	0	0	0	0	0
0	0	0	0	0	0	0	0
0	0	0	0	0	0	0	0
0	0	0	0	0	0	0	0
0	0	0	0	0	0	0	0
0	0	0	0	0	0	0	0

图 6-27　8×8 的图像块

图像中间格式到二进制存储

假设前一个 8×8 的图像块的 DC 系数为 12，当前的 DC 系数为 15，则 DC 之间的差值为 3，通过查找 VLI 编码表，得到 DC 系数和 AC 系数的中间格式。此图像块按“Z”字形存储数据，对应的中间格式为：

（DC）（2）（3）；AC（1,2）（−2），（0,1）（−1），（0,1）（−1），（0,1）（−1），（2,1）（−1），（EOB）（0,0）

在 JPEG 文件中，按照人类视觉原理，把图像存为亮度和色度的颜色空间，并对亮度和色度单独编写了对应的 DC 系数和 AC 系数的编码表。

表 6-13　JPEG 文件中的霍夫曼编码表

序号	霍夫曼编码表	JPEG 文件中的 Table
1	亮度 DC 表	K.3
2	色度 DC 表	K.4
3	亮度 AC 表	K.5
4	色度 AC 表	K.6

表 6-14 和表 6-15 为本例所用到的亮度 DC 编码表和亮度 AC 编码表的部分内容。

表 6-14　亮度 DC 编码表

类　别	码　长	码　　字
0	2	00
1	3	010
2	3	011
3	3	100
4	3	101
5	3	110
6	4	1110
7	5	11110
8	6	111110
9	7	1111110
10	8	11111110

表 6-15 亮度 AC 编码表

Run-length/Size	码 长	码 字
0/0(EOB)	4	1010
0/1	2	00
…	…	…
1/1	4	1100
1/2	5	11011
…	…	…
2/1	5	11100
…	…	…
3/2	9	111110111
…	…	…
F/0(ZRL)	11	11111111001
…	…	…
F/F	16	1111111111111110

最终的压缩后的数据流为 01111，1101101，000，000，000，111000，1010。总共 31 位。压缩前是 64 个像点，每个像点亮度取值 256（占 1 个字节，8 位）灰阶，共计占空间 64×8 位=512 位，压缩比为 512÷31≈16.5 倍。

6.3.3 基于 DCT 有损压缩的 JPEG 算法举例

基于 DCT 有损压缩的 JPEG 算法的基本步骤包括色彩空间转换、缩减取样、正向离散余弦变换、量化、编码。

1．色彩空间转换

首先，影像由 RGB（红绿蓝）转换为一种称为 YUV 的不同色彩空间。这与模拟 PAL 彩色电视传输所使用的色彩空间相似，但是更类似于 MAC 电视传输系统运作的方式。但不是模拟 NTSC，模拟 NTSC 使用的是 YIQ 色彩空间。这种编码系统非常有用，因为人类的眼睛在 Y 成分可以比 U 和 V 看得更仔细。使用这种知识，编码器可以被设计得更有效率地压缩影像。

2．缩减取样

上面所做的转换使下一步骤变为可能，也就是减少 U 和 V 的成分（称为“缩减取样”或“色度抽样”）。在 JPEG 上这种缩减取样的比例可以是 4：4：4（无缩减取样），4：2：2（在水平方向 2 的倍数中取一个），以及最普遍的 4：2：0（在水平和垂直方向 2 的倍数中取一个）。对于压缩过程的剩余部分，Y、U 和 V 都是以非常类似的方式进行个别处理。

3．正向离散余弦变换

将影像中的每个成分（Y、U、V）生成三个区域，每一个区域再划分成如瓷砖般排列的一个个的 8×8 子区域，每一子

JPEG 离散余弦变换样例

区域使用二维的离散余弦变换（DCT）转换到频率空间。

如果有一个图 6-28 所示的 8×8 的 8 位元（0～255）子影像，对应的矩阵数据如图 6-29 所示。

图 6-28　8×8 的 8 位元子影像

52	55	61	66	70	61	64	73
63	59	55	90	109	85	69	72
62	59	68	113	144	104	66	73
63	58	71	122	154	106	70	69
67	61	68	104	126	88	68	70
79	65	60	70	77	68	58	75
85	71	64	59	55	61	65	83
87	79	69	68	65	76	78	94

图 6-29　8×8 的 8 位元矩阵数据

接着推移 128，使其范围变为 -128～127，实现从无符号数到有符号数的转变，得到的结果如图 6-30 所示。

-76	-73	-67	-62	-58	-67	-64	-55
-65	-69	-73	-38	-19	-43	-59	-56
-66	-69	-60	-15	16	-24	-62	-55
-65	-70	-57	-6	26	-22	-58	-59
-61	-67	-60	-24	-2	-40	-60	-58
-49	-63	-68	-58	-51	-60	-70	-53
-43	-57	-64	-69	-73	-67	-63	-45
-41	-49	-59	-60	-63	-52	-50	-34

图 6-30　有符号整数矩阵

然后使用正向离散余弦变换和舍位取最接近的整数，得到图 6-31 所示的 FDCT 系数。其中左上角位置的数值就是 DC 系数。

-415	-30	-61	27	57	-20	-2	0
4	-22	-61	10	13	-7	-9	5
-47	7	77	-25	-29	10	5	-6
-49	12	34	-15	-10	6	2	2
12	-7	-13	-4	-2	2	-3	3
-8	3	2	-6	-2	1	4	2
-1	0	0	-2	-1	-3	4	-1
0	0	-1	-4	-1	0	1	2

图 6-31　FDCT 系数

4．量化

量化是 JPEG 有损压缩整个过程中的主要失真运算。这里采用表 6-10 所示的亮度量化表对图 6-31 所示的 FDCT 系数矩阵进行量化，得到的结果如图 6-32 所示。

-26	-3	-6	2	2	-1	0	0
0	-2	-4	1	1	0	0	0
-3	1	5	-1	-1	0	0	0
-4	1	2	-1	0	0	0	0
1	0	0	0	0	0	0	0
0	0	0	0	0	0	0	0
0	0	0	0	0	0	0	0
0	0	0	0	0	0	0	0

图 6-32 量化后的 FDCT 系数

举个例子，使用 - 415（DC 系数）量化后得到最接近的整数：

$$\text{round}\left(\frac{-415}{16}\right)=\text{round}(-25.9375)=-26$$

5．编码

JPEG 压缩算法的最后部分是对量化后的图像进行编码，根据图像相邻块之间很强的相关性对直流 DC 系数采用 DPCM 编码，对于剩余的 63 个元素的交流 AC 系数采用行程编码进行压缩，而后做基于统计特性的熵编码。在 JPEG 有损压缩算法中，使用霍夫曼编码。在压缩数据符号时，霍夫曼编码对出现频率比较高的符号分配比较短的代码，而对于出现频率较低的符号分配比较长的代码。

6．解码

取图 6-32 所示的量化后的 FDCT 系数矩阵，把矩阵乘以表 6-10 所示的亮度量化表，得到图 6-33 所示的逆向量化的矩阵。

-416	-33	-60	32	48	-40	0	0
0	-24	-56	19	26	0	0	0
-42	13	80	-24	-40	0	0	0
-56	17	44	-29	0	0	0	0
18	0	0	0	0	0	0	0
0	0	0	0	0	0	0	0
0	0	0	0	0	0	0	0
0	0	0	0	0	0	0	0

图 6-33 逆向量化后的 DCT 系数

左上角的部分与原本的 DCT 系数矩阵非常相似。使用逆向离散余弦变换得到一个有数值的影像（仍然是被移位 128），如图 6-34 所示。

-68	-65	-73	-70	-58	-67	-70	-48
-70	-72	-72	-45	-20	-40	-65	-57
-68	-76	-66	-15	22	-12	-58	-61
-62	-72	-60	-6	28	-12	-59	-56
-59	-66	-63	-28	-8	-42	-69	-52
-60	-60	-67	-60	-50	-68	-75	-50
-54	-46	-61	-74	-65	-64	-63	-45
-45	-32	-51	-72	-58	-45	-45	-39

图 6-34 IDCT 系数

对每一个系数加上128，完成从有符号到无符号的逆转换，如图6-35所示。

60	63	55	58	70	61	58	80
58	56	56	83	108	88	63	71
60	52	62	113	150	116	70	67
66	56	68	122	156	116	69	72
69	62	65	100	120	86	59	76
68	68	61	68	78	60	53	78
74	82	67	54	63	64	65	83
83	96	77	56	70	83	83	89

图6-35　IDCT系数的无符号转换

这是解压缩的子影像，把它和原子影像相比，比较两者之间的差异得到误差值，误差在左下角显而易见，左下方的像素变得比它邻近右方的像素还更暗，如图6-36所示。

-8	-8	6	8	0	0	6	-7
5	3	-1	7	1	-3	6	1
2	7	6	0	-6	-12	-4	6
-3	2	3	0	-2	-10	1	-3
-2	-1	3	4	6	2	9	-6
11	-3	-1	2	-1	8	5	-3
11	-11	-3	5	-8	-3	0	0
4	-17	-8	12	-5	-7	-5	5

图6-36　误差矩阵

由上述过程不难看出，基于DCT变换的JPEG压缩不像无损压缩一样实现压缩和解压缩过程（数据的变换和还原过程），而是生成一个与原始图像相近的图像。

6.3.4　JPEG2000简介

随着多媒体技术应用领域的快速增长，传统的 JPEG压缩技术已经无法满足人们对数字化多媒体图像素材的需求。针对这些问题，从1998年开始专家就为研究下一代的JPEG格式出谋划策，直到2000年3月的东京会议，彩色静态图像的新一代编码方式JPEG2000的编码算法草案才确定，它的算法一经确定，许多著名的图形图像公司就迫不及待地在开发图像处理工具软件中集成JPEG2000图像压缩技术。

JPEG2000作为一种图像压缩格式，其压缩比更高，而且不会产生原先的基于离散余弦变换的JPEG标准产生的块状模糊瑕疵，因为它放弃了JPEG所采用的以离散余弦算法为主的区块编码方式，而改用以离散小波变换算法为主的多解析编码方式。

DWT（Discrete Wavelet Transformation，离散小波变换）对于时域或者频域的考察都采取局部的方式，既考察局部时域过程的频域特征，又考察局部频域过程的时域特征，所以对非平稳过程也一样非常有效。

在JPEG2000图像的编码器（见图6-37）中，首先对原图像进行前期预处理，对处理的结果进行离散小波变换，然后对小波系数进行量化和熵编码，最后组成标准的输出码流（位流）。解码过程是编码的反过程，首先对码流进行解包和熵解码，然后是反向量化和离散小波反变换，对反变换的结果进行后期处理合成，就得到重构的图像数据。

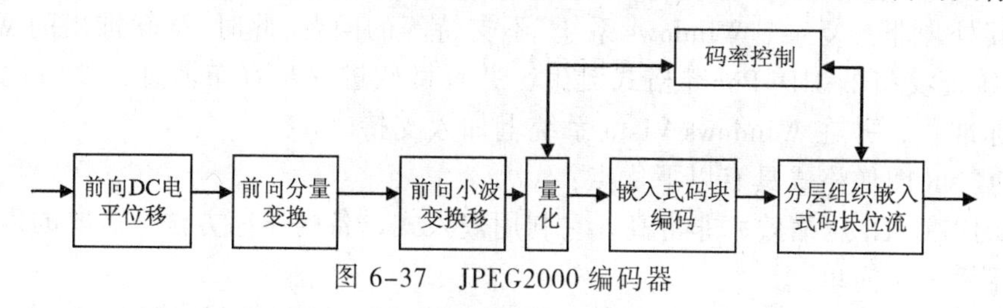

图 6-37　JPEG2000 编码器

编码过程主要分为以下几个过程：预处理、核心处理和位流组织。预处理部分包括对图像分片、直流电平 DC 位移和分量变换。核心处理部分由离散小波变换、量化和熵编码组成。位流组织部分则包括区域划分、码块、层和包的组织。

与 JPEG 相比，JPEG2000 的优势主要表现为：

1. 高压缩率

由于在离散小波变换算法中，图像可以转换成一系列可更加有效存储像素模块的“小波”，因此 JPEG2000 格式的图片压缩比可在 JPEG 基础上再提高 10%～30%，而且压缩后的图像显得更加细腻平滑。

2. 同时支持有损和无损压缩

JPEG2000 同时支持有损压缩和无损压缩，预测法作为对图像进行无损编码的方法被集成到 JPEG2000 中，因此它也能实现无损压缩，这对于某些要求不能丢失原始信息却又强调较小的文件大小和较高质量的应用领域提供了很好的解决方案，因此它更适合保存一些重要图像。

3. 渐进传输

现在网上的 JPEG 图像下载是按块传输的，而采用 JPEG2000 格式的图像能实现渐进传输。所谓的渐进传输，就是先传输低分辨率的图像或者是图像的轮廓，然后逐步传输其他数据，不断提高图像质量，以满足用户的需要。这样有助于快速浏览和选择大量图片，从而提高了效率。

4. 感兴趣区域压缩

JPEG2000 另一个重要特征是支持感兴趣区域的编码。可以指定图片上感兴趣的区域，然后在压缩时对这些图像区指定特定的压缩质量，或在恢复时选择指定的某些区域的解压缩要求，从而使重点突出，这给用户带来了极大的方便。

在实际应用时，可以对一幅图像中感兴趣的部分采用低压缩来取得好的图像效果，对于其他的部分采用高压缩来节省空间，这样既不丢失信息又有效地压缩了数据量。

JPEG2000 的改进还考虑了人类视觉特性，增加了掩膜和视觉权重，在不损害视觉效果的基础上大大提高压缩率。支持 JEPG2000 的软件有很多，无论在传统的数码照相机、扫描仪等，还是在新的应用领域如无线通信、医疗影像等都已体现出其优越性。

6.3.5 JPEG XR 简介

JPEG XR 的前身是微软开发的一种静止图像文件格式 HD Photo。2007 年 7 月的

JPEG 大会上，被提案成为国际标准，并专门成立了工作小组，代号为 JPEG XR。

除了数字影院和部分工业产品应用之外，JPEG 2000 格式几乎没有得到普及。原因是其处理非常复杂、“Windows 系统”不支持等的问题。此时，微软推出的 Windows Vista 系统能支持的 HD Photo 格式诞生，并且微软进一步宣布消息，要将此格式实现 ISO 标准化，并在 Windows Vista 系统上加入支持。

JPEG XR 图像格式具有以下优点：

（1）JPEG XR 压缩效率非常高，它利用嵌入式设备的压缩方法，需要的内存开销很小，压缩方法简单。

（2）JPEG XR 压缩对于有损压缩和无损压缩都是使用相同的算法。

（3）支持单色、RGB、CMYK，甚至支持 16 位无符号整数或者 32 位定点或者浮点数所表示的多通道彩色。

（4）更强的压缩技术，存储与 JPEG 格式同等品质的影像，档案的大小可以减半。另外，微软的 JPEG XR 格式编码演算法，能以无损压缩技术保存所有的像素细节。

JPEG XR 可以将图像分成每小部分来解码，使图像的放大更加迅速。

6.4 MPEG 动态图像压缩编码技术

为了推进动态图像压缩的标准化工作，国际标准化组织（International Standard Organization，ISO）与 IEC（International Electronic Committee）联合成立了专门负责建立音频和视频数据压缩标准专家组。

6.4.1 MPEG 概述

MPEG（Motion Picture Experts Group，运动图像专家组）和 JPEG 都是 ISO 领导下的专家小组，其成员有很大的交叠。JPEG 的目标集中于静止图像压缩，而 MPEG 的目标是针对活动图像的数据压缩，但静止图像与活动图像有密切关系。

MPEG 标准有 MPEG-1、MPEG-2、MPEG-4、MPEG-7 和 MPEG-21。MPEG-1 的标准号为 ISO/IEC 11172，标准名称为“信息技术用于数据速率高达大约 1.5 Mbit/s 的数字存储媒体的电视图像和伴音编码”。它于 1992 年底正式被采用，称为 MPEG 标准，此后定名为 MPEG-1 标准。MPEG-1 的最终目标是解决数字视频和数字音频等多种压缩数据流的复合和同步的问题。MPEG-1 标准由五部分组成：

1. MPEG-1 系统（Systems）

系统部分主要解决视频和音频数据流的复合编码，以合适的方式进行存储和传输。MPEG 数据流包括两个层次的编码数据：数据层包含图像和伴音的压缩编码数据；系统层包含时序、视/音频分组及同步信息。

2. MPEG-1 视频（Video）

这部分规定了视频数据的编码和解码，是标准的核心，图像压缩的关键。该内容定义了适合于 0.9～1.5 Mbit/s 压缩视频序列编码的表述方法，即先选择合适的空间分辨率，再用“运动补偿法”减少时间上的冗余，然后使用空间域压缩技术（如离散余弦变换、系数量化和可变长编码等技术），只针对用预测方法所测得的误差数据进行

编码，从而有效地去除了多媒体数据在空间上的冗余部分的数据。

3．MPEG-1 音频（Audio）

这部分规定了音频数据的编码和解码。这是第一个高保真立体声音频压缩的国际标准，属于 MPEG 标准的一部分，也可以独立使用。MPEG-1 音频根据不同的算法分为三个层次。层次 1 和层次 2 具有大致相同的算法。在 DPCM 声音压缩算法的基础上，MPEG-1 音频利用人耳对声音辨别的特点，将输入音频信号从时间域变换到频率域，然后计算频率谱，根据弱声频率及各频率分量人耳听觉的最低门限值（最低阈值），也就是说低于这个值的信号人耳就不能再感觉到，即可以控制量化参数，实现数据压缩。层次 3 则引入了辅助子带等其他编码技术，进一步提高了数据压缩率，这种层次就是我们通常所说的 MP3 格式。

4．MPEG-1 一致性测试（Conformance Testing）

这个部分详细说明如何测试比特数据流和解码器是否满足 MPEG-1 前三个部分中所规定的要求。编码器制造商和客户均可使用这些方法来验证编码器产生的码流是否正确。

5．MPEG-1 软件仿真（Software Simulation）

实际上，这部分内容不是一个标准，而是一个技术报告，给出了用软件执行 MPEG-1 标准前三个部分功能的软件实现。

6.4.2 MPEG 视频压缩原理

动态视频图像是由一组序列静态图像构成的，各帧之间的相似处和相同处很多，换言之，相邻的帧之间存在冗余。压缩编码技术的任务就是找出帧之间的冗余，然后以帧速度进行预测和压缩。

1．动态视频图像的特点

动态视频图像在帧与帧之间表现出以下三个特点：

（1）动态视频图像 PAL 制式和 SECAM 制式以 25 fps 进行播放，NTSC 制式以 30 fps 进行播放，在如此短的时间内，画面通常不会有很大的变化。

（2）在画面中变化的只有运动的部分，静止的部分往往占有较大的面积。

（3）即使是运动的部分，也多为简单的平移。

因此，一个直观的解决方法就是用 JPEG 的方式记录某一帧，如第一帧。在随后的帧中，仅仅记录该帧和前一帧不同的地方，相同的地方不再记录。在播放时，根据前一帧的画面和这两帧之间的不同点构造出当前的画面，如图 6-38 和图 6-39 所示。

图 6-38　动态图像序列

图 6-39　动态图像序列的传输

2．MPEG 视频图像压缩问题

在实际的 MPEG 视频压缩中，考虑以下两个问题：如果只保留第一帧，其他帧采用差异帧，那么后面的每一帧都需要从前一帧计算出来，恢复时也必须一帧一帧地顺序进行，这样就没有办法做到随机存取和播放的要求，一旦某一帧数据出现问题，后面的帧就无法恢复。

由于差异帧的压缩是有损压缩，上述方式在压缩和解压缩时将会发生误差的累积，累积到一定程度势必造成很大的失真。

因此，一个简单的解决方法就是每隔若干帧之后就记录一幅原始的帧，这样就解决了上面两个问题。同时，差异帧只能揭示活动图像中静止部分的相关性，对于运动部分，则采用了运动补偿的矢量算法。

1）MPEG 视频压缩基本思想

MPEG 视频压缩技术基本方法可以归纳成两个要点：在空间方向上，图像压缩采用 JPEG 压缩算法去掉冗余信息；在时间方向上，图像数据压缩采用运动补偿算法去掉冗余信息。

为了保证图像质量基本不降低而又能获得高的压缩比，MPEG 专家组定义了三种图像：帧内图像 I（Intra Pictures）、预测图像 P（Predicted Pictures）和双向预测图像 B（Bidirectional Pictures）。

2）帧内图像 I 的压缩编码算法

帧内图像 I 是一个独立的帧，其信息由自身画面决定，不需要参考其他画面产生，是预测图像 P 和双向预测图像 B 的参考图，压缩编码采用类似 JPEG 的压缩算法。如果获取的数字视频图像采用的是 RGB 颜色空间，则首先把它转换成 YCbCr 空间的表示。然后每个图像平面划分成 8×8 的图像块，对每个图像块进行 DCT 变换，然后经过量化得到的直流系数 DC 采用 DPCM 编码，交流系数 AC 采用行程编码，最后再使用霍夫曼或者算术编码进一步压缩。

3）预测图像 P 的压缩编码算法

预测图像 P，它参考前一幅 I 图像或 P 图像产生，编码是以图像宏块（Macro block）为基本编码单元，一个宏块定义为 X×Y 像素的图像块，一般取 16×16。预测图像 P 使用两种类型的参数来表示：一种参数是当前要编码的图像宏块与参考图像的宏块之间的差值（图块内容的变化）；另一种参数是宏块的移动矢量（图块内容的移动）。

4）双向预测图像 B 的压缩编码算法

双向预测图像 B 也称插值运动补偿法，它参照前一幅和后一幅 I 图像或者 P 图像产生。双向预测图像通常都是由 I 图像或者 P 图像分析变化趋势生成的，所以不能作

为其他图像的预测参考图。双向预测可以采用四种编码技术，即帧内图像编码、前向预测编码、后向预测编码、双向预测编码。双向预测图像的压缩方法具有以下明显的特点：综合各种压缩编码的优势，最大限度地实现数据压缩，能够获得较高的压缩比；能够进行多种方式的比较，减少误差；能够对两帧图像取平均值，以便减少图像切换时的噪声抖动和不稳定因素。

由于双向预测图像B采用了未来帧作为参考，因此MPEG编码流中图像帧的传输顺序和显示顺序是不同的。如果播放时的图像次序为IBBPBBPBBPBBPBBIBBPBBPBBPBBPBBPBB，则对应的传送的图像次序为IPBBPBBPBBPBBIBBPBBPBBPBBPBB…。预测图像P在最初的两个双向预测图像B前面传送，而第二帧内图像I在最后的两个双向预测图像B前面传送。然后预测图像P和两个帧内图像I可以被缓存起来，这样接下来收到的双向预测图像B就可以在观看端进行解码。

从压缩的程度来看，帧内图像I的压缩率最小；由于预测图像P只存储当前帧和参考帧的误差信号，因此预测图像P得到了较大的压缩；而双向预测图像B的压缩率是最大的，增加双向预测图像B的数目能够提高压缩比，但视频质量会有损失。

MPEG的压缩技术将每一帧视频图像用I、P和B三种图像格式表示，然后再利用运动补偿技术对P图像和B图像中存在的冗余进行清除，达到压缩数据的目的。其中，运动补偿技术包括运动补偿预测法和运动补偿插补算法两种算法。图6-40所示为运动补偿中的I图、P图和B图。

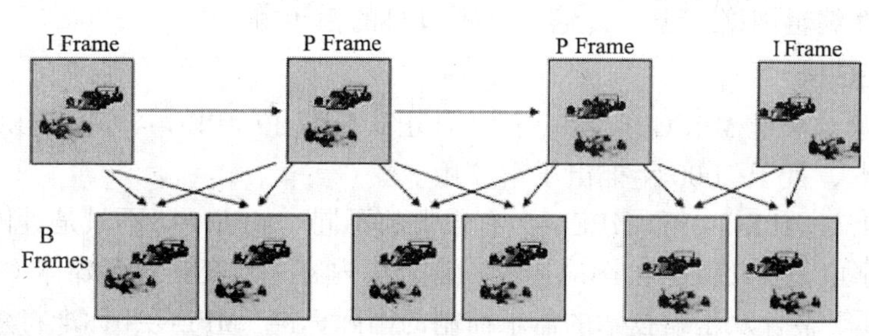

图6-40 运动补偿中的I图、P图和B图

运动补偿预测法利用帧与帧之间活动部分的连续运动趋势进行预测，当前图像可看成是前一图像位移的结果，位移的方向和幅度可不同。

运动补偿插补法按照一定的时间间隔取出参考图像，比较两个取出的参考图像，找出其运行规律。然后将运动规律运用于间隔的所有参考图像中。这样，只要对参考图像的运动规律进行编码，就能得到压缩后的视频图像。运动补偿插补法既可以利用前面的参考图像，也可以利用后面的参考图像，经过比较，可大幅度减少冗余，提高压缩比。

6.4.3 其他MPEG标准

1. MPEG-2

MPEG组织于1994年推出MPEG-2压缩标准，以实现视/音频服务与应用互操作的可能性。MPEG-2标准是针对标准数字电视和高清晰度电视在各种应用下的压缩方案和系统层的详细规定，编码码率从3 Mbit/s～100 Mbit/s，标准的正式规范在ISO/IEC

13818 中。MPEG-2 不是 MPEG-1 的简单升级，MPEG-2 在系统和传送方面做了更加详细的规定和进一步的完善。MPEG-2 特别适用于广播级的数字电视的编码和传送，被认定为 SDTV 和 HDTV 的编码标准。MPEG-2 还专门规定了多路节目的复分接方式。MPEG-2 标准目前分为九个部分，各部分的内容描述如下：

（1）规定视频数据、音频数据及其相关数据的同步。

（2）规定视频数据的编码和解码。

（3）规定音频数据的编码和解码，是 MPEG-1 Audio 的扩充，支持多个声道，向下兼容 MPEG-1 Audio 标准。

（4）描述测试一个编码码流是否符合 MPEG-2 码流的方法。

（5）描述 MPEG-2 标准的第 1、2、3 部分的软件实现方法。

（6）数字存储媒体命令和控制扩展协议用于管理 MPEG-1 和 MPEG-2 的数据流，使数据流既能在单机上运行，又可以在异构网络环境下运行。

（7）规定与 MPEG-1 音频不兼容的多通道音频编码（Advanced Audio Coding，AAC）。

（8）规定用于采样精度为 10 bit 的视频编码。

（9）规定了传送码流的实时接口。

MPEG-2 编码的码流分为六个层次。为了更好地表示编码数据，MPEG-2 用句法规定了一个层次性结构，六层自上到下分别是图像序列层、图像组（GOP）、图像、宏块条、宏块、块。MPEG-2 标准的主要应用如下：视音频资料的保存、非线性编辑系统及非线性编辑网络、卫星传输、电视节目的播出等。

2．MPEG-4

运动图像专家组 MPEG 于 1999 年 2 月正式公布了 MPEG-4（ISO/IEC 14496）标准的第一版本，且于 2000 年推出了第二版。

MPEG-4 与 MPEG-1 和 MPEG-2 有很大的不同。MPEG-4 不只是具体压缩算法，它是针对数字电视、交互式绘图应用（影音合成内容）、交互式多媒体（WWW、资料收集与分散）等整合及压缩技术的需求而制的国际标准。MPEG-4 标准将众多的多媒体应用集成于一个完整的框架内，旨在为多媒体通信及应用环境提供标准的算法及工具，从而建立起一种能被多媒体传输、存储、检索等应用领域普遍采用的统一数据格式。

MPEG-4 的编码理念是：MPEG-4 标准同以前标准的最显著的差别在于它是采用基于对象的编码理念，即在编码时将一幅景物分成若干在时间和空间上相互联系的视频音频对象，分别编码后，再经过复用传输到接收端，然后再对不同的对象分别解码，从而组合成所需要的视频和音频。这样既方便我们对不同的对象采用不同的编码方法和表示方法，又有利于不同数据类型间的融合，这样也便于实现对于各种对象的操作及编辑。例如，我们可以将一个卡通人物放在真实的场景中，或者将真人置于一个虚拟的演播室里，还可以在互联网上方便地实现交互，根据自己的需要有选择地组合各种视频、音频以及图形文本对象。

MPEG-4 系统的一般框架是：对自然或合成的视听内容的表示；对视听内容数据流的管理，如多点、同步、缓冲管理等；对灵活性的支持和对系统不同部分的配置。与 MPEG-1、MPEG-2 相比，MPEG-4 具有如下独特的优点：

1）基于内容的交互性

MPEG-4 提供了基于内容的多媒体数据访问工具，如索引、超链接、上传、下载、删除等。利用这些工具，用户可以方便地从多媒体数据库中有选择地获取自己所需的与对象有关的内容，并提供了内容的操作和位流编辑功能，可应用于交互式家庭购物，淡入淡出的数字化效果等。MPEG-4 提供了高效的自然或合成的多媒体数据编码方法。它可以把自然场景或对象组合起来成为合成的多媒体数据。

2）高效的压缩性

MPEG-4 基于更高的编码效率。与已有的或即将形成的其他标准相比，在相同的比特率下，它基于更高的视觉听觉质量，这就使得在低带宽的信道上传送视频、音频成为可能。同时，MPEG-4 还能对同时发生的数据流进行编码。一个场景的多视角或多声道数据流可以高效、同步地合成为最终数据流，这可用于虚拟三维游戏、三维电影、飞行仿真练习等。

3）通用的访问性

MPEG-4 提供了易出错环境的健壮性，来保证其在许多无线和有线网络以及存储介质中的应用，此外，MPEG-4 还支持基于内容的可分级性，即把内容、质量、复杂性分成许多小块来满足不同用户的不同需求，支持具有不同带宽、不同存储容量的传输信道和接收端。

这些特点无疑会加速多媒体应用的发展，从中受益的应用领域有：因特网多媒体应用；广播电视；交互式视频游戏；实时可视通信；交互式存储媒体应用；演播室技术及电视后期制作；采用面部动画技术的虚拟会议；多媒体邮件；移动通信条件下的多媒体应用；远程视频监控；通过 ATM 网络等进行的远程数据库业务等。

3. MPEG-7

MPEG-7 标准被称为“多媒体内容描述接口”（Multimedia Content Description Interface），为各类多媒体信息提供一种标准化的描述，这种描述与内容本身有关，允许快速和有效地查询用户感兴趣的资料。它能扩展现有内容识别专用解决方案的有限的能力，特别是它还包括了更多的数据类型。换而言之，MPEG-7 规定一个用于描述各种不同类型多媒体信息的描述符的标准集合。该标准于 1998 年 10 月提出，于 2001 年最终完成并公布。

MPEG-7 的目标是根据信息的抽象层次，提供一种描述多媒体材料的方法以便表示不同层次上的用户对信息的需求。以视觉内容为例，较低抽象层将包括形状、尺寸、纹理、颜色、运动（轨道）和位置的描述。对于音频的较低抽象层包括音调、调式、音速、音速变化、音响空间位置。最高层将给出语义信息：如“这是一个场景：一个鸭子正躲藏在树后并有一个汽车正在幕后通过。”抽象层与提取特征的方式有关：许多低层特征能以完全自动的方式提取，而高层特征需要更多人的交互作用。MPEG-7 还允许依据视觉描述的查询去检索声音数据，反之也一样。

MPEG-7 标准化的范围包括：一系列的描述符（Descriptor），描述符是特征的表示法，一个描述符就是定义特征的语法和语义学；一系列的描述方案（Description Scheme），详细说明成员之间的结构和语义；一种详细说明描述结构的语言、描述定义语言（Description Definition Language）；一种或多种编码描述方法。

MPEG-7由以下几部分组成：

（1）MPEG-7系统：它保证MPEG-7描述有效传输和存储所必须的工具，并确保内容与描述之间进行同步，这些工具有管理和保护的智能特性。

（2）MPEG-7描述定义语言：用来定义新的描述结构的语言。

（3）MPEG-7音频：只涉及音频描述的描述符和描述结构。

（4）MPEG-7视频：只涉及视频描述的描述符和描述结构。

（5）MPEG-7属性实体和多媒体描述结构。

（6）MPEG-7参考软件：实现MPEG-7标准相关成分的软件。

（7）MPEG-7一致性：测试MPEG-7执行一致性的指导方针和程序。

在人们的日常生活中，日益庞大的可利用音视频数据需要有效的多媒体系统来存取、交互。这类需求与一些重要的社会和经济问题相关，并且在许多专业和消费应用方面都是急需的，尤其是在网络高度发展的今天，而MPEG-7的最终目的是把网上的多媒体内容变成像现在的文本内容一样，具有可搜索性。这使得大众可以接触到大量的多媒体内容，MPEG-7标准可以支持非常广泛的应用，具体如下：

（1）音视数据库的存储和检索。

（2）广播媒体的选择（广播、电视节目）。

（3）因特网上的个性化新闻服务。

（4）智能多媒体、多媒体编辑。

（5）教育领域的应用（如数字多媒体图书馆等）。

（6）远程购物。

（7）社会和文化服务（历史博物馆、艺术走廊等）。

（8）调查服务（人的特征的识别、辩论等）。

（9）遥感。

（10）监视（交通控制、地面交通等）。

（11）生物医学应用。

（12）建筑、不动产及内部设计。

（13）多媒体目录服务（如黄页、旅游信息、地理信息系统等）。

（14）家庭娱乐（个人的多媒体收集管理系统等）。

原则上，任何类型的AV（Audio-Video）材料都可以通过任何类型的查询材料来检索，例如，AV材料可以通过视频、音乐、语言等来查询，通过搜索引擎来匹配查询数据和MPEG-7的音视频描述。

4．MPEG-21

互联网改变了物质商品交换的商业模式，这就是“电子商务”。新的市场必然带来新的问题：如何获取数字视频、音频以及合成图形等“数字商品”，如何保护多媒体内容的知识产权，如何为用户提供透明的媒体信息服务，如何检索内容，如何保证服务质量等。此外，有许多数字媒体（图片、音乐等）是由用户个人生成、使用的。这些“内容供应者”同商业内容供应商一样关心相同的事情：内容的管理和重定位、

各种权利的保护、非授权存取和修改的保护、商业机密与个人隐私的保护等。目前虽然建立了传输和数字媒体消费的基础结构并确定了与此相关的诸多要素，但这些要素、规范之间还没有一个明确的关系描述方法，迫切需要一种结构或框架保证数字媒体消费的简单性，很好地处理“数字类消费”中诸要素之间的关系。MPEG-21 就是在这种情况下提出的。

制定 MPEG-21 标准的目的是：将不同的协议、标准、技术等有机地融合在一起；制定新的标准；将不同的标准集成在一起。MPEG-21 标准其实就是一些关键技术的集成，通过这种集成环境就对全球数字媒体资源进行透明和增强管理，实现内容描述、创建、发布、使用、识别、收费、管理、知识产权管理和保护、用户隐私权保护、终端和网络资源抽取、事件报告等功能。

任何与MPEG-21多媒体框架标准环境交互或使用MPEG-21数字项实体的个人或团体都可以看作是用户。从纯技术角度来看，MPEG-21 对于“内容供应商”和“消费者”没有任何区别。标准化是产业化成功的前提，MPEG-1 已成功地在中国推动了VCD 产业，MPEG-2 标准又带动了 DVD 及数字电视等多种消费电子产业，其他 MPEG 标准的应用也在实施或开发中，MPEG 紧扣应用发展的脉搏，与工业和应用同步。未来是信息化的社会，各种多媒体数据的传输和存储是信息处理的基本问题，因此，可以肯定 MPEG 系列标准将发挥越来越大的作用。

6.5 应用案例——使用 UltraEdit 分析图像文件

【例 6-11】使用 UltraEdit 对 JPEG 图像文件存储格式进行分析。

【解】先来制作一个简单的 8×8 大小的像素图，然后把它存成 JPEG 格式（属性见图 6-41）。方法是用 Windows 的画图工具，定义一个 8×8 大小的图，用一些色块填充进去，然后另存为 JPEG 格式，如 test.jpg，在这里创建了 2 个相同大小的图像，如图 6-42（a）所示。其中图 6-42（a）所示为数码照相机拍摄的自然真彩色图像（色彩比较丰富），图 6-42（b）所示来源于画笔的制作（颜色较单一），虽然具有相同的尺寸，但是左侧的图像大小为 11.5 KB，右侧的图像大小为 669 B，不难看出具有连续和相同色彩的图像 JPEG 压缩效果更佳。

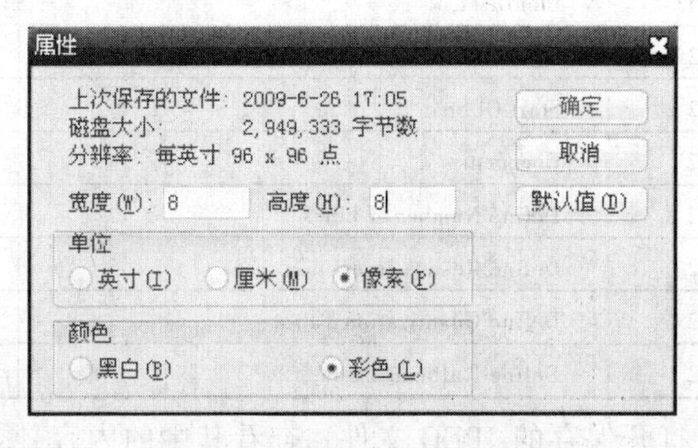

图 6-41 图像存储属性设置

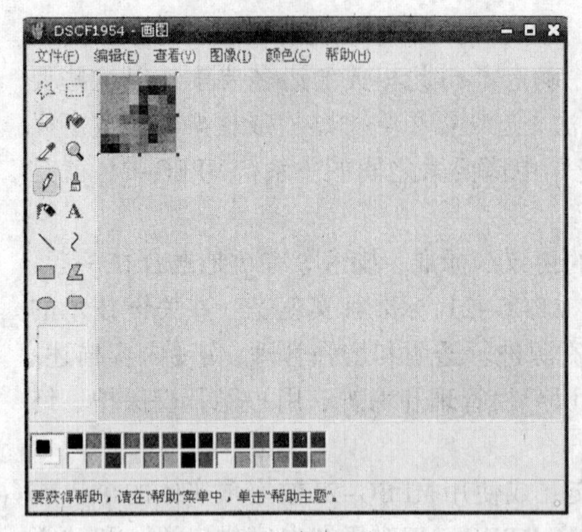

（a）真彩色图像

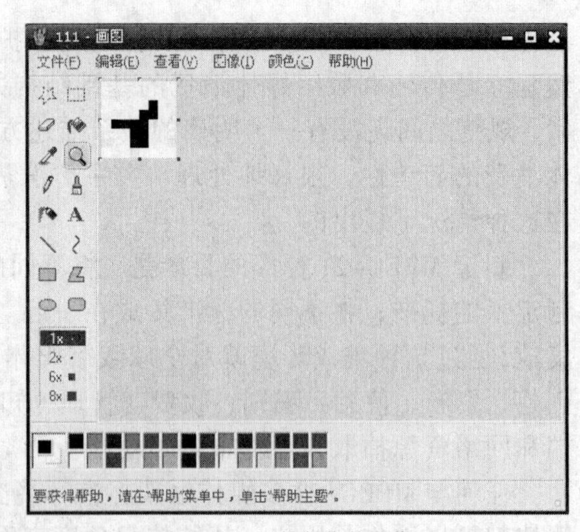

（b）画笔制作的图像

图 6-42　8×8 图像

保存成的文件扩展名为.jpg，但按标准来说，它是一种 JFIF 格式标准的文件，图像的压缩方式是 JPEG。JFIF 是一个文件格式标准，JPEG 是一个压缩标准，总体来说它们不是一个概念。JFIF（JPEG File Interchange Format，JPEG 文件交换格式）是一个图片文件格式标准，它是一种使用 JPEG 图像压缩技术存储摄影图像的方法。JFIF 代表了一种"通用语言"文件格式，它是专门为方便用户在不同的计算机和应用程序间传输 JPEG 图像而设计的语言。JFIF 文件格式（见表 6-16）定义的一些内容是 JPEG 压缩标准未定义的，如 resolution/aspect ratio、color space 等。

表 6-16　JPEG 段格式

标记缩写	占用字节	含　义	标　记　值
SOI	2	Start Of Image	FFD8
EOI	2	End Of Image	FFD9
APPO Marker	2	It's the marker used to identify a JPG file which uses the JFIF specification	FFE0
Identifier	5	Identifier	JFIF
SOF0	2	Start Of Frame 0	FFC0
SOS	2	Start Of Scan	FFDA
COM	2	Comment	FFFE
DNL	2	Define Number of Lines	FFDC
DRI	2	Define Restart Interval	FFDD
DQT	2	Define Quantization Table	FFDB
DHT	2	Define Huffman Table	FFC4

可以用 UltraEdit 打开保存的 JPEG 文件，查看其中的内容，即可看到上面的各个标记段，如图 6-43 所示。

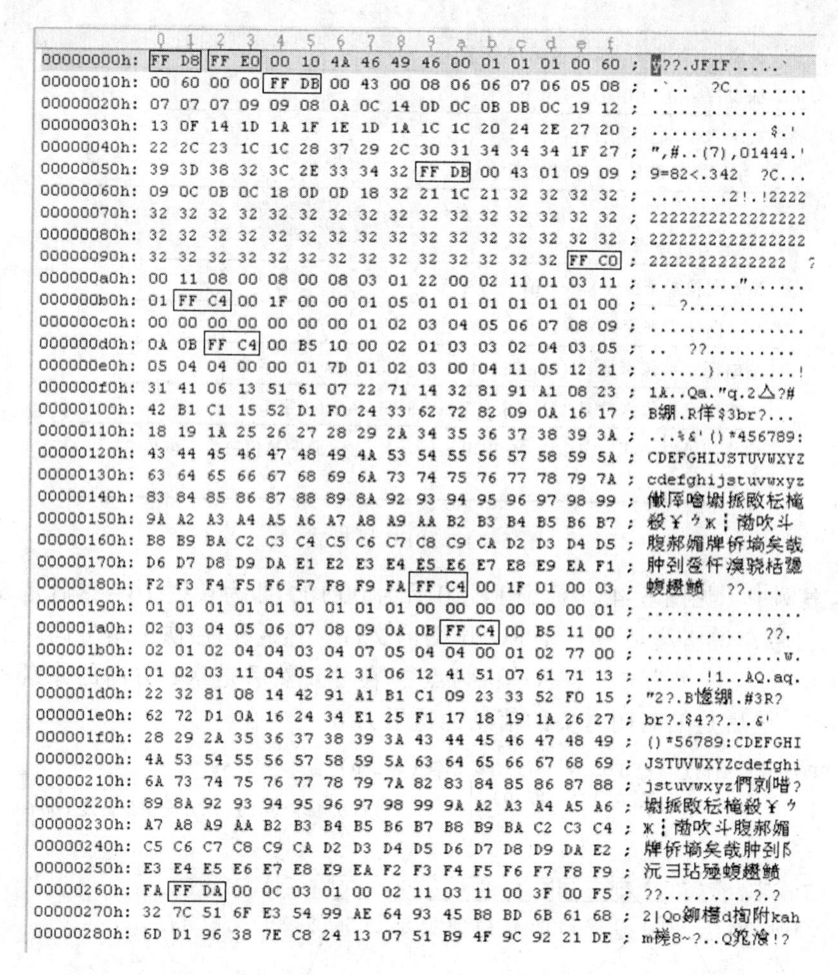

图 6-43　JPEG 文件二进制存储形式

在图 6-43 中，把刚刚保存的 JPEG 文件用二进制形式打开后，标注出各种标记如下：

① 在起始地址为 00000000h 的头部有 FF D8 标记，表示图像的开始。

② 在起始地址为 00000000h 的中间有 FF E0 标记，用于识别 JPG 文件采用 JFIF 规格。

③ 在地址为 00000010h 和 00000050h 段中有 FF DB 标记，表示两个量化表。

④ 在地址为 00000090h 段中有 FF C0 标记，用来表示图像大小的信息。

⑤ 在地址为 000000b0h、000000d0h、00000180h 和 000001a0h 段中有 FF C4 标记，用来表示后面有霍夫曼表。一般一个 JPG 文件中会有两类霍夫曼表：一个用于 DC，一个用于 AC，也即实际有 4 个表，亮度的 DC、AC 两个，色度的 DC、AC 两个。

⑥ 在地址为 00000260h 段中有 FF DA 标记，用来表示图像数据段。

⑦ 在地址为 00000290h 段中最后位置有 FF D9 标记，用来表示图像的结束。

再来看看各个标记的细部，具体分析一下各个部分的含义。

1. 图片的识别信息

图片的识别信息首先是分析 JPEG 的段格式，如图 6-44 所示。

长度：（高字节，低字节），2 字节
标识符（identifier），5 字节
版本号（version），2 字节 1 字节主版本号，1 字节次版本号
X 和 Y 的密度单位（units=0：无单位；units=1：点数/英寸；units=2：点数/厘米），1 字节
X 方向像素密度（X density），2 字节
Y 方向像素密度（Y density），2 字节
缩略图水平像素数目（thumbnail horizontal pixels），1 字节
缩略图垂直像素数目（thumbnail vertical pixels），1 字节
缩略图 RGB 位图（thumbnail RGB bitmap），由前面的数值决定，取值 3n，n 为缩略图

图 6-44　JPEG 段格式

在本案例中（见图 6-45）标记 FF E0 后为 00 10，即为长度 16。然后是 5 字节的 JFIF 标识符号，说明这是一个 JPEG 压缩的文件。然后是主/次版本号码。下一个为 XY 像素的单位，这里为 1，表示单位为点数/英寸。然后是 XY 方向的像素密度，这里是 96DPI，最后是缩略图有关的信息，这里为 0。

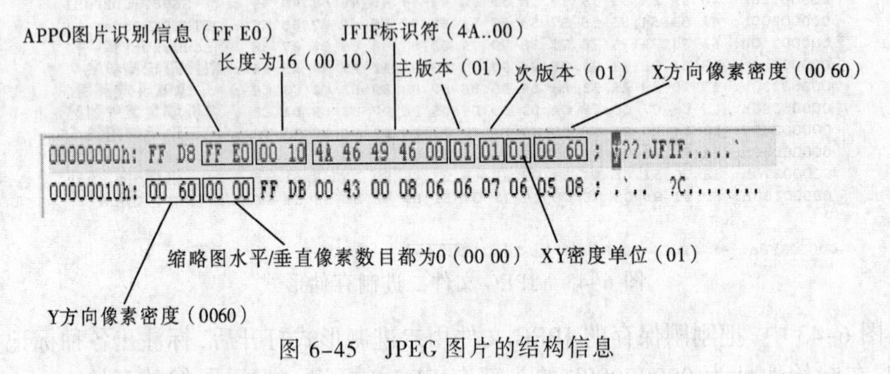

图 6-45　JPEG 图片的结构信息

2. 量化表（QT）的实例

图片文件的量化表结构如图 6-46 所示。

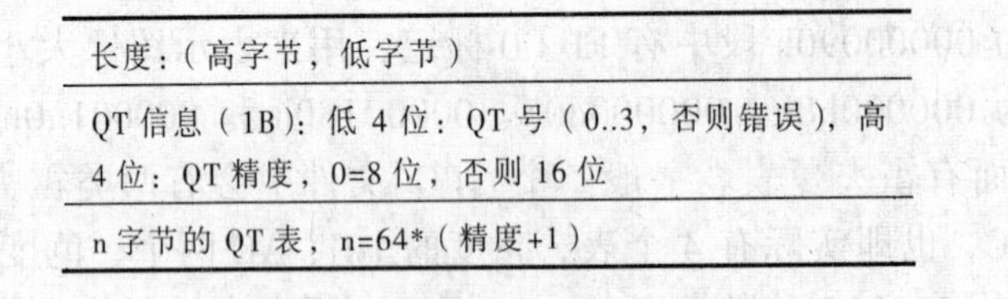

长度：（高字节，低字节）
QT 信息（1B）：低 4 位：QT 号（0..3，否则错误），高 4 位：QT 精度，0=8 位，否则 16 位
n 字节的 QT 表，n=64*（精度+1）

图 6-46　JPEG 量化表结构

在图 6-47 中的 FF DB 标记后的值为 00 43，也就是长度值为 67，接下来的是 QT 信息，占一个字节；这里是 0，表示这个 QT 表编号为 0，并且精度是 8 位。然后后面就是 64 个 8×8 的 QT 表的各个系数值，也即第一个量化表的十进制表示内容，如图 6-48 所示，这个表即为 JPEG 亮度量化表。

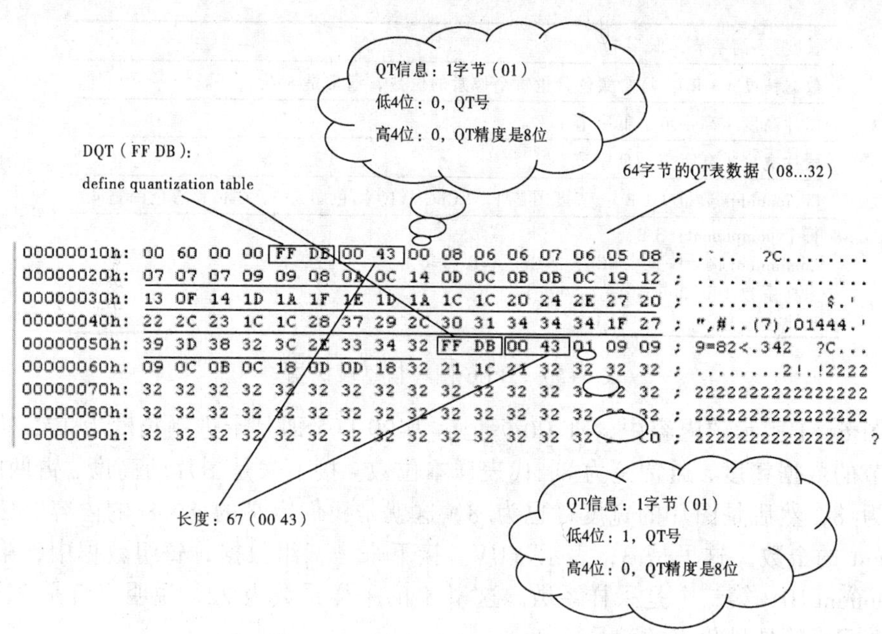

图 6-47 JPEG 图片的量化表信息

8	6	5	8	12	20	26	31
6	6	7	10	13	29	30	28
7	7	8	12	20	29	35	60
7	9	11	15	26	44	50	31
9	11	19	28	34	56	52	39
12	18	28	32	61	52	57	46
25	32	39	57	52	61	60	51
36	46	39	49	56	50	52	50

图 6-48 JPEG 图片的亮度量化表

第二个量化表的十进制表示的内容如图 6-49 所示，这个表的内容即为 JPEG 色度量化表。

9	9	12	50	50	50	50	50
9	11	24	33	50	50	50	50
12	13	28	50	50	50	50	50
24	33	50	50	50	50	50	50
50	50	50	50	50	50	50	50
50	50	50	50	50	50	50	50
50	50	50	50	50	50	50	50
50	50	50	50	50	50	50	50

图 6-49 JPEG 图片的色度量化表

打开不同的 JPEG 文件，会看到这两个表也可能会有区别，这主要是使用了不同的量化方式的结果。

3. 图像信息段

JPEG 图像信息段的结构如图 6-50 所示。

长度：（高字节，低字节）
数据精度（1 B）：每个颜色分量每个像素的位数，通常是 8
图片高度（高字节，低字节）
图片宽度（高字节，低字节）
Components 数量（1 B）：灰度图是 1，YCbCr/YIQ 彩色图是 3，CMYK 彩色图是 4
每个 component：3 B： Component id（1=Y，2=Cb，3=Cr，4=I，5=Q） 采样系数（bit 0-3 vert，4-7hor） 量化表编号

表 6-50　JPEG 图像信息段结构

在图 6-51 所示的内容中，FF C0 标记后为 00 11，即是十进制长度为 17，然后是一个字节的数据精度，通常是为 8，代表样本位数。接下来是图片的高度，占两字节，这里即为 8，然后是图片的宽度，也为 8，这就是我们定义的 8×8 的内容。然后是 component 的个数，这里是 3，表示 YUV。接下来是三组数据，每组数据中，第一个是 component ID，第二个是采样系数，这里 Y 的采样系数为 22，说明垂直是 2，水平是 2。再后面就是量化表的编号。

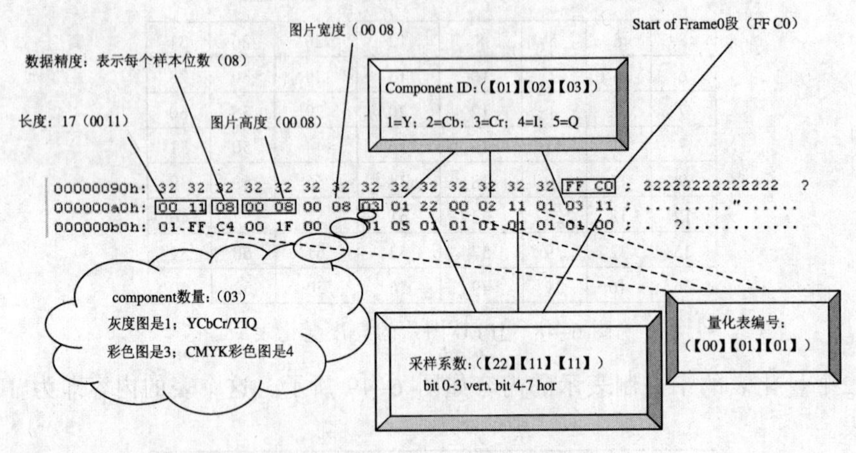

图 6-51　JPEG 图片的图像信息段

4. 霍夫曼表的实例

JPEG 图片中的霍夫曼表结构如图 6-52 所示。

长度：（高字节，低字节）
HT 信息（1 B）：低 4 位：HT 号（0..3，否则错误）；bit4：HT 类型，0=DC table，1=AC table；高 3 位：必须为 0
索引表头，16 B：长度是 1 到 16 范式霍夫曼编码对应的符号个数
值表，n B：一个包含了按递增次序，霍夫曼编码组号对应的各个值（n=代码总数）

图 6-52　JPEG 的霍夫曼表结构

图 6-53 所示为本例的霍夫曼表信息。图中的内容 FF C4 标记后的内容为数据长度（如 00 1F 为 31），再接着的 1 个字节为 HT（Huffman Table）的信息，低 4 位是

HT ID 号，第 5 位是 HT 表类型标记，再高三位是为 0(如 00 为 DC table、HI DD 为 0)。

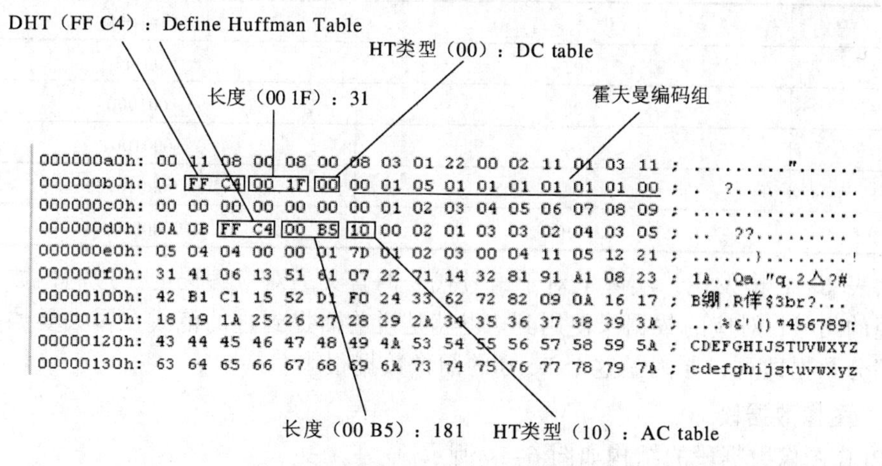

图 6-53　JPEG 图片的霍夫曼表信息

① 第一个 DHT 表，00（在图 6-53 中，地址为 000000b0h 的第 6 个字节），类型为 DC table，HT ID 号为 0。

② 第二个 DHT 表，10（在图 6-53 中，地址为 000000d0h 的第 7 个字节），类型为 AC table，HT ID 号为 0。

③ 第三个 DHT 表，01（在图 6-53 中，地址为 00000180h 的第 14 个字节），类型为 DC table，HT ID 号为 1；

④ 第四个 DHT 表，11（在图 6-53 中，地址为 000001a0h 的第 15 个字节），类型为 AC table，HT ID 号为 1。

即前两个表为 Y 亮度分量的 DC/AC 表，后两个表为 UV 色度分量的 DC/AC 表。以第一个表为例，因为长度只有 31，那么 00 后面的 16 字节，即为霍夫曼编码组号，其表格形式如表 6-17 所示。

表 6-17　霍夫曼编码各组元素的个数

霍夫曼编码组号	1	2	3	4	5	6	7	8	9	10	11	12	13	14	15	16
组中个数	00	01	05	01	01	01	01	01	01	00	00	00	00	00	00	00

从表 6-17 中不难看出组号为 1 的组中代码有 0 个；组号为 2 的代码有 1 个；组号为 3 的代码有 5 个；组号为 4、5、6、7、8、9 的代码各 1 个。

在霍夫曼编码组号的数据后面有 00 01 02 03 04 05 06 07 08 09 0A 0B，即对应的编码保存值如表 6-18 所示。

表 6-18　霍夫曼编码表

组　号	代　码	对应的编码保存值
2	00	00
3	01 02 03 04 05	001 010 011 100 101
4	06	0110

续表

组　　号	代　　码	对应的编码保存值
5	07	00111
6	08	001000
7	09	0001001
8	0A	00001010
9	0B	000001011

从表 6-18 中发现，实际上对于组号代表的含义为对应编码的二进制位数。其他未出现的组号，对应的数据未使用到。也就是说前面提到过的范式在霍夫曼编码中只使用部分数据即可，原因是这个 8×8 的图像数据很小。

5. 图像数据段

JPEG 图像数据段的结构如图 6-54 所示。

长度：（高字节，低字节）

扫描行内组件的数量（1 B），通常是 3

每个组件：2 B

Component id（1=Y，2=Cb，3=Cr，4=I，5=Q），见 SOF0

使用的 Huffman 表：

bit 0..3：AC table（0..3）

bit 4..7：DC table（0..3）

图 6-54　JPEG 图像数据段的结构

图像数据段的分析如图 6-55 所示。地址为 00000260h 的 FF DA 为图像扫描的起始标记，接下来的 00 0C 说明长度为 12，然后是 03，代表后面所含有的 component 的数量为 3 个，也即 YUV。然后的 01 00 代表 component 的编号 ID 为 1，既是亮度 Y 分量，并且对应所使用的霍夫曼表的 ID 是 0 的 DC/AC 表。在接下来是 02 11 代表 component 的编号 ID 为 2，即是色度 U 分量，并且对应所使用的霍夫曼表的 ID 是 1 的 DC/AC 表。在这个段的后面就是所有压缩后的数据。直到结束的 FF D9 标记表示图像的结束，即 EOI（End Of Image）。

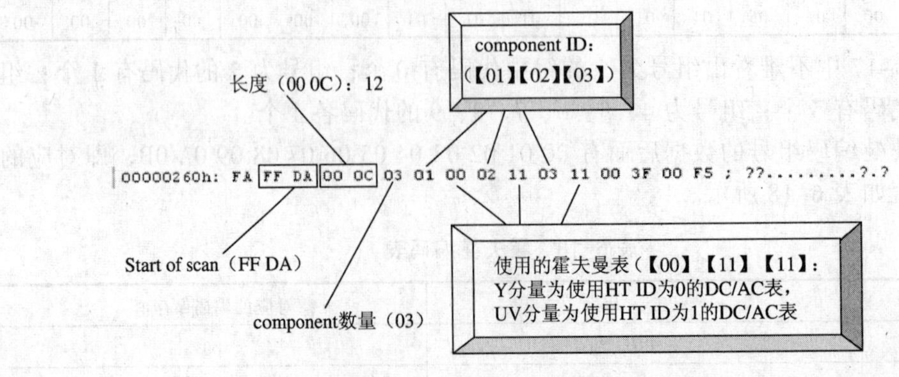

图 6-55　JPEG 图片的图像数据段

小 结

随着信息时代的进入，信息变得越来越大，与当前计算机所提供的存储资源和网络带宽之间有很大差距，这给存储多媒体信息带来很大困难，处理和传输大的数据量，要求计算机有更高的数据处理和数据传输的速度以及巨大的存储空间。因此，有必要以压缩的形式存储和传播多媒体信息，多媒体数据压缩技术成为当前多媒体技术的一个研究热点。

数据压缩根据解码后，数据与原始数据是否一致进行分类，压缩方法可分为有失真编码和无失真编码两大类，其中有失真编码也称有损压缩，无失真编码也称为无损压缩。

无损压缩指数据经过压缩后，信息不受损失，还能完全恢复到压缩前的原样而不引起任何失真。经常使用的无损压缩方法有熵编码、行程编码、香农-凡诺编码、霍夫曼编码、词典编码和算术编码等。有损压缩是利用了人类对图像或声波中的某些频率成分不敏感的特性，允许压缩过程中损失一定的信息：虽然不能完全恢复原始数据，但是所损失的部分对理解原始图像的影响缩小，却换来了大得多的压缩比。常见的压缩方法有 PCM（脉冲编码调制）、预测编码、变换编码、插值和外推法、统计编码、矢量量化和子带编码等。

JPEG 是静态图像压缩的标准算法，JPEG 压缩算法的原理是把原始图像顺序分割成一系列 8×8 的子块后，使用离散余弦变换把空间域表示的图变成频率域表示的图，然后使用加权函数对其系数进行量化，最后对量化系数进行编码。

JPEG 的目标集中于静止图像压缩，而 MPEG 的目标是针对活动图像的数据压缩，但静止图像与活动图像有密切关系。

动态视频图像是由一组序列静态图像构成的，各帧之间的相似处和相同处很多，换言之，相邻的帧之间存在冗余。压缩编码技术的任务就是找出帧之间的冗余，然后以帧速度进行预测和压缩。

思 考 题

1. 有损压缩和无损压缩的区别是什么？
2. JPEG2000 编码过程是什么？
3. MPEG 视频压缩原理是什么？
4. 变换编码是一种重要的编码类型，广泛应用于哪些信号的压缩？

习 题

一、填空题

1. 在多媒体数据压缩中，按照解码后数据与原始数据是否完全一致进行分类，压缩方法可分为________和________。

2. 根据离散信号之间存在一定关联性的特点，利用前面一个或多个信号预测下一个信号，然后对实际值和预测值的差（预测误差）进行编码的编码方法称为________。

3. 在PCM量化过程中，如果采用相同的量化步长，那么这种量化称为________。

4. 在PCM量化过程中，由于输入的信号有大有小，在对输入信号进行量化时，大的输入信号采用大的量化间隔，小的输入信号采用小的量化间隔，这种量化方法称为________。

5. JPEG的全称是________。

6. JPEG标准中规定了四种压缩模式，分别为________、________、________和________。

7. MPEG标准由五部分组成，分别是________、________、________、________和________。

8. MPEG采用的运动补偿技术包括________和________两种算法。

二、选择题

1. 多媒体数据的冗余可分为（　　）。

A. 空间冗余　　B. 时间冗余　　C. 结构冗余　　D. 知识冗余

E. 视觉冗余　　F. 统计冗余

2. 以下属于无损压缩的有（　　）。

A. 行程编码　　B. 霍夫曼编码　　C. ADPCM　　D. 预测编码

3. 以下属于有损压缩的有（　　）。

A. 算术编码　　B. PCM　　C. 变换编码　　D. 混合编码

E. LZW

4. 在算术编码中，信息编码越长，表示它的间隔就越（　　）。

A. 大　　B. 小

5. 在算术编码中，越大概率符号对应的区间越（　　），用来表示的码字就越（　　）。

A. 宽　　B. 窄　　C. 长　　D. 短

6. 在基于DCT的JPEG有损压缩过程中，导致数据丢失的最主要过程是（　　）。

A. 预处理　　B. DCT变换　　C. 量化　　D. 熵编码

三、简答题

1. 假设一幅由40个像素组成的灰度图像：①如果灰度图像分为6级，分别用符号A、B、C、D、E、F表示，每个符号对应的个数为10，9，7，6，5，3。②如果灰度图像分为3级，分别用符号A、B、C表示，每个符号对应的个数为18、13、9。用熵的方法计算这两种情况下编码需要的二进制位，分析熵的大小和什么有关。

2. 假设8个字符的分布是A（2）、B（3）、C（3）、D（4）、E（5）、F（5）、G（8）、H（11）。画出这个分布的霍夫曼树（因为这个算法是按照不同的顺序对具有相同的概率的子树进行排序，所以答案不唯一）。

3. 简述霍夫曼编码的特点。

4. 设信号源为S={s1,s2,s3,s4,s5}，对应的概率为p={0.25,0.22,0.20,0.18,0.15}，写出霍夫曼编码原理和本题的编码过程及结果。

5. 信源符号为{00,01,10,11}，这些符号概率为{0.15,0.35,0.05,0.45}，如果二进

制消息序列为 1101000110010011，使用算术编码方法，则此编码映射的取值范围是多少。

6. 对一个字符串"77557777733344411666666111"采用行程编码方法编码，写出编码结果。

7. 简述词典编码的种类和对应的思想。

8. 输入的字符串为 ABBBCABABBABCAB，写出 LZW 编码的词典和输出编码串。

9. 使用喜欢的编程语言编程实现霍夫曼编码、算术编码、行程编码和 LZW 编码。设置至少 3 种不同的统计数据源来测试这些算法的实现。就每种数据源的压缩率，比较和评价各种算法的性能。

10. 简述基于 DCT 变换的有损 JPEG 压缩过程。

11. 如图 6-56 所示，为在某图片中截取的一个 8×8 图像子区域，按照以下处理过程生成 JPEG 的压缩图像。JPEG 的无符号数到有符号数转变、FDCT 变换、量化（采用表 6-10 亮度量化表）、熵编码、逆量化、IDCT 变换、有符号数到无符号数转变。

$$\begin{bmatrix} 139 & 143 & 147 & 152 & 155 & 155 & 155 & 155 \\ 144 & 151 & 152 & 156 & 158 & 156 & 155 & 156 \\ 149 & 155 & 160 & 163 & 157 & 156 & 156 & 156 \\ 159 & 160 & 161 & 161 & 160 & 159 & 159 & 158 \\ 158 & 160 & 161 & 161 & 160 & 157 & 157 & 157 \\ 161 & 162 & 161 & 161 & 158 & 155 & 156 & 160 \\ 162 & 161 & 159 & 165 & 161 & 155 & 155 & 161 \\ 161 & 158 & 158 & 164 & 162 & 157 & 161 & 161 \end{bmatrix}$$

图 6-56　8×8 图像子区域

12. 通过画图说明 MPEG 中的三种图像：帧内图像 I、预测图像 P 和双向预测图像 B 之间的关系。

第7章 多媒体存储技术

多媒体的信息包括文本、图形、图像、声音等，由于这些媒体的信息量相当大，数字化后要占用大量的存储空间。常见的多媒体存储设备如硬盘、U盘等传统的存储设备根本无法满足这一要求。海量的数据使存储问题变得非常严峻。

7.1 光盘存储技术概述

光盘存储技术是20世纪80年代存储技术领域最重大的发明之一，该项技术在20世纪90年代得到了广泛的应用，对多媒体信息存储技术的发展产生了深远的影响。近年来，光盘生产已形成具有相当规模的新兴产业，光盘存储技术及其应用已进入成熟期，其物理尺寸、编码方式、数据记录方式及数据文件的组织方式都有了国际标准，并朝着高密度、大容量、小体积、多品种、快速存取及网络化的方向发展。

光盘存储技术作为一种成熟的信息存储手段，在计算机外部存储设备应用上得到了飞速的发展。与磁盘存储技术相比，光盘存储技术在许多新的领域上展示了强大的生命力。随着近代光学、微电子技术、光电子技术及材料科学的发展，使光盘存储技术实现了大规模的工业化生产。光盘存储技术的产生和发展，解决了多媒体数据的存储和传递问题，并以其存储容量大、工作稳定、密度高、寿命长、介质可换、便于携带、价格低廉等优点，成为多媒体系统普遍使用的设备。在光盘存储技术上，材料和器件是光盘存储发展的主流，而提高光存储密度和数据传输率是发展光存储的主攻方向。

7.1.1 光盘存储技术的特点

光盘存储技术是一种光学信息存储新技术，具有存储密度高、同计算机联机能力强、易于随机检索和远距离传输、还原效果好、便于复制、适用范围广等特点。近年来，光盘技术已受到普遍重视，并得到了迅速的发展和应用。

光盘在存储多媒体信息方面主要有以下特点：

1. 存储密度高

随着光盘技术的不断改善，光盘的存储密度还可得到进一步的提高。例如，通过采用短波长激光器和大数值孔径的物镜进一步减小记录信息点的直径、缩小预刻槽轨道的间距及采用压缩技术等方法来加大光盘的存储密度。

2. 存储容量大

一张标准的CD-ROM容量可以存储650 MB的数据，如果存入A4纸大小的文本，可以存入15万页。而对于DVD来说，如果采用双层双面的存储，则数据量可达到17 GB，这种大容量的存储适合存储数字电视和多媒体软件。

3. 采用非接触方式读写信息

这是光盘存储技术所具有的独特性能。在读取光盘信息时，光盘与光学读写头不互相接触。这样的读写不会使盘面磨损、划伤，也不会损伤激光头。此外，光盘的记录层上附有透明的保护层，记录层上不会产生伤痕和灰尘。光盘外表面上的灰尘颗粒与划伤，对记录信息的影响很小。

4. 与计算机联机能力强，易于实现随机检索和远距离传输

二进制数据光盘系统易于与计算机联机，易于实现磁带记录和光盘记录的信息转换。

光盘系统非常容易与计算机联机进行随机检索。检索时，将要查找的信息编码通过计算机键盘输入机内，所需的信息就可显示在显示器上或发出音响。需要时，还可利用激光印字机将显示的信息印制在纸张上。例如，从存储有160万页资料的64张光盘信息库中取出其中所有一页资料的信息只需用5 s左右，输出一张纸印件的复印时间也仅只3～5 s，检索和输出十分迅速。记录在光盘内的信息还可通过发送装置传递到远处，并利用终端接收装置接收，显示在显示器上。

5. 便于大量复制

在复制烧坑记录的光盘时，是以直接录制的光盘为母盘，利用压印的方法制出金属模板，然后，再利用模板压印出光盘。这样便可将母盘上的烧坑信息转录到复制光盘上，进行大量的复制。光盘具有操作简便、效果好等特点，同时，不会发生随着复制次数增加而导致光盘的影像质量下降。因此，复制光盘的影像效果稳定、可靠，而且随着复制数量的增大，还会降低光盘的成本。可见，光盘适于进行出版、发行等大批量生产和使用。

6. 影像还原效果好

记录在光盘内的信息具有还原效果好、影像质量高的特点，尤其是在记录的字迹浅淡，字迹扩散、底色发黄、含有污迹或有局部破损等缺陷的原件时，由于光盘记录会使中灰色调消失，因此，光盘信息的还原影像反而比原件图像的反差大、线条清晰，而且会使原件上的某些缺陷（污迹、破痕等）减轻或消失。此外，在进行活动画面显示时，还可利用调速方法改动其动作的快慢，甚至使活动画面静止不动或进行反时序动作显示。

7. 价格低廉便于携带

与其他存储介质相比，光盘方便携带，并且制作成本较低，普通用户可以通过DVD刻录机即可实现4.7 GB的数据光盘的刻录。

8. 适用范围广

光盘技术不仅能记录载有声像的活动画面，而且能记录各种原件的图像或文字信息。利用光盘，既能存储一般幅面的原件，又能存储大幅面的图纸和资料；既能存储

单页原件，又能存储装订成册的原件，还能存储记录在磁带或缩微胶片上的信息。总之，几乎所有的信息表现形式都可利用光盘载体进行信息的记录和存储。

为了适应各种不同使用目的的需要，还出现了由计算机、光盘和缩微胶片三者组成的信息处理系统——电子复合信息存储系统。利用该系统可进行原件信息的记录存储，也可实现磁盘、光盘、缩微胶片三种不同载体上记录信息的转换。

光盘存储技术是发展迅速的一种光学信息存储新技术，在解决档案、图书等原件的全文存储和使用方面显示了许多独特的好处。不过，这种技术也存在一些不足之处，更有一些尚待研究和解决的问题。

7.1.2 光盘的分类

光存储器简称光盘，是广泛使用的一种信息存储设备。常见的分类方法有三种，主要包括按照应用格式、物理格式和读写性质划分。

1. 按照应用格式划分

应用格式是指数据内容（节目）如何存储在盘上以及如何重放，按照这种分类方式，光盘主要分为音频、视频、文档和混合（音频、视频、文档等混合在一个盘上）。

注意：在混合模式光盘中，每一数据轨道只能是光盘标准允许的数据。例如，对于CD来说，只能是CD-Audio、CD-ROM Mode 1、CD-ROM Mode 2、CD-ROM/XA、CD-I格式中的一种。整个数据轨道也只能是一种格式的数据。例如，轨道1是CD-ROM Mode 1数据，轨道2及其上的是CD-Audio数据。

2. 按照物理格式划分

物理格式是指记录数据的格式，按照这种分类方式，光盘主要分为CD和DVD。

3. 按照读写性质划分

按照读写性质划分光盘分为只读型、单写型和重写型。

1）只读式

对于只读式光盘，用户只能读取光盘上已经记录的各种信息，但不能修改或写入新的信息。只读式光盘由专业化工厂规模生产。首先要精心制作好金属原模，也称为母盘，然后根据母盘在塑料基片上制成复制盘。因此，只读式光盘特别适于廉价、大批量地发行信息。典型产品是CD-ROM。

2）单写型

用户可以在这种光盘上记录信息，但记录信息会使介质的物理特性发生永久性变化，因此只能写一次。写后的信息不能再改变，只能读。典型产品是CD-R。用户可在专用的CD-R刻录机上向空白的CD-R盘写入数据，制作好的CD-R可放在CD-ROM驱动器中读出。

3）重写型

重写型光盘主要有磁光盘（Magneto - Optical Disk，MOD）和相变光盘（Phase Change Disc，PCD）两种。

磁光盘利用了激光与磁性的共同作用，它以磁畴的磁化方向来表示记录数据。相变光盘利用物质的原子排列特性。在一定的条件下，原子呈规则或不规则排列状态，这种状态称为晶相和非晶相。这两种晶相可相互转换，称为相变。重写型光盘具有体积小、容量大等特点。

7.1.3 光盘存储技术基本原理

无论是哪种光存储介质，都是以二进制数据的形式来存储信息。最常见的光盘是只读光盘和单写型光盘，要在这些光盘中存储数据，需要借助激光把计算机转换后的二进制数据用数据模式刻在扁平、具有反射能力的盘片上。这两种光盘的工作原理是利用在盘上压制凹坑的机械办法，利用凹坑的边缘来记录 1，而凹坑和非凹坑的平坦部分记录 0，然后利用激光读出信息。这里需要强调的是，凹坑和非凹坑本身不代表 0 和 1，而是凹坑边缘的前沿和后沿代表 1，凹坑和非凹坑的长度代表 0 的个数。

1. 光盘存储介质结构

CD-ROM 盘片自上而下分别是标签层、涂漆保护层、反射层和透明的塑料衬底。标签层上印有盘片名称、类型、编号等标识，有的光盘在制作时直接把盘标识印在涂漆保护层上，将两层合二为一，不再有单独的标识层；反射层用来反射出光盘时的激光束，通常用铝材料；衬底材料是一种称为聚碳酸酯的坚硬塑料，使光盘表面不容易划伤；在透明衬底上压制出来的预刻槽即信号坑，用于光道的径向定位。图 7-1 所示为光盘结构。

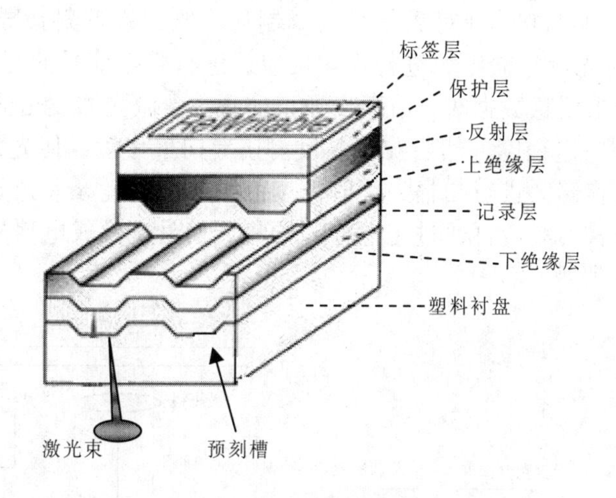

图 7-1 光盘结构

2. 光盘的光道读取原理

光盘采用螺旋型光道，如图 7-2 所示。光盘转动的线速率是恒定的，就是光盘的光学读出头相对于盘片运动的线速度是恒定的，通常用恒定线速度（Constant Linear Velocity，CLV）表示。由于采用恒定线速率，所以内外光道的记录密度可以一样，这样盘片就得到充分利用，可以达到它应有的数据存储容量，但随机存储特性变得较差，控制也比较复杂。

图 7-2 光盘的读取结构

此外，CLV 虽然可以保证在读取数据时有相对稳定的传输率，但对电机的损耗较大，易老化，而且也不容易向更高速率发展，所以通常采用区域恒定角速度（Partial Constant Angular Velocity，PCAV）或 CAV 方式。PCAV 融合了 CAV 和 CLV 两种方式，在读取光盘内圈数据时采用 CLV 的方式，而随着向外圈逐渐靠近，一旦激光头超出了某一直径位置后，则转为 CAV 方式读取，这样可以用较低的转速得到较高的传输率。现在大多数光驱采用的是 CAV 方式，激光头读取盘片任何位置的数据时电机都以相同的速率旋转。以 40 倍速的光驱为例，在外圈的读取速率才是 40 倍速（40×150 kbit/s），而最内圈的读取速度大约是 17 倍速（17×150 kbit/s）。

数据存储光道CLV与CAV

3．光盘的光道存储原理

光盘上的信息数据是沿着盘面螺旋形状的光道以一系列凹坑和凸区的线形式存储的。当数据写入光盘时，以数据信号串行调制在激光束上，再转换成光盘上长度不等的凹坑和凸区。凹凸交界的正负跳变沿均代表 1；两个边缘间代表 0，其个数由边缘间的长度决定。从光盘上读出数据时，激光束沿光道扫描，当遇到凹坑边缘时反射率发生跳变，表示 1，在凹坑内或凸区上均为 0；通过光学探测器产生光电检测信号，读出 0、1 数据。

4．光盘的读/写原理

在向光盘写入数据时，由写入通道实现，激光器发出的光束经过光分离器，高能量的光束在光调制器中受到写入信号的调制后，被跟踪反射镜导向聚焦镜，聚焦成 1 μm 的光点，对光盘存储区域进行物化反应，进行数据信号的写入操作。

在从光盘读出信息数据时，由读出通道实现，由激光器发出的光束经光分离器将光束强度减弱到一定程度，然后被跟踪反射镜导向聚焦镜，使光束聚焦成 1 μm 左右的光束，对光盘存储区进行扫描，反射光束由跟踪反射镜导入光分离器，以使输入光束与反射光束分离，然后再通过光电检测器将光信号变换成电信号输出。光盘的读写原理图如图 7-3 所示。

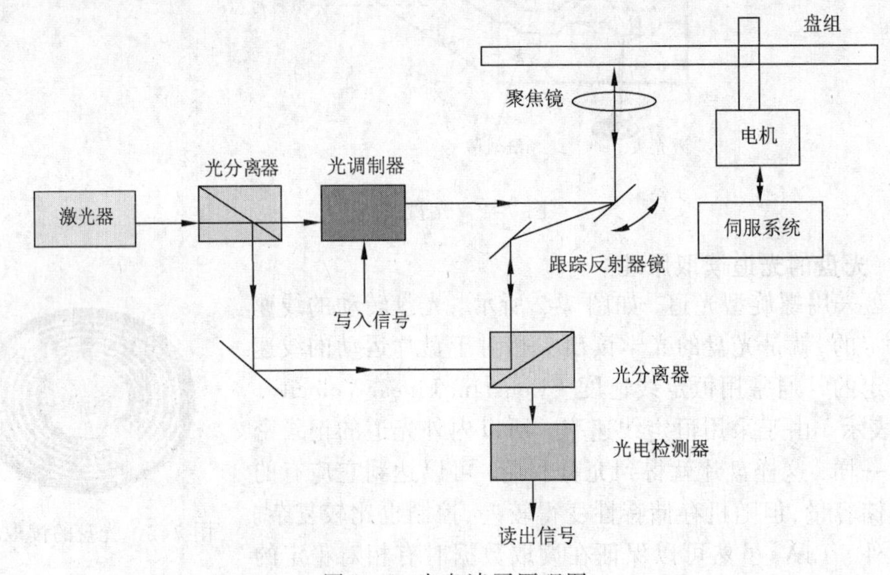

图 7-3　光盘读写原理图

7.1.4 光盘存储的错误检测和校正

在实际应用中，由于光盘的材质性能、光盘制作技术水平、驱动性能和使用不当等原因，造成盘中读出的数据不能完全正确。因此光盘存储器采用了常见的三种方法进行错误码检测和纠正措施。

（1）错误检测：采用循环冗余码（Cyclical Redundancy Check，CRC）检测出数据是否有错，它是利用除法及余数的原理来做错误侦测（Error Detecting）的。

（2）错误校正码：采用里德-索罗蒙码（RS）进行纠错，这种循环码具有最大的码距，因而具有很好的纠错性能和编码效率，是循环码中一种纠错能力很强的编码。

（3）交叉交插里德-索罗蒙码（CIRC）：这个码的含义可理解为在用 RS 编译码前后，对数据进行交插处理和交叉处理。

7.1.5 光盘存储的技术指标

光盘存储系统的主要技术指标包括尺寸、存储容量、光驱的速度、数据传输速率、平均存取时间、光驱接口类型、误码率等。

1. 光盘尺寸

光盘的尺寸多种多样。例如普通标准 120 型光盘外径 120 mm、内径 15 mm，小团圆盘 80 型光盘外径 80 mm，内径 21 mm，光盘正在向小尺寸方向发展。

2. 光盘容量

光盘的容量是最大数据存储容量，不同盘片的容量是不相同的。例如 CD-R、CD-RW 的容量在 650 MB 到 800 MB 之间，一般为 700 MB。DVD-R、DVD-RW、DVD+RW 盘片容量分四种：单面单层 4.7 GB，也称 DVD-5；单面双层 8.5 GB，也称 DVD-9；双面单层 9.4 GB，也称 DVD-10；双面双层 17 GB，也称 DVD-18。

3. 光驱的速度

这里所说的速度，指的是光盘驱动器的标称速度，也就是人们平时所说的光驱的速度是多少速，如 40X、50X 等。普通的 CD-ROM 有一个标称速度，而 DVD-ROM 有两个，一个是读取 DVD 的速度，现在一般都是 16X，另一个是读取 CD 的速度等同于普通光驱的读盘速度。对于刻录机来说，其标称速度有三个，分别为“写/复写/读”，如 40X/10X/48X 表示此刻录机刻录 CD-R 的速度为 40X，复写 CD-RW 速度为 10X，读取普通 CD 速度为 48X。

4. 数据传输率

数据传输率是光盘驱动器的一个重要指标，此指标和标称速度密切相关。标称速度由数据传输率换算而来，CD-ROM 标称速度与数据传输率的换算为 1X = 150 kbit/s。不过随着光驱速度的提高，单纯的数据传输率已经不能衡量光驱的整体性能，由寻道时间和数据传输率结合派生出的两个子项，内圈传输速率（Inside Transfer Rate）和外圈传输速率（Outside Transfer Rate）也左右着光驱的性能。对于 DVD-ROM 而言，其传输速率有两个指标，一个是普通光盘的读取速率，和上面的 CD-ROM 一样；另一个是 DVD-ROM 的数据传输率，此时 1X=1 385 kbit/s，比 CD-ROM 的 1X 提升不少。其他的刻录机以及 COMBO，当涉及 CD 的读写操作时，按照 CD-ROM 的标准计算；

涉及 DVD 的读写操作时，按照 DVD-ROM 的标准计算。

5. 平均存取时间

平均存取时间是指从计算机向光盘驱动器发出命令开始，到光盘驱动器在光盘上找到读写信息的位置，并接收读写命令为止的一段时间。光盘驱动器读取光盘信息时，包括三个时间段：

（1）寻道时间：把光学头定位在指定光道半径上所需要的时间，通常为 200～1 000 ms。

（2）稳定时间：把光学头稳定在指定光道上所需要的时间，通常很短。

（3）旋转延时：从光学头稳定在指定光道时开始，到盘片旋转到指定的扇区所需要的时间，通常为 60～150 ms。

6. 光驱接口类型

光盘驱动器的接口是指驱动器到计算机扩展总线的物理连接。实际上，这个接口是光盘驱动器到计算机的数据管道，分为内置和外置两种接口。常见的接口有：IDE/ATAPI（Intelligent Drive Electronics / AT Attachment，集成驱动器电路/AT 附属包接口）、SCSI（Small Computer System Interface，小型计算机系统接口）。并行接口和 USB（Universal Serial Bus，通用串行总线）。

7. 误码率

误码率（Bit Error Ratio，BER）是衡量数据在规定时间内数据传输精确性的指标。误码率=传输中的误码/所传输的总码数*100%，如果有误码就有误码率。光存储系统采用了复杂的纠错编码技术，可以降低误码率，但错误仍在所难免。这些错误产生可能是因为光道上不洁或受损，也可能是读出有错误。

7.1.6 光盘存储技术的发展

目前光盘存储技术是数据存储的主要研究领域，它正朝着高密度、大容量、小体积、多品种、快速存取及网络化的趋势发展。

光盘存储技术的发展动向有：

1）实现低价位光盘和驱动器的规模生产

直径为 120 mm 的 DVD 单面容量大 4.7 GB、双面容量大 9.4 GB，如果改成双层双面，容量可以达到 17 GB，组成了标称容量为 5 GB、9 GB、10 GB、17 GB 的 DVD-5、DVD-9、DVD-10、DVD-18 的光盘系列，只要这种光盘及光盘驱动器的生产成本能降低到合理的价位，就可以满足一般信息系统的需求。由于 DVD 系列产品仍是以传统的光盘制造技术为基础，基本工作原理没有改变，只是将信息坑点的尺寸从原来的 0.83 μm 降低到 0.4 μm，信道间距从原来的 1.6 μm 降低到 0.74 μm。这种光盘驱动器的结构原理也没有太大的变化，所用的半导体激光器的波长略有缩短，加工这种高密度光盘的母盘及盘片注塑的设备及技术都已完全成熟。

2）提高 DVD 质量、成品率及功能

DVD 的成品率，无论是母盘制作还是最终产品的成品率都低于普通 CD，从而影响其生产成本。需要进一步更新各种生产光盘的专用加工和测试设备，将深紫外超分

辨率曝光技术、电子束曝光技术、多层光致抗蚀剂技术、无显影曝光技术等引入母盘制作，以提高母盘质量和成品率。

DVD及驱动器在功能上进行了改进，包括光盘驱动器和盘片的多功能化，即一台光盘驱动器可用于只读、一次写入不可擦除及可直接改写等不同盘片，而盘片也可能做成同时具有只读和可擦写功能。此外，随着编码技术和集成电路技术的进步，光盘驱动器的编码及控制软件功能还能进一步改进，将分散的视频、音频、编码、解码、解调、信道控制、伺服控制重新整合成少数芯片甚至单一芯片，不仅能降低成本，还会大大提高系统的可靠性。

3）提高系统性能

一方面将光盘库、光盘塔、光盘阵列与自动换盘系统有机结合，可以大大提高系统容量、数据传输率，显著改善存储数据的可靠性。另一方面，使用网络存储技术可以帮助用户更加有效地管理和使用他们的存储资源，随着网络的不断发展，绝大多数数据都会以网络存储的方式流通于网络，早期主要采用直接连接存储（DAS），今后，存储域网络（SAN）、网络附加存储（NAS）和Storage over IP将会彼此共存，互为补充。

4）应用下一代蓝光技术

产业界一直在积极开发更高容量的存储技术。蓝光光盘是下一代的光盘格式，采用的是一种短波长的蓝紫色激光。蓝光技术允许更大的存储容量，与现行的4.7 GB的DVD相比，一个可擦写的蓝光单层盘片将达到25 GB的容量。

7.2 CD

光盘存储技术的研究从20世纪70年代开始。人们发现通过对激光聚焦后，可获得直径为1 μm的激光束。根据这个事实，荷兰Philips公司的研究人员开始研究用激光束来记录信息。1972年9月5日，该公司向新闻界展示了可以长时间播放电视节目的光盘系统，这个系统被正式命名为LV（Laser Vision）光盘系统，又称激光视盘系统，并于1978年投放市场。这个产品对世界产生了深远的影响，从此，拉开了利用激光来记录信息革命的序幕。

大约从1978年开始，把声音信号变成用“1”和“0”表示的二进制数字，然后记录到以塑料为基片的金属圆盘上，历时4年，Philips公司和Sony公司终于在1982年成功地把这种记录有数字声音的盘推向了市场。由于这种塑料金属圆盘很小巧，所以用了英文Compact Disc来命名，而且在1980年还为这种盘制定了标准，这就是世界闻名的“红皮书（Red Book）标准”。这种盘又称CD-DA（Compact Disc-Digital Audio），它的中文名字就是现在所称的“数字激光唱盘”，简称CD。当然，这种CD和现在所称的CD在记录格式和信息上是有所区别的。

1985年Philips公司和Sony公司开始将CD-DA技术用于计算机的外围存储设备，于是就出现了CD-ROM，并推出了相应的物理格式标准，称为黄皮书（Yellow Book），并成为ISO/IEC 10149标准。

在用于计算机的存储器时，为了便于推广CD-ROM技术的应用，一些工业巨头聚会在美国加州Lake Tahoe的High Sierra Hotel & Casino，联合制定了一套称为High

Sierra 的统一标准，定义了光盘上的文件存储结构标准等。Microsoft 公司还为此开发了 Microsoft Compact Disk Extension（即 MSCDEX）软件，通过这个驱动程序，可以在 DOS 环境下用 DOS 命令访问 CD-ROM。High Sierra 标准很快被国际标准化组织（ISO）选定，并在此基础上经过少量修改，1987 年将其作为 ISO 9660，成为 CD-ROM 的数据格式编码标准。ISO 9660 于 1993 年提出，并于 1995 年成为 ISO 13490 的“信息技术——卷和文件结构只读和一次性写入光盘媒体的信息交换”，是各种 CD 的重要逻辑标准。表 7-1 所示为光盘存储技术发展过程中的主要历史事件。

表 7-1　光盘存储技术的历史事件表

发生时间（年）	事 件 内 容
1980	Philips 和 Sony 定义了 CD-DA 标准
1982	Sony 推出了世界上第一台 CD 播放机 CDP-101，并生产了第一张 CD
1984	Sony 推出了世界上第一台汽车 CD 和便携式 CD 播放机
1985	Philips 和 Sony 定义了 CD-ROM 标准
1986	Philips 和 Sony 定义了交互式 CD-I 标准
1990	Philips 和 Sony 将 CD-ROM 标准扩展为 CD-ROM XA 和 CD-R 标准
1994	CD-ROM 成为家用计算机的标准配置
1995	提出了新的可擦除 CD 和 CD+（增强的音乐 CD）标准

ISO 9660 在很多操作系统中都可用。标准 ISO 9660 格式只支持 MS-DOS 的 8.3 文件命名格式，即 8 个字符的文件名和 3 字符文件类型。对于其他的操作系统如 Macintosh 或 UNIX，则使用 ISO 9660 的 Apple 或 UNIX 扩展以支持长文件命名。HFS（Hierarchical File System，层次文件系统）是 Apple 公司 Macintosh 的文件系统格式。一台 Macintosh 能读 ISO 9660、HFS 和 Hybrid ISO 9660/HFS 格式的 CD-ROM。

在 CD-DA 基础上发展起来的 CD-I（CD-Interactive），更适于基于 CD 的展现。相应的物理格式标准称为绿皮书（Green Book，1986 年）。

照片 CD（Photo CD）技术由 Kodak 和 Philips 联合开发，并由 Kodak 在 1990 年公布。利用这种技术 35 mm 影片可以数字化在一张 CD-ROM 上，这种 CD-ROM 称为照片 CD，更一般的形式是 CD-bridge。在 CD-I 和 CD-bridge 等的基础上发展起来的 Video CD（VCD），致力于视频，相应的 VCD 标准称为白皮书（White Book，1993 年）。

另一类 CD 是可记录（Recordable）CD，由橙皮书（Orange Book，1992 年）定义，包括 CD-MO 和 CD-WO 等。橙皮书和红皮书、黄皮书、绿皮书、白皮书等一道组成了 CD 的主要标准，如表 7-2 所示。

表 7-2　光盘的各种标准

标 准 名 称	盘 的 名 称	应 用 目 的	播 放 时 间	显示的图像
Red Book	CD-DA	存储音乐节目	74 min	—
Yellow Book	CD-ROM	存储文、图、声、像等多媒体节目	存储 650 MB 的数据	动画、静态图像、动态图像

续表

标准名称	盘的名称	应用目的	播放时间	显示的图像
Green Book	CD-I	存储文、图、声、像等多媒体节目	存储 750 MB 的数据	动画、静态图像
Orange Book	CD-R	读写文、图、声、像等多媒体节目	—	—
White Book	Video CD	存储影视节目	70 min（MPEG-1）	数字影视质量
Red Book+	CD-Video	存储模拟电视数字声音	5～6 min 电视 20 min 声音	模拟电视图像 数字声音
CD-Bridge	Photo CD	存储照片	—	静态图像
Blue Book	LD（Laser Disc）	存储影视节目	200 min 分钟	模拟电视图像

由于光盘能存储不同类型的数据，包括音频和视频数据、计算机程序等，而这些数据的组织方式各有不同，由此制定了一系列的国际标准，以适应多媒体的各种应用。标准对各类光盘的物理尺寸、编码方式、数据记录方式以及数据文件的组织方式都有详细的规范。目前主要的 CD 系列标准有 CD-DA、CD-ROM、CD-R、CD-I、VCD 等，如图 7-4 所示。

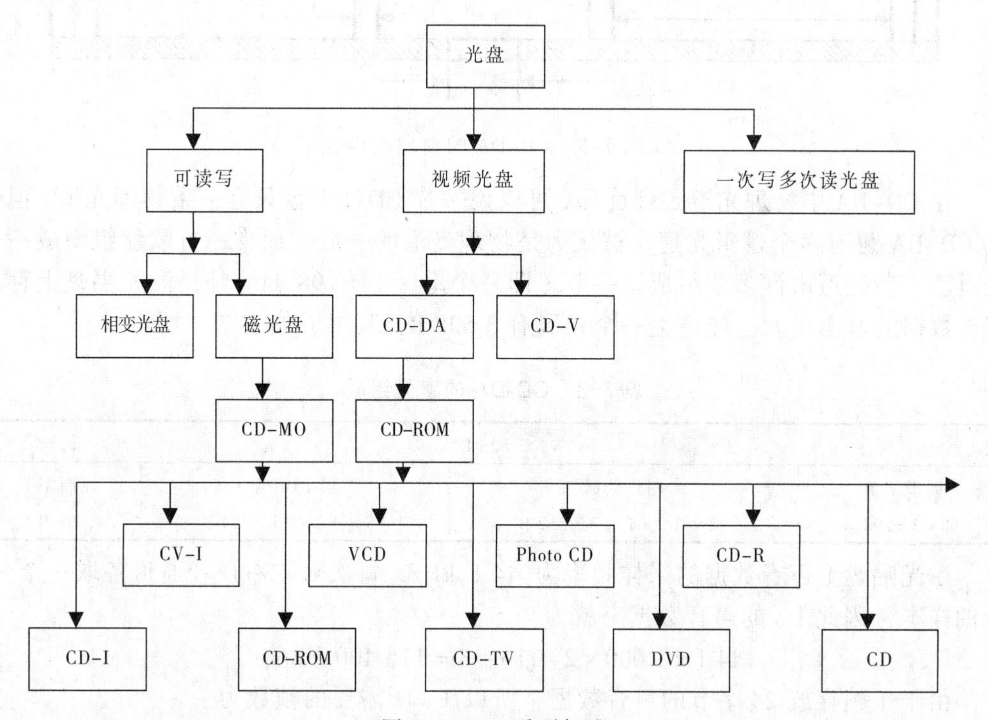

图 7-4 CD 系列标准

7.2.1 CD-DA

1979 年，Philips 和 Sony 公司结盟联合开发 CD-DA（Compact Disc-Digital Audio，精密光盘数字音频）标准。Philips 已经是开发了商业的激光唱盘播放器，Sony 旗下则有十几年的数字记录技术研究经验。当它们就规范单一的音频技术进行协定时，这两个公司陷入了争吵——这就引入了潜在的不兼容的音频激光盘格式。

Philips 公司主要进行物理设计，它设计的 CD 类似于先前生产的激光唱盘，盘上的凹陷（Pit）和平地（Land）可以通过激光读取；Sony 则主要进行数模电路的设计，特别是数字编码和纠错码设计。1980 年，这两个公司发布了 CD-DA 标准，就是今天所说的 Red Book 标准（因发布文档的封面为红色而得名）。Red Book 包括记录、采集以及今天仍然使用的 120 mm 直径物理格式等规范，如图 7-5 所示为 CD-DA 的物理结构。据说确定这个光盘尺寸是因为它可以容纳在没有中断情况下大约 70 min 的贝多芬第九交响曲的全部内容。

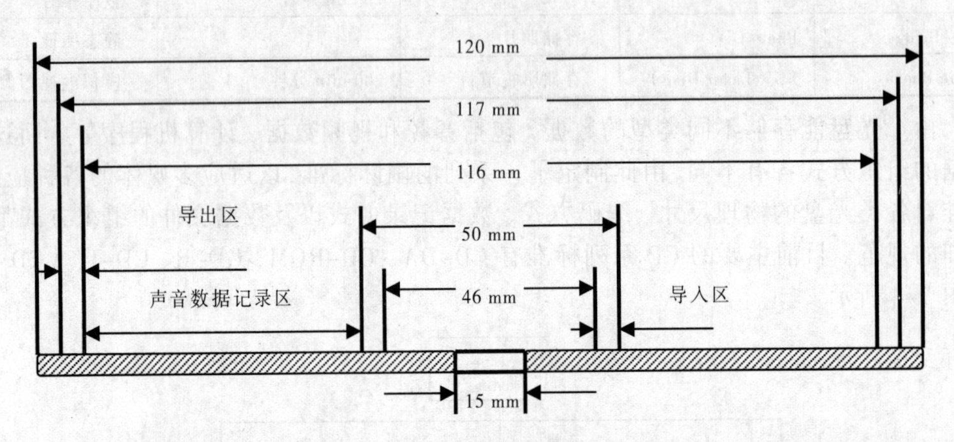

图 7-5　CD-DA 的物理结构

在 CD-DA 中物理光道是螺旋形，可以说一片 CD-DA 盘只有一条物理光道。但一片 CD-DA 可有多个逻辑光道，被认为是物理光道的一段。通常一首歌就组织成一条光道。一条光道由许多节组成，一节（即一个扇区）有 98 帧。帧是激光唱盘上存放声音数据的基本单元。光道上一个扇区有 3 528 B，其组成如表 7-3 所示。

表 7-3　CD-DA 的扇区组成

3 528 B			
同步字节 98 × 3 =294 B	用户数据 98 ×（2 × 12）=2 352 B	二层 EDC/ECC 98 ×（2 × 4）=784 B	控制字节 98 B

激光唱盘上声音数据的采样频率为 44.1 kHz，每次对左右声音通道各取一个 16 位的样本，因此 1 s 的声音数据率就为

$$44.1 \times 1\,000 \times 2 \times (16 \div 8) = 176\,400\ (\text{B/s})$$

由于 1 帧存放 24 字节的声音数据，所以 1 s 所需要的帧数为

$$176\,400 \div 24 = 7\,350\ (\text{帧/s})$$

98 帧构成 1 扇区，所以 1 s 所需要的扇区数为

$$7\,350 \div 98 = 75\ (\text{扇区/s})$$

$$74 \times 60 \times 75 = 333\,000\ (\text{扇区})$$

即

$$\text{CD-DA 的音频数据传输率} = 75 \times 2\,352 = 176.4\ (\text{KB/s})$$

CD-DA 的音频容量=333 000 × 2 352 ≈ 747（MB）

该规范发布以后，这两家公司竞相推出第一款商用 CD 音频驱动器。由于 Sony 在数字电路方面有丰富的经验，在与 Philips 竞争了一个月以后最终取胜，并于 1982 年 10 月 1 日推出了 CDP-101 播放器和世界上第一个 CD 唱片——Billy Joe 的 52nd Street 专辑。该播放器首先在日本上市，然后是欧洲，直到 1983 年初才打入美国市场。1984 年，Sony 又推出了第一个可移动便携式 CD 播放器。

7.2.2 CD-ROM

CD-ROM 规格的 Yellow Book 由 Philips、Sony 和微软于 1983 年推出，经历了多次修正，Yellow Book 采用了 CD-DA（Red Book）的物理格式，并添加了一层错误检测和纠正的标准，以保证数据存储的可靠性。另外还增加了同步和标识信息以便更加准确地定位。Yellow Book 规定了两种模式，分别提供了不同的检错和纠错机制，这是因为存储数据文档（计算机文件）不允许有任何错误，而视频影像和声音等数据则可以允许少许错误。1989 年，Yellow Book 被 ISO 接受为只读光盘（CD-ROM）数据交换的国际标准 ISO/IEC 10149。

CD-ROM 是一种只读光存储介质，能在直径 120 mm（4.72 in）、1.2 mm（0.047 in）厚的单面盘上保存 74～80 min 的高保真音频，或 682 MB（74 min）/737 MB（80 min）的数据信息。CD-ROM 与普通常见的 CD 外形相同，但 CD-ROM 存储的是数据而不是音频。PC 中，CD-ROM 驱动器的读取数据和 CD 播放器的读取方式相似，主要区别在于 CD-ROM 驱动器电路中引进了检查纠错机制，保障读取数据时不发生错误。

在 CD-ROM 格式中，3 528 B 的一个扇区只能存放 2 048 个字节（2 KB）的有效数据。所以，由以上这些数据可以得出 1 KB = 1 024 B，1 MB = 1 024 KB、1 GB = 1 024 MB。

CD-ROM 的数据传输率=75 × 2（KB/s）=150（KB/s）

CD-ROM 的容量=333 000 × 2（KB）= 666 000（KB）≈650 MB

Yellow Book 在 Red Book 的基础上增加了两种类型的光道，加上 Red Book 的 CD-DA 光道之后，CD-ROM 一共有三种类型的光道：

（1）CD-DA：用于存储声音数据。

（2）CD-ROM Mode ：用于存储计算机数据。

（3）CD-ROM Mode ：用于存储压缩的声音数据、静态图像或电视图像数据。

CD-ROM/XA 标准是 Yellow Book 标准的扩充，这个标准定义了一种新型光道——CD-ROM/XA 光道，用于存放计算机数据、压缩的声音数据、静态图像或电视图像数据。连同前面 Red Book 标准和 Yellow Book 标准定义的光道，共有四种光道。

CD-ROM/XA 在 Red Book 和 Yellow Book 标准的基础上，对 CD-ROM Mode 2 做了扩充，定义了两种新的扇区方式：

（1）CD-ROM Mode 2，XA Format，Form 1：用于存储计算机数据。

（2）CD-ROM Mode 2，XA Format，Form 2：用于存储压缩的声音、静态图像或电视图像数据。

定义了这两种扇区方式之后，CD-ROM/XA 就允许把计算机数据、声音、静态图像或电视图像数据放在同一条光道上，计算机数据按 Form 1 的格式存放，而声音、静态图像或电视图像数据按 Form 2 的格式存放。这样一来，就可以根据多媒体的信息把计算机数据、声音数据、图像数据或电视图像数据交错存放在同一条光道上。

7.2.3 CD-I

CD-I（CD-Interactive）规格是 Philips、Sony 公司于 1986 年发布的，也就是 Green Book 标准。标准的目标是通过研制一项 CD-I 完整功能性规范的世界标准，以使 CD-I 能在世界各地的 CD-I 播放机上运行。

它的功能与 CD-ROM 类似，但除了以影像、声音、图形和计算机数据形式存在的多种媒体的信息融合一体，传达给使用者外，使用者还能以交互方式索取到有意义的信息。CD-I 在数据库、游戏、百科全书、教育和许多商业领域广泛应用。

除了播放 CD-I，CD-I 光盘驱动器还可以播放音乐光盘（CD-DA）、CD+图像光盘（CD+G）、相片光盘（Photo-CD）。如果插入数字影像卡，它能播放卡拉 OK 光盘（Karaoke CD）和影像光盘（Video CD）。

7.2.4 CD-R

Philips、Sony 公司于 1989 年发布了可刻录光盘标准的 Orange Book 书，它包含有三个部分：部分 1 是 CD-MO（Magneto-Optical，光磁式）标准，是一种可重写刻录的标准，但该标准不久就被取消，甚至没有任何该标准的产品问世。部分 2 则制定了 CD-R 标准；部分 3 则制订了 CD-RW 标准。

CD-R（CD-Recordable）是一种一次写入、永久读的标准。CD-R 写入数据后，该光盘就不能再刻写了。刻录得到的光盘可以在 CD-DA 或 CD-ROM 驱动器上读取。CD-R 与 CD-ROM 的工作原理相同，都是通过激光照射到盘片上的“凹陷”和“平地”的反射光的变化来读取的；不同之处在于 CD-ROM 的“凹陷”是印制的，而 CD-R 刻录机的“凹陷”是烧制而成的。

由于产品和生产线的不同，CD-R 盘片产品的反射层采用不同的有机染料（ODM，Organic Dye Material），主要有金、绿、蓝三种颜色，也就是习惯上人们称为的“金盘”“绿盘”和“蓝盘”。在这几种颜色的 CD-R 盘片中，绿盘是最常见的，由于使用的染料对光的敏感度较高，所以它对烧录激光的适应范围较大，兼容性最好。金盘则在绿盘的基础上更长寿，因为它所采用的染料抗光性更好。蓝盘特点则在于非常低的块错误率（BLER，Block Error Rate），数据的“清晰度”最高，适用于制作 VCD 和 Audio CD。而且蓝盘有防刮伤涂层，并有很好的抗紫外线（即阳光照射）能力，寿命也与金盘相当。

7.2.5 Photo-CD

Photo CD 最初出现于 1990 年，直到 1992 年才正式发布，它是专门存储图片的 CD-R 和驱动器标准，是 Kodak 公司和 Philips 公司采用 CD-ROM XA 标准开发的另一种系统。用户只要把胶片送到相应的柯达网点，他们就会把胶片以数字化的方式存储在 Photo CD 格式的 CD-R 中，但这只是在极为专业的摄影方面才有可能用到，其昂贵的价格远远超出了普通用户的接受能力。

Photo CD 上的图像使用柯达自己的 Photo Y/C/C 编码格式压缩和存储，它对每张图像有最多 6 种不同的分辨率，并且可以配以文字说明、音乐及语言解说。Photo CD 分辨率采用不同等级的分辨率供用户应用于不同的环境。Pro PhotoCD master 盘则用于大规格胶片格式的专业摄影师，这种盘中增加了更高分辨率（4 096 像素 ×6 144 像素）的图像，加入这种类型的图片后，一张此类光盘可以保存 25～100 张图片，视胶片格式而定。

7.2.6 VCD

从 1994 年开始，VCD（Video CD）就成为多媒体产业界极为关注的一件大事。VCD 是由 JVC、Philips、Sony、Matsushita 等多家公司联合制定的数字电视视盘技术规格，它于 1993 年问世，并沿用传统的规格命名法，让它成为白皮书（White book），并于 1994 年 7 月完成了对 Video CD Specification Version 2.0 的制定工作。在 VCD 上的声音和电视图像都是以数字的形式存储的。

将数字电视放到 VCD 上涉及物理格式和逻辑格式两个基本概念。物理格式是规定信息放到盘上的方法，如盘区的划分、光道的定义、扇区的大小、寻址的方法、错误的检测和校正；逻辑格式又称文件格式，利用逻辑格式可以规定数据文件在盘上的组织和排列方法，如文件大小、目录结构等的处理方法。VCD 综合了过去制定的物理格式和逻辑格式，以及通用的 MPEG-1 的逻辑格式。也就是说，VCD 采用了 CD-DA、CD-ROM、CD-ROM XA、CD-I 物理格式及 ISO 9660 逻辑格式中的适用部分，而把 MPEG-I 作为它们的逻辑格式。VCD 是介于 CD-ROM 和 CD-I 之间的一种格式。

VCD 的物理格式主要由引导区（导入区和导出区）和节目区两部分组成，如图 7-6 所示。在节目区中，数据按照光道来组织，光道数最多为 99 条。VCD 的导入区按照 CD-ROM/XA 数据光道的 Model 2 Form 2 进行编码，是不含数据的空扇区。

	Lead-in Area（导入区）	
Program Area（节目区）	Track 1（光道 1）	Track1：专用 VCD 数据光道
	Track 2（光道 2） Track 3（光道 3） …… Track K（光道 K）	Track2～Track99 (Max.) ① Track 2～K:MPEG-Audio/Video Track
	Track K+1（光道 K+1） …… Track N（光道 N）	② Track K+1～N: CD-DA Track
	Lead-out Area（导出区）	

图 7-6　VCD 的物理格式

（1）专用数据通道：在节目区的第一条光道，用来描述 VCD 上的信息。

（2）MPEG-Audio/Video 光道：在节目区的第二条光道至第 K 条光道，用来存放 MPEG 编码的电视图像和声音数据。

（3）CD-DA 光道：在节目区的第 K+1 条光道至第 N 条光道，VCD 可以包含 CD-DA 光道，但是此光道必须在 MPEG-Audio/Video 光道之后。

VCD 的逻辑格式主要是目录结构的规定。VCD 所需要的目录包括：Root Directory 0（根目录）、CDI、VCD 和 MPEGAV，并规定不同格式的文件存储在对应的文件夹中。表 7-4 列出了光盘的文件目录结构。

表 7-4　光盘的文件目录结构

目　录　名	文 件 格 式
KARAOKE	卡拉 OK 基本信息区的文件
SEGMENT	分段播放项目区的文件
EXT	扩展的播放顺序描述符的文件
VCD	VCD 信息区的文件
MPEGAV	MPEG Audio/Video 光道的文件
CDDA	CD-DA 光道的文件

按照 Video CD 2.0，VCD 应该具有下列特性：

（1）单片 VCD 盘片可以存储 70 min 的影视节目，图像具有 MPEG-1 的质量，也就是 VHS（Video Home System）的质量。NTSC 为每秒 29.97 帧的 352×240 制式，PAL 和 SECAM 为每秒 25 帧的 352×288 制式，声音的质量接近于 CD-DA 的质量。

（2）VCD 节目盘上的节目可以在 CD-ROM 驱动器和安装有 MPEG 解码卡的 MPC 上播放。

（3）VCD 播放机除了能播放 VCD 外，还应该可以播放 CD-DA、Karaoke CD、CD-ROM XA 以及部分 CD-I，并具有正常的播放功能。

（4）可以显示按 MPEG 标准编码的两种分辨率的静态图像。其一是正常分辨率图像，NTSC 制式为 352×240，PAL 制式为 352×288；另一种是高分辨率图像，NTSC 制式为 704×480，PAL 制式为 704×576。

（5）交互性。在 VCD 中并没有对交互性给出一个具体的规定，因此 VCD 的交互性能的强弱完全取决于播放系统的功能和 VCD 节目自身。线性播放系统可以不需要复杂的操作系统，因而价格也可以较低；而交互特性很强的播放系统需要操作系统的支持，因而价格较高。

7.3　DVD

DVD（Digital Versatile Disc，数字万用光盘）也是光学存储媒体。实际上 DVD 的应用不仅仅是用来存放电视节目，也可以用来存储其他类型的数据，因此后来把 Digital Video Disc 更改为 Digital Versatile Disc。

MPEG-1 的电视质量是家用录像机的质量，MPEG-1 技术的成熟促成了 VCD 的诞生、产业的形成和市场的成熟；MPEG-2 的电视质量是广播级的质量，由于广播级数

字电视的数据量要比 MPEG-1 的数据量大得多，而 CD-ROM 的容量尽管有近 700 多 MB，但也满足不了存放 MPEG-2 Video 节目的要求。MPEG-2 的技术已经相当成熟，为了解决 MPEG-2 Video 节目的存储问题，就促成了 DVD 的问世。

在 1995 年，一个由 Sony 和 Philips Electronics DV 公司领导的国际财团与另一个由 Toshiba 和 Time Warner Entertainment 公司领导的国际财团分别提出了两个不兼容的高密度 CD（High Density Compact Disc，HDCD）规格。同年 10 月，两大财团终于同意盘片的设计按 Toshiba/Time Warner 公司的方案，而存储在盘上的数据编码则按 Sony/Philips 公司的方案。最终的单面单层 DVD 盘片应该能够存储 4.7 GB 的数据，单面双层盘片的容量为 8.5 GB；单面单层盘存储 133 min 的 MPEG-2 Video，其分辨率与现在的电视相同，并配备 Dolby AC-3/MPEG-2 Audio 质量的声音和不同语言的字幕（AC-3 是 Audio Code Number 3 的缩写）。

DVD 的特点是存储容量比现在的 CD 大得多，最高可达 17 GB。一片 DVD 的容量相当于现在的 25 片 CD-ROM（650 MB），而 DVD 的尺寸与 CD 相同。DVD 所包含的软硬件要遵照正在由计算机、消费电子和娱乐公司联合制定的规格，目的是为了能够根据这个新一代的 CD 规格开发出存储容量大和性能高的兼容产品，用于存储数字电视和多媒体软件。

7.3.1 DVD 的分类

DVD 的分类可以按照格式、盘面大小，刻录方式，盘片层数等区分。

（1）按照格式分类，DVD 主要有六种主要格式，如表 7-5 所示。

表 7-5 DVD 的格式

格　式	标准名称	对应的 CD 格式	功　能
DVD-ROM	Book A	CD-ROM	只读光盘
DVD-Video	Book B	Video CD	视频光盘
DVD-Audio	Book C	CD	音频光盘
DVD-R	Book D	CD-R	可一次写光盘
DVD-RAM	Book E	CD-MO	随机存取存储器光盘
DVD-RW	Book F	CD-RW	可擦写光盘

（2）按照盘面大小分类，DVD 目前只有 120 mm 和 80 mm 两种规格。

（3）按照刻录方式分类，DVD 和 CD 一样，分为只读光盘和刻录光盘。只读光盘有 DVD-ROM、DVD-Video 和 DVD-Audio 等格式；刻录光盘中的一次写入多次读的有 DVD-R 和 DVD+R，可擦写的有 DVD-RAM、DVD-RW 和 DVD+RW。

（4）按照盘片层数和面数分类，常见的层数为单层和双层，面数为单面和双面。我们熟知的 DVD-5 就是单面单层的，DVD-9 是单面双层的，表 7-6 为常见的层数和面数对应 DVD 的容量关系。

表 7-6　DVD 的存储容量

DVD 盘的类型	存 储 容 量	MPEG-2 Video 的播放时间
单面单层（只读）	4.7 GB	133 min
单面双层（只读）	8.5 GB	240 min
单层双面（只读）	9.4 GB	266 min
双层双面（只读）	17 GB	
单层双面（DVD-R）	6.6 GB	215 min
单层双面（DVD-RAM）	5.2 GB	147 分钟 min

7.3.2　DVD 容量的扩充方法

如何提高存储器的存储容量和传输速率是存储工业中永恒的研究课题，许多科学家和工程技术人员一直献身于这个领域。一片 DVD 要能够存储多达 17 GB 的信息，需要采用许多新的技术。DVD 所采用和将要采用的技术归纳在表 7-7 中。

表 7-7　DVD 和 CD 技术摘要

名　　称	DVD	CD	容量增益
盘片直径	120 mm	120 mm	
盘片厚度	0.6 mm /面	1.2 mm /面	
减小激光波长	635/650 nm	780 nm	4.486 = (1.6 × 0.83)/(0.74 × 0.40)
加大 N.A.（数值孔径）	0.6	0.45	
减小光道间距	0.74 μm	1.6 μm	
减小最小凹凸坑长度	0.4 μm	0.83 μm	
减小纠错码的长度	RS-PC	CIRC	
修改信号调制方式	8-16	8-14 加 3	1.0625 = 17/16
加大盘片表面的利用率	86.6 cm^2	86 cm^2	1.019 = 86.6/86
减小每个扇区字节数	2 048/2 060 字节/扇区	2 048/2 352 字节/扇区	1.142 = 2352/2060

在外观和尺寸方面，DVD 与现在广泛使用的 CD 没有什么差别，直径均为 120 mm，厚度为 1.2 mm；新的 DVD 播放机能够播放现在已经有的 CD 激光唱盘上的音乐和 VCD 节目。不同的是 DVD 光道之间的间距由原来的 1.6 μm 缩小到 0.74 μm，而记录信息的最小凹凸坑长度由原来的 0.83 μm 缩小到 0.4 μm，这是 DVD 的存储容量可提高到 4.7 GB 的主要原因，如图 7-7 所示。

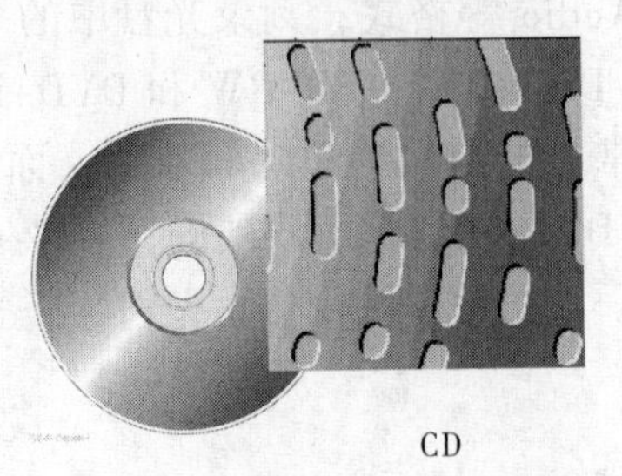
CD

DVD

图 7-7　DVD 和 CD 之间的差别

常规的CD播放机和CD-ROM驱动器采用波长为780 nm的不可见红外光来读出盘上的信息。为了把光道距离和信息记录凹凸坑的长度和宽度做得更小，DVD刻录机和播放机就需要采用波长更短的激光源，这是因为光学读出头的分辨率和激光波长成正比。DVD技术是使用波长为635/650 nm的激光源来代替在CD驱动器中使用的780 nm红外光激光源。光学读出头的数值孔径（Numerical Aperture，NA）也比较大，这样可以产生直径比较小的聚焦激光束。

常规的CD播放机和CD-ROM驱动器的光学读出头的数值孔径为0.45。为了提高接收盘片反射光的能力，也就是提高光学读出头的分辨率，在DVD中就需要把NA由现在的0.45加大到0.6。使用短波长的激光源和数值孔径比较大的光学元件之后，最小凹凸的长度可以从0.83 μm减小到 0.4 μm，而光道间距从1.6 μm减小到0.74 μm，总的容量可以提高4.486倍。

加大盘的数据记录区域也是提高记录容量的有效途径。DVD的记录区域从CD盘的86 cm^2提高到86.6 cm^2，如图7-8所示，这样记录容量也就提高了1.9%。

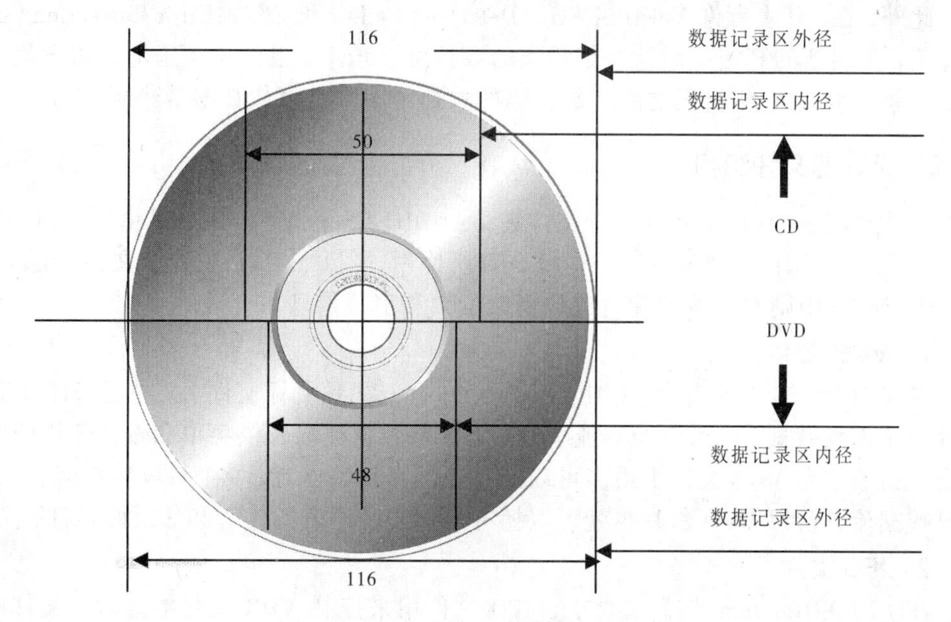

图7-8　DVD增加盘的数据记录面积

提高DVD存储容量的另一个重要措施是使用盘片的两个面来记录数据，以及在一个面上制作好几个记录层，这无疑会大大增加DVD的容量。常规的CD只使用一个面，并且只制作一个记录层来记录信息，它的结构如图7-9所示。为了提高存储容量，出现了另一种规格的DVD，称为单面双层光盘，它的结构如图7-10所示。单面双层盘的表层称为第0层，最里层称为第1层。第0层采用了一种新的半透明薄膜涂层，可让激光束透过表层到达第1层。开始工作时，激光束首先在第1层上聚焦和光道定位。当从第0层上读出信息过渡到从第1层上读出信息时，激光读出头的激光束立即重新聚焦，电子线路中的缓冲存储器可确保从第0层到第1层的平稳过渡，而不会使信息中断。单面双层DVD的容量可达到8.5 GB，而双面双层DVD的容量可达到17 GB。

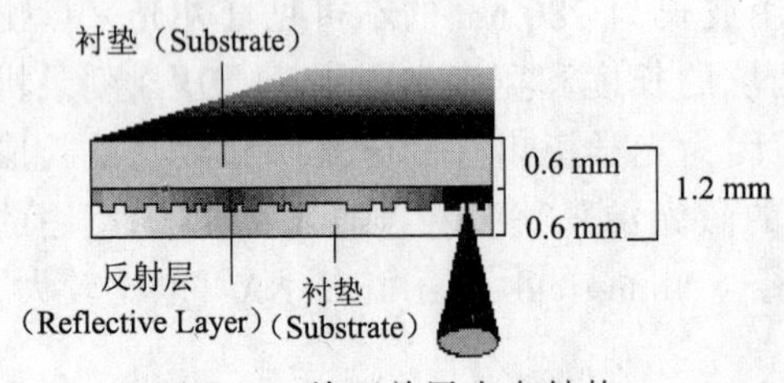

图 7-9　单面单层光盘结构

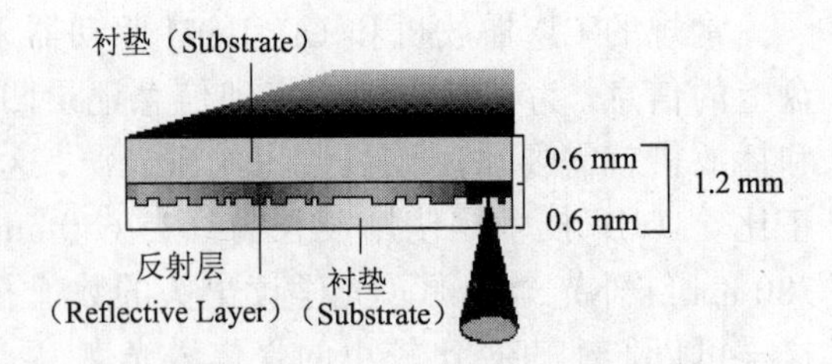

图 7-10　单面双层光盘结构

DVD 信号的调制方式和错误校正方法也做了相应的修正以适应高密度的需要，CD 存储器采用 8-14（EFM）加 3 位合并位的调制方式，而 DVD 则采用效率比较高的 8-14+（EFM PLUS）的方式（16 比特），这是为了能够和现在的 CD 兼容，也为了和将来的可重写的光盘兼容而采用的方式；CD 存储器采用的错误校正系统是 CIRC（Cross-Interleaved Read-Solomon Code），而 DVD 采用 RSPC（Reed-Solomon Product Code）系统，它比 CIRC 更可靠。

此外，在 CD 上有许多 EDC（Error Detection Code）和 ECC（Error Correction Code）信息位，采用新的算法之后这些信息位的数目可以减小，也就相当于增加用户数据的容量。采用 RS-PC 纠错码之后，纠错码的数据传输率也将从 25%减小到 13%。

7.3.3　DVD 的文件结构

通常情况下 DVD 上会有 2 个文件夹：AUDIO_TS 和 VIDEO_TS，由于 AUDIO_TS 是保留给 DVD 版的激光唱片 DVD-AUDIO 所使用，所以在 DVD 中这个文件夹是空的；而 VIDEO_TS 中则保存着影片所有的视频音频和字幕信息。

1．VOB 文件

在 VIDEO_TS 文件夹中，VOB（Video Objects，视频目标文件）文件用来保存 DVD 影片中的视频数据流、音频数据流、多语言字幕数据流以及供菜单和按钮使用的画面数据。由于一个 VOB 文件中最多可以保存 1 个视频数据流，9 个音频数据流和 32 个字幕数据流，所以 DVD 影片也就可以拥有最多 9 种语言的伴音和 32 种语言的字幕。

2．IFO 文件

IFO（InFOrmation 信息文件）：IFO 文件用来控制 VOB 文件的播放。文件中保存有怎样以及何时播放 VOB 文件中数据的控制信息，如段落的起始时间、音频数据流的位置、字幕数据流的位置等信息。DVD 播放机或者播放软件通过读取 IFO 文件才能把组成 DVD 影片的各种数据有机地结合起来进行播放，可见 IFO 在 DVD 播放中的作用非常关键。

3．BUP 文件

BUP（BackUP 备份文件）：BUP 文件和 IFO 文件的内容完全相同，是 IFO 文件的备份。由于 IFO 文件对于保证影片的正常播放非常重要，所以需要对其保留一个副本，以备在 IFO 文件的读取发生错误时仍然可以通过读取 BUP 文件来得到相应的信息。

在每一个 DVD 中都应该有视频管理器（VMG），存放在 VIDEO_TS.IFO 文件中，它保存光盘的全局信息。用于显示菜单的数据保存在 VIDEO_TS.VOB 文件中。当 DVD

插入到光驱中时，播放器首先显示这个菜单。

除了目录信息部分以 VIDEO_TS.VOB 为文件名以外，主要文件都以 VTS_xx_y 格式作为文件名，xx 是标题编号（01～99）；y 是区段编号（0～9）。由于在微软操作系统中，单个文件最大只能有 1 GB，因此大多数影片都是保存在多个文件中的。记录正片数据的文件都拥有相同的标题编号。

7.3.4 DVD 特点

1. 高存储量

从外表上看，DVD 与普通的 CD 没什么区别，光盘直径均为 120 mm，但 CD 的容量为 680 MB，仅能存放 74 minVHS 质量的动态视频图像。而 DVD 能存储的信息量却是相当惊人的，单面单层 DVD 记录层具有 4.7 GB 容量，若以接近于广播级电视图像质量需要的平均数据率 4.69 Mbit/s 播放，能够存放 133 分 20 秒的整部电影。双面双层光盘的容量高达 17 GB，可以容纳 4 部电影于单张光盘上。这就要求在 DVD 中采用更先进的技术手段来提高信息记录密度，从而增加盘的容量。如此巨大的容量不要说普通的计算机数据，就连高清晰的图像影像、高保真的音效，DVD 也可以毫不费力地存储下来。

2. 高清晰度

由于 DVD 采用国际通用的活动图像 MPEG II 解压缩标准，要比以往的 VHS（视频信号）或 MPEG I 标准要清晰得多。VHS 和目前常用的 VCD（MPEG I 压缩标准）的解析度最多能达到 240 线，而 MPEG II 轻而易举的将其提升至 500～1 000 线，几乎可以和电影相媲美，远非现在的 VCD 效果能比的了的，同时它与 LD 相比也有过之而无不及。DVD 的画面已经彻底消除了马赛克、锯齿等现象，如果仔细观察屏幕上的影像就会发现，取而代之的是一个一个很微小的点，由此达到的清晰度是相当高的。此外，DVD 还具有多结局（欣赏不同的多种故事情节发展）、多角度（从 9 个角度观看图像）、变焦（Zoom）和父母控制（切去儿童不宜观看的画面）等新功能。画面的长宽比有三种方式可选择：全景扫描、4：3 普通屏幕和 16：9 宽屏幕方式。

3. 高保真音效

在音效上，DVD 也有惊人的表现。DVD 具有 8（7.1）个独立的音频码流，足以实现数字环绕三维高保真音响效果。DVD 标准规定：对于 NTSC 电视制式（如美国、日本）强制规定采用杜比 AC-3 和/或线性 PCM 音频系统；对于 PAL 电视制式（如欧洲和中国）强制规定采用 MPEG 音频格式和/或线性 PCM 音频系统。杜比 AC-3 是一种全数字化音频编码技术，它同以往的 hi-fi 立体声和 DOLBY SURROUND 不同，是全新的一种声音技术，它提供 6 个完全独立的声道，除了 5 个全频带的声道外，还有一个效果声道，用来表现如爆炸声等特殊效果，俗称 0.1 声道。在 AC-3 的帮助下，我们不但可以听到分离度相当高的声音，还可以明显感觉到电影身临其境的三维效果。此时的音效比 CD 音效还要略胜一筹。不过要想达到此效果，硬件配置要够高，除了 6 个杜比认证的全频带音箱外，还要有 AC-3 解码器、AC-3 功放、AC-3 线材等。

4. 强大的兼容性

为了能使 DVD 兼容 CD、VCD、SVCD 等，DVD 采用了两大核心技术——机芯和解码芯片。而机芯负责 EVE 碟片的转动，放置在最合适的位置，通过 DVD 激光完成信号读取。目前，DVD 的信号读取方案常见的有三种：Toshiba 提出的单激光头单聚焦镜双聚焦点方案、PIONNER 的单激光头双波长激束方案、SONY 的双激光头双聚焦镜方案、解码芯片负责将激光头读取的信号进行解码处理、形象地讲，是将 DVD 碟片上的信号重新解压复原。解码芯片质量的高低，直接影响到清晰度高不高，音频处理是否 100%全数字化等很多因素。解码应该同时进行视频解码和音频解码，丽声 3D 音效、杜比 AC-3、DTS 都属于音频解码范围。使用机芯和解码芯片技术，DVD 视盘机、DVD 唱机和 DVD-ROM/R/RAM 均可播放 CD 唱盘；DVD 视盘机和 DVD-ROM/R/RAM 均能回放 VCD；DVD-ROM/R/RAM 也可读取 CD-ROM。

5. 稳定的可靠性

为了确保数据读取可靠性，DVD 采用 RS-PC（Reed Solomon Product Code）纠错编码方式和 8/16 信号调制方式。纠错码（ECC）块长为 16 个记录扇区长度（38 688 B），对应光道上 82.5344 mm 长度；若原始误码率为 10^{-3}，经纠错后，误码率可小于 10^{-20}，远远低于计算机所需的误码率 10^{-12}。为了有效地防止软件被复制，在美国活动图像协会（Motion Picture Association of America）的积极参与下，于 1996 年 7 月同东芝、索尼等 12 家家电与计算机公司就 DVD 软件版权与防盗版问题达成一致协议。1996 年 10 月，由各方组成的 DVD 技术联合会公布了 DVD 软件和硬件采用的乱码技术以及按六大地区区域码分区发行软件的措施，实现了软件著作权保护与可靠使用。DVD 论坛要求 DVD 的碟片和播放机都要设置区域码，播放机只能播放相同区域码的碟片。坚持使用区域码识别，主要是因为每部电影在世界各地上映的时间不同，为避免电影未上映，DVD-Video 先上市造成电影业界的利益损失，就以区域码加以控制，使其他地区的影碟不能在本地区播放。

7.4 BD

BD（Blu-ray，蓝光）是指用于读取和刻录蓝光光盘的蓝色激光。与 CD 及 DVD 使用的红色激光相比，蓝色激光具有更高的密度，因此能够实现更高的存储容量。英文“Blu-ray”一词中的“Blu”原为“Blue”（蓝色），这里有意去掉了词尾的字母“e”的原因，是“Blue-ray Disc”这个词在欧美地区流于通俗、口语化，并具有说明性意义，于是不能构成注册商标申请的许可，因此蓝光光盘联盟去掉英文字 e 来完成商标注册，商标如图 7-11 所示。

图 7-11　蓝光光盘商标

2002 年 2 月，由多家企业组成的蓝光光盘工作组（BD Founders）联合宣布，将推出蓝光光盘（BD）格式，并将其作为下一代的光学存储媒体介质。这种新格式具有超大的存储容量（单层容量 25 GB，如图 7-12 所示），是高清视频录制和分发以及海量数据存储的绝佳解决方案。同时，由于与现有的 CD 及 DVD 具有相同的外形，这种新的格式还能实现向后兼容。

图 7-12 有外盒的单面单层 BD-RE 和蓝光播放机

DVD 和 CD 最初只有只读格式，逐渐才推出可记录和可擦写的格式。蓝光光盘在一开始就设计了几种不同的格式：BD-ROM（只读），适合预先录制的内容；BD-R（可录制），适合 PC 数据存储；BD-RW（可擦写），适合 PC 数据存储；BD-RE（可擦写），适合高清电视录制。

2004 年 6 月，蓝光光盘工作组宣布创建成立蓝光光盘协会（BDA）。蓝光光盘协会以原工作组为根基，实行自愿入会制度，面向任何有志于创建、支持和/或推动蓝光光盘格式的企业或组织开发。同时，还鼓励从事任何蓝光光盘产品的研发制造或有志于开发和改进蓝光光盘格式的组织加入协会。此外，协会欢迎任何希望了解蓝光光盘格式发展的企业。蓝光光盘协会的宗旨是：

（1）开发蓝光光盘格式规范。

（2）确保被许可人根据上述格式规范开发生产相关的蓝光光盘产品。

（3）促进蓝光光盘格式的广泛应用。

（4）向有兴趣为蓝光光盘格式提供支持的各方提供相关信息。

7.4.1 BD 的沿革

2002 年 2 月 19 日，蓝光光盘工作组（BD Founders）成立。

2004 年 5 月 18 日，蓝光光盘工作组改名称为蓝光光盘联盟（Blu-ray Disc Association）。

2004 年 9 月 21 日，新力计算机娱乐（SCE）宣布，次世代游戏机 PlayStation 3 将会采用蓝光光盘为标准格式。

2006 年 1 月 5 日，蓝光光盘联盟原先准备在国际消费电子展（CES）发布蓝光光盘相关产品，后来因为蓝光规格问题将发布日期推迟到同年 6 月。

2006 年 10 月 14 日，Sony 集团推出全球首部配载蓝光光盘播放器的笔记本计算机 VAIO A 系列。

2006 年 11 月 11 日，配备蓝光光盘播放机的次世代游戏机 PlayStation 3 在日本原生区开始发售。

2007 年 1 月 10 日，《日本经济新闻》报道，蓝光光盘在日本原生区占有 94.8% 的次世代光盘市场，并预测蓝光光盘在次世代光盘格式竞争中最终会取得胜利。

2007 年 8 月 20 日，派拉蒙电影公司由原先同时支持蓝光光盘和 HD DVD，改为以 HD DVD 作为派拉蒙唯一认可的高清电影存储光盘，同时宣布派拉蒙旗下的梦工厂、梦工厂动画 SKG、Nickelodeon Movies 以及 MTV 电影等子公司转为只支持 HD DVD。派拉蒙电影公司高层透过 Viacom 承认，派拉蒙共收取了 HD DVD 阵营的一亿五千万美金，以提供一年半的 HD DVD 独占权，款项以现金及未来收益分账支付。

2007 年 9 月 1 日，蓝光光盘联盟于德国柏林消费电子产品展（IFA）上宣布蓝光光盘目前已经压倒性占有日本 90%的次世代光盘市场，在欧洲地区蓝光光盘的销量也一直以 3∶1 的比例领先于 HD DVD，在美国有超过 66%的次世代光盘市场被蓝光光盘占据。

2007 年 11 月 29 日，东亚唱片集团推出首张香港红馆 Blu-ray 影碟《景福 Show Mi 郑秀文 2007 演唱会》。

2008 年 1 月 4 日，华纳兄弟（Warner Bros. Entertainment）电影公司宣布脱离 HD DVD 阵营，并且由 2008 年 6 月开始停止发行 HD DVD 影碟，往后只支持蓝光光盘作为影碟格式。华纳兄弟的行政总裁 Barry Meyer 认为，支持蓝光光盘独占对整个高清市场普及化有利，长久的格式之争只会令影业在高清市场上措施良机。

2008 年 1 月 5 日，时代华纳（Time Warner）附属的新线影业（New Line Cinema）跟随华纳兄弟的决定，将会停止 HD DVD 影碟的发行。

2008 年 1 月 8 日，《金融时报》（Financial Times）报道派拉蒙电影公司正考虑行使与 HD DVD 阵营的独占协议中，“如果华纳兄弟放弃 HD DVD 阵营，派拉蒙可以跟随离开”的一项条款，重新返回蓝光光盘联盟。微软（Microsoft）则表示将来公司采用哪种格式，只会交由消费者抉择。

2008 年 1 月 9 日，时代华纳另一附属公司 HBO 跟随华纳兄弟的决定，将会停止 HD DVD 影碟的发行。

2008 年 1 月 28 日，英国 Woolworths Group PLC 宣布，根据 2007 年圣诞假期的销售数字，蓝光光盘大幅度以 9∶1 的销售数量领先于 HD DVD，所以决定全线商店即日开始只出售蓝光光盘的影碟。

2008 年 2 月 11 日，美国大型连锁零售商 Best Buy 宣布，为了避免消费者在选择次世代光盘格式播放器时感到困惑，决定全线商店即日开始全力支持蓝光光盘的播放器、影碟及相关产品，使消费者正确掌握高清娱乐的内容。同日，线上影碟商店 NetFlix 亦做出同样的决定，以后只支持蓝光光盘为唯一认可的次世代光盘格式。

2008 年 2 月 15 日，美国最大型连锁零售商沃尔玛（Wal-Mart）宣布，全线商店由 6 月开始只出售蓝光光盘的播放器、影碟及相关产品，HD DVD 的产品将会逐步撤离货架。

2008 年 2 月 19 日，东芝社长西田侯聪宣布，公司决定停止所有 HD DVD 播放器及录制器的开发，同时即时停产计算机及游戏用 HD DVD 光碟机，并预定将在 3 月底结束所有 HD DVD 相关的业务。随着 HD DVD 领导者的结束，持续多年的次世代光盘格式之争正式画上句号，最终由蓝光光盘胜出。

7.4.2 BD 与 DVD 的对比

蓝光光盘单面单层盘片的存储容量被定义为 23.3 GB、25 GB 和 27 GB，其中最高容量（27 GB）是当前红光 DVD 单面单层盘片容量（4.7 GB）的近 6 倍，这足以存储超过 2 小时播放时间的高清晰度数字视频内容，或超过 13 h 播放时间的标准电视节目（VHS 制式图像质量，3.8 Mbit/s）。被提议的蓝光光盘格式具有 36 Mbit/s 的数据传输速率，并且采用 MPEG-2 作为流媒体的压缩方式，以与全球的数字广播标准保持兼容。然而，蓝光光盘格式本身与现存的 DVD 格式并不兼容，因此一些发起者还在积极倡议蓝光光盘系统应该在某些方面与传统的 DVD 保持兼容，以更加顺利地得以普及。

表 7-8 所示为 CD、DVD 和蓝光光盘的技术对比。

表 7-8　CD、DVD 和蓝光光盘的技术对比

特性 \ 光盘种类	CD	DVD	Blu-ray
激光器波长	780 nm	650 nm	405 nm
物镜数值孔径	0.45	0.6	0.85
盘基厚度	1.2 mm	0.6 mm	1.1 mm
调制码	EFM	EFM+	17PP/EFMCC
纠错码	CIRC	RS-PC	Picket code
用户容量（单层）	650 MB	4.7 GB	23.3/25/27 GB
数据传输率（1X）	1.2 Mbit/s	11 Mbit/s	35 Mbit/s
轨道间距	1.6 μm	0.74 μm	0.32 μm
最小坑长度	0.8 μm	0.4 μm	0.15 μm
存储密度	0.41 $Gbit/in^2$	2.77 $Gbit/in^2$	14.73 $Gbit/in^2$

蓝光光盘采用了以下几项主要的关键技术：

（1）缩短激光波长和增大物镜数值孔径，这两项指标的变化直接减小了聚焦后的光电直径，提高了光学系统的分辨能力，从而可以缩小记录点的直径和道间距；在同样直径的盘片上可以记录更多的数据。但是，物镜数值孔径的增大也减小了光学系统的容差；焦深降低，提高了对伺服系统的要求；对盘片的倾斜更敏感，要求采用可消除倾斜误差的力矩器或者采用较薄的读出层结构；对盘片厚度和均匀度要求更高，需要采用更精密的盘片制造设备和更高的工艺。

（2）与当前的 DVD 相比，蓝光光盘可得到更好的保护。它们配备有安全加密系统——采用一个唯一的 ID 来防视频盗版和版权侵犯。

蓝光光盘将数据存放在 1.1 mm 厚的聚碳酸酯层之上，克服了 DVD 的读取问题。将数据放在上面可以防止双折射，避免出现可读性问题。而且，记录层与读取装置的物镜更接近，盘片倾斜问题也基本得到解决。由于数据更接近表面，因而在光盘外面加了坚固的涂层，防止产生划痕和指印。

蓝光光盘的设计有助于节省制造成本。传统 DVD 的生产方法是：注塑成型两个 0.6 mm 的盘片，记录层位于两个盘片之间。为防止出现双折射，生产过程（先模制这两个盘片，将记录层添加到其中一个盘片上，然后将两个盘片粘起来）必须非常小心。蓝光光盘则只需要在一个 1.1 mm 的盘片上执行注塑成型工艺，从而减少成本。节省的成本可与添加保护层的成本相抵，因此最终价格并不比普通 DVD 的价格高。

（3）蓝光光盘系统采用了新的调制码。对可写格式光盘采用 17PP 码；对只读格式光盘采用 EFMCC 码。这是由于蓝光光盘首先提出的是可写格式（RW）的规范，采用的材料是相变材料；后来提出的只读格式（ROM）须采用深紫外波长的激光器制作母盘。这两种不同情况下的信道特征相差较大，采用同一种调制码无法充分挖掘系统的潜力，因此设计了不同的调制码。这两种编码的效率都有所提高，而且提供了更好的低频分量控制特性。

（4）蓝光光盘系统还采用了新的纠错码，与 DVD 系统中采用的 RS-PC 码比较，在数据冗余率基本相同的条件下，纠错能力更强。这是由于 RS-PC 中的水平校验码（水平校验码的主要作用是纠正随机错误和支出突发错误的位置）的纠正能力略有剩余，而垂直校验码（垂直校验码的作用是根据已标记的错误位置纠正突发错误）的纠错任务较重。蓝光光盘系统中发展了这种纠错方法，取消了水平校验码，代之以垂直方向上的子码（Long Distance Subcode，LDS）和突发错误标识子码（Burst Indicating Subcode，BIS）。BIS 码具有高度冗余的校验码，纠错能力非常强，用来放置重要的地址和控制信息；而 BIS 纠错过程得到的错误位置作为“警哨（Picket）”，指示冗余能力较低的 LDS 码更好地纠正数据中的错误。这种纠错方案就被称为“警哨码（Picket code）”。

7.4.3 BD 的特点

1. 最广泛的行业支持

历史证明，任何一种格式的介质，支持的行业越多，其在市场上取得成功的可能性也就越大。蓝光光盘的推出和发展融合了全球多家知名消费电子制造商和 IT 厂商的群策群力，必将成为下一代存储的最佳标准。目前，蓝光光盘技术得到了美国、欧洲、日本和韩国多家知名消费电子和 IT 硬件制造商的大力支持，包括戴尔、惠普、日立、LG 电子、松下、三菱、先锋、菲利普、三星、夏普、索尼、汤姆逊/RCA。另外，全球各大空白媒体介质制造商（包括东电化 TDK）均表示支持将蓝光光盘格式作为 DVD 光盘格式的换代产品。因此，有着如此广泛的行业支持，随着蓝光光盘陆续登陆全球各地市场，更多的蓝光周边产品也必将强势登场，成为更多用户的首选，如家庭录像转录装置、个人计算机光驱、带有蓝光驱动器的个人计算机以及空白媒体介质等。

2. 使用寿命长

蓝光光盘格式的设计使用寿命至少可达 10～15 年。其 16 层 400 GB 的高存储容量则可容纳现存最高质量的高清视频，满足最高标准的数据存储需求。过去，大多数经典大片需要制作成两张 DVD 的形式发行。因此，蓝光光盘从根本上满足了新标准高清电影（包括其他标准的附加内容）的存储空间要求。容量较小的存储格式仅适用于临时的解决方案，必然会很快被其他能够迎合未来大容量存储需求的产品所替代。当然，这将导致生产/制作设备方面的重复投资，也可能会使消费者在格式方面产生一定的混淆。

3. 内容保护

蓝光光盘带有强于以往任何消费电子产品的防复制机制。对于希望确保自身宝贵的知识产权不受盗版侵害的内容出版商而言，蓝光光盘无疑是最佳的选择。综合来自内容出版行业的反馈意见，多方借鉴以往其他格式的发展教训，蓝光光盘格式集成了强大的防复制机制，将防复制措施延伸到播放设备和复制器的层面，后者则会得到更加严格的控制。与 DVD 的自愿性 CCS 保护所不同的是，蓝光光盘的保护机制是强制执行的，并且有着严格的许可管理程序。

4. 成本低廉

蓝光光盘能够为内容提供商提供一种最佳的长期盈利模式，尽管需要一定的前期投资，但它能够为企业带来更大、更长期的盈利潜力。由于其巨大的存储容量，短期内也将不会出现其他的替代技术。而其他格式方案虽然需要的前期投资较少，但由于技术淘汰而需要更新换代，因此，长期来看其实需要更大的投资。在容量一定的情况下，蓝光光盘的生产成本不到 DVD 生产成本的 10%，而一张蓝光光盘却具有相对于 DVD 5～10 倍的存储容量，这是目前为止按每 GB 存储成本计算最便宜的存储格式。与其他格式的介质相比，蓝光光盘在复制作业线上所需的插口更少，生产设备在同样时间内可以生产出更多的蓝光光盘；因此，相信蓝光光盘的成本将很快降到与 DVD 大致相同的水平，甚至低于 DVD。此外，与某些市场传言恰恰相反，在转换为其他邻近格式（BD ROM、BD RE 和 BD R）时，蓝光光盘并不需要光盘匣的支持。

5. 超大容量

蓝光光盘是迄今容量最大的消费类媒体介质，同时也大大超过了其他推广中的格式。出于其巨大的容量，蓝光光盘不仅能以高比特率录制高质量的高清视频（避免因为高压缩率而降低影像质量），而且还为现有及最新的应用开辟了畅通的途径。比如，当用户的蓝光播放器在连接至互联网验证授权后，即可打开蓝光光盘上先前被锁定的内容，甚至还能以同等的高清质量录制其他的附加内容。有了蓝光光盘的大容量支持，就无需再像以前那样随光盘再附送单独的附加内容光盘。而所有的这些增值选项，只有蓝光光盘才能做到。

6. 高强度表面

最近，随着强化涂层技术方面取得了全新的突破，蓝光光盘的防划伤和防指纹性能得到了进一步的提升，远远超过了现有和推广中的其他任何光盘介质。带强化涂层的蓝光光盘不需要光盘匣，可以像 DVD 和 CD 一样以裸盘的方式直接使用，避免了额外的生产成本。同时，还可用于小尺寸版本的应用，如用于笔记本式计算机上的蓝光驱动器。采用强化涂层技术，只读式蓝光光盘将具有 DVD 般的观感。当然，强化涂层技术亦可用于可擦写式及可写式的蓝光光盘。

7.4.4 BD 的应用

蓝光光盘具有无与伦比的多重性能设计和最优化的格式规范，可广泛用于各种对质量及特性都有着极高要求的实际应用，除了最主要的高清视频分发外，还可用于其他多种用途。

1. 高清电视录制

近年来，高清电视广播在美国和亚洲均呈快速增长势头。越来越多的消费者开始选择转向高清电视，享受最高质量的电视体验。而蓝光光盘则史无前例地让消费者能够以原始的质量从电视上录制喜欢的高清电视节目，甚至可以保持其中的原始画面和音频。这将成为最新一代的家庭娱乐方式，为用户带来前所未有的非凡体验。此外，蓝光光盘融和了当今所有格式内容的防复制算法，因此，它还能够在实现数字电视广播录制的同时满足电视广播行业对于内容保护的需求。

2．高清视频分发

由于蓝光光盘具有 25 GB 的海量数据容量（单面），它能以最高质量存储最多的高清视频内容。根据编码格式的不同，一张蓝光光盘可以容纳长达七个小时的高质量高清视频内容。如果用于封装高清电影，则还可以容纳更多的附加内容，如制作专题、拍摄花絮和特别奉送等。此外，除了传统 DVD 的所有功能外，还可向蓝光光盘中加入很多新型的互动功能，从而使内容提供商得以为消费者提供更多的超凡体验。比如，用户可以使用互联网连接来解锁存储在光盘上的其他收费内容。

3．高清摄像文件存档

随着高清电视的市场渗透不断深入，消费者自己动手拍摄高清视频影像的需求也日益增长。随着第一台高清摄像机的问世，消费者完全可以录制出前所未有的高质量家庭电影。然而，由于目前市场上的大部分摄像机都采用磁带作为拍录介质，因此，消费者无法直接用 DVD 播放器或录像机播放拍摄内容。而现在，有了空前存储容量的蓝光光盘，消费者则完全能够将由高清摄像机摄录到的高清视频转换并存储到蓝光光盘上，然后再采用和 DVD 一样的方式任意观看上面的内容。此外，由于不存在像磁带那样的介质磨损问题，蓝光光盘还具有超长的存储时限，确保存储影像的安全。

4．海量数据存储

CD-R/RW 问世后，其 650 MB 的存储容量与传统媒体相比得到了大幅提升。而后出现的 DVD 格式则进一步超过了 CD-R/RW，容量达到了 4.7 GB 到 8.5 GB，相比 CD 增加了 5～10 倍。随着宽带接入的日益普及，消费者可以下载大量数据；在个人计算机方面，不断提升的视频、音频和照片支持功能也导致了更高数据存储容量的需求。此外，由于电子邮件的普及和办公逐渐走向无纸化，商用存储要求更是呈现出指数级的增长趋势。蓝光光盘格式又比传统 DVD 的容量增加了 5～10 倍，使得用户可以在同一张可擦写或可写式的蓝光光盘上存储 25 GB 到 50 GB 容量的数据。同时，由于蓝光光盘格式沿用了与 CD 和 DVD 相同的外形尺寸，因此，蓝光驱动器还能读取 CD 和 DVD。

5．数字资产管理与专业存储

由于蓝光光盘的高容量、平均每 GB 存储内容的低成本和设备间传输数据的多种方式选择（鉴于蓝光光盘格式在行业内的广泛应用），蓝光光盘格式也成为数字资产管理和其他要求大存储空间的专业应用的最优选择。比如，包含有大量高分辨率诊断扫描图片的医学档案文件和无需从其他存储介质再行“恢复”数据的即需即用型视听资料目录，只需一张蓝光光盘即可，可以节省无数备份用的磁带、CD、DVD 或其他普及率较低或专有性质的存储介质。另外，与网络解决方案有所不同的是，出于备份和安全考虑因素，还可以将蓝光光盘存放到其他地点。

7.5 多媒体网络存储技术

网络存储技术可以帮助用户更加有效地管理和使用他们的存储资源。在将来，绝大部分的数据都将以网络存储的方式存在并流通于网络中。

网络存储技术一般分为三种，分别是直接连接存储（DAS）、网络附加存储（NAS）和存储域网络（SAN）。直接连接方式包括集中化的存储和与服务器直接相连的存储两种方式，是传统的存储策略。网络附加存储和存储域网络则是近些年发展起来的网络存储技术。

7.5.1 直接连接存储

直接连接存储（Direct Attached Storage，DAS），即直连方式存储。顾名思义，在这种方式中，存储设备是通过电缆（通常是 SCSI 接口电缆）直接到服务器。I/O（输入/输出）请求直接发送到存储设备。DAS 也可称为服务器附加存储（Server-Attached Storage，SAS）。它依赖于服务器，其本身是硬件的堆叠，不带有任何存储操作系统。

1. 典型的 DAS 结构

DAS 通常是连接单独的或两台小型集群的服务器。典型的 DAS 结构如图 7-13 所示。

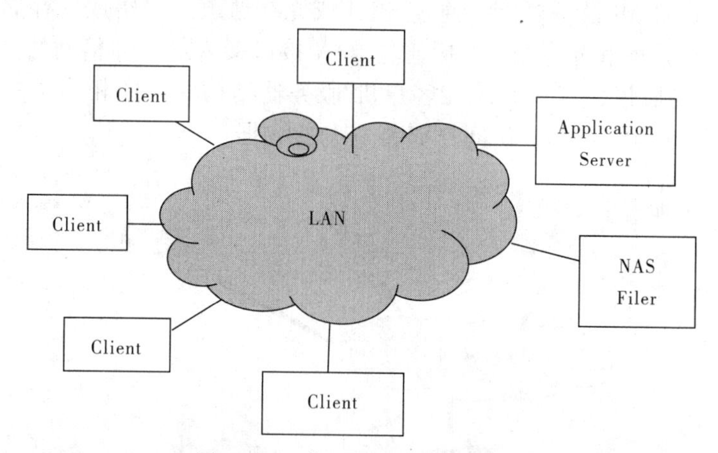

图 7-13 典型的 DAS 结构图

2. DAS 的适用环境

（1）服务器在地理分布上很分散，通过 SAN（存储域网络）或 NAS（网络直接存储）在它们之间进行互连非常困难时（商店或银行的分支便是一个典型的例子）。

（2）存储系统必须被直接连接到应用服务器（如 Microsoft Cluster Server 或某些数据库使用的“原始分区”）上时。

（3）包括许多数据库应用和应用服务器在内的应用，它们需要直接连接到存储器上，群件应用和一些邮件服务也包括在内。

3. DAS 的优缺点

对于多个服务器或多台 PC 的环境，使用 DAS 方式设备的初始费用可能比较低，可是这种连接方式下，每台 PC 或服务器单独拥有自己的存储磁盘，容量的再分配困难；对于整个环境下的存储系统管理，工作烦琐而重复，没有集中管理解决方案。所以整体的拥有成本（TCO）较高。目前DAS基本被NAS所代替。

7.5.2 网络附加存储

网络附加存储（Network Attached Storage，NAS）是一种将分布、独立的数据整合为大型、集中化管理的数据中心，以便于对不同主机和应用服务器进行访问的技术。简单地说就是连接在网络上，具备资料存储功能的装置，因此也称为“网络存储器”。它是一种专用数据存储服务器。它以数据为中心，将存储设备与服务器彻底分离，集中管理数据，从而释放带宽、提高性能、降低总拥有成本、保护投资。其成本远远低于使用服务器存储，而效率却远远高于后者。

NAS本身能够支持多种协议（如NFS、CIFS、FTP、HTTP等），而且能够支持各种操作系统。通过任何一台工作站，采用IE或Netscape浏览器就可以对NAS设备进行直观方便的管理。

1. 典型NAS的结构

一个NAS设备是典型的尖端的、高性能、高通信速度、单一目的的机器或者组件。NAS设备被优化而独立出来，满足那些操作系统和集成硬软件对存储的特定需要。如图7-14所示。NAS设备可以是通过SCSI或光纤通道接口集成的存储系统如磁盘阵列、大容量的磁带库和光盘塔，直接通过LAN接口接入信息通信网络。它使用TCP/IP之类的信息通信协议，存储系统在客户机/服务器结构关系中相当于一个服务器。所有在LAN上的其他结点都可访问存储装置上的数据。

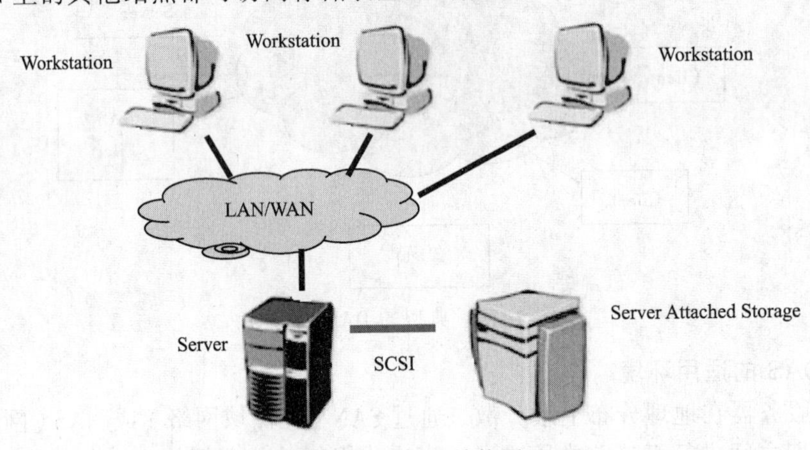

图7-14 NAS结构图

2. NAS的优缺点

同常规文件服务器模型相比，NAS的优点在于能够提高文件服务速度，降低网络主机的负担，简化安装，降低购买和维护成本，以及在不间断网络运行的情况下增加或设置存储。现在的NAS采用以数据为中心的网络模式，可以在数分钟之内在网络上增加急需的存储量而不必中断网络的工作。NAS的设备作为结点直接连接在网络上，它可作为一个驱动器或通过浏览器被访问到。为了增大存储容量，厂商们都在NAS设备上增加了大容量的硬盘，以增加存储容量和访问速度。

由于NAS解决方案具有简单、易用、多平台支持等特征，并且具有很好的开放性和扩充特性，对于用户保护数据资源和充分利用投资，获得较高的性能价格比是非常有效的。

NAS 的一个缺点是它将存储事务由并行 SCSI 连接转移到了网络上。这就是说 LAN 除了必须处理正常的最终用户传输流外，还必须处理包括备份操作的存储磁盘请求。因此，NAS 没有解决与文件服务器相关的一个关键性问题，即备份过程中的带宽消耗。

DAS 与 NAS 的对比如表 7-9 所示。

表 7-9 DAS 和 NAS 的对比

比较项目	NAS	DAS
核心技术	基于 Web 开发的软硬件集合于一身的 IP 技术，部分 NAS 使软件实现 RAID 技术	硬件实现 RAID 技术
支持操作平台	完全跨平台文件共享，支持所有的操作系统	不能提供跨平台文件共享功能，受限于某个独立的操作系统
连接方式	通过 RJ-45 接口连上网络，直接往网络上传输数据，可接 10M/100M/1000M 网络	通过 SCSI 线接在服务器上，通过服务器的网卡往网络上传输数据
安装	安装简便快捷，即插即用。只需 10 min 便可顺利安装成功。	通过 LCD 面板设置 RAID 较简单，连上服务器操作时较复杂
操作系统	独立的 Web 优化存储操作系统，完全不受服务器干预	无独立的存储操作系统，需相应服务器的操作系统支持
存储数据结构	集中式数据存储模式，将不同系统平台下的文件存储在一台 NAS 设备中，方便网络管理员集中管理大量的数据，降低维护成本	分散式数据存储模式，网络管理员需要耗费大量时间奔波到不同服务器下分别管理各自的数据，维护成本增加
数据管理	管理简单，基于 Web 的 GUI 管理界面使 NAS 设备的管理一目了然	管理较复杂，需要服务器附带的操作系统支持
软件功能	自带支持多种协议的管理软件，功能多样，支持日志文件系统，并集成本地备份软件	没有自身管理软件，需要针对现有系统情况另行购买
扩充性	轻松在线增加设备，无须停顿网络，而且与已建立起的网络完全融合，充分保护用户原有投资。良好的扩充性完全满足 24×7 不间断服务	增加硬盘后重新做 RAID 一般会死机，影响网络服务
总拥有成本（TCO）	价格低，不需购买服务器及第三方软件，以后的投入会很少，降低用户的后续成本，从而使总拥有成本降低	价格比较适中，需要购买服务器及操作系统，总拥有成本较高
数据备份与灾难恢复	集成本地备份软件，可实现无服务器的网络数据备份。双引擎设计理念，即使服务器发生故障，用户仍可进行数据存取	可备份直接服务器及工作站的数据，对多名服务器的数据备份较难
RAID 级别	RAID0、1、5 或 JBOD	RAID0、1、3、5、JBOD
硬件架构	冗余电源、多风扇、热插拔	冗余电源、多风扇、热插拔、背板化结构

7.5.3 存储域网络

存储区域网络（Storage Area Network, SAN）是一种通过光纤集线器、光纤路由器、光纤交换机等连接设备将磁盘阵列、磁带等存储设备与相关服务器连接起来的高速专用子网。

SAN 由三个基本的组件构成：接口（如 SCSI、光纤通道、ESCON 等）、连接设备（交换设备、网关、路由器、集线器等）和通信控制协议（如 IP 和 SCSI 等）。这三个组件再加上附加的存储设备和独立的 SAN 服务器，就构成一个 SAN 系统。通常采用包括光纤通道技术、磁盘阵列、磁带柜、光盘柜等各种技术进行实现。

1．典型的 SAN 结构

SAN 是一个专有的、集中管理的信息基础结构，它支持服务器和存储之间任意的点到点的连接，SAN 集中体现了功能分拆的思想，提高了系统的灵活性和数据的安全性。SAN 以数据存储为中心，采用可伸缩的网络拓扑结构，通过具有较高传输速率的光通道连接方式，提供 SAN 内部任意结点之间的多路可选择的数据交换，并且将数据存储管理集中在相对独立的存储区域网内，典型的 SAN 结构如图 7-15 所示。

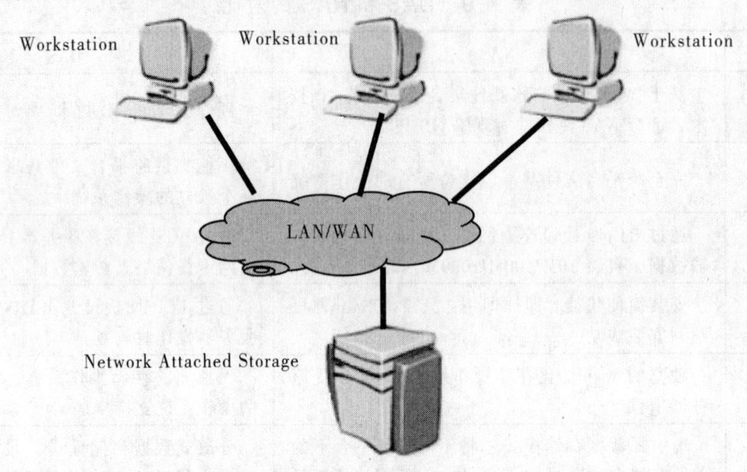

图 7-15　典型的 SAN 结构图

SAN 通常利用光纤通道（Fibre Channel，FC）拓扑结构，这种基础构架是专门为存储子系统通信设计的。光纤通道技术提供了比 NAS 中的上层协议更为可靠和快速的通信指标。光纤是一种在概念上类似局域网中网络段的组建。典型的光纤通道 SAN 可以由若干个光纤通道交换机（FC Switch）组成。如果 SAN 是基于 TCP/IP 的网络，则通过 iSCSI 技术，实现 IP-SAN 网络。

2．SAN 的适用环境

作为存储解决方案中的重要一员，SAN 是最昂贵的存储选项，同时也是最复杂的选项。然而，虽然 SAN 在初始阶段需要投入大量的费用，但是 SAN 却可以提供其他解决方案所不能提供的能力，并且在合适的情形下可以为公司节约一定的资金。

如果存储资料的成长率持续增高，近两年内可能成长至 1 TB 以上，则建议规划 SAN Ready 的存储设备，包括 RAID 及 Tape Library，因为资料量扩增，必定增加硬盘数量，但 SCSI 的 RAID 有 ID 及 Cable 长度的种种限制，在扩充性来说，无法达到需求及稳定度的要求，而且当资料量愈来愈大，可能分享给更多 Client，绝不容许机器有关闭的时间，而 SAN Ready 的 RAID 可以让机器在不关闭的状况下扩充硬盘容量，维持系统不停的正常运作。

3．SAN 的优缺点

SAN 的主要优点有：

（1）服务器和存储设备之间更远的距离；高可靠性及高性能；多个服务器和存储设备之间可以任意连接。

（2）集中的存储设备替代多个独立的存储设备，支持存储容量共享；通过相应的软件使得 SAN 上的存储设备表现为一个整体，因此有很高的扩展性；可以通过软件集中管理和控制 SAN 上的存储设备。

（3）可以支持 LAN-Free 和 Server-Free 备份，提高备份的效率和减轻服务器的负担。

（4）提供数据共享。

SAN 有多种优点，但它安装过程复杂并缺乏灵活和开放的互用能力。另外，由于 SAN 通常是基于光纤的解决方案，需要专用的交换机和管理软件，所以 SAN 的初始费用比 DAS 和 NAS 高。

4. SAN 和 NAS 的比较

NAS 和 SAN 最大的区别就在于 NAS 有文件操作和管理系统，而 SAN 却没有这样的系统功能，其功能仅仅停留在文件管理的下一层，即数据管理。从这些意义上看，SAN 和 NAS 的功能互为补充，同时 SAN 的服务器访问数据时不会占用 LAN 的资源，但是 NAS 结构的服务器都需要和文件服务器进行交互，以取得自己请求的数据，因此，NAS 结构在速度慢的 LAN（如 10/100M 网络）上几乎不具有任何优势和意义。由于和 10G 以太网的出现，使得 NAS 结构的这一缺陷自然消失，NAS 方案就获得了巨大的生命力和发展空间。同时，SAN 和 NAS 相比不具有资源共享的特征。

5. SAN-NAS 混合应用

尽管 NAS 和 SAN 有所区别，但仍可以提供两项技术均被包括在内的解决方案。SAN 和 NAS 并不是相互冲突的，是可以共存于一个系统网络中的，但 NAS 通过一个公共的接口实现空间的管理和资源共享，SAN 仅仅是为服务器存储数据提供一个专门的快速后方通道，在空间的利用上，SAN 和 NAS 也有截然不同之处，SAN 是只能独享的数据存储池，NAS 是共享与独享兼顾的数据存储池。因此，NAS 与 SAN 的关系也可以表述为 NAS 是 Network-attached（网络外挂式），而 SAN 是 Channel-attached（通道外挂式）。

图 7-16 所示为使用了 NAS 和 SAN 技术的混合解决方案。

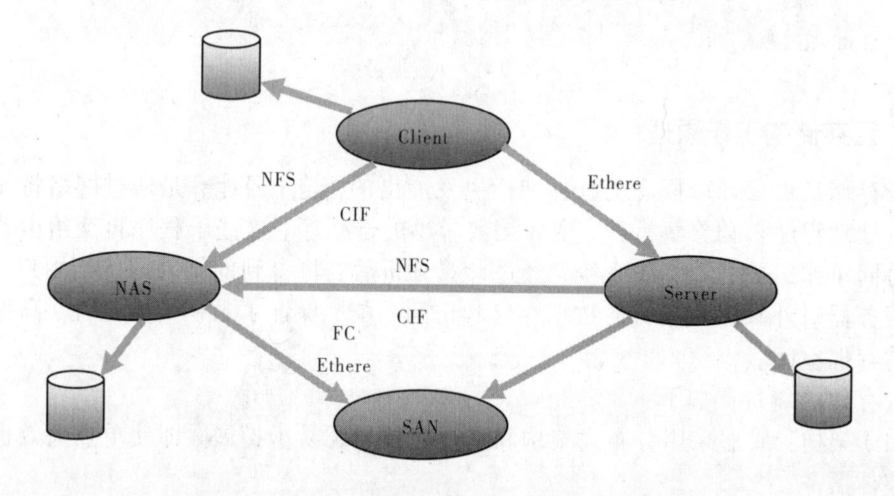

图 7-16　使用了 NAS 和 SAN 技术的混合解决方案

7.6 多媒体云存储技术

多媒体网络存储技术主要是存储层上基于网络的存储策略；而多媒体云存储技术，严格地说不是存储技术，它是一个服务，是由许许多多个存储设备和服务器构成的集合体，来提供多媒体资源的存取。

简单地说，多媒体云存储技术是将多媒体数据放在云上供人存取的一种新兴方案，数据使用者可以在任何时间、任何地点通过任何可以连接到网络的设备，连接到云上，并存取多媒体数据，如图 7-17 所示。

图 7-17　数据云

7.6.1 云存储的工作原理

云存储是由云计算概念上延伸和衍生发展出的概念，云计算是通过网络将庞大的计算机处理程序自动分解拆开，变成无数个小的子程序，这些子程序再交给由若干服务器协同工作组成的计算机系统，经过计算分析后，将得到的结果回传给用户。由于这些服务器对外只提供单一的数据存储和访问功能，保证了数据的安全性、高性能以及节约存储空间。

云存储的新特征如下：

（1）架构：底层采用分布式架构和虚拟化技术，易于扩展，即使单点失效也不会影响整体服务。

（2）服务模式：按需使用，按使用计费，服务提供商可以迅速交付和响应。

（3）容量：支持 PB 级以上无限扩展。

（4）数据管理：不仅提供传统访问方式，而且提供海量数据的管理和对外的公众服务支撑，同时采用保护数据安全的策略，采取如分片存储、EC、ACL、证书等多重保护策略和技术，用户可以灵活配置。

7.6.2 云存储系统分析

与传统的存储设备相比，云存储不仅仅是一个硬件，而是一个网络设备、存储设备、服务器、应用软件、公用访问接口、接入网和客户端程序等多个部分组成的复杂系统。各部分以存储设备为核心，通过应用软件来对外提供数据存储和业务访问服务。云存储系统的结构模型由四层组成。

1. 存储层

存储层是云存储最基础的部分。存储设备可以是光纤通道存储设备，也可以是NAS、SAS及其他存储设备。云存储中的存储设备往往数量庞大且分布在不同地域。彼此之间通过广域网、互联网或者光纤通道网络连接在一起。存储设备之上是一个统一存储设备管理系统，可以实现存储设备的逻辑虚拟化管理、多链路冗余管理、存储集中管理以及硬件设备的状态监控和维护升级。

2. 基础管理层

基础管理层是云存储最核心的部分，也是云存储中最难以实现的部分，基础管理层通过集群系统、分布式文件系统和网格计算等技术，实现云存储中多个存储设备之间的协同工作，使多个存储设备可以对外提供同一种服务，并提供更大更强更好的数据访问性能。CDN内容分发系统、数据加密技术保证云存储中的数据不会被未授权的用户所访问，同时，通过各种数据备份和容灾技术等措施可以保证云存储中的数据不会丢失，保证云存储自身的安全和稳定。

3. 应用接口层

应用接口层是云存储最灵活多变的部分。不同的云存储运营单位可以根据实际业务类型，开发不同的应用服务接口，提供不同的应用服务。比如视频监控应用平台、网络硬盘引用平台、远程数据备份应用平台等。

4. 访问层

任何一个授权用户都可以通过标准的公用应用接口来登录云存储系统，享受云存储服务。云存储运营单位不同，云存储提供的访问类型和访问手段也不同。对个人可以提供空间服务、空间租赁等；对企业可以实现数据备份、数据归档、集中存储、远程共享等。

7.6.3 阿里云存储

阿里云存储基于阿里云飞天操作系统，单机群可达到万台规模，拥有近乎无限的存储空间，99.5%的可用性和99.99999999%的数据持久性，经过了大规模市场服务验证，在线业务从未丢失过数据，具有高可靠性。

对象存储（OSS）适合互联网的海量数据，它以Key-Value形式存储非结构化数据，通过无限大的空间，可以存储图片、音频、视频、文档和VR等数据。提供API接口和丰富的SDK包，即可即用，像操作本地文件一样方便。与传统自建相比，OSS

提供企业级多层次安全防护，每份存储数据都进行多重冗余备份，地域跨 region 级别的容灾，保障云上数据的安全性万无一失，0 成本运维可以让用户的资源效率更高。BGP 骨干网络无带宽限制。图片水印处理、音视频转码、鉴黄服务等多种即存即处理的增值服务，协助用户在 OSS 上的文件加工处理，满足轻量计算的需求。

金融、社交和互联网行业有海量结构化数据，通过表格存储（Table Store），表格存储以实例和表的形式组织数据，相比传统方案，它能提供单表 PB 级，海量结构化数据存储实时访问，百万 TPS 场景下，仍然能保证毫秒级访问延时，多用户资源隔离机制，支持异地容灾机制，提供多种鉴权和授权机制，及 VPC、主子账号功能，授权粒度达到表级别和 API 级别。

拥有海量的文件存储能力，文件存储（NAS）是面向阿里云 ECS 实例的文件存储服务，支持标准文件访问协议，无需对现有应用做修改，通过简单的创建、mount 等操作，即可在不同系统下实现文件存储。它以高性能物理存储介质，为应用工作负载提供高吞吐量与 IOPS 低时延的存储性能。还能保证性能与所购买的容量成线性关系，无限扩展。

共享访问帮助多个云服务器获得相同的数据来源，同时自由配置存储容量，按量计费且随时扩容。无限扩展，无硬件运维成本。

日志服务用于数据分析，将互联网平台日志收集、存储和计算环节无缝对接，为互联网运维和运营提供手术刀般的精准分析。

海量数据的无缝迁移，阿里云存储提供工具、硬盘邮寄等多种方式迁移。同时免费上传，随时加速大文件传输访问，配合阿里云强大的 BGP 网络更加高效。

阿里云的 CDN 具有先进的分布式架构，遍布全球 500 多个加速结点，超过 30 个国家和地区覆盖，让客户在任意时间、地点毫秒级完成数据的浏览、分享与下载，简单易用的服务阿里云存储费用如图 7-18 所示。可以通过官网自助、大客户定制、快速接入 CDN 服务。

中国大陆区域包括：华东1、华东2、华北1、华北2、华北3、华南1：全国统一价，各资源使用单价详情如下：

按量付费-资源详情　包年包月-资费详情

资费项	计费项	标准型单价	低频访问型单价	归档型单价
存储费用（注①）	数据存储	0.148元/GB/月	0.08元/GB/月	0.033/GB/月
流量费用（注②）	内/外网流入流量（数据上传到OSS）	免费	免费	免费
	内网流出流量（通过ECS云服务器下载OSS的数据）	免费	免费	免费
	外网流出流量	00:00-08:00（闲时）：0.25元/GB 8:00-24:00（忙时）：0.50元/GB	00:00-08:00（闲时）：0.25元/GB 8:00-24:00（忙时）：0.50元/GB	00:00-08:00（闲时）：0.25元/GB 8:00-24:00（忙时）：0.50元/GB
	CDN回源流出流量	0.15元/GB	0.15元/GB	0.15元/GB
	跨区域复制流量	0.50元/GB	0.50元/GB	0.50元/GB
请求费用	所有请求类型	0.01元/万次	0.1元/万次	0.1元/万次
数据处理费用（注③）	图片处理	每月0-10TB：免费 >10TB：0.025元/GB	每月0-10TB：免费 >10TB：0.025元/GB	无
	视频截帧	0.1元/千张	0.1元/千张	无
	数据取回	免费	0.0325元/GB	0.06元/GB

图 7-18　阿里云存储费用

面对视频直播应用，阿里云云存储和 CDN 服务，通过 OSS、CDN 加速、消息服务与媒体转码四大功能，实现端到端 2 s 延时，实现鉴黄预警、自动直播转录播、动态水印和截图功能，完美解决直播高并发、大流量的各种挑战和问题。

对象存储 OSS 服务的基础计费项包括存储容量、流量和请求次数。此外，OSS 还提供存储数据处理服务（如图片处理服务等），会根据使用情况单独计量计费，不使用不计费。开通产品时默认按照实际使用量按小时计费（按量付费）；同时也支持购买资源包（包年包月）的方式提前购买资源的使用额度和时长，获取更多的优惠。资源包支持续费和升级。

7.7 应用案例——用二维码大师制作个人名片

二维码大师是一款流行的免费二维码名片制作软件，可以自行制作二维码名片并可添加网址信息、快速拨号信息、短信信息、Wi-Fi 信息。其主要功能是生成二维码名片、对已经生成的二维码名片解码和对二维码名片的美化处理。图 7-19 所示为二维码大师界面的主界面。

图 7-19 二维码大师界面

1. 生成二维码名片

进入软件后，首先会默认停留在生成二维码功能处，左侧的菜单栏可以选择要生成的内容，这里单击“名片信息”按钮，并录入测试数据，随着数据的录入，右侧二维码预览区实时显示录入后对应的二维码，如图 7-20 所示。

点击“保存”按钮，把生成的二维码信息保存为.bmp 格式的图片。测试一下二维码名片是否可用，这里使用手机“扫一扫”，自动把名片生成到通讯录的联系人界面，其中填写的各种信息也一并读取到手机中，如图 7-21 所示。

2. 二维码名片的解码

对于生成的二维码名片，可以通过手机读取，也可以通过本软件来解码数据，单击按钮，此时窗口变成解码界面，如图 7-22 所示。

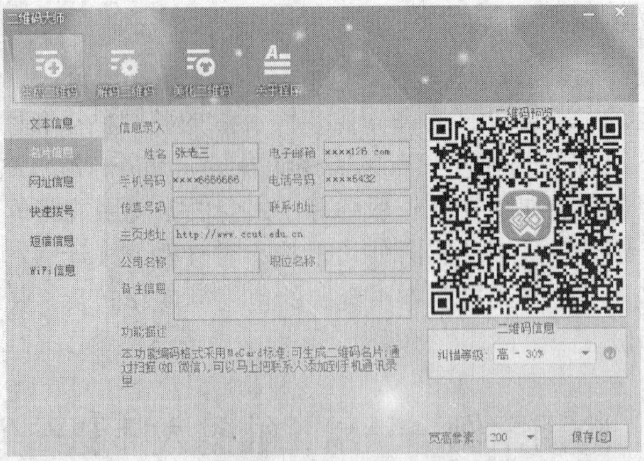

二维码大师
生成二维码　解码二维码　美化二维码　关于程序
文本信息　名片信息　网址信息　快捷拨号　短信信息　WiFi信息
信息录入
姓名 张老三　电子邮箱 xxxx126.com
手机号码 xxxx6666666　电话号码 xxxx6432
传真号码　联系地址
主页地址 http://www.ccut.edu.cn
公司名称　职位名称
备注信息
功能描述
本功能编码格式采用MeCard标准，可生成二维码名片，通过扫描（如 微信），可以马上把联系人添加到手机通讯录里
二维码预览
二维码信息
纠错等级 高 - 30%
宽高像素 200　保存[S]

图 7-20　二维码大师的名片信息录入

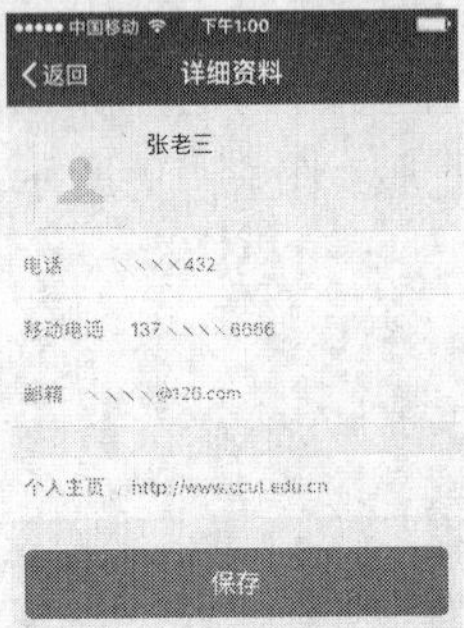

中国移动　下午1:00
返回　详细资料
张老三
电话 xxxx432
移动电话 137xxxx6666
邮箱 xxxx@126.com
个人主页 http://www.ccut.edu.cn
保存

图 7-21　扫描二维码名片后的手机联系人

图 7-22　二维码大师的解码界面

“文件类型”选择“本地文件”，在“文件路径”中单击右侧的□按钮，会弹出“路径选择”对话框，找到刚刚保存的二维码名片的图片，选中并打开。再单击右下的“解码”按钮，软件就会把二维码名片信息解码，并存入到“文件描述”右侧的文本区域中，若与生成时录入的数据一致，即完成解码，如图 7-23 所示。

图 7-23　解码后的效果

3．二维码名片的美化

为了使二维码更加美观，可以进行若干设置。单击 按钮，进入美化二维码界面。美化的功能主要是三个内容：二维码中心的LOGO图标的选择、二维码前景色和二维码背景色。其中前景色默认是黑色的，背景色默认是白色的。这里把软件默认的LOGO图标换掉，在“Logo图标”中单击 按钮，在弹出的“打开”对话框中找到长春工业大学的校标图片，这时右侧的二维码预览变成了校标为中心的二维码名片，如图7-24所示。

图7-24　二维码大师的美化设置

图7-25所示是长春工业大学《计算机多媒体技术》课中部分学生的二维码名片作品欣赏。

图7-25　二维码名片

7.8　应用案例——多媒体光盘的制作

多媒体光盘制作是对多媒体数据进行整理，制作安装光盘，并存放在存储介质中。各种存储介质中光盘是首选载体，因为光盘成本低、承载信息量大、使用简单。同时，为了表达个性化的信息，还需要制作图标，使得自己的产品有自己的标志。

具体步骤如下：

（1）整理多媒体数据。多媒体数据是各种对象数据的总称。在实际制作多媒体作品过程中，由于采用的工具软件存在差异，因此，采用的数据格式也不一样。数据的整理要根据特定的规范来存储：

① 为程序、各种对象文件、数据、提示信息等分别建立各自的文件夹。

② 各种说明、帮助信息，如使用说明书、技术说明书、帮助信息、版权信息、网络登记注册等存放在独立的文件夹中。

③ 文件夹和文件的名称不宜过长，即名字基本部分由不超过 8 个的半角字符或数字组成，扩展部分由小数点和 3 个半角字符或数字组成。由于有些软件对中文不识别，所以尽量使用英文的命名方式。

④ 不要更改特定软件生成的特定文件的数据类型，避免生成的文件无法识别。

（2）图标制作。光盘中的图标有些类似于箭头↓↑或者“播放”按钮，这样的图标可以在互联网中通过搜索得到。为了生成个性化的图标，往往采用有特点的图片或者截图来制作成图标，这样的照片图标是搜索不到的，而是通过照片作为素材生成的。

由于照片图标的尺寸很小，全身照或者细节太多的照片不宜制作图标。目前制作照片图标的工具很多，有很多在线的ICO图标生成工具，图 7-26 是其中的一个工具。

图 7-26　ICO 图标在线制作

操作方法也很简单，单击“选择文件”按钮，在弹出的“打开”对话框内选择一个文件，设置生成的图标的“目标尺寸”，这里选择的是64×64，既是此ICO图标为64行×64列个像素点组成的，单击“生成”按钮，生成并保存文件“favicon.ico”到计算机中，如图7-27所示。

图7-27 保存的ICO文件

（3）制作自动识别程序。当光盘插入到驱动器之后，计算机能自动地执行指定程序。能实现这个功能主要是由于光盘的根目录中存放自动播放程序，即autorun.inf文本文件。在此文件中，包含两个命令：一个是open负责标示执行的命令，另一个是icon负责指示光盘。

例如，启动文件为hello.exe，光盘图标文件是photo.ico，编写autorun.inf文件步骤如下：

① 启动Windows记事本。

② 输入以下语句：

```
[autorun]              ;指示标题，必不可少
open=hello.exe         ;作用是当光盘插入后计算机自动执行光盘根目录下的
                         hello.exe应用程序。
icon=photo.ico         ;作用是以图标文件来代替原先的光驱显示图标。
```

③ 保存文件，命名为autorun.inf。

④ 将autorun.inf、photo.ico一起刻录在光盘根目录下。

（4）刻录激光盘。光盘的刻录是通过刻录机向光盘写数据的过程。刻录光盘时需要安装刻录软件。一般情况下，购买的刻录机都带有刻录软件。用户可根据提示进行操作。不同的刻录软件操作界面不用，但操作大致相同。

① 启动刻录软件，进入主操作界面。

② 添加需要刻录的文件或文件夹。

③ 设置刻录参数。

④ 将刻录的光盘放入刻录机中进行刻录。

⑤ 刻录完成后提示刻录已完成。

（5）制作说明书。为了使用户轻松了解和掌握多媒体作品的性能和使用方法，需要编写多媒体作品的技术说明书和使用说明书，两种说明书编写的侧重点有所不同。

技术说明书用于阐述多媒体作品的技术指标，主要内容包括：

① 明确书写各种媒体文件的格式与技术数据。

② 介绍多媒体程序开发环境。

③ 阐述多媒体程序的运行环境。

④ 写明技术支持的方式。

⑤ 如果引用其他公司或个人的作品或成果，应根据著作法进行相应的解释和说明。

使用说明书的阅读对象是多媒体作品的直接使用者，主要介绍如何使用多媒体作品，具体内容如下：

① 多媒体外包装照片及标题。

② 目录。

③ 打开包装、软件安装。
④ 具体操作说明。
⑤ 对使用中出现的问题进行解释。
⑥ 对于版本更新和修改进行说明。
⑦ 联系方式。

（6）包装设计。包装设计也是一门学问，需要一定的专业知识。多媒体的包装主要是光盘盒以及外包装。光盘盒包括正面、侧面和背面。正面是封面，侧面用来书写多媒体作品的名称，背面是封底，用来描述多媒体作品的文件清单、软硬件环境要求、应用场合、开发者信息等内容。外包装设计包括光盘盒的纸封套设计、塑料盒设计、塑料袋图案设计等。当一个多媒体作品成为真正的商品时，外包装设计必不可少。

小　结

在多媒体存储中，光盘已成为主要的存储介质，光盘存储技术是一种光学信息存储新技术，具有存储密度高、同计算机联机能力强、易于随机检索和远距离传输、还原效果好、便于复制、适用范围广等特点。

光盘常见的分类方法主要包括按照应用格式、物理格式和读写性质划分三种。无论是哪种光存储介质，都是以二进制数据的形式来存储信息的。最常见的光盘是只读光盘和单写型光盘，要在这些光盘中存储数据，需要借助激光把计算机转换后的二进制数据用数据模式刻在扁平、具有反射能力的盘片上。光盘存储系统的主要技术指标包括尺寸、存储容量、光驱的速度、数据传输速率、平均存取时间、光驱接口类型、误码率等。本章还介绍了 CD、DVD 和 BD 的发展及特点。

在网络环境下，必须为多媒体存储开辟更大的空间，DAS、SAN 和 NAS 这三种不同的解决方案各具特色。

思 考 题

1. 两种可读写光盘的工作原理及它们的相同点和不同点是什么？
2. 光盘存储技术基本原理是什么？
3. 对比三种网络存储技术 DAS、NAS 和 SAN，它们的区别是什么？

习　题

一、填空题

1. 光盘存储技术相对以往的存储技术，具有________、________、________、________和________等优点。
2. 光盘可以从不同角度进行分类，其中________是指记录的格式分类方法，________是指数据内容（节目）如何存储在盘上以及如何重放的分类方法。
3. 按照物理格式划分，光盘大致可分为________和________两类。

4. 按照读写限制，光盘大致可分为________、________和________三种类型。

5. CD-ROM 盘片自上而下分别是________、________、________和________。

6. 磁盘的磁道结构采用同心环形光道存储，光盘的光道结构采用________光道存储。

7. 光盘存储器采用了功能强大的错误码检测和纠正措施，常见的对策主要有________、________和________。

8. 一个光盘刻录机上标注有 40X/10X/48X，代表其读取速度为________、刻录速度为________、复写速度为________。

9. 光盘的标准传输速率为________kbit/s。

10. 光盘驱动器读取光盘的信息时，包括三个时间段，为________、________和________，其中________所需时间最短，________所需时间最长。

11. 光盘的工业制作过程主要包括________、________、________、________、________和________。

12. WORM 由________、________、________和________那四个单词组成。

13. CD-DA 的物理结构，从内到外为空白区、________、________和________。

14. CD-ROM 格式一共有三种类型的光道，其中________用于存储声音数据，________用于存储计算机数据，________用于存储压缩的声音数据、静态图像或电视图像数据。

15. CD-R 盘片产品的反射层采用不同的有机染料，主要有________、绿盘和蓝盘。

16. VCD 所需要的目录包括 Root Directory 0（根目录）、CDI、VCD 和用来存储 MPEG Audio/Video 光道文件的________目录。

17. DVD（Digital Video Disc，高密度数字视频光盘）的应用不仅仅是用来存放电视节目，还可以用来存储其他类型的数据，因此后来把 Digital Video Disc 更改为________。

18. 通常情况下 DVD 上会有两个文件夹：________是保留给 DVD 版的激光唱片 DVD-AUDIO 所使用，所以在 DVD 影片光盘中这个文件夹是空的；而________中则保存着影片所有的视频音频和字幕信息。

19. 在 DVD 上有三种格式的文件，其中________用来保存 DVD 影片中的视频数据流、音频数据流、多语言字幕数据流以及供菜单和按钮使用的画面数据，________用来控制视频文件的播放，________用来做信息控制文件的备份。

20. 多媒体网络存储技术一般分为三种，分别是________、________和________。

二、选择题

1. 以下描述不正确的有（　　）

A. 光盘在读出数据时。光盘与光学读写头不互相接触

B. 父盘和母盘所刻数据互为倒模，父盘和子盘所刻数据相同

C. 光盘上层是聚碳酸酯塑料，中间是反射层，底层是保护胶膜

D. 数据在光盘上以数据凹坑形式体现，用凹代表 0，凸代表 1

2. 以下不能提高光盘存储密度的有（　　）。

A. 减小记录信息点的直径　　B. 缩小预刻槽轨道的间距

C. 减少光盘的空白区域　　　　　D. 采用更高压缩率的算法

3. 按照应用格式划分，光盘大致可分为（　　）。

A. 音频　　B. 视频　　C. 文档　　D. 混合

4. 以下格式的光盘是只读方式的有（　　）。

A. DVD-R　　B. CD-DA　　C. VCD　　D. DVD-ROM

5. 以下格式的光盘是可读写方式的有（　　）。

A. CD-R　　B. PCD　　C. VCD　　D. MOD

6. 以下描述不正确的有（　　）。

A. 光盘的用户容量大于格式化容量

B. 光盘在读取数据的时候，将数据写入高速缓冲器，当缓存器满后，一次将缓存器中所有数据传给计算机，然后清空缓存器重新读取

C. 光盘读取数据时稳定时间要远远大于寻道时间

D. 光盘只有一条物理光道，而逻辑光道有许多条

7. 光驱常见的接口类型有（　　）。

A. IDE　　B. USB　　C. SCSI　　D. ATAPI

8. 光盘存储技术依托的新技术有（　　）。

A. 光学非辐射场　　　　B. 近场光学原理

C. 光量子效应　　　　　D. 三维多重体全息存储

E. 光学集成技术　　　　F. 蓝光技术

9. 在光盘存储技术的发展过程中，CD-DA 标准被称为（　　）标准，CD-I 标准被称为（　　）标准，CD-ROM 标准被称为（　　）标准，VCD 标准被称为（　　）标准，CD-R 标准被称为（　　）标准，LD 标准被称为（　　）标准。

A. 红皮书　　B. 黄皮书　　C. 绿皮书

D. 白皮书　　E. 橙皮书　　F. 蓝皮书

10. 以下描述不正确的是（　　）。

A. VCD 中的物理光道只有一个

B. VCD 中的逻辑光道最多有 99 条

C. VCD 中的视频格式的图像必须在 CD-DA 光道后面存储

D. VCD 不能存储 CD-DA 光道格式的数据

11. 以下蓝光光盘的发展简史中不正确的有（　　）。

A. 蓝光光盘工作组（BD Founders）成立于 2002 年 2 月

B. 2004 年 5 月，蓝光光盘工作组改名称为蓝光光盘联盟（Blu-ray Disc Association）

C. 在 2004 年新力计算机娱乐的次世代游戏机 PlayStation 3 采用了红光光盘为标准格式

D. 全球首部配载蓝光光盘播放器的笔记本式计算机是由 Sony 集团推出的

三、简答题

1. 画图说明光盘的光道结构和磁盘的磁道结构区别，说明其各自的优缺点。

2. 对比说明 PCAV、CLV 和 CAV 在读取数据时的区别。

3. 已知已经做 EFM 编码后的光盘 0/1 字符串为 001000100000010000000001000100 0000100010000000，画出此编码对应的光盘存储凸凹坑光道示意图。

4. 列表说明 CD-ROM 标准和 CD-ROM/XA 标准有哪些类型的光道，分别用来存储什么格式的数据。

5. 详细从盘片的直径、厚度、激光波长、光道间距、信息点大小、空间利用率、层数等方面，对比说明 DVD 相对于 CD 是如何扩充存储数据量的。

第 8 章 多媒体传输网络技术基础 «<

当今的信息社会，随着信息高速公路的迅猛发展，人们对通信技术的要求越来越高，对能随意自如地操作、处理与传输图、文、声、像并茂的多媒体信息的期望也日益增长。在此形势下，一种全新的通信技术——多媒体通信应运而生。

多媒体传输网络，即多媒体通信网络，是指可以综合、集成地运行多种媒体数据的计算机网络。在网络上可以运行文字、图形、影像、声音应用程序、视频及动画等多种媒体信息，并对多媒体数据进行获取、存储、处理、传输等。多媒体传输网络具有集成性、交互性、同步性和实时性的特点。

8.1 多媒体信息通信与多媒体传输网络

多媒体信息通信（Multimedia Information Communication）是多媒体技术与通信技术的有机结合，突破了计算机、通信、电视等传统产业间相对独立发展的界限，是计算机、通信和电视领域的一次革命。多媒体通信系统的出现大大缩短了计算机、通信和电视之间的距离，将计算机的交互性、通信的分布性和电视的真实性完美地结合在一起，向人们提供全新的信息服务。

8.1.1 计算机网络基础

1. 计算机网络的概念

对计算机网络的最简单定义是：一些相互连接的、以共享资源为目的的、自治的计算机的集合。

通常情况下，我们定义的计算机网络是指将地理位置不同的具有独立功能的多台计算机系统及其外围设备，通过通信线路连接起来，在网络操作系统、网络管理软件及网络通信协议的管理和协调下，实现资源共享和信息传递的计算机系统。

2. 计算机网络的体系结构

计算机网络的体系结构（Network Architecture）是指网络层次结构模型与各层次协议的集合。目前常用于网络研究和广泛应用的网络体系结构主要是 ISO/OSI 参考模型和 TCP/IP 协议体系结构。

1）OSI 参考模型

OSI 参考模型定义了开发系统的层次结构、层次之间的相互关系，以及各层次所包括的可能的服务。

OSI 参考模型给出的网络体系结构包括七层：物理层、数据链路层、网络层、传输层、会话层、表示层和应用层。

（1）物理层（Physical Layer）：该层的主要功能是定义物理接口的电气与机械属性，还指明了物理接口电路的功能与过程时序。

（2）数据链路层（Data Link Layer）：该层的主要功能是指定建立、维护和终止连接的方法，如传送和同步数据帧、差错修复和访问物理层的协议。

（3）网络层（Network Layer）：该层的主要功能是定义数据在网络上由一端到另一端的路由。提供寻址、网际互联、错误处理、拥塞控制和包排序等服务。

（4）传输层（Transport Layer）：该层的主要功能是在支持终端用户应用程序或服务的终端系统之间提供端到端的通信，支持面向连接或者无连接的协议，提供错误修复和流量控制功能。

（5）会话层（Session Layer）：该层的主要功能是协调不同主机上用户应用程序之间的交互，管理会话（连接）。

（6）表示层（Presentation Layer）：该层的主要功能是处理传输的数据的语法，比如不同数据格式的转换和针对于不同惯例的编码、压缩和加密。

（7）应用层（Application Layer）：该层的主要功能是为应用程序提供网络服务。

2）TCP/IP 体系结构

TCP/IP 参考模型的网络体系结构可分为四个层次：网络接口层、网际层、传输层和应用层。

从实现功能的角度来看，TCP/IP 体系结构的应用层与 OSI 参考模型的应用层、表示层和会话层相对应；TCP/IP 体系结构的传输层与 OSI 参考模型的运输层相对应；TCP/IP 体系结构的网络层与 OSI 参考模型的网际层相对应；TCP/IP 体系结构的网络接口层与 OSI 参考模型的数据链路层和物理层的部分功能相对应。

3. TCP/IP 协议族

TCP/IP 协议族中的协议是目前计算机通信网络的核心内容，在 TCP/IP 体系结构的每层中都有相应的协议。

应用层的协议主要有：DNS、HTTP、SMTP、POP、MIME、FTP 和 SNMP 等。

传输层的协议主要有：TCP 和 UDP。

网际层的协议主要有：IP 协议及其配套协议、路由选择协议和 IP 多播协议等。

网络接口层主要有基于 IEEE802 参考模型的相关协议等。

4. LAN 和 WAN

传统意义上，按照网络的作用范围可分为局域网（Local Area Network，LAN）、城域网（Metropolitan Area Network，MAN）和广域网（Wide Area Network，WAN）。随着计算机网络技术的发展，这三者之间的界限已经变得很模糊。由于城域网在某种程度上一部分可归于局域网，另一部分又可归于广域网，因此，这里不再讨论。

1）局域网（LAN）

局域网是覆盖范围较小的计算机网络，它通过传输媒体和网络适配器将多台计算机互联在一起。目前的局域网技术可以使网内获得很高的通信速率，适合多媒体数据的传输。大部分的局域网都基于IEEE802参考模型，除此之外还有光纤分布式数据接口FDDI等。

2）广域网（WAN）

广域网是地理范围覆盖比较广泛的计算网络。广域网由一些结点交换机以及连接这些交换机的链路组成。目前绝大多数的广域网都是基于光纤传输的。主要的广域网技术有光纤数字系列/光纤同步网（SDH/SONET）、密集波分复用（DWDM）、帧中继（FR）、综合业务数字网（ISDN）和异步传输模式（ATM）等，但随着网络技术的发展，一些技术已经成为历史。

5. 数字接入技术

传统的接入技术主要是模拟接入。例如，对于电话线路，主要是通过调制解调器（Modem）接入计算机等数字设备，但是能够提供的数据传输速度很慢。为了满足现有和新生网络运营者的需要，许多宽带接入技术正处于开发、试验或积极建设之中。目前主要的数字接入技术有xDSL、HFC、光纤接入和无线接入等。

1）数字用户线

数字用户线（Digital Subscriber Line，DSL）技术使得承载电话业务到家庭的线路同样可以用来承载高速数据。

有多种类型的数字用户线技术可供选择。由于大多数用户是下载而不是上传数据，两种DSL——非对称数字用户线（ADSL）和超高速数字用户线（VDSL）提供的下行速率比上行速率更高。根据不同的环路长度，DSL系统可以提供从128 kbit/s直到52 Mbit/s的速率。当前DSL建设的重点是高速互联网接入。

2）电缆调制解调器

安装的有线电视系统具有惊人的带宽容量，但也存在一个棘手的问题：大多数只提供下行传输。在20世纪80年代后期，有线电视公司开始试验上行传输。而通过光纤同轴电缆混合网络（HFC）连接的现代电缆调制解调器（Cable Modem）可以提供超过40 Mbit/s的下行速率，这一带宽被大量用户共享。

该系统一旦建好，不仅能提供高速互联网接入，还可利用IP电话（VoIP）技术提供电话业务。有线电视公司可以自行向市场销售，也可以与竞争本地交换承载者（CLEC）合伙销售此业务。

3）光纤

光纤用户网是指局端与用户之间完全以光纤作为传输媒体的接入网。用户网光纤化有很多方案，有光纤到路边（FTTC）、光纤到小区（FTTZ）、光纤到办公室（FTTO）、光纤到楼层（FTTF）、光纤到户（FTTH）等。

光纤用户网的主要技术是光波传输技术。光纤传输的复用技术发展相当快，多数已处于实用化。

4）无线接入网络

无线接入是指从交换结点到用户终端部分或全部采用无线手段接入技术。展开宽带接入网最迅速的方法可能会是基于无线技术的方法。

无线接入技术可分为移动接入和固定接入两大类。总的来看，宽带固定无线接入技术代表了宽带接入技术的一种新的不可忽视的发展趋势、不仅开通快、维护简单、用户较密时成本低，而且改变了本地电信业务的传统观念，最适于新的本地网竞争者与传统电信公司或有线电视公司展开有效竞争，也可作为电信公司有线接入的重要补充而得到应有的发展。

8.1.2 多媒体信息的传输

由于特点不同，不同类型的多媒体信息在多媒体传输网络中传输，对多媒体传输网络也提出了不同的要求。为了使多媒体信息能够更好地在网络中传输，就需要把握多媒体信息的不同传输特性，改进网络性能，以便适应多媒体信息传输的需要。

1．多媒体信息的特点

1）数据量大

传统的数据采用编码表示，数据量并不大。但多媒体数据量巨大。例如，一幅640×480像素、256种颜色的彩色照片，存储量需要0.3 MB；CD质量双声道的声音，存储量要每秒1.4 MB；数字视频的信息量更大，较小的视频文件需要几十兆字节，大的要几个吉字节，甚至十几或几十个吉字节。

2）数据类型丰富

多媒体数据包括图形、图像、声音、文本和动画等多种形式，即使同属于图像类，也还有黑白、彩色、高分辨率、低分辨率之分。因此，不同的多媒体数据需要用不同的数据类型来表示，这使得多媒体数据类型十分丰富。

3）实时性

多媒体信息中的文本、图片类的媒体是静态的，与时间无关；而声音和活动的视频图像等则与时间相关，通常也被称为时基媒体。在多数情况下，时基媒体都要求实时处理。

4）交互性

人机交互是多媒体最大的特点。多媒体的互动性可以形成人与机器、人与人及机器间的互动、互相交流的操作环境及身临其境的场景，人们根据需要对多媒体信息进行实时控制。

2．多媒体信息的传输特性

1）数据爆炸

在传输多媒体数据时，数据的传输率会发生很大的变化。例如在视频点播系统中，通信过程的大部分时间都是空闲的，但有时会突然发生大数据量的通信。具有很强的突发性和短时的高速率。

2）等时性

连续多媒体数据具有等时特性，每一媒体流为一个有限幅度样本的序列，只有保持媒体流的连续性，才能完整传递媒体流蕴含的意义。一旦媒体流出现断续或者差错，就会导致多媒体信息的效果和质量，严重的会使传输过程终止。

3）容错性

传统的数据传输要求有极高的准确性。而对于图像、声音等多媒体信息来说，丢失一个像素或者一个信息单元本不会对媒体信息的理解造成太大影响。只要包丢失或者出错率在一个可忍受的范围内，就能满足多媒体数据传输的要求。

3．多媒体信息传输对网络的要求

（1）多媒体信息的数据量大、实时性高，有时可能会出现数据爆炸。其中，以视频尤为突出，即使经过数据压缩，数据量也是很大的。因此，要求通信网络具有足够的带宽。

（2）多媒体数据具有等时特性。连续媒体的每两帧数据之间都有一个延迟极限，超出这个极限会导致图像的抖动或语音的断续，因而要求网络延迟必须足够小。

（3）在多媒体应用中往往要对某种时基媒体执行快进、慢进、后退、重复等交互处理，在不同的通信路径传输会产生不同时延和损伤而造成媒体间同步性的破坏。所以要求网络提供同步业务的服务。同时要求网络提供保证媒体本身及媒体间时空同步的控制机制。

8.1.3 多媒体通信网络的主要性能指标

1．带宽

在计算机网络中，带宽表示网络的通信线路所能传送数据的能力，即在单位时间内从网络中的某一点到另一点所能通过的最高数据率。带宽的单位是“比特每秒”（bit/s）。

2．时延

时延（也称延迟）是网络的重要性能指标，主要指数据从网络的一端传送到另一端所需的时间。一般情况下，时延越小，网络性能越好。

3．吞吐量

吞吐量表示在单位时间内通过某个网络的数据量。吞吐量受网络带宽的限制，网络的带宽给出的是吞吐量的上限而网络的实际吞吐量往往比这个值低一些。

4．分组丢失率

分组丢失率被定义为某段时间内丢失的分组数量和传输分组的总数量之比：

$$\text{分组丢失率}=\frac{N_L}{N}$$

其中 N_L 表示这段时间内丢失的分组数量，N 表示这段时间内传输的总分组数量。丢包率较高的网络对多媒体信息的传输影响很大。

5．数据同步偏离

用于评价多媒体数据传输同步的度量方法，通常以毫秒为单位。对于一个高质量的同步传输，音频和视频的最大同步偏离应该是在 ±80 ms 内。有时同步偏离达到 200 ms 也是可以接受的，但是对于一个视频和语音的混合文件来说，应保证其同步偏离不超过 120 ms。

8.1.4 质量服务

根据 ITU-T 在建议书 E.800 中给出的定义，服务质量（Quality of Service，QoS）是服务性能的总效果，此效果决定了一个用户对服务的满意程度。有服务质量的服务就是能够满足用户的应用需求的服务，就是能提供一致的、可预计的数据交付服务。服务质量可用若干参数来决定，如可用性、网络传输率、延迟、吞吐量、分组丢失率、同步偏离、连接建立时间、故障检测和改正时间等。

1. 多媒体服务的种类

多媒体应用服务可划分成以下几种类型，不同的服务类型对服务质量的要求也不同：

（1）实时（也称会晤）：双通信链路、低延迟抖动，可能采用具有优先级的发送方式，如音频电话或者视频电话。

（2）优先级数据：双通信链路、低丢包率，采用具有优先级的发送方式，如电子商务应用系统。

（3）银级：中度延迟、中度抖动，严格有序和同步。单通信链路的应用有视频流，双通信链路（可交互）的应用有网络游戏等。

（4）尽力型服务：不需要实时通信，类似的应用有大文件的下载和传输。

（5）铜级：对传输没有保护措施。

2. 提高服务质量的基本技术

网络上开发的多媒体应用越来越多，仅仅依靠单项技术来提高服务质量是有限的，需要综合各种技术来提高服务质量，下面简单介绍几种基本技术。

1）超量配置

超量配置：提供比实际需求多的网络资源（如网络带宽、路由器和缓存空间等），使数据包能够毫无障碍地从源端到达接收端。

这个方法是谁都能想到但并非容易实施的技术。伴随诸如光存储和光交换等新技术的发展，这样的网络系统也许能够变成现实，至少可像现在的电话系统那样畅通。

超量配置是因特网上保障服务质量的基本方法。

2）缓冲存储

缓冲存储：维持数据包传输速率的有效方法，转发设备将接收到的数据包先存放在存储器中，适当延迟后再转发出去。

对影视点播和音乐点播，抖动是一个主要问题，可将来自网上的声音数据流先存入缓冲存储器，延迟后再送到媒体播放器，这样可部分消除声音或视像不连续的问题。

使用缓冲存储技术不影响可靠性和带宽，其好处是可以部分平滑或消除抖动，其缺点是增加了数据包的延迟时间。

缓冲存储器的容量越大，消除抖动的能力就越强，但也增加了延迟时间，在应用中需要加以折中。

3）管制机制

网络设备（主机、路由器、交换机和集线器）都有网络接口，它把数据包从一个接口传到另一个接口，而且每个接口都以有限的速率接收和发送数据包。

如果数据包到达接口的速率超过它转发数据包的速率，就会出现网络拥塞。其结果就可能出现到达目的地的时间延长、抖动加剧、数据包丢失等现象。

在数据包传输过程中，为降低因网络拥塞而造成的服务质量下降，可以采用管制机制将传输速率不均匀的输入数据包流变成速率恒定的输出数据包流，目的是控制进入网络的数据流量。

比较著名的有漏桶算法（Leaky Bucket Algorithm）和标记漏桶算法（Token Bucket Algorithm）。

4）调度机制

调度机制管理数据包流通过网络设备的排队规则。这里讨论几种网络中常用的调度（排队）策略。

如果不采用专门的调度机制，那么默认的规则就是先进先出（First In First Out，FIFO）。当队列已满时，后到达的数据包就被丢弃。先进先出的最大缺点是不能区分时间敏感数据包和一般数据包，这使得排在长数据包后面的短数据包要等待很成时间。

在先进先出的基础上，给每个数据包指定一个优先级，就形成了按优先级排队的规则，使得优先级高的数据包优先得到服务。

简单地按优先级排队会带来一个缺点，就是高优先级队列中如果总存在数据包时，低优先级队列中的数据包将长期得不到服务。这同样是不公平的。公平排队（Fair Queuing，FQ）可以解决这个问题。公平排队是对每种类别的数据流设置一个队列，然后轮流使每个队列一次只能发送一个数据包，对于空队列就跳过去。

但是公平排队也有其不公平的地方，就是长数据包得到的服务时间长，而短数据包比较吃亏，并且公平排队并没有区分分组的优先级。

加权公平排队（Weighted Fair Queuing，WFQ）是在公平排队算法基础上修改的数据流调度方法，即给每个数据包指定一个优先级，使高优先级队列中的数据包有更多的机会得到服务。

3. 综合服务

最早研究在因特网中提供服务类别划分的是 IETF 提出的综合服务（Integrated Services，Int Serv）。IntServ 可对单个的应用会话提供服务质量的保证，其主要特点如下：

（1）资源预留。一个路由器需要知道不断出现的会话以及预留了多少资源。

（2）呼叫建立。一个需要服务质量保证的会话必须首先在源端到目的端的路径上的每一个路由器上预留足够的资源，以保证其端到端的服务质量的要求。

IntServ 定义了两类服务：

（1）有保证的服务（Guaranteed Service）：可保证一个数据包在通过路由器时的排队时延有一个严格的上限。

（2）受控负载的服务（Controlled-load Service）：可以使应用程序得到比通常的“尽最大努力”更加可靠的服务。

IntServ 共有以下四个组成部分：

（1）资源预留协议 RSVP：它是 IntServ 的信令协议。

（2）接纳控制（Admission Control）：用来决定是否同意对某一资源的请求。

（3）分类器（Classifier）：用来把进入路由器的数据包进行分类，并根据分类的结果把不同类别的数据包放入特定的队列。

（4）调度器（Schedule）：根据服务质量要求决定数据包发送的前后顺序。

综合服务虽然能够提供一定程度的服务质量保证，但还存在许多问题：

（1）状态信息的数量与数据流的数目成正比，尤其是在大型网络中，按每个流进行资源预留会产生相当大的开销。

（2）综合服务结构复杂。要在整个网络中实现综合服务就必须让每个路由器都具有综合服务的结构，否在就不能保证服务质量。

（3）综合服务定义的服务质量等级太少，不够灵活。

4. 区分服务

由于综合服务（IntServ）存在很多问题，很难在大规模的网络中实现，因此 IETF 提出了一种新的策略，这就是区分服务（Differentiated Services，DiffServ，简写为 DS）。具有区分服务功能的结点称为 DS 结点。

（1）区分服务基本工作流程：首先 ISP 和用户商定一个服务等级协议（Service Level Agreement，SLA），在 SLA 中指明了被支持的服务，然后发送主机根据 SLA 对数据包进行分类、做等级标记，经过边缘路由器调整和排队后送到核心路由器，核心路由器按照每个数据包的服务级别标记决定如何转发数据包。

（2）区分服务的主要内容有：

① 区分服务不改变网络的基本结构，只是在路由器中增加区分服务的功能。

区分服务将 IPv4 中 8 位的服务类型字段 TOS 和 IPv6 中的通信量类字段重新定义为区分服务。利用 DS 字段的不同值就可以提供不同等级的服务质量。路由器根据 DS 字段的值来处理分组的转发。目前，DS 字段只使用其中的前 6 位，即区分服务码点（Differentiated Services Code Point，DSCP），后面的两位暂时不用，标记为（Currently Unused，CU）。

② 使用区分服务的网络被划分为多个 DS 域（DS Domain）。一个 DS 域在一个管理实体的控制下实现同样的区分服务策略。区分服务将所有复杂性都放在 DS 域的边界结点（Boundary Node）中，而使 DS 域内的路由器工作尽可能简单。

③ 边界路由器的功能较多，具体可分为分类器（Classifier）和通信量调节器（Conditioner）两个部分。调节器由标记器（Marker）、整形器（Shaper）和测定器（Meter）三部分组成。分类器根据首部中的一些字段对分组进行分类，然后将分组交给标记器。标记器根据分组的类别设置 DS 字段的值。测定器根据事先商定的 SLA 不断地测定数据流的速率，然后确定应采取的行为。整形器中设有缓冲队列，可以将突发的分组峰值速率平滑为较均匀的速率，或丢弃一些分组。在分组进入内部路由器后，路由器就根据 DS 值进行转发。

④ 区分服务还提供了一种聚合（Aggregation）功能。区分服务不是为网络中的每一个流维持供转发时使用的状态信息，而是把若干流根据其 DS 值聚合成少量的流。

路由器对相同 DS 值的流都按相同的优先级进行转发，极大简化了内部路由器的转发过程。

⑤ 区分服务还定义在转发分组时体现服务水平的每跳行为 PHB（Per-Hop Behavior）。这里的“行为”是指在转发分组时路由器对分组是如何处理的。而“每跳”是强调只涉及本路由器转发的这一跳的行为，而下一跳路由器如何处理则与本路由器无关。

IETF 的区分服务工作组已经定义两种 PHB：迅速转发 PHB 和确保转发 PHB。

（1）迅速转发 PHB（Expedited Forwarding PHB），记为 EF PHB。EF 指明离开一个路由器的通信量的数据量必须等于或大于某一个数值。因此 EF PHB 用来构造通过 DS 域的一个低丢包率、低时延、低时延抖动、确保带宽的端到端服务。这种服务又被称为 Premium 服务。对应于 EF 的 DSCP 值为 101110。

（2）确保转发 PHB（Assured Forwarding PHB），记为 AF PHB。AF 用 DSCP 的第 0～2 位把通信量划分为四个等级（分别为 001、010、011、100），并给每一个等级提供最低数量的带宽和缓存空间。对于其中的每一个等级再用 DSCP 的第 3～5 位划分出三个“丢弃优先级”（分别为 010、100、110，从低到高）。当网络发生拥塞时，对于每一个等级的 AF，路由器都首先把“丢弃优先级”较高的数据包丢弃。

8.2 多媒体通信网络的核心技术

多媒体通信是一项综合技术，其中多媒体计算机与多媒体数据库是它的核心；图像与语音压缩技术是它的重要支柱；多媒体通信网是传输多媒体信息的重要手段。下面简要介绍多媒体通信网络的核心技术。

8.2.1 IP 多播

随着因特网的发展，出现了视频点播、电视会议、远程学习等新的多媒体应用。传统的点到点通信方式，不仅浪费大量的网络带宽，而且效率很低。一种有效利用现有带宽的技术就是多播技术。1988 年，Steve Deering 在他的博士论文中首先提出 IP 多播技术。多播是一种点到多点（多点到多点）的通信方式，即多个接收者同时接收一个源发送的相同信息。IP 多播在邮件列表、公告板、文件组传送、音频/视频点播、音频/视频会议等应用中具有很大的作用。

8.2.2 实时传输协议

实时传输协议（Real-time Transport Protocol，RTP）是一个网络传输协议，由 IETF 的多媒体传输工作组（Audio/Video Transport WG）开发。

实时传输协议（RTP）为实时应用提供端到端的运输，但不提供任何服务质量的保证。RTP 协议详细说明了在互联网上传递音频和视频的标准数据包格式。它一开始被设计为一个多播协议，但后来被用在很多单播应用中。RTP 协议常用于流媒体系统（配合 RTSP 协议）、视频会议和一键通（Push to Talk）系统（配合 H.323 或 SIP），使它成为 IP 电话产业的技术基础。RTP 协议和实时传输控制协议（RTCP）一起使用，

而且它是建立在用户数据报协议（UDP）上的。

从应用开发者的角度看，RTP应当是应用层的协议，因为开发人员必须把RTP集成到应用程序中。在发送端，开发人员把执行RTP协议的程序写入到创建RTP分组的应用程序中，然后应用程序把RTP分组发送到UDP的套接字接口（Socket Interface）；同样，在接收端，RTP分组通过UDP套接字接口输入到应用程序，开发人员把执行RTP协议的程序写入到应用程序，以便从RTP分组中提取多媒体数据。

然而，实时传输协议的名字又隐含地表示它是一个运输层协议。由应用程序生成的多媒体数据块被封装在RTP信息包中，RTP向多媒体应用程序提供服务（如使用时间戳和序号），每个RTP信息包被封装在UDP消息段中，然后再封装在IP数据包中。因此，RTP可以看成是在UDP之上的一个传输层子层的协议。

RTP协议工作时，在端口号1025～65535之间选择一个未使用的偶数UDP端口号，而在同义词会话中的RTCP则使用下一个奇数UDP端口号。端口号5004和5005分别作为RTP和RTCP的默认端口号。

8.2.3 实时控制协议

实时传输控制协议（Real-time Transport Control Protocol，RTCP）是与RTP配合使用的协议。

RTCP为RTP媒体流提供信道外控制。RTCP本身并不传输数据，但和RTP一起协作将多媒体数据打包和发送。RTCP定期在流多媒体会话参加者之间传输控制数据。RTCP的主要功能是为RTP所提供的服务质量提供反馈。

RTCP收集相关媒体连接的统计信息，如传输字节数、传输分组数、丢失分组数。JITTER、单向和双向网络延迟等。网络应用程序可以利用RTCP所提供的信息试图提高服务质量，如限制信息流量或改用压缩比较小的编解码器。

RTCP本身不提供数据加密或身份认证。安全实时传输控制协议（Secure Real-time Transport Control Protocol，SRTCP）可用于此类用途。

8.2.4 资源预留协议

资源预留协议（Resource ReSerVation Protocol，RSVP）是一种用于互联网上质量整合服务的协议。RSVP允许主机在网络上请求特殊服务质量用于特殊应用程序数据流的传输。路由器也使用RSVP发送服务质量（QoS）请求给所有结点（沿着流路径）并建立和维持这种状态以提供请求服务。通常RSVP请求将会引起每个结点数据路径上的资源预留。

RSVP只在单方向上进行资源请求，因此，相同的应用程序，同时可能既担当发送者也担当接收者，但RSVP对发送者与接收者在逻辑上是有区别的。RSVP运行在IPv4或IPv6上层，占据协议栈中传输协议的空间。RSVP不传输应用数据，但支持因特网控制协议，如ICMP、IGMP或者路由选择协议。正如路由选择和管理类协议的实施一样，RSVP的运行也是在后台执行，而并非在数据转发路径上执行。

RSVP本质上并不属于路由选择协议，RSVP的设计目标是与当前和未来的单播

（Unicast）和组播（Multicast）路由选择协议同时运行。RSVP 进程参照本地路由选择数据库以获得传送路径。以组播为例，主机发送 IGMP 信息以加入组播组，然后沿着组播组传送路径，发送 RSVP 信息以预留资源。路由选择协议决定数据包转发到哪。RSVP 只考虑根据路由选择所转发的数据包的 QoS。为了有效适应大型组、动态组成员以及不同机种的接收端需求，通过 RSVP，接收端可以请求一个特定的 QoS。QoS 请求从接收端主机应用程序被传送至本地 RSVP 进程，然后 RSVP 协议沿着相反的数据路径，将此请求传送到所有结点（路由器和主机），但是只到达接收端数据路径加入到组播分配树中时的路由器。所以，RSVP 预留开销是和接受端的数量成对数关系而非线性关系。

8.2.5　实时流协议

实时流协议（Real Time Streaming Protocol，RTSP）建立并控制一个或几个时间同步的连续流媒体，如音频和视频。尽管连续媒体流与控制流交叉是可能的，RTSP 本身并不发送连续流。换言之，RTSP 充当多媒体服务器的网络远程控制。RTSP 提供了一个可扩展框架，实现实时数据（如音频与视频）的受控、按需传送。数据源包括实况数据与存储的剪辑。RTSP 用于控制多个数据发送会话，提供了选择发送通道（如 UDP、组播 UDP 与 TCP 等）的方式，并提供了选择基于 RTP 的发送机制的方法。

RTSP 会话不会绑定到传输层连接，如 TCP。在 RTSP 会话期间，RTSP 客户端可打开或关闭多个对服务器的可靠传输连接以发出 RTSP 请求。它也可选择使用无连接传输协议，如 UDP。

RTSP 控制的流可能用到 RTP，但 RTSP 操作并不依赖用于传输连续媒体的传输机制。RTSP 在语法和操作上与 HTTP/1.1 类似，因此 HTTP 的扩展机制在多数情况下可加入 RTSP。但在很多重要方面 RTSP 仍不同于 HTTP：

（1）RTSP 引入了大量新方法并具有一个不同的协议标识符。

（2）在大多数情况下，RTSP 服务器需要保持默认状态，与 HTTP 的无状态相对。

（3）RTSP 中客户端和服务器都可以发出请求。

（4）在多数情况下，数据由不同的协议传输。

（5）RTSP 使用 ISO 10646（UTF-8）而并非 ISO 8859-1，与当前的国际标准 HTML 相一致。

（6）URI 请求总是包含绝对 URI。为了与过去的错误相互兼容，HTTP/1.1 只在请求过程中传送绝对路径并将主机名置于另外的头字段。

该协议支持如下操作：

（1）从媒体服务器上检索媒体：用户可通过 HTTP 或其他方法提交一个演示描述请求。

（2）媒体服务器邀请进入会议：媒体服务器可被邀请参加正进行的会议，或回放媒体，或记录部分或全部演示。

（3）将新媒体加到现有演示中：若服务器能告诉客户端接下来可用的媒体内容，对现场直播显得尤其有用。

8.2.6 超文本与超媒体技术

1. 超文本和超媒体的概念

超文本（Hypertext）是用超链接的方法，将各种不同空间的文字信息组织在一起的网状文本。超文本更是一种用户界面范式，用以显示文本及与文本之间相关的内容。现时超文本普遍以电子文档方式存在，其中的文字包含有可以链接到其他位置或者文档的链接，允许从当前阅读位置直接切换到超文本链接所指向的位置。超文本的格式有很多，目前最常使用的是超文本标记语言（Hyper Text Markup Language，HTML）及富文本格式（Rich Text Format，RTF）。人们日常所浏览的网页都属于超文本。

同时，超文本又是一种按信息之间关系非线性地存储、组织、管理和浏览信息的计算机技术。超文本技术将自然语言文本和计算机交互式地转移或动态显示线性文本的能力结合在一起，它的本质和基本特征就是在文档内部和文档之间建立关系，正是这种关系给了文本以非线性的组织。概括地说，超文本就是收集、存储和浏览离散信息以及建立和表现信息之间关联的技术。

超文本不是顺序的，而是一个非线性的网状结构，它把文本按其内部固有的独立性和相关性划分成不同的基本信息块，称为结点。超文本就是由结点和表达结点之间关系的超链接所组成的信息网络。因此，超文本由三个要素组成：结点，超链接和网络。

超媒体是从超文本衍生而来的。超媒体与多媒体之间有着不可分割的密切关系。超文本中的结点不仅可以是文本，还可以是图形、图像、动画、音频、视频等多媒体信息，甚至是计算机程序或它们的组合，这就形成了超媒体。简言之，超媒体就是“多媒体+超文本”。

2. 超文本的特点

超文本主要具有如下几个特点：

（1）多种媒体信息。超文本的基本信息单元是结点，它可以包含文本、图形、图像、动画、音频和视频等多种媒体信息。

（2）网络结构形式。超文本从整体来讲是一种网络的信息结构形式，按照信息在现实世界中的自然联系以及人们的逻辑思维方式有机地组织信息，使其表达的信息更接近现实生活。

（3）交互特性。信息的多媒体化和网络化是超文本静态组织信息的特点，而交互性是人们在浏览超文本时最重要的动态特征。

3. 超文本系统及其特点

基于超文本信息管理技术组成的系统称为超文本系统，它能对超文本信息进行管理和使用。最成功的超文本系统，是因特网上使用 HTTP 协议的 Web 系统。

一个典型的超文本系统具有如下特征：

（1）超文本的数据库是由“声、文、图”类结点或内容组合的结点组成的网络，内容具有多媒体化，网状的信息结构使它的信息表达接近现实世界。

（2）屏幕中的窗口和数据库中的结点具有对应关系。

（3）超文本的设计者可以很容易地按需要创建结点，删除结点、编辑结点等，同样也可生成链接、完成链接、删除链接、改变链接的属性等操作。

（4）用户可对超文本进行浏览和查询。

（5）具备良好的扩充功能，接受不断更新的超媒体管理和查询技术，为作者提供吸纳新写作方法的途径。

超文本系统的主要特点有：

（1）在用户界面中包括对超文本的网络结构的一个显式表示，即向用户展示结点和超链接的网络形式。

（2）向用户给出一个网络结构动态图，使用户在每一时刻都可以得到当前结点的邻接环境。

（3）在超文本系统中一般使用双向链，这种超链接应支持跨越各种计算机网络，如局域网和广域网。

（4）用户可以通过联想及感知，根据需要动态地改变网络中的结点和超链接，以便对网络中的信息进行快速、直观、灵活的访问，如浏览、查询、标注等。这种联想和感知是被准确地定义的，并要求有好的性能/价格比。

（5）尽可能不依赖于它的具体特性、命令或信息结构，而更多地强调它的用户界面的“视觉和感觉”。

4．超文本和超媒体的体系结构

超文本和超媒体的体系结构模型中较著名的是 Campbell 和 Goodman 模型（见图 8-1），另一个是从事超文本标准化研究 Dexter 小组提出的 Dexter 模型（见图 8-2）。

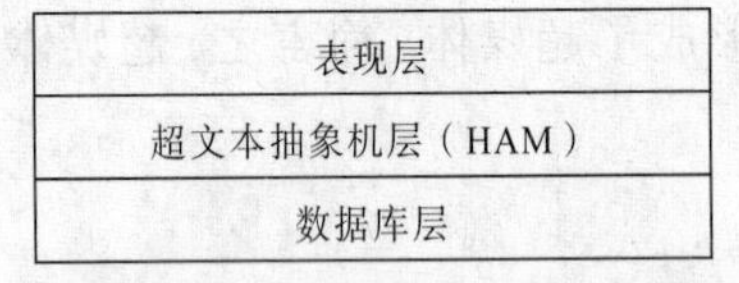

图 8-1　Campbell 和 Goodman 模型

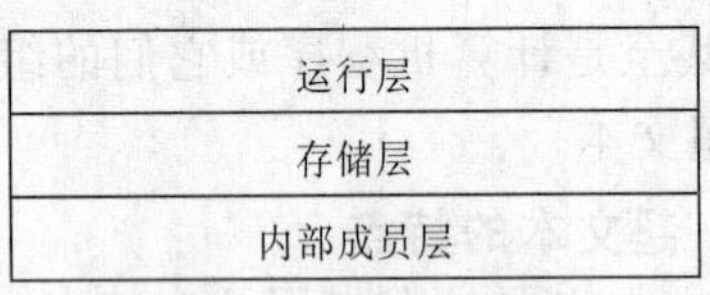

图 8-2　Dexter 模型

1）数据库层

数据库层是模型中的最低层，它涉及所有传统的有关信息存储的问题，实际上这一层并不构成超文本系统的特殊性。但是它以庞大的数据库作为基础，而且在超文本系统中的信息量大，需要存储的信息量也就大。一般要用到磁盘、光盘等大容量存储器，或把信息存放在经过网络访问的远程服务器上，不管信息如何存放，必须要保证信息的快速存取。

2）超文本抽象机层

超文本抽象机层（Hypertext Abstract Machine，HAM）是三层模型中的中间层，这一层决定了超文本系统结点和超链接的基本特点，记录了结点之间链的关系，并保存了有关结点和超链接的结构信息。在这一层中可以了解到每个相关联的属性。例如结点的“物主”属性，这一属性指明该节点由谁创建的，谁有修改权限、版本号或关键词等。

3）用户接口层

用户接口层也称表示层或用户界面层，是三层模型中的最高层，也是超文本系统特殊性的重要表现，并直接影响超文本系统的成功。它应该具有简明、直观、生动、灵活、方便等特点。用户接口层是超文本和超媒体系统人－机交互的界面。用户接口

层决定了信息的表现方式、交互操作方式以及导航方式等。

5. 超文本与超媒体的应用

随着多媒体技术的发展，超文本与超媒体技术具有广阔的应用前景。超文本与超媒体的组织和管理信息方式符合人们的“联想”思维习惯。适合于非线性的数据组织形式，以它独特的表现方式，得到了广泛的应用。

1）办公自动化

Apple公司的Hypercard软件展示了把Hypercard用于办公室的日常工作的一个方面，它以卡片的形式提供了形象的电话簿、备忘录、日历、价格表与文献摘要等，是应用多媒体管理技术的一个实例。

2）大型文献资料信息库

由超文本与超媒体技术的独特优点，被广泛应用于大型文献资料信息库的建设，目前已经研制出来的中英文字典系统，就是按照超文本与超媒体的方式组织和构造的，它收录了25万条目，计4 181万字，186万个记号，采用这种方式存储的30卷百科全书，查询时间只需几秒钟。

3）综合数据库应用

在各类工程应用中，要求用图纸、图形、文字、动画或视频表达概念和设计，一般数据库系统是无法表达的，而超文本与超媒体技术为这类工程提供了强有力的信息管理工具，不少系统已将它应用于联机文档的设计和软件项目的管理。

4）友好的用户界面

超文本与超媒体不仅是一项信息管理技术，也是一项界面技术。图形用户接口GUI使用户桌面由字符命令菜单方式转为图形菜单方式，而超文本技术在GUI基础上再上了一个新台阶，即多媒体用户口接口MMGUI，数字、图形、图像、动画、音频、视频等信息均能展现在用户的面前。

6. 超文本与超媒体存在的问题

超文本与超媒体是一项正在发展中的技术，虽然它有许多独特的优点，但也存在许多不够完善的方面。

1）信息组织

超文本的信息是以结点作为单位。如何把一个复杂的信息系统划分成信息块是一个较困难的问题。例如一篇文章，一个主题，又可能分成几个观点，而不同主题的观点又相互联系，若把这些联系分割开来，就会破坏文章本身想表达的思想，结点的组织和安排就可能要反复调整和组织。

2）智能化

虽然大多数超文本系统提供了许多帮助用户阅读的辅助信息和直观表示。但因超文本系统的控制权完全交给了用户，当用户接触一个不熟悉的题目时，可能会在网络中迷失方向。要彻底解决这一问题，还需要研究更有效的方法，这实际上是要超文本系统具有某种智能性，而不是只能被动地沿链跳转。超文本在结构上与人工智能有着相似之处，使它们有机地结合将成为超文本与超媒体系统的必然趋势。

3）数据转换

超文本系统数据的组织与现有的各种数据库文件系统的格式完全不一样。引入超文本系统后，如何为传统的数据库数据转换到超文本中也是一个问题。

4）兼容性

目前的超文本系统大都是根据用户的要求分别设计的，它们之间没有考虑到兼容性问题，也没有统一的标准可循。所以要尽快制定标准并加强对版本的控制。标准化是超文本系统的一个重要问题，没有标准化，各个超文本系统之间就无法沟通，信息就不能共享。

5）扩充性

现有的超文本系统，有待于提高检索和查询速度，增强信息管理结构和组织的灵活性，以便提供方便的系统扩充手段。

6）媒体间协调性

超文本向超媒体的发展也带来了一系列需要深入研究的问题，如多媒体数据如何组织，各种媒体间如何协调，结点和链如何表示；将音频和视频这一类与时间有密切关系的媒体引入到超文本中，对系统的体系结构将产生什么样的影响，当各种媒体数据作为结点和链的内容时，媒体信息时间和空间的划分，内容之间的合理组织都是在多媒体数据模型建立时要认真解决的问题。

7. 超文本与超媒体发展的前景

1）由超文本向超媒体发展

从超文本到超媒体是技术发展的进步，也是技术发展的必然性。超文本向超媒体的转变不仅是将文本媒体扩展到其他媒体，而且还要能使系统自动地判断媒体类型，并执行对应的操作。对图像的热区、视频的热点等都能引起类似于热字的反应、多媒体的表现及基本内容的检索等。超文本向超媒体的转变，大大增强了其功能和性能，也增加了系统实现的难度。

2）由超媒体向智能超媒体发展

在超媒体技术的研究中，有人提出智能超媒体或专家超媒体（Expertext）。这种超媒体打破了常规超媒体文献内部和它们之间严格的链的限制，在超媒体的链和结点中嵌入知识或规则，允许链进行计算和推理，使得多媒体信息的表现具有智能化。

3）由超媒体向协作超媒体发展

超媒体建立了信息之间的链接关系，那么也可用超媒体技术建立人与人之间的链接关系，这就是协作超媒体技术。超媒体结点与链的概念使之成为支持协同性工作的自然工具。协同工作使得多个用户可以在同一组超媒体数据上共同进行操作。未来的电子邮政、公共提示板等都可能应用到超媒体系统中。

8.3 分布式多媒体系统

随着计算机的应用不断向广度和深度发展，计算机系统也由单机向多机、由集中式向分布式发展。因为大量的应用是分散的，20 世纪 90 年代计算机系统是以网络为中心。分布式计算机系统和集中式单机系统相比具有潜在的优势，具有好的性能价格比，可靠性更高，且灵活易于扩充。特别是系统透明性，使用户使用分布式系统就像使用一台单机系统一样。计算机通信已得到广泛应用，分布式系统也取得了很大的发展。分布式多媒体系统伴随着多媒体技术、计算机技术和网络技术的发展应运而生，具有广阔的应用前景。

8.3.1 分布式多媒体系统的定义

分布式多媒体系统的研究还处于初级阶段，目前还没有较为严格的定义，随着技术的进步，分布式多媒体系统会不断地完善和发展。人们可以简单地认为分布式多媒体系统就是把多媒体信息的获取、表示、传输、存储、加工、处理集成为一体，运行在一个分布式计算机网络环境中。它是把多媒体信息的综合性、实时性、交互性和分布式计算机系统的资源分散性、工作并行性和系统透明性相结合。

8.3.2 分布式多媒体系统的基本特征

分布式多媒体系统具有多媒体综合性、资源分散性、运行实时性、管理集中性、操作交互性、系统透明性等基本特征。

1. 多媒体综合性

信息的采集、存储、加工、传输都是通过不同的载体进行的。单一的信息载体都是单一的媒体，如计算机中的文本、图像处理中的图像等。单一媒体的采集、存储、传输都有自己的理论和一系列的专门技术。而把上述多种媒体综合在一起，也称多媒体一体化。所谓一体化，就是指不同的媒体不同类型的信息能采用同样的（或非常接近）的接口，统一进行管理。人们所指的统一管理就是它们能存储在一个文件中，而且不同媒体的信息能从一种形式转换为另一种形式，系统对不同媒体信息能自动地转换。因此，它将大大提高计算机应用效率和水平，扩展其应用范围。

这种一体化的分布式多媒体系统，不仅能改善现存的各种信息系统性能，而且必将开拓很多新的应用，使计算机应用从科学计算、事务处理、管理和控制扩展到人们和生活、娱乐、学习结合为一个整体。通过计算机和家电相结合，使信息社会进入一个崭新的时代。

2. 资源分散性

与单机模式的多媒体系统不同，分布式多媒体系统的多媒体资源都是分散存储的。实际使用时，逻辑上看似集中的资源，在其功能上和地理上都是分散的。一般来说，系统都是基于客户机／服务器模型（Client/Server），系统都是采用开放模式，系统中很多结点客户共享服务器上的资源。

这样的系统完全不同于传统的个人多媒体计算机，而且通过高速、宽带网络互连成分布式系统。但它又不同于只是共享数据的现存的分布式系统。它共享的是各种不同媒体信息资源。系统中的多种媒体资源可以在一个服务器上，也可以分散在不同的服务器上。这种多媒体的文件服务器也可以只使用一个服务器，在该服务器上利用不同进程，通过分布式进程调度管理不同的媒体信息。从操作系统资源管理的角度来看，这种分布式多媒体系统的资源分散管理的实现可能要改造和重新设计分布式多媒体计算机系统的操作系统，要对通信协议进行改造，要引入新的远程过程调用的机制，在这方面有很多问题尚需要进一步研究。

3．运行实时性

计算机系统中的文本数据几乎没有实时性要求，而多媒体中的音频、视频等都是和时间相关的连续媒体，要求计算机系统提供实时特性。其关键问题是如何把多媒体信息（如音频、视频等）与计算机的文本数据匹配和组合形成一个整体。特别是为了实现多媒体信息传输要解决通信协议和远程过程调用等问题。多媒体信息的引入要求分布式计算机系统必须解决实时性才能达到实用效果。关于分布式多媒体环境的应用、通信和计算机系统实时性将是十分重要的研究问题。

4．管理集中性

由于所有的分布式系统都是同一个网络连接在一起的，所以很容易实现信息系统的统一管理。在专用的分布式多媒体系统中，计算机组成网络，每台计算机可以与一台或多台计算机连接，作为大型应用项目设计协同工作的一个成员，由分布式操作系统统一进行控制和管理。

5．操作交互性

系统中交互性是指在分布式系统中，发送、传播和接收各种多媒体信息是实时交互式操作方式。随时可以对多媒体信息进行加工、处理、修改、放大和重新组合。这一特点可以区别广播、电视等系统。广播，电视等系统是被动的接收，接收者在接收过程中不能对屏幕每一帧进行加工、修改、放大和缩小，更不能对显示的图像进行修改和操作，如在一个屏幕上开多个窗口进行交互式操作。而分布式多媒体系统中这种操作交互性，使每个客户机可以实时地任意选择不同服务器的各种多媒体资源，甚至可以在同样的运动图像上根据不同的需要组合出不同的声音，还可以通过摄像机把观众现场直接叠加到活动的视频图像上去。

6．系统透明性

系统透明性是分布系统的主要特征。分布式多媒体系统中的透明性，主要是因为系统中的资源也是分散的，用户在全局范围内使用相同的名字可以共享全局的所有资源。这种透明性又分为位置透明、名字透明、存取透明、并发透明、故障透明、迁移透明和性能透明，更高级形式的透明性是语义透明。

8.3.3 分布式多媒体系统的服务模型

20世纪90年代以来，在分布式系统中行之有效的基于客户机/服务器的模型已在计算机系统、软件、数据库和应用领域被普遍应用。分布式多媒体计算机系统中从总体上来看，应采用客户机/服务器模型，即把一个复杂的多媒体任务分成两个部分去完成，运行在一个完整的分布式环境中。也就是说，在前端客户机上运行应用程序，而在后端服务器上提供各种各样的特定的服务，如多媒体通信服务、多媒体数据压缩编码和解码、多媒体文件服务和多媒体数据库等。

从用户的观点来看，客户机/服务器模型就是客户机首先提出服务请求，通过系统中的远程过程调用向服务器发出请求，系统根据资源分配决定访问相应的服务器，

服务器是通过网络或分布式低层网络互连而实现这样一个完整的请求和服务的过程。

从本质上看，客户机/服务器的概念早在 20 世纪 80 年代初就已提出，一直作为分布式系统的基本概念模型而受到人们的青睐。客户机／服务器其实质是指分布式系统中两个进程之间的关系。更确切地说，客户机和服务器都是进程，两个进程要互相通信建立合作关系，客户机进程首先发出请求，而服务器进程根据请求执行相应的作业和服务，完成一个调用过程后，将结果再送回到客户机。

客户机进程和服务器进程都是相对的概念。两个进程可以在一台机器内并存，也可跨过网络而在异构的两台机器上运行。因此，客户机和服务器模型和系统无直接关系，只是分布式系统中的一种设计思想和概念模型。

8.3.4 分布式多媒体系统的层次结构

分布式多媒体系统从功能上可分为四层：多媒体接口层和多媒体传输层多媒体应用层、多媒体流管理层。

1. 多媒体接口层

多媒体接口层是分布式多媒体系统的底层，是系统与各种媒体通信输入/输出的接口，用来连接各种多媒体设备。这层的主要功能是根据具体的多媒体设备，实现数据的转换和多媒体信息的输入/输出。

多媒体接口层提供的具体服务如下：

（1）实现数据的模/数和数/模转换。

（2）实现多媒体数据的输入/输出。

（3）对于输入数据进行必要处理，如插入时间标记等。

2. 多媒体传输层

多媒体传输层根据要传输的多媒体信息选择不同的传输策略，再按目的地址确定是直接传输到本地的接口层还是通过网络发送到远程结点的接口层。同时该层还负责接收接口层输入的多媒体数据。多媒体传输层提供了各种同步或异步的协议，但这些协议必须要满足实时性要求。分布式多媒体系统一般都基于高速网络和轻量级协议，这与传统的一般网络协议不同。

多媒体传输层提供的具体服务如下：

（1）提供各种多媒体数据传输协议。

（2）接收本地或远程传输的数据，并提交给高层。

3. 多媒体流管理层

流是对特定媒体相关的数据抽象。表示媒体的数据流根据合成或采样的不同可分为两类：一是基于数字采样的连续媒体流，这种集成的连续媒体流不是单一媒体而是综合多个采样的连续媒体流；二是基于事件驱动的媒体流（由中断驱动或事件驱动），具有非确定的采样频率，但会在数据中插入时间标记。多媒体流也可分为实时数据流和重播数据流。

在多媒体流管理层中还要对不同的多媒体流并行地进行同步、混合等操作，以形成一个新的多媒体流。

多媒体流管理层提供的服务如下：

（1）通过传输层获得多媒体数据流。

（2）向高层提交多媒体数据。

（3）对单一媒体（如音频和视频）进行压缩编码等处理。

（4）数据流输入的选择和分发。

（5）处理多媒体数据流间和流内的同步。

（6）综合同步多媒体数据。

（7）对一些特殊的多媒体数据流进行处理。

4. 多媒体应用层

多媒体应用层根据不同的多媒体应用分别配置相应的软件。

这种层次模式结构支持在网络环境下各种多媒体资源的共享；支持实时多媒体信息的输入和输出；支持系统范围内透明的存取；支持交互式的操作和多媒体信息的获取、加工、存储、通信和传输等。

8.3.5 网格

网格（Grid）一词来自于电力网格（Power Grid）一方面，计算机网纵横交错，很像电力网；另一方面，电力网格用高压线路把分散在各地的发电站连接在一起，向用户提供源源不断的电力。用户只需插上插头、打开开关就能用电，不需要关心电能是从哪个电站送来的，也不需要知道是水力电、火力电还是核能电。建设网格的目的是一样的，其最终目的是希望它能够把分布在因特网上数以亿计的计算机、存储器、贵重设备、数据库等结合起来，形成一个虚拟的、空前强大的超级计算机，满足不断增长的计算、存储需求，并使信息世界成为一个有机的整体。

1. 网格的定义

网格是一种新兴的技术，正处在不断发展和变化当中。目前学术界和商业界围绕网格开展的研究有很多，其研究的内容和名称也不尽相同，因而网格尚未有精确的定义和内容定位。国外媒体常用“下一代互联网”“Internet2”“下一代 Web”等来称呼网格的相关技术，但“下一代互联网”和“Internet2”又是美国的两个具体科研项目的名字，它们与网格研究目标相交叉，研究内容和重点有很大不同。企业界用的名称也很多，有内容分发（Contents Delivery）、服务分发（Service Delivery）、电子服务（e-service）、实时企业计算（Real-Time Enterprise Computing，RTEC）、分布式计算（Peer-to-Peer Computing，P2P）、Web 服务（Web Services）等。李国杰院士认为，网格实际上是继传统互联网、Web 之后的第三次浪潮，可以称为第三代互联网应用。

网格是利用互联网把地理上广泛分布的各种资源（包括计算资源、存储资源、带宽资源、软件资源、数据资源、信息资源、知识资源等）连成一个逻辑整体，就像一台超级计算机一样，为用户提供一体化信息和应用服务（计算、存储、访问等），虚拟组织最终实现在这个虚拟环境下进行资源共享和协同工作，彻底消除资源“孤岛”，最充分的实现信息共享。

网格必须同时满足三个条件：在非集中控制的环境中协同使用资源；使用标准的、开放的和通用的协议和接口；提供非平凡的服务。

2. 网格的基本特征

网格是一种分布式系统，但又不同于传统的分布式系统。目前，构建分布式系统有三种方法：即可扩展的分布式模拟环境（Extensible Distributed Simulation Environment，EDS）方法、自律分布系统（Autonomous Decentralized Systems，ADS）方法及网格（Grid）方法。

使用网格方法与传统方法构建分布式系统的区别如表8-1所示。

表8-1 网格方法与传统方法构建分布式系统的区别

特 征	传统方法	网格方法
开放性	需求和技术有一定确定性、封闭性	开放技术、开放系统
通用性	专门领域、专有技术	通用技术
集中性	很可能是统一规划、集中控制	一般而言是自然进化、非集中控制
使用模式	常常是终端模式或C/S模式	服务模式为主
标准化	领域标准或行业标准	通用标准（+行业标准）
平台性	应用解决方案	平台或基础设施

通过以上对比，网格具有以下四点优势：

（1）资源共享，消除资源孤岛。网格能够提供资源共享，它能消除信息孤岛、实现应用程序的互连互通。网格与计算机网络不同，计算机网络实现的是一种硬件的连通，而网格能实现应用层面的连通。

（2）协同工作。网格第二个特点是协同工作，很多网格结点可以共同处理一个项目。

（3）通用开放标准，非集中控制，非平凡服务质量。这是Ian Foster最近提出的网格检验标准。网格是基于国际的开放技术标准，这跟以前很多行业、部门或者公司推出的软件产品不同。

（4）动态功能，高度可扩展性。网格可以提供动态的服务，能够适应变化。同时网格并非限制性的，它实现了高度的可扩展性。

3. 网格协议的体系结构

Ian Foster于2001年提出了网格计算协议体系结构，认为网格建设的核心是标准化的协议与服务，并与Internet网络协议进行类比。

该结构主要包括以下五个层次：

（1）构造层（Fabric Layer）：控制局部的资源。由物理或逻辑实体组成，目的是为上层提供共享的资源。常用的物理资源包括计算资源、存储系统、目录、网络资源等；逻辑资源包括分布式文件系统、分布计算池、计算机群等。构造层组件的功能受高层需求影响，基本功能包括资源查询和资源管理的QoS保证。

（2）连接层（Connectivity Layer）：支持便利安全的通信。该层定义了网格中安全通信与认证授权控制的核心协议。资源间的数据交换和授权认证、安全控制都在这一层控制实现。该层组件提供单点登录、代理委托、同本地安全策略的整合和基于用户的信任策略等功能。

（3）资源层（Resource Layer）：共享单一资源。该层建立在连接层的通信和认证协议之上，满足安全会话、资源初始化、资源运行状况监测、资源使用状况统计等需求，通过调用构造层函数来访问和控制局部资源。

（4）汇集层（Collective Layer）：协调各种资源。该层将资源层提交的受控资源汇集在一起，供虚拟组织的应用程序共享和调用。该层组件可以实现各种共享行为，包括目录服务、资源协同、资源监测诊断、数据复制、负荷控制、账户管理等功能。

（5）应用层（Application Layer）：为网格上用户的应用程序层。应用层是在虚拟组织环境中存在的。应用程序通过各层的应用程序编程接口（API）调用相应的服务，再通过服务调动网格上的资源来完成任务。为便于网格应用程序的开发，需要构建支持网格计算的大型函数库。

4. 网格的应用

按照 Ian Foster 和 Globus 项目组的观点，网格应用领域目前主要有四类：分布式超级计算、分布式仪器系统、数据密集型计算和远程沉浸。

具体的网格应用十分丰富，除了传统的应用领域，还运用于生物医学，提供药品开发人员所需的计算能力，用以研究药物和蛋白质分子的形态与运动；运用于工程；用网格计算进行复杂的仿真与设计；用于数据搜集分析，地理信息科学、制造、石油加工、货物运输，甚至零售企业都要维护昂贵的设备，时常会出现问题，造成不好的结果，网格能够存储和处理所有交易，用于娱乐产业、特殊效果设计、超级视频会议等。

我国主要研究的应用网格有网络环境应用网格、数字林业网格、航空制造网格、中国气象网格、科学数据网格等。

8.4 无线网络上的多媒体传输

无线网络技术已广泛应用于各种军事、民用领域。现在，高速无线网络的传输速率已达到 11 Mbit/s，甚至更高，完全能满足多媒体信息在网络中的传输要求。

8.4.1 无线网络中影响多媒体质量的因素

无线信道独有的特性使多媒体信息质量下降：

（1）带宽波动。因为多径衰落、同频干扰、噪声等影响会引起网络的输入/输出能力下降；基站与手机的距离改变时信道的容量会变化；当终端进入不同的网络（如从无线局域网进入无线广域网时，速率可能从几兆比特每秒变到几千比特每秒）；小区切换时，另外一个小区或许不能提供频带资源。

（2）高误码率。和有线通信相比，因为多径和未覆盖的区域的影响，信道的误码率较高，在第三代无线通信网中应是 10^{-3}～10^{-5}，这对图像的质量影响很大，因此需要一种健壮性的传输方法。

（3）接收的异种性。在组播时，各接收端要求的时延、视频流的质量、处理能力、带宽限制等都不一样，这就给组播设计带来困难。

8.4.2 无线网络中多媒体质量控制技术

质量控制技术的主要目的是保证在视频传输过程中改善质量，主要包括拥塞控制和差错控制等方面。拥塞控制的目的是避免因为网络拥塞导致包丢失而造成的质量下

降。对于视频流，拥塞控制的主要方法是速率控制。典型的速率调节方法根据编码的扩展性来实现。包括：

（1）帧丢弃过滤，它可以区分不同的帧，如 MPEG 编码的 I 帧、B 帧、P 帧，根据帧的重要性丢弃帧（先 B 帧，再 P 帧，最后 I 帧）。

（2）分层丢弃过滤。

（3）频率过滤。

拥塞控制的目的是减少包的丢失，但是无法避免包的丢失。在这种情况下，可能需要一定的差错控制机制。差错控制机制包括：

（1）FEC。FEC 的目的是通过增加冗余信息使得包丢失后能够通过其他包恢复出正确的信息。

（2）错误弹性编码（Error Resilient Encoding）。在编码中通过适当的控制使发生数据丢失后能够最大限度地减少对质量的影响。该方法的优点是实现了对数据丢失的健壮性和增强的质量，但在压缩的效率上受到影响。

（3）错误隐藏（Cancealment）。错误隐藏是指当错误已经发生后，接收端通过一定的方法尽量削弱对人的视觉影响。主要的方法是时间和空间的插值。近年的研究还包括最大平滑恢复、运动补偿时间预测等。

8.4.3 无线网络上多媒体传输质量的终端解决方案

解决无线网络 QoS 的方案中，必须要满足以下条件：

（1）平滑的质量降级。当网络状态改变时，服务的图像质量的变化是平稳的。

（2）有效性充分使用带宽资源。当网络带宽资源下降时就降低输出图像码率，如果带宽资源增加则加大输出图像的码流。

1. 图像的分级编码

图像的分级编码是一个有效的途径。将图像编码压缩成几种不同质量的码流，每一种码流有其对应的 QoS。

（1）有其叠加性。每一级码流可以和其对应的低一级的码流组成更高一级的图像。

（2）有很强的灵活性。根据网络的带宽状态随时将分级图像组合成适应网络带宽的码流。

（3）有很强的健壮性。如果出现丢包或误码时，只能影响其中一层图像而不会影响整帧图像，使图像质量可以被接受。

分级图像特别适用于组播业务中。因为网络的不对称性，每个接收端的网络状态不一致，因此可以对每个接收端发一个码流；而在发送端是相同的码流。视频的分级可以有 3 种分级编码方式：空间分级、时间分级、SNR（质量信噪比）分级。空间分级是将图像分成几种分辨率的差分图像分别进行编码，形成几种码流；时间分级比较简单，直接在码流中略过图像帧就能完成；SNR 分级是将图像按宏块 DCT 采用几种不同的量化参数对差分结果进行量化编码，得到几种码流进行传输。

2. 视频压缩标准

1）ITUT 的 H.263 和 H.263+

多媒体通信系统，特别是视频的应用，对高容量的数据进行操作并要求大量的可用带宽。由于这些业务在不断增长，但无线网络上的传输率仍然有限，这就要求新的编码标准应该具有更高的压缩率。1996 年，ITUT 提出的 H.263 可以达到上述要求。它的编码结构基于 H.261，但能在低比特率的情况下改进图像质量。而 H.263+是第一个被特别设计用来在不同网络技术上进行工作的国际化视频编码标准。它提供了 12 种可选模式，用于在易于发生差错和无 QoS 保证的网络中提高图像质量。尽管 H.263+的差错弹性模式主要是为有线网络设计的，但是它对于无线网络也很有帮助。由于对无线网络上视频会议业务的需求在不断增长，国际标准化组织因此对编码技术进行了优化。

2）ISO/IEC 的 MPEG 4 视频标准

MPEG 4 视频标准包括视频对象（Video Objects，VOS）、视频对象层（Video Objects Layer，VOL）和视频对象平面（Video Object Plane，VOP）。这些不同的元素以不同的层次组合起来，结合 MPEG 4 视频脚本（MPEG 4 Visual Profile），成为表示图像的数据流。

移动多媒体应用面临的技术挑战不同于桌面多媒体系统。这是因为当前的移动计算技术的固有限制，如计算能力的限制、带宽限制和不可靠的传输等。MPEG 4 作为自适应方案非常适合于移动多媒体的应用，因为 MPEG 4 具有以下几个方面的优点：

（1）可以达到很高的压缩比。

（2）具有灵活的编码和解码复杂性，如不同的空间分辨率、时间分辨率以及灵活的质量、性能和代价的折中。

（3）基于对象的编码方式，允许视频、音频对象的交互。

（4）人脸动画可以采用参数驱动的方式。

MPEG 4 视频压缩标准是目前非常有用的图像压缩技术，在移动多媒体通信中，软件设计要注意 MPEG 4 模块的适配性。适配性是指软件对数据流的处理要根据通信设备或者网络情况的不同而变化，这一点在移动通信中是非常重要的。适配性还可以动态地在服务器端和客户端调整通信速率，在 2.5 代和第 3 代无线通信中是非常有意义的，因为在它们的通信标准中规定了不同的数据流发送速率，以确保在不同的网络状况中保证服务质量。

3）H.264/AVC 视频标准

在 2001 年后期，运动图像专家组（MPEG）和 VCEG 决定共同成立一个联合视频组（JVT），为 ITUT 即将推出的 H.264/AVC 以及 MPEG 4 最新的部分 AVC 创立一个单独的技术设计。H.264/AVC 的主要目标是提高编码效率和网络适应性。在相同的图像质量下，H.264/AVC 的算法比以前的标准如 ITUT H.263 和 ISO/IEC MPEG 4 的码流都大为下降。在技术上，H. 264 标准中有多个闪光之处，如统一的 VLC 符号编码，高精度、多模式的位移估计，基于 4×4 块的整数变换，分层的编码语法等。这些措施使得 H.264 算法具有很高的编码效率，在相同的重建图像质量下，能够比 H.263 节约 50%左右的码率。H.264 的码流结构网络适应性强，增加了差错恢复能力，能够很好地适应 IP 和无线网络的应用。

8.5 流媒体技术

“流媒体”不同于传统的多媒体，它的主要特点就是运用可变带宽技术，以视音频流（Video-Audio Stream）的形式进行数字媒体的传送，使人们在从很低的带宽（如14.4 kbit/s）到较高的带宽（如 10 Mbit/s）环境下都可以在线欣赏到连续不断的较高品质的音频和视频节目。在互联网大发展的时代，流媒体技术的产生和发展必然会给人们的日常生活和工作带来深远的影响。

8.5.1 流媒体技术概述

所谓流媒体，是指采用流式传输的方式在 Internet 播放的媒体格式。流媒体又称流式媒体，是将普通多媒体，如音频、视频、动画等，经过特殊编码，使其成为在网络中使用流式传输的连续时基媒体，以适应在网络上边下载边播放的方式。其具有连续性、实时性、时序性三个特点。在这个过程中，网络上传输的一系列相关的数据包称为流（Stream）。

流媒体技术不是一种单一的技术，它是网络技术及视/音频技术的有机结合。在网络上实现流媒体技术，就涉及流媒体的制作、发布、传输及播放等几个方面。采用流媒体技术的目的是提高多媒体在网上实时播放的质量和流畅程度。多媒体数据量非常大，如果在网上采用传统的文件下载方式，由于受网络带宽的限制，即使经过压缩处理，也要占用用户大量的磁盘空间，让用户花费大量的等待时间。而采用实时播放方式，由媒体服务器根据用户请求，向用户计算机连续、实时地传送多媒体信息，用户不必等到整个文件全部下载完毕，即可进行播放，在播放的同时，文件的剩余部分将在后台从服务器内继续流向用户计算机，这样既节省了用户的磁盘空间，又避免用户不必要的等待。尤其重要的是，利用流媒体技术，还可像广播电视直播一样，实现网上现场直播功能。

与单纯的下载方式相比，流媒体文件边下载边播放的方式具有以下特点：

1．启动延时大幅度地缩短

用户不用等待所有内容下载到硬盘上才开始浏览，启动延时大幅度缩短，一般在带宽足够的情况下，影片片段基本在一分钟以内就显示在客户端上，而且在播放过程基本不会出现断续的情况。另外，全屏播放对播放速度几乎无影响，但快进、快倒时需要时间等待。

2．对系统缓存容量的需求大大降低

Internet 是以包传输为基础进行断续的异步传输，数据被分解为许多包进行传输，动态变化的网络使各个包可能选择不同的路由，故到达用户计算机的时间延迟也就不同。所以，在客户端需要缓存系统来弥补延迟和抖动的影响及保证数据包传输顺序的正确，使媒体数据能连续输出，不会因网络暂时拥堵而使播放出现停顿。虽然流媒体仍需要缓存，但由于不需要把所有的动画、视音频内容都下载到缓存中，因此，对缓存的容量要求大大降低。

3．流式传输的实现有特定的实时传输协议

流媒体的流式传输过程采用 RTSP、RTP、RTCP 等实时传输协议，更加适合动画、音视频等流媒体文件在互联网上的传输。

8.5.2 流媒体文件格式

文件格式和传输协议是流媒体应用的主要技术。任何要发布的内容都经常是以文件的形式存储和传送，即使是直播方式也要经过压缩，按照一定的格式传送给用户；用户检索媒体文件往往并不是直接获取文件，而是经过一个中间文件（媒体发布文件）。根据这些流媒体文件的不同用途，将其分为流媒体文件压缩格式、流媒体文件格式和流媒体文件发布格式。其中压缩格式描述了流媒体文件中媒体数据的编码、解码方式；流媒体文件格式是指服务器端待传输的流媒体组织形式，文件格式为数据交换提供了标准化的方式；流媒体发布格式是一种呈现给客户端的媒体安排方式。

1. 流媒体文件压缩格式

流媒体文件压缩格式和原来的媒体文件包含了同样的媒体信息，只是改变了原来数据位的编排，目的是为了使文件被处理得更小。在被压缩媒体文件再次成为媒体格式前，数据需要解压缩。压缩或者解压缩的过程都可以用软件或者硬件实现。各个公司都依据自己的标准制定了很多压缩解压缩的标准，而格式文件也是各有千秋。表 8-2 给出了几个主要的流媒体文件压缩格式。

表 8-2 几种主要的流媒体文件压缩格式

文件压缩格式	说明	压缩情况
.avi	AVI（Audio Video Interleave，音频视频交错）是符合 RIFF 文件规范的数字音频与视频文件格式，由 Microsoft 公司开发，已得到广泛的支持	可以压缩
.mpg	MPEG（Moving Picture Experts Group，动态图像专家组）是运动图像压缩算法的国际标准，几乎所有的计算机平台都支持	压缩格式
.mp3	MP3（MPEG layer 3 audio）是 MPEG 音频最典型的应用	压缩格式
.mov /.qt	由 Apple 公司开发的一种音视频数据压缩格式，得到了 Mac OS、Microsoft Windows 等主流操作系统平台的支持	可以压缩
.wmv /.wma	Microsoft 公司出品视频格式文件和音频格式文件，希望用其取代 Quicktime 之类的技术标准以及.wav、.avi 之类的文件	压缩格式
.nAVI	nAVI 是 newAVI 的缩写，是一个名为 ShadowRealm 的地下组织发展起来的一种新视频格式，由 Microsoft ASF 压缩算法的修改而来	压缩格式
.divx	DivX 格式是由 MPEG－4 衍生出的另一种视频编码（压缩）标准，即 DVDrip 格式，它采用了 MPEG4 的压缩算法同时又综合了 MPEG-4 与 MP3 各方面的技术	压缩格式

2. 流媒体文件格式

流媒体文件格式也是经过特殊编码的，但是它的目的和压缩文件不一样，重新编排数据位是为了适合其在网络上边下载边播放的特性。从理论上讲，流媒体文件可以是网络上以流的方式播放的任何标准媒体文件将压缩媒体文件编码成流式文件的过程中必须加上很多附加信息，使客户端接收到的片段可以有序地播放。

在流媒体领域主要有三大公司：RealNetworks 公司、Microsoft 公司和 Apple 公司。下面主要介绍了这三家公司的流媒体文件格式。

（1）.rm 和.ra

RealNetworks 公司所制定的音频/视频压缩规范称为 RealMedia，.ra/.rm 不过是其中的一种。RealMedia 是 Internet 上最流行的跨平台的客户/服务器结构多媒体应用标准，其采用音频/视频流和同步回放技术实现了网上全带宽的多媒体回放。RealAudio 用以传输接近 CD 音质的音频数据，RealVideo 用来传输连续视频数据。

（2）.rp 和.rt

.rp 是 RealMedia 文件格式中较新的一部分，其允许直接将图片文件通过 Internet 流式传输到客户端。通过将其他媒体如音频、文本捆绑到图片上，可以制作出为了各种目的和用途的多媒体文件。

.rt 也是 RealMedia 文件格式中较新的一部分，这种格式可以使文本从文件或者直播源采用流式方式发放到客户端。RealText 文件即可以是单独的文本也可以在文本的基础上附加其他媒体。

（3）.rmvb

.rmvb 格式是一种由 RM 视频格式升级延伸出的新视频格式。RMVB 则打破了原先 RM 格式那种平均压缩采样的方式，在保证平均压缩比的基础上，设定了一般为平均采样率两倍的最大采样率值。将较高的比特率用于复杂的动态画面（歌舞、飞车、战争等），而在静态画面中则灵活地转为较低的采样率，合理地利用了比特率资源，使 RMVB 在牺牲少部分察觉不到的影片质量情况下最大限度地压缩了影片的大小，最终拥有了近乎完美的接近于 DVD 品质的视听效果。

（4）.asf

该格式是微软为了与 RealNetworks 竞争而推出的一种视频格式，用户可以直接使用 Windows 自带的 Windows Media Player 对其进行播放。由于它使用了 MPEG-4 的压缩算法，所以压缩率和图像的质量都很不错。

asf 是一种支持在各类网络和协议下进行数据传递的公开标准。asf 用于排列、组织、同步多媒体数据以通过网络传输。asf 是一种数据格式，它也可用于指定实况演示的格式。asf 不但最适于通过网络发送多媒体流，也同样适于在本地播放。任何压缩-解压缩运算法则（编解码器）都可用以编码 asf 流。在 asf 流中存储的信息可用于帮助客户决定应使用何种编解码器解压缩流。另外，asf 流可按任何基础网络传输协议传输。

（5）.mov 和.qt

该格式是 Apple 公司为其 QuickTime 播放器制定的被称作 QuickTime Movie 的多媒体文件格式。该文件格式是极具弹性的存储格式。此外 QuickTime movie 文件格式不限系统平台、系统开放性、且可延伸性的约束，所以用它作为分散式多媒体系统是比较理想的环境。以上这些特色已经促使许多主要的 Web 厂商改用 QuickTime Movie 格式。QuickTime 电影在 Windows 系统平台上亦受到良好的支持。Apple、Microsoft、Macromedia、Netscape、Adobe 等著名公司和大量其他的软件开发人员都在使用 QuickTime 格式。

除了这三个公司的流媒体文件格式外，还有一些其他公司的流媒体文件格式，如

Micromedia 公司的 SWF（Shock Wave Flash）格式，Vivo 公司的 VIV（Vivo Movie）格式和美国 xiph.org 基金会开源流媒体工程提出的 Ogg 文件格式等。

3. 流媒体文件发布格式

流媒体发布格式既不是压缩格式，也不是传输协议，其本身并不包含媒体数据，也不提供编码方法，看上去更像是一个播放列表。RealNetworks 和 Microsoft 各自定义了自己的流媒体文件发布格式。流媒体文件发布格式并不包括媒体的物理数据，仅仅说明了数据类型和安排方式，大多数的这种文件都可以用文本编辑器随意打开和修改。这样就为应用不同压缩标准和流媒体文件格式的媒体发布提供一个事实上的标准方法。下面介绍几种常用的流媒体发布格式。

（1）.ram

ram 文件是 RealMedia 文件的索引文件，它不包括任何媒体数据，它标注的是媒体数据存放的位置，它会告诉浏览器启动 RealPlayer 来查看该超链接然后向服务器请求真正的媒体文件。它的产生可以手工编写，编写的内容即超链接的内容，也可以通过 RealProducer 软件的 publish 功能自动发布生成，最后发布到 RealServer 时需要把 ram 文件和 RealMedia 文件一起放到服务器上，再在页面上做一个链接指向 ram 文件即可实现调用 RealPlayer 播放。

（2）.asx

asx 文件是 Microsoft Media 文件的索引文件，也是一种播放列表。播放列表将媒体内容集中在一起，并存储媒体内容的位置，无论位置是本地计算机、网络中的另一台计算机或是 Internet。在其最简形式中包含了关于流的 URL 信息。Microsoft Windows Media Player 处理该信息，然后打开 asx 文件中定义的内容。

（3）.smi 和.smil

SMIL（Synchronized Multimedia Integration Language，同步多媒体集成语言）是由 W3C 指定的有关流媒体技术的语言。其作用是使 Web 上的多媒体应用保持同步，就像 HTML 在超链接文本中所起的作用一样。SMIL 是一种简单易用的标志性语言，是在 XML 基础上开发的，它的目的是使各个技术水平层次的 WebBuilder，都能通过编制一个时间序列表，对音频、视频、文本和图像文件出现的先后次序做出安排，而不需要再去掌握相应的开发工具或是复杂的编程语言。

8.5.3 流媒体系统的组成

一个基本的流媒体系统（见图 8-3）必须包括编码器（Encoder）、流媒体服务器（Server）和客户端播放器（Player）三个组成部分。各组成部分之间通过特定的协议互相通信，并按照特定格式互相交换文件数据。其中编码器用于将原始的音/视频转换成合适的流格式文件，服务器向客户端发送编码后的媒体流，客户端播放器则负责解码和播放接收到的媒体数据。

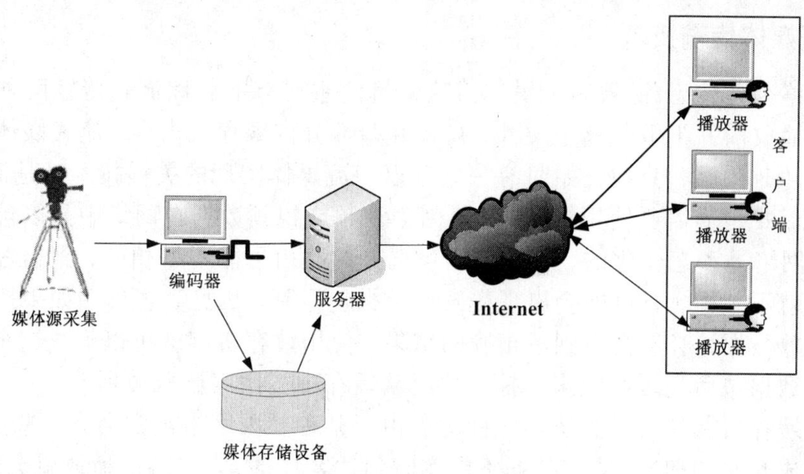

图 8-3 流媒体系统的基本组成

1. 编码器

编码器的功能是对输入的原始音、视频信号进行压缩编码。不同的流媒体业务，对编码器有不同的性能要求。目前常用的视频编码方案有 MPEG-4、H.264 和 Microsoft 公司的 Windows Media Video 采用的 AC-1；音频编码方案有 MP3、MPEG-2、AAC、AMR 和 AMR-WB 等。多媒体编码器所生成的码流只包含了解码该码流所必需的信息，不包含媒体间的同步、随机访问等系统信息，因此编码后的多媒体数据仍要被组织成为流媒体文件格式用于传输或存储。

2. 流媒体服务器

流媒体服务器用来存储和控制流媒体数据，并向客户端发送流媒体文件。

流媒体服务器的主要功能有：

（1）响应客户的请求，把媒体数据传送给客户。流媒体服务器在流媒体传送期间必须与客户的播放器保持双向通信（这种通信是必需的，因为客户可能随时暂停或快放一个文件）。

（2）响应广播的同时能够及时处理新接收的实时广播数据，并将其编码。

（3）可提供其他额外功能，如数字权限管理（DRM）、插播广告、分割或镜像其他服务器的流，还有组播。

3. 客户端播放器

音/视频数据包经网络传输到客户端后，先进入一个缓冲队列等待，这个缓冲队列中的所有数据包按照包头的序列号排序，如果有迟到的包，则按序列号重新插入正确的位置上，这样就避免了乱序的问题。

客户端每次从队列头部读取一帧数据，从包头的时间标记中解出该帧的播放时间，然后进行音/视频同步处理。同步后的数据将送入解码器进行解码，解码后的数据被送入一个循环读取的缓冲中等待。一旦该帧的播放时间到达，就将解码数据从缓冲中取出，送入播放模块进行显示或播放。

8.5.4 流媒体传输技术

在网络上传输音/视频等多媒体信息，目前主要有下载和流式传输两种方案。流式媒体在播放前并不下载整个文件，只将开始部分内容存入内存，流式媒体的数据流随时传送随时播放，只在开始时有一些延迟。流媒体实现的关键技术就是流式传输。

实现流式传输需要使用缓存机制。因为音频或视频数据在网络中是以包的形式传输的，而网络是动态变化的，各个数据包选择的路由可能不尽相同，到达客户端所需的时间也就不一样，有可能会出现先发的数据包后到。因此，客户端如果按照包到达的次序播放数据，必然会得到不正确的结果。使用缓存机制就可以解决这个问题，客户端收到数据包后先缓存起来，播放器再从缓存中按次序读取数据。

使用缓存机制还可以解决停顿问题。由于某种原因网络经常会有一些突发流量，此时会造成暂时的拥塞，使流数据不能实时到达客户端，客户端的播放就会出现停顿。如果采用了缓存机制，暂时的网络阻塞并不会影响播放效果，因为播放器可以读取以前缓存的数据。等网络正常后，新的流数据将会继续添加到缓存中。

虽然音频或视频等流数据容量非常大，但播放流数据时所需的缓存容量并不需要很大，因为缓存可以使用环形链表结构来存储数据，已经播放的内容可以马上丢弃，缓存可以腾出空间用于存放后续尚未播放的内容。

当传输流数据时，需要使用合适的传输协议。TCP 虽然是一种可靠的传输协议，但由于需要的开销较多，并不适合传输实时性要求很高的流数据。因此，在实际的流式传输方案中，TCP 协议一般用来传输控制信息，而实时的音视频数据则是用效率更高的RTP/UDP等协议来传输。流媒体传输的基本原理如图 8-4 所示。

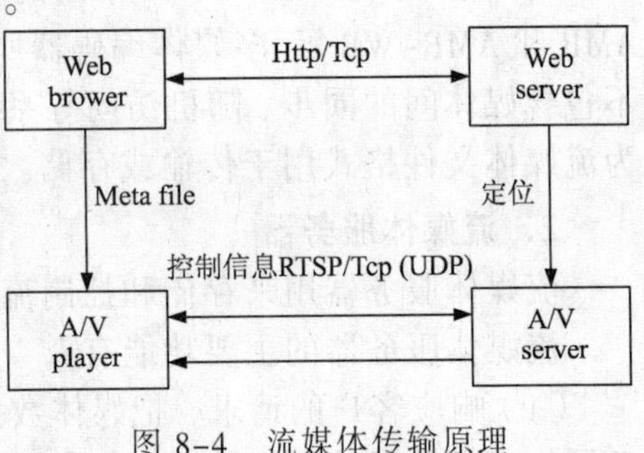

图 8-4　流媒体传输原理

图 8-4 中Web服务器只是为用户提供了使用流媒体的操作界面。客户机上的用户在浏览器中选中播放某一流媒体资源后，Web服务器把有关这一资源的流媒体服务器地址、资源路径及编码类型等信息提供给客户端，于是客户端就启动了流媒体播放器，与流媒体服务器进行连接。

客户端的流媒体播放器与流媒体服务器之间交换控制信息时使用的是 RTSP 协议，它是基于 TCP 协议的一种应用层协议，默认使用的是 554 端口。RTSP 协议提供了有关流媒体播放、快进、快倒、暂停及录制等操作的命令和方法。通过 RTSP 协议，客户端向服务器提出了播放某一流媒体资源的请求，服务器响应了这个请求后，就可以把流媒体数据传输给客户端。

需要注意的是，RTSP 协议并不具备传输流媒体数据的功能，承担流媒体数据传输任务的是另一种基于 UDP 的 RTP 协议，但在 RTP 协议传输流媒体数据的过程中，RTSP 连接是一直存在的，并且控制着流媒体数据的传输。一旦流媒体数据到达了客户端，流媒体播放器就可以播放输出。流媒体的数据和控制信息使用不同的协议和连接时，还可以带来一个好处，就是播放流媒体的客户机和控制流媒体播放的客户机可以是不同的计算机。

实现流式传输有两种方式：实时流式传输（Realtime Streaming）和顺序流式传输（Progressive Streaming）。一般说来，如视频为实时广播，或使用流式传输媒体服务器，或应用如RTSP的实时协议，即为实时流式传输。如使用HTTP服务器，文件即通过顺序流发送。流式文件也支持在播放前完全下载到硬盘。

1. 顺序流式传输

顺序流式传输是顺序下载，在下载文件的同时用户可观看在线媒体，在给定时刻，用户只能观看已下载的那部分，而不能跳到还未下载的前头部分，顺序流式传输不像实时流式传输在传输期间根据用户连接的速度做调整。由于标准的HTTP服务器可发送这种形式的文件，也不需要其他特殊协议，它经常被称作HTTP流式传输。

顺序流式传输比较适合高质量的短片段，如片头、片尾和广告，由于该文件在播放前观看的部分是无损下载的，这种方法保证电影播放的最终质量。这意味着用户在观看前，必须经历延迟，对较慢的连接尤其如此。对通过调制解调器发布短片段，顺序流式传输显得很实用，它允许用比调制解调器更高的数据速率创建视频片段。尽管有延迟，但可以发布较高质量的视频片段。

顺序流式文件是放在标准HTTP或FTP服务器上，易于管理，基本上与防火墙无关。顺序流式传输不适合长片段和有随机访问要求的视频，如讲座、演说与演示。它也不支持现场广播，严格说来，它是一种点播技术。

2. 实时流式传输

实时流式传输指保证媒体信号带宽与网络连接匹配，使媒体可被实时观看到。实时流与HTTP流式传输不同，它需要专用的流媒体服务器与传输协议。

实时流式传输总是实时传送，特别适合现场事件，也支持随机访问，用户可快进或后退以观看前面或后面的内容。理论上，实时流一经播放就可不停止，但实际上，可能发生周期暂停。

实时流式传输必须匹配连接带宽，这意味着在以调制解调器速度连接时图像质量较差。而且，由于出错丢失的信息被忽略掉，网络拥挤或出现问题时，视频质量很差。若要保证视频质量，应选择顺序流式传输。

实时流式传输需要特定服务器，如QuickTime Streaming Server、RealServer与Windows Media Server。这些服务器允许对媒体发送进行更多级别的控制，因而系统设置、管理比标准HTTP服务器更复杂。

实时流式传输还需要特殊网络协议，如RTSP（Realtime Streaming Protocol）或MMS（Microsoft Media Server）。这些协议在有防火墙时会出现问题，导致用户不能看到一些地点的实时内容。

从不同的角度来看，流媒体播放方式的含义不同：

（1）从用户参与的角度来看，可分为点播和广播两种方式。

点播指用户主动与服务器进行连接，发出选择节目内容的请求，服务器应用户请求将节目内容传输给用户。在播放过程中，用户可以对播放的流进行开始、停止、后退、快进或暂停流。点播连接提供了对流的最大控制，但这种方式由于每个客户端各自连接服务器，会迅速用完网络带宽。

广播指的是媒体服务器主动发送流数据，用户被动接收流数据的方式。在广播过程中，客户端只能接收流，但不能控制流，例如，用户不能进行暂停、快进或后退操作。这种方式类似于电台广播或电视直播，用户可选择频道接收所需的广播节目，但是在收听收看节目时，不能随意控制节目的播放流程，在有些流媒体产品中将此称为直播。

（2）从服务器端传输数据的方式来看，可以分为单播、多播和广播 3 种发布方式。

IP 协议支持单播、广播和多播（组播）3 种地址类型。由于流媒体服务是在 IP 网络中实现的，因此流媒体在网上传输也有相应的三种方式。

单播指在客户端与媒体服务器之间需要建立一个单独的数据通道，即从一台服务器发送的每个数据包只能传送给一个客户机。单播是一种典型的点对点传输方式。每个用户必须分别对媒体服务器发送单独的请求，而媒体服务器必须向每个用户发送所请求的数据包复制，每份数据复制都要经过网络传输，占用带宽和资源，如果请求的用户多起来，网络和服务器将不堪重负。

多播又称组播，是一对多连接，多个客户端可以从服务器接收相同的流数据，即所有发出请求的客户端共享同一流数据，从而节省带宽资源。多播将一个数据流发送给多个客户端，而不是分别发送给每个客户端，客户端直接连接到多播流，而不是服务器。采用这种方式，一台服务器甚至能够对数万台客户机同时发送连续的数据流，而无延时的现象发生。

还有一种传输方式称为广播，在广播过程中，数据包的单独一个复制将发送给网络上的所有用户。不管用户是否需要，都进行广播传输，浪费了网络资源。为阻止广播风暴，一般将广播限制在一个子网中，流媒体传输中并不采用这种方式。这里的广播是指传输方式，而前面讲述的广播（直播）则指用户被动接收的播放方式。

在实际应用中，播放方式一般将上述方式结合起来，如点播单播、广播单播和广播多播。

有些情况下，对同一流内容可使用分流（也称分发、转发或转播）方法，在流媒体服务器之间，而不是在流服务器与客户端之间传输流数据。提供流内容的服务器称为发送服务器（或称源服务器），它将流发送给其他接收服务器（或称分发服务器、分流服务器）接收，再由接收服务器将流转发到客户端。分流方法可解决流媒体服务器超负荷的问题，使得客户端可以就近访问流媒体服务器，获得更好的访问质量，并且能节省带宽，支持更多的用户连接。分流技术可以采用 UDP 单播、UDP 组播和 TCP 三种方式进行通信。

8.5.5 流媒体传输质量控制

传输质量控制是制约流媒体服务性能的最重要因素，也是流媒体运营商首要关心的问题。具体来说，可以归结为在现有网络带宽条件下，系统如何支持尽可能多的并发用户数，如何保证端到端的流媒体 QoS。

影响流媒体传输质量的因素主要包含以下几个：

（1）端到端的延迟：包括传输时延、传播时延、排队时延。它是影响流媒体质量最重要的因素之一。必须根据网络的负载情况，控制在一个合理的范围之内。

（2）时延抖动：是两个相邻分组的数据在网络传输过程中由于经过不同的网络延迟产生的。由于网络传输的不确定性，时延抖动是无法避免的，解决的方法通常是在接收端设置缓冲区，在数据流到达后，并不立即播放，而是保存在缓冲区，等到规定播放时间到来才进行播放。

（3）丢包率：是指网络拥塞时，数据流没有及时到达接收端。这时丢失的数据包将直接影响到接收播放的质量，一般情况下，丢包率不得超过1%。

（4）数据包的失序：每个数据帧都有一个序列号，以标记在流中正确的序号。在网络传输过程中，由于数据包经过不同的线路或丢包等原因，致使数据的顺序发生变化。解决的方法也是在接收端设置缓冲区，将接收到的数据进行重新组合，恢复原来的顺序。

流媒体业务是一种宽带业务，对于网络带宽、抖动、延迟和丢包率都有较高的要求。为了在只提供“尽最大努力”服务的 IP 网络中能够提供较好的 QoS，目前流媒体领域已发展了几种较为成熟的带宽适应和质量控制技术。

（1）缓存（Caching）技术。由于互联网是以断续的异步包传输为基础，一个实时媒体流或媒体文件在传输中将被分成多个包传输。由于网络的延时、抖动等因素，包到达客户端的顺序和延迟可能不一样，可能出现先发的包后到的情况，因此需要缓存系统来弥补网络延迟和抖动的影响，以保证数据包的顺序正确以及不会因为网络暂时拥塞而出现播放停顿的现象。缓存技术一般采用环形链表结构存储数据，丢弃已发送或已播放内容并利用空出的空间存储将要发送或将要播放的内容，所以一般缓存不会很大。目前主要用到的缓存技术有正向缓存、反向缓存和透明代理缓存技术。微软 Media Services 和 RealSystem 都提供服务器端和播放器端的缓存设定。

（2）分流（splitting）技术。分流技术一般用在网络直播时。发送服务器通过 UDP 单播、UDP 组播等方式将直播媒体流发送到分布在各地的多个接收服务器，客户端可以就近访问服务器获得较高质量的媒体流，同时减少带宽使用。发送服务器与接收服务器之间由高速链路连接。分流技术分推（Push）和拉（Pull）两种模式，目前微软 Media Services 和 RealSystem 都支持分流技术。

（3）内容分发网络（CDN）技术。CDN 是近几年才发展起来的新技术，它作为基础 IP 网络之上的一个内容叠加网，通过引入主动内容管理、全局负载均衡和内容缓存等技术，可以将用户请求的流媒体内容发布到距离用户最近的网络边缘，从而提高用户访问的响应速度，并有效解决网络拥塞，最大限度地减轻骨干网络流量。CDN 为在 WAN 或 MAN 范围开展流媒体业务提供了有效的 QoS 保证。

（4）智能流技术。智能流技术出现之前，“视频流瘦化”方法以及“带宽协调”方法是解决流媒体传送速率的基本方法。

“视频流瘦化”方法减少服务器发送给客户端的数据从而阻止再缓冲。这种方法的限制是 RealVideo 文件为一种数据速率设计，结果可通过抽取内部帧扩展到更低速率，导致质量较低。离原始数据速率越远，质量越差。“带宽协调”方法是根据不同的连接速率创建多个文件，根据用户连接，服务器发送相应文件，这种方法带来制作和管理上的困难，而且，用户连接是动态变化的，服务器也无法实时协调。

智能流技术通过两种途径克服带宽协调和流瘦化。首先，确立一个编码框架，允许不同速率的多个流同时编码，合并到同一个文件中；第二，采用一种复杂客户/服务器机制探测带宽变化。

针对软件、设备和数据传输速度上的差别，用户以不同带宽浏览音视频内容。为满足客户要求，Real Networks公司编码、记录不同速率下的媒体数据，并保存在单一文件中，此文件称为智能流文件，即创建可扩展流式文件。当客户端发出请求时，它将其带宽容量传给服务器，媒体服务器根据客户带宽将智能流文件相应部分传送给用户。以此方式，用户可看到最可能的优质传输，制作人员只需要压缩一次，管理员也只需要维护单一文件，而媒体服务器根据所得带宽自动切换。智能流通过描述现实世界Internet上变化的带宽特点来发送高质量媒体并保证可靠性，并对混合连接环境的内容授权提供了解决方法。

8.5.6 流媒体技术的应用及其发展趋势

互联网的迅猛发展和普及为流媒体业务发展提供了强大的市场动力，流媒体技术广泛用于多媒体新闻发布、在线直播、网络广告、电子商务、视频点播、远程教育、远程医疗、网络电台、实时视频会议等互联网信息服务的方方面面。流媒体技术的应用将为网络信息交流带来革命性的变化，对人们的工作和生活将产生深远的影响。

早期的流媒体系统常用在互联网上传输一些低质量的多媒体信息，但是随着网络技术的发展，一些高质量的流媒体应用已经开始出现，如IPTV向用户传输标清甚至高清的电视节目。另外，随着无线网络和各种手持设备的出现，无线流媒体的应用也变得越来越重要。并且由于很多现代家庭中既有高端的PC和电视，又有多种功能的手机、PDA、便携式媒体播放器，流媒体也在家庭娱乐和数据共享上一显身手。

针对这些应用的需求，流媒体技术本身也在迅速地变革和发展，例如，利用一些高效的编码技术和传输技术提高流媒体系统性能；发展新的标准扩展流媒体技术到各种不同的网络和设备；在流媒体系统中增加更多的新功能来满足应用的需要。

流媒体的发展无论是从应用、服务还是技术方面，都将会产生一系列重大的突破。在流媒体的领域中，重点不应只放在几个孤立的关键技术上，而是应该把流媒体当作一个系统工程，编码、传输、分享、网络以及设备都是互相联系的一个整体。如何在这样一个系统中，最有效地将流媒体以一种最适合用户终端设备的形式传送给用户，并且不增加服务器和网络负担，可能是能否在流媒体领域的竞争中立于不败之地的根本。

8.6 应用案例——Real流媒体系统

Real System由媒体内容制作工具Real Producer、服务器端Real Server和客户端软件（Client Software）三个部分组成，其流媒体文件包括Real Audio、Real Video、Real Presentation和RealFlash四类文件，分别用于传送不同的文件。Real System采用SureStream技术，自动并持续地调整数据流的流量以适应实际应用中的各种不同网络带宽需求，轻松实现视音频和三维动画的回放。Real流式文件采用Real Producer软件进行制作，首先把源文件或实时输入变为流式文件，再把流式文件传输到服务器上供用户点播。

由于 Real System 的技术成熟、性能稳定，美国在线（AOL）、ABC、AT&T、Sony 等公司和网上主要电台都使用 Real System 向世界各地传送实时影音媒体信息以及实时的音乐广播。

8.6.1 Real 流媒体系统组成

Real System 由媒体内容制作工具 Real Producer、服务器端软件（Real Server）、客户端软件（Client Software）三部分组成。

1. 制作端产品

Real Producer 有初级版（Basic）和高级版（Plus）两个版本。Real Producer 的作用是将普通格式的音频、视频或动画媒体文件通过压缩转换为 Real Server 能进行流式传输的流格式文件。它也就是 Real System 的编码器（Encoders）。Real Producer 是一个强大的编码工具，它提供两种编码格式选择：HTTP 和 Sure Stream（RTSP），能充分利用 Real Server 服务器的服务能力。

2. 服务器端产品

服务器端软件 Real Server 用于提供流式服务。根据应用方案的不同，Real Server 可分为 Basic、Plus、Intranet 和 Professional 几种版本。代理软件 Real System Proxy 提供专用的、安全的流媒体服务代理，能使 ISPS 等服务商有效降低带宽需求。

3. 客户端产品

客户端播放器 RealPlayer 分为 Basic 和 Plus 两种版本，RealPlayer Basic 是免费版本，但 RealPlayer Plus 不是免费的，能提供更多的功能。RealPlayer 既可以独立运行，也能作为插件在浏览器中运行。个人数字音乐控制中心 Real Jukebox 能方便地将数字音乐以不同的格式在个人计算机中播放并且管理。

8.6.2 Real System 服务器端软件的安装与配置

1. Real 服务器端软件 Helix Server 的下载与安装

在下载和安装 Helix Server 之前，首先要在 http://licensekey.realnetworks.com/rnforms/ 页面中填写所使用的操作系统、用户姓名、电子邮件地址等相应信息，接着就可以下载到 Helix Server 安装包（也可以在一些软件下载的专业网站上下载）。需要特别注意的是，所填电子邮件地址一定是可以正常使用的，否则将无法收取到 RealNetworks 公司发送的授权文件。

在收取到试用授权文件之后，即可开始安装 Helix Server，不过此时要确认所使用的系统一定是基于 NT 平台的。安装 Helix Server 过程比较简单：首先选取授权文件，接着设定好管理员的用户名和密码，然后就需要设定服务器的各个端口。这些端口基本上可以采用系统默认的设置，但是在设定 Helix Server 的 HTTP 端口时要注意一点，因为程序默认采用 80 端口，如果计算机中安装有 IIS 并开启了 Web 服务，则有可能导致以后配置上的麻烦，所以建议将其端口更改为 8000、8080 或者是其他没有使用

的端口，如图 8-5 所示。

安装完成 Helix Server 之后，在桌面上会出现名称为 Helix Server 和 Helix Server Administrator 的两个图标，它们分别用于启动 Helix Server 服务和管理 Helix Server。在安装完 Helix Server 之后，建议立即重新启动计算机，这样系统将会自动加载 Helix 服务，无需再手动激活。

图 8-5 设定 Helix Server 的 HTTP 端口

2. Helix Server 的安装测试

安装好 Helix Server 之后，可分别对服务器端和客户端两部分进行测试，确认其是否已经正常运作。不过在测试之前，需要确认计算机中已经安装了 Real 播放器，这里建议使用最新的 Real 播放器。

1）服务器端测试

（1）测试服务器端是否正常运行。

（2）双击桌面上的 Helix Server Administrator 图标，并且在弹出窗口中输入安装时设定好的用户名和密码进入管理页面，如图 8-6 所示。

在左边列表中依次单击“服务器设置”→“媒体示例”选项，可以看到 Helix Server 所支持的媒体文件的演示，右部区域中即可显示出程序内置的测试媒体文件，其中提供了所有测试文件的链接。比如单击“播放 RealVideo 10 演示”超链接之后，系统将会立即调用 RealOne Player 播放器，开始时播放器顶部会有“正在缓冲”字样，同时还有缓冲的数字显示，这说明整个系统安装链接成功。

在 Real 播放器中选择“工具”→“回放统计”命令，可以看到媒体文件的编码属性以及发布媒体的 Server 的版本，如图 8-7 所示。

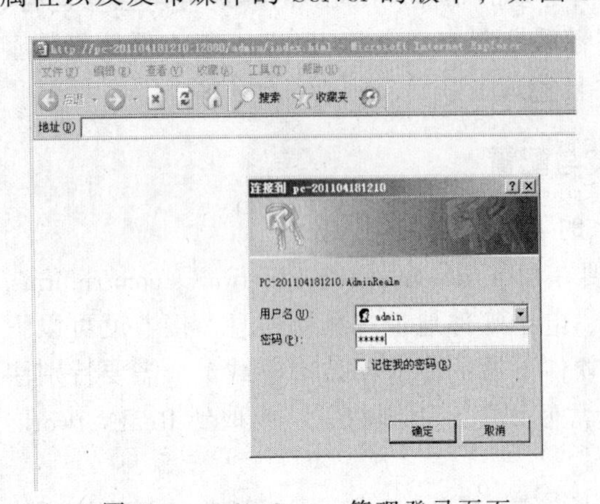

图 8-6 Helix Server 管理登录页面

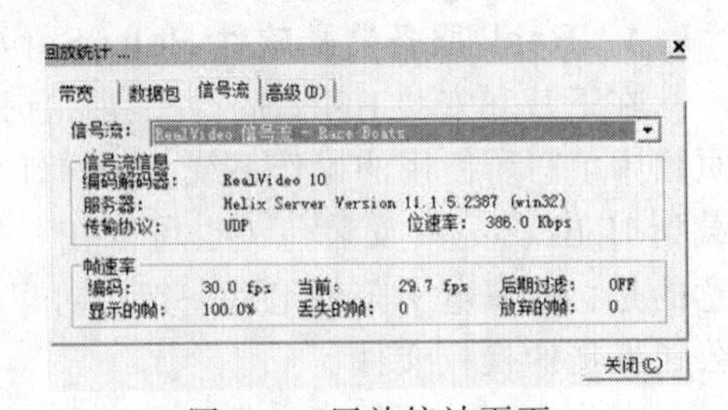

图 8-7 回放统计页面

2）客户端测试

先运行 Real 播放器，打开某个文件，在播放器顶部显示“正在缓冲”和不断跳动的数字，表示客户端已经能够正常播放服务器端的流媒体文件。

3. Helix Server 服务器基本设置

单击桌面上的 Helix Server Administrator 图标打开服务器管理端页面。单击“服务器设置”按钮，会出现子功能选项，如图 8-8 所示。

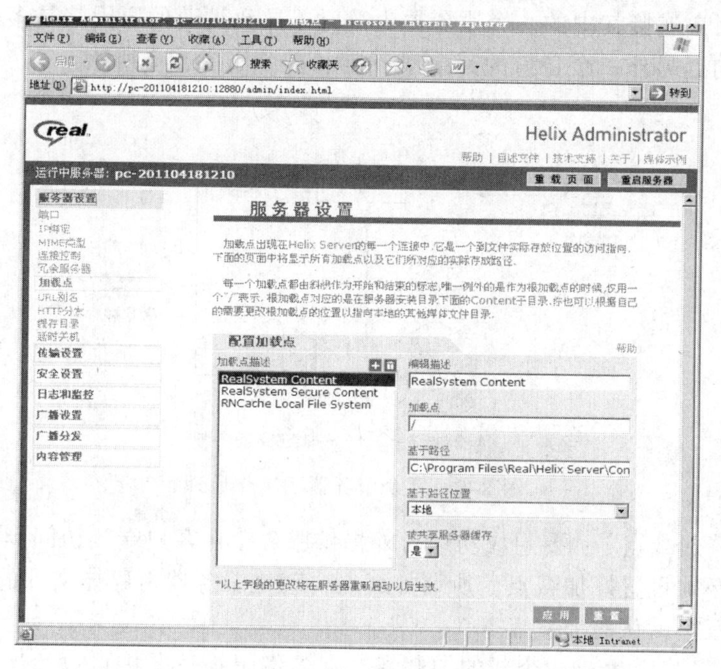

图 8-8 Helix Server 服务器管理端页面

第一项“端口设置”：单击该项后显示修改安装时设置的端口。在以后的实际应用过程中，也可以随时更改，且直接生效，不需要重启服务器。

第二项“IP 地址绑定”：如果服务器有多个 IP 地址，就必须绑定对外服务的 IP 地址。如果想让多个 IP 地址都可应用于服务，就绑定 0.0.0.0 地址，这个设定也可以用于动态网络地址。此项服务在更新后需要重启服务器。

如果不小心绑错了地址，将导致不能正常打开管理端。可以用记事本打开 Helix Server 安装目录中的配置文件 default.cfg 进行修改。

第三项“MIME 类型”：用于通知服务器如何正确识别文件，以保证其能完整有效地通过 HTTP 协议进行传输。对应于相应的扩展名，在这里都能找到相关的定义格式。需要注意的是，并不是所有文件的扩展名在这里都能找到，只有需要通过 HTTP 协议传输的文件，必须在此定义 MIME 类型。而类似.rm、.asf 等通过 RTSP 协议传输的文件则不需要在此定义。

第四项“连接控制”：这一项设置服务器连接数以及最大带宽，还有是否只允许客户端 Real 播放器连接。该设置的修改主要取决于服务器性能及需求的情况。

最大用户连接数：是同时连接到服务器的 RealPlayer 的数目，默认设置为 0（对连接数没有任何限制），只有更改了默认设置以后配置才能生效。

仅提供 RealPlayer Plus 连接：启用此选项时，只有 RealPlay Plus 软件才能播放服务器上的内容。

最大带宽：服务器所使用的带宽资源，默认设置为 0（对带宽没有任何限制），只有更改了默认设置以后配置才能生效。

第五项“冗余服务器”：同样的直播流和媒体文件被镜像地放置于几个不同的服务器上，当用户连接其中的一个服务器失败时（导致失败的原因将是多样的），用户将被重新定向到另外一个备份的冗余服务器上去，如图 8-9 所示。

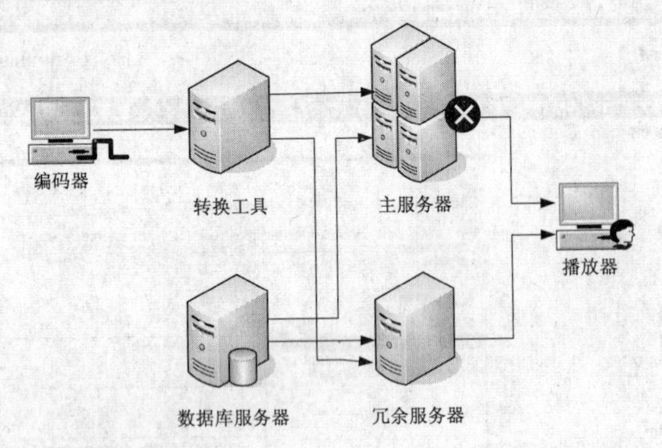

图 8-9　冗余服务器的工作原理

第六项“加载点”：要想成功地对外提供服务，让客户端能访问到服务器上的媒体文件，就必须设置好加载点。所谓加载点，就是服务器上媒体文件的存放文件夹。系统提供了三个默认的加载点。

单击“+”号，生成一个新的加载点。在“编辑描述”中可以给出加载点直观、简明的描述。“内容加载点”可以根据媒体类型来填写，如加载的文件夹存放的都是 rmvb 文件，就可以写“/rmvbvideo/”，必须用符号“/”标记开始和结束。“基于路径”中填入相应存放文件的文件夹。“基于路径位置”选择“本地”，“被共享服务器缓存”选择“是”。此项设置需重启服务器才能生效。

第七项“URL 别名”：是一个别名指向，通过一个简单的别名，让用户更加方便地记忆和使用。对于较长的地址，可以用“rtsp://服务器 IP 地址:端口号/别名”来代替。

第八项“HTTP 分发”：Helix Server 需要通过 HTTP 传输某些文件。该项目就是定义为通过 HTTP 协议传输的文件夹，可以增加或者对目录进行编辑管理。通过 HTTP 协议传输文件对于处于防火墙后面的用户是非常必要的。

第九项“缓存目录”：Helix Server 默认状态下对所有的点播文件和直播文件都进行缓冲处理，这就会出现一个问题，在采用 Helix Proxy 对多个服务器进行管理时，缓存将会导致一些不必要的麻烦，这个项目就是设置对某些文件和目录关闭缓存功能。比如一些实时性的新闻节目以及从 Server 到 Proxy 的交流之间都需要关闭缓存功能。

8.6.3　实现一个基于 Real System 的简易网上广播

（1）安装 Helix Server，设定好各服务端口，以及管理员用户名和密码。

（2）启动服务，进入设置页面，设定服务器 IP 地址绑定，如 192.168.1.1，如图 8-10 所示。

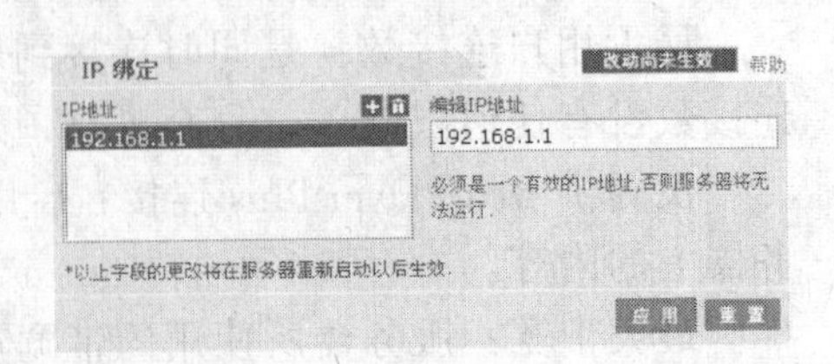

图 8-10　IP 地址绑定页面

（3）在“安全设置”标签的“访问控制”项中，默认设置不变，单击“+”号增加允许访问的组，并设定地址范围，如图 8-11 所示。

（4）在“安全设置”标签的“用户认证”项中，选定“SecureRBEncoder”项，单击“用户管理”中的“增加域中的用户”（见图 8-12），为直播时与 Helix Producer 连接添加用户（见图 8-13）。此处也可以设定客户点播时的用户名和密码，限制用户访问，如图 8-14 所示。

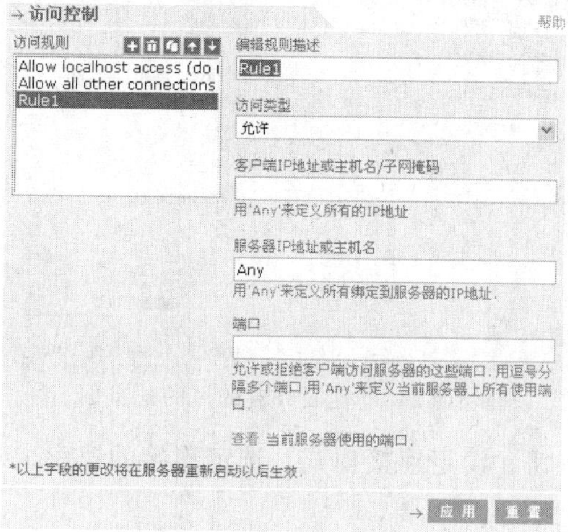

图 8-11 访问控制页面

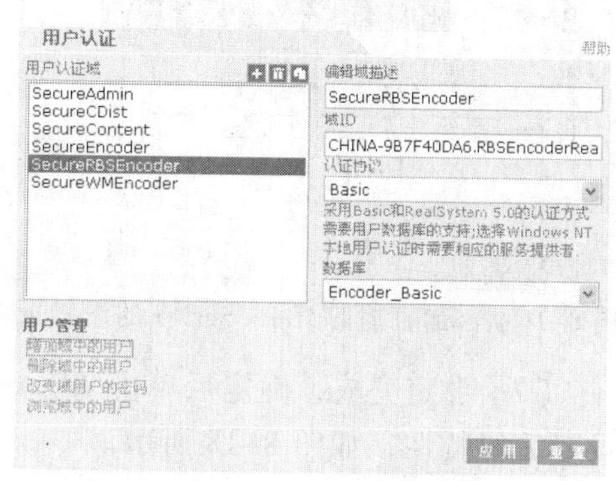

图 8-12 用户认证配置页面

图 8-13 增加用户页面

图 8-14 为新增加的用户添加密码

（5）打开 Helix Producer，新建文件。在“输入”中选择输入设备，如图 8-15 所示。

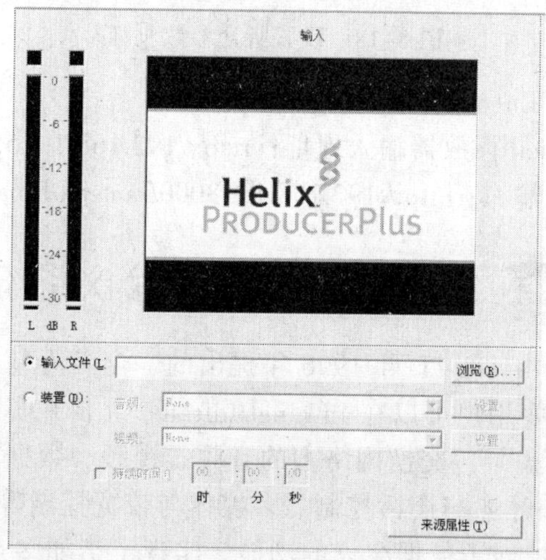

图 8-15 选择输入设备

（6）在“输出”中单击按钮，添加直播的 Helix Server 的设置，如图 8-16 所示。设置服务器的目的地页面如图 8-17 所示。

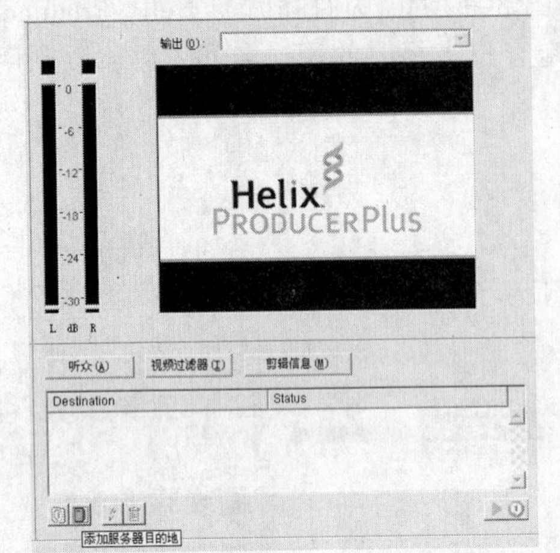

图 8-16　添加直播的 Helix Server 的设置页面

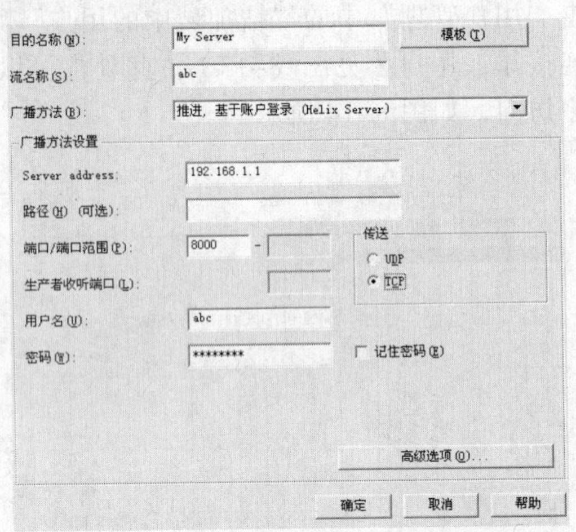

图 8-17　设置服务器的目的地页面

（7）设定完成，确定后单击“听众”按钮，设定连接模式，选定连接的速率，并设定编码特性，如图 8-18 所示。

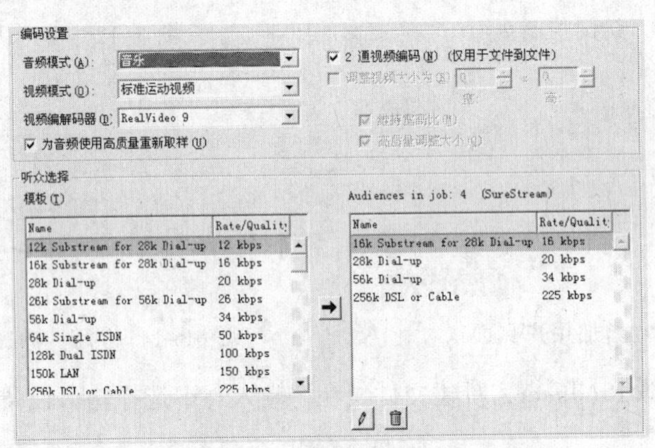

图 8-18　设置听众参数页面

（8）完成后单击“Encode”按钮，开始编码。

（9）客户端打开 Real 播放器输入地址：rtsp://192.168.1.1:556/broadcast/live.rm，也可以在浏览器地址栏中输入：http://192.168.1.1:8000/ramgen/broadcast/live.rm 开始收看。

8.7　H.323 视频会议系统

H.323 系列标准是由 ITU-T 自 1996 年提出的，全名为基于分组的多媒体通信系统。H.323 标准的制定使用户可以在 Intranet/Intranet 上召开实时的基于分组协议的视频会议。H.323 标准涵盖了包交换网络上的音频、视频、数据通信，解决了点对点以及多点视频会议中诸如呼叫与会话控制、多媒体与带宽控制等问题。同时 T.120 标准为 H.323 终端增加和扩展了数据会议的功能，实现了诸如多点电子白板（T.126）、

多点文件传输（T.127）、多点应用共享（T.128）等数据会议功能。

8.7.1 H.323标准体系的优势

视频会议业务可以由电路交换网和包交换网络承载。基于电路交换的产品应遵从H.320协议，会议终端可以通过ISDN或专线接入。基于IP包交换的标准体系目前有两种：SIP和H.323。

电路交换网的特点是一旦连接建立，该连接上的带宽资源就一直保留为该连接的用户服务，网络资源是独占的，直至连接拆除资源才被释放；电路交换网的另一个特点是，它只能建立点到点的连接，不能建立一对多或多对一的连接；第三个特点是电路交换网的连接即是其物理连接，电路交换不存在虚连接。电路交换网的这些特点已不能适应视频会议业务的要求，它注定是要被更先进的体系所淘汰。

分组交换网中的带宽资源是可以统计复用的。在分组交换网中，通信连接的建立并不意味它将立即使用网络中的传输资源，网络并不为某一个连接保留具体的资源（如时隙、频段等），只有用户传送信息时，才真正占有网络的资源，并使用网络的资源。分组交换网中物理连接和电路连接是不一致的，在一个物理连接中可以拥有一个或者多个虚电路连接，这样当一个终端设备用一条物理线与分组交换网相连时，它可以同时支持多个虚电路连接，通过虚电路连接，终端可以同时与多个设备进行通信。分组交换网的这些特点对于视频业务的开展有着先天的优势。

H.323是在H.320的基础上发展起来的，有较丰富的功能集和多种会议控制功能，可以方便地实现主持端、远程遥控等控制功能，对于建立视频会议网已经是比较完善的一个协议族。相对于H.323协议，SIP比较简单、灵活，但作为运营体系，SIP协议还不够完善。因此，主要采用H.323协议来组建视频会议系统。

8.7.2 H.323视频会议系统组成

采用H.323体系结构的视频会议网络主要由终端、网守（GK）、网关（GW）和多点控制单元（MCU）组成。

（1）终端。终端是提供实时的、双向通信功能的结点设备。终端的主要功能是采集视频/音频信号，经处理后送给MCU或其他终端，同时接收视频/音频信号，处理后送到相应的输出设备。

（2）网守。网守是一个域的管理者，在本系统中起着重要的作用，它的主要功能有四个。

① 认证计费。收集认证计费信息，并把认证请求、计费请求用Radius消息送给AAA服务器。

② 地址解析。将送给网守的别名地址解析为IP地址。

③ 域管理。单一网守管理下的所有终端、网关和多点控制单元的集合，称为域。网守负责管理域中的终端、MCU、GW等设备。

④ 带宽管理。网守可以将用户带宽设置在网络总带宽的某一可行的范围内。

（3）网关。进行H.323协议和其他非H.323协议的转换，使H.323终端和其他非H.323终端能进行互通。H.323体系通过GW可以兼容多种终端，从而保护已有的投资。

（4）MCU。MCU是视频会议系统特有的设备，由两部分组成，一部分是MC，主要负责处理会议中的控制信息；另一部分是 MP，主要用来处理音频、视频和数据信息。MC 和 MP 在物理上可以是一个设备，也可以是独立的设备。

8.7.3 H.323 标准构成

H.323 协议是为了适应网络的发展专为已有的局域网运行的多媒体系统设计的，它的制定使基于分组（Packet）网络的实时多媒体通信和会议的实现成为现实，为运行于不同通信网络的不同厂商的终端实现互操作提供了前提，提供了一种可让其他 H.32x 兼容产品互相通信的机制。因此 H.323 是目前视频会议系统中应用最广泛的协议。

H.323 是一个协议族，包含下列标准：

（1）音频压缩编码。H.323 终端必须支持 G.711 语音标准。支持其他 ITU 标准，如 G.722、G.723.1、G.728、G.729 是可选的。

（2）视频压缩编码。H.323 终端必须支持 H.261 编解码器标准；支持 H.263 标准为可选功能。H.263 在开始提出时主要是用于低速率的视频编码，后来 H.263 在 H.261 建议的基础上，将运动矢量的搜索增加为半像素点搜索；同时又增加了无限制运动矢量、基于语法的算术编码、高级预测技术和 PB 帧编码四个高级选项，进一步降低了码率和提高编码质量，目前 H.263 的应用变得更为广泛。

（3）媒体传送。H.225.0 标准描述了无 QoS 保证的 LAN 上媒体流的打包分组与同步传输机制。H.225.0 对传输的视频、音频、数据与控制流进行格式化，输出到网络接口，同时从网络接口输入报文中补偿接收到的视频、音频、数据与控制流。另外，它还完成逻辑成帧、顺序编号、纠错与检错功能。同时 H.225.0 还包括两部分：Q.931/H.225.0 和 RAS/H.225.0。Q.931/ H.225.0 负责发起呼叫及建立媒体流；RAS/H.225.0 负责设备认证以及计费信息的采集等。

（4）多媒体通信控制。H.245 协议定义了请求、应答、信令和指示四种信息，负责通信能力协商、打开/关闭逻辑信道以及会议中的控制等。多点控制器应遵循 H.245 控制协议对会议进行管理。

（5）流传送。RTP/RTCP。RTP 协议用来实时传送媒体流信息，实时协议（RTP）和实时控制协议（RTCP）协同工作，RTCP 负责监控 RTP。这些协议（即 H.245 等）同时也和 IP 多播一起工作，以确保 UDP 分组时序同步的准确无误。RTP 处理时序问题的方法是对所传输的每一 UDP 分组做时间标记和排序，并及时为发送器加上音频和视频流的同步信息、期望数据速率、期望分组速率和距离等信息。

8.7.4 H.323 视频会议系统有待解决的问题

1. 合理的体系结构

虽然现在各个运营公司都开通了视频会议业务，但规模都非常有限；发展的瓶颈在于没有一个合理的架构，一个电信级的视频会议系统必须是可运营可管理可扩展的，合理的结构是建立系统的前提。

2. 系统兼容性

H.323 是一个框架性协议，有很多方面没有做出明确规定，导致对标准理解程度的不同使得很多厂家的视频会议系统设备间的兼容性不是很好。

3. 网络的 QoS 保证问题

在 IP 网络上保证服务质量一直是研究的热点，对于视频通信来说，服务质量显得尤为重要。目前也已经有了很多的解决技术，如资源预留（RSVP）、区分服务（DiffServ）、MPLS 等。但真正在全网范围内解决端到端的 QoS 问题还需要一定的时间。

4. 用户的终端认证

在公网上运营会议电视业务必须保证用户不能非法使用网络资源。目前对终端的认证方式主要是通过设置用户认证中心，向合法用户发放密码，用户注册时需要输入正确的密码才能注册成功，以保证用户的安全性。但由于采用固定地址的方法，用户很容易规避费用。

虽然 H.323 视频会议系统还存在不太完善的地方，但它是目前最适合于构建电信级网络的体系。随着用户需求的不断增长，技术的不断更新，基于 H.323 视频会议系统将会得到广泛的应用。

8.8 应用案例——H.323 视频会议系统

建立一个基于 H.323 体系的视频会议系统需要在 IP 网络中部署各相关组件。其中，每个需要进行视频会议的结点都至少需要部署一台视频终端，此终端需要同时具有音频、视频编解码能力。如果需要进行多方会议，则需要部署 MCU。如果需要进行地址翻译、带宽控制、许可控制、区域管理等功能，则需要部署关守。如果需要和其他通信规程的视频网络互联互通，则需要部署网关。

图 8-19 所示是一个基于 H.323 协议的典型视频会议系统组网方案。由于基于 H.323 的视频会议系统在物理线路上是允许与数据网络共用的，所以图中的组网方案中还包括了数据网络的部分。

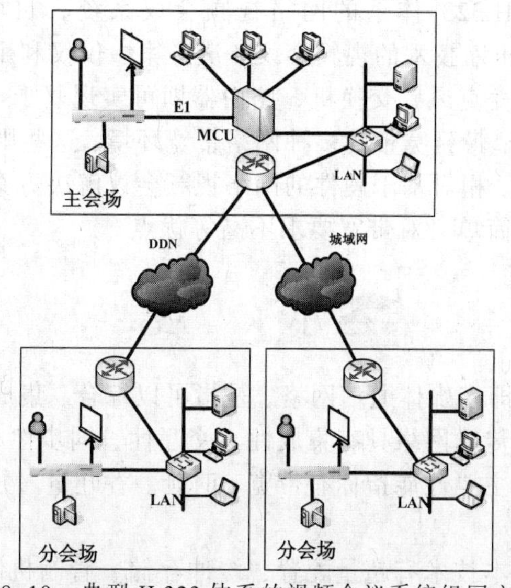

图 8-19 典型 H.323 体系的视频会议系统组网方案

其中，网络的中心配置了 MCU 模块，其主要负责多方视频会议控制功能，并内置了关守。每个结点配置一台视频终端，完成音、视频编解码及其他相关控制功能。每台视频终端与 MCU 之间都采用 IP 线路互联。

由于与数据业务共用带宽通道，需要在数据设备上对视频业务进行 QoS 设置，如进行 RSVP 设置或流分类等设置，在一定程度上保障视频流的带宽，避免大量出现视频马赛克、停顿、声音抖动等现象。

图中使用的 MCU 模块内置了 H.320&H.323 双协议平台，可以直接作为 H.320 视频会议系统和 H.323 视频会议系统的网关。图中的 H.320 视频会议网络直接通过 E1 线路接入到 MCU 模块，并完成两种通信协议的互联互通。

由于整个系统是基于 IP 网络，MCU 或视频终端可以很方便地把会议图像以组播方式共享到数据网内的普通 PC 上，让普通的 PC 可以直接观看会议。如果带宽允许，普通的 PC 甚至也可以通过软件方式直接加入到会议中来，终端用户不仅能观看会议，还能直接发言或进行小组讨论。

另外，内置了 T.120 数据会议功能的 MCU 模块还可以实现：网内的任何 PC 只需通过系统认证，就可加入数据会议，实现程序共享、电子白板等各类数据会议功能。通过与视频会议的配合，可实现多媒体会议、远程培训、远程教学等应用。

视频会议系统应用方案中配置的流媒体服务器，可以实现会议的实时录像与点播功能。让当时无法到场的人员在会后通过点播录像了解会议内容，并可作为存档使用。图中的会议控制台负责大型会议的实时控制，如发言权限、模式切换等；而管理服务器负责对视频会议系统中各个结点的实时检测和管理。

利用基于 H.323 的视频会议系统，可以方便地在现有的 IP 数据网络中扩展视频会议业务。当然，由于 IP 网络 QoS 保障的问题，网络带宽在这类方案中起着至关重要的作用，只有当网络带宽充裕，同时又配合相关的 IP QoS 技术时，基于 H.323 的视频会议系统才能比较稳定地运行于数据网络中。

除了上面介绍的 H.323 体系的网络视频会议系统，目前还出现了一些基于 MPEG-4 标准的多媒体压缩技术的视频会议解决方案。仅仅利用普通的网卡、标准的视频采集设备、耳机和麦克风、交换机、路由器即可实现基于 Intranet 或 Internet 的视频交互会议，适应从窄带到宽带的多种网络带宽环境，这些则属于基于软件方式的网络协作会议解决方案。相对基于硬件的网络视频会议解决方案，这种软件会议解决方案拥有费用低、配置简单、对带宽要求不高等优点。

小　　结

多媒体传输网络，即多媒体通信网络，是指可以综合、集成地运行多种媒体数据的计算机网络。多媒体传输网络具有集成性、交互性、同步性和实时性的特点。

多媒体通信网络的主要性能指标有带宽、时延、吞吐量、分组丢失率和数据同步偏离。

提高服务质量的基本技术有超量配置、缓冲存储、管制机制、调度机制。

超文本是用超链接的方法，将各种不同空间的文字信息组织在一起的网状文本。超媒体是从超文本衍生而来的。超文本中的结点不仅可以是文本，还可以是图形、图

像、动画、音频、视频等多媒体信息，甚至是计算机程序或它们的组合，这就形成了超媒体。

分布式多媒体系统就是把多媒体信息的获取、表示、传输、存储、加工、处理集成为一体，运行在一个分布式计算机网络环境中。它是把多媒体信息的综合性、实时性、交互性和分布式计算机系统的资源分散性、工作并行性和系统透明性相结合。

流媒体是将普通多媒体经过特殊编码，使其成为在网络中使用流式传输的连续时基媒体，以适应在网络上边下载边播放的方式。其具有连续性、实时性、时序性三个特点。

基本的流媒体系统包括编码器、流媒体服务器和客户端播放器三个组成部分。实现流式传输有两种方式：实时流式传输和顺序流式传输。

思考题

1. 多媒体传输网络技术是否是多媒体技术和网络技术的简单叠加？
2. 计算机网络对多媒体的传输有哪些影响，应该如何改进多媒体传输的质量？
3. 超文本和超媒体在实际生活中有哪些应用？

习题

一、填空题

1. 多媒体传输网络的主要性能指标有________、________、________、________和________。

2. ________被定义为某段时间内丢失的分组数量和传输分组的总数量之比。

3. 多媒体应用服务可以被划分成五种类型，即________、________、________、________和________。

4. 综合服务 IntServ 定义了两类服务：________和________。

5. 超文本由三个要素组成：________、________和________。

6. 超文本标准化研究小组提出的 Dexter 模型分为三层，分别是________、________和________。

7. 分布式多媒体系统从功能上可分为四层：________、________和________________。

8. 一个基本的流媒体系统主要由________、________和________组成。

二、选择题

1. 多媒体传输网络的特点是（　　）。

   A. 集成性　　B. 交互性　　C. 同步性　　D. 实时性

2. 提高服务质量的基本技术有（　　）。

A. 超量配置　　B. 缓冲存储　　C. 管制机制　　D. 调度机制

3. 以下服务中（　　）是由多媒体接口层提供的。

A. 提供各种多媒体数据传输协议

B. 实现多媒体数据的输入/输出

C. 实现数据的模/数和数/模转换

D. 对于输入数据进行必要处理，如插入时间标记等

4. 以下服务中（　　）是由多媒体流管理层提供。

A. 对单一媒体（如音频和视频）进行压缩编码等处理

B. 数据流输入的选择和分发

C. 实现数据的模/数和数/模转换

D. 综合同步多媒体数据

5. 无线网络中的多媒体质量的影响因素有（　　）。

A. 带宽波动　　B. 高误码率

C. 接收的异种性　　D. 多媒体数据类型的多样性

三、简答题

1. 调度机制管理数据包流通过网络设备的排队规则，常见的调度策略是什么？
2. 超文本的概念及其特点。
3. 超文本和超媒体体系结构两种模型的基本内容。
4. 分布式多媒体系统的定义及其基本特征。
5. 无线网络中多媒体质量控制技术。
6. 无线网络上多媒体传输质量的终端解决方案。
7. 流媒体和流媒体技术的基本概念。
8. 流媒体传输的基本原理和传输方式。
9. 影响流媒体传输质量的主要因素有哪些？如何对流媒体传输质量进行控制？

第9章

手机数据基础 «‹

目前，手机已成为人们手中必不可少的产品，在人们的日常生活和工作中，越来越多的事情离不开手机。如手机中微信的使用，不仅可以聊天，还可以支付等；外出游玩，记录生活中一个个感动的瞬间，也离不开手机的拍摄功能；朋友间的联系、沟通需要手机来接打电话；手机可以购物、娱乐、看书等，如图 9-1 所示。可以说人们已经达到生活不能没有手机的程度。

图 9-1　手机中的应用程序

手机已经进入智能时代，手机中的文件系统、操作平台与计算机之间的兼容性和一致性与日俱增，在众多智能手机中，作为“史上最成功的产品”之一的 iPhone 及其操作系统 iOS，由于稳定的市场占有率，以及顶级的安全性备受年轻人的喜爱。本书将以 iPhone 手机为代表说明手机中的各种数据。

9.1　手机数据的获取

手机数据的获取并不像计算机获取数据那么容易，原因如下：

（1）手机行业的规范化标准程度低。

手机的标准化程度很低，手机厂商（如 Apple 公司、三星公司等）各自为营，选择的平台众多（iOS、Android 等），即使是同一公司的不同版本有时也是不兼容的。计算机规范的接口和手机多样化的接口如图 9-2 所示。

图 9-2　计算机与手机的物理接口

（2）手机厂商为了保证系统的稳定性，对很多数据的访问和控制加以限制。

以基于 iOS 的 iPhone 手机为例，系统对应用程序控制采用“沙盒”机制。数据只能存储在应用程序所创建的文件系统中读取文件，不可以去其他地方访问，此区域被称为“沙盒”，所有的非代码文件都要保存在此，如图像、声音、文本、文件等。这个沙盒不仅限制了本应用程序访问其他地方，同时其他应用也无法访问到本应用程序的数据。

（3）驱动程序可用性不高，手机识别困难。

由于手机作为一个电子设备，连接到计算机上，需要操作系统识别后才可以使用。现在手机识别的过程与当年计算机硬件识别经历着相同的过程，首先是厂商提供了自己手机的驱动程序（如三星公司官网提供所有机型的对应驱动程序的下载），随着行业规范化的发展，平台开始支持各种款式的手机的通用驱动程序。

9.1.1　手机数据的物理获取

物理获取（Physical Dump）就是使用特定的方法或软硬件工具，将手机内部存储空间（如 Flash 存储芯片）中的数据完整（在某些情况下是部分）地读取出来，从某种意义上可以被认为是如同对计算机硬盘进行了完整的镜像文件制作。

由于品牌不同、不同操作系统的手机软硬件架构上的不同，针对手机进行内存镜像转储的方式也不尽相同，转储的数据形式也有所差异。正常情况下，大部分手机不能通过直接获取的方式进行物理获取，原因有几点：首先，手机在运行过程中，Flash 芯片中的数据处于占用且可变状态，无法获取到相对固定和连续的数据；其次，通常情况下，手机厂商提供的手机维护软硬件都不支持直接对内存较高权限的访问，这一般是出于安全方面的考虑。所以，在手机取证的调查过程中通常需要使用专门的工具进行物理操作。

一般意义上，手机的物理获取可分为两大部分：首先是转储（dump），即完整地读取手机内存中的数据，从存储器中进行位对位（Bit to Bit）的复制；随后，由于数据在手机内部的存储主要是在 Flash 芯片中（按照页、块等逻辑方式），在进行复制之后，还需要进行重构、文件系统解析，使之成为文件形式存在以便后期使用。

常用的物理获取方式大致有 AT 命令获取、刷机盒、JTAG（Joint Test Action Group，联合测试工作组）、恢复模式或工程模式、拆焊获取（见图 9-3）、专业手机数据提取设备（以色列的 Cellebirte 公司手机数据提取工具，见图 9-4）。

图 9-3 手机的拆焊获取

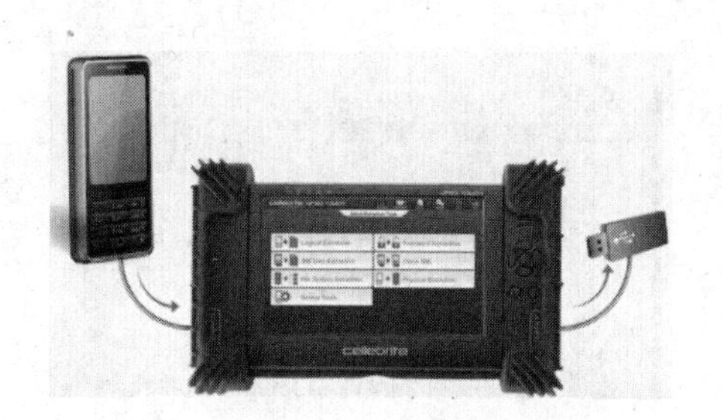

图 9-4 Cellebirte UFFD Touch

9.1.2 手机数据的逻辑获取

手机数据的逻辑获取通常使用手机同步工具（如 iPhone 的 iTunes 同步协议）或第三方工具（如金山手机助手）提取指定的信息、文件或文件夹的方法，一般可以提取 SMS 短信、通话记录、日程安排、联系人、照片、网页浏览历史、电子邮件和绝大多数手机应用程序的数据。目前，绝大多数的手机数据都是通过此种方法获取的。图 9-5 所示为 PP 助手对一个基于安卓平台的三星手机的数据提取。

iPhone 备份中的数据

图 9-5 PP 助手的界面

逻辑数据的获取其主要原理是通过提取手机上存储的 SQLite 数据库文件和 Property List（Plist）文件并对其结构进行解析，从而提取相关信息，大多数应用程序数据的存储方式都是采用 SQLite 数据库（如 SMS 短信、MMS 彩信、联系人和所有通话记录等）。图 9-6 所示为使用 SQLite Expert Personal 4.0 轻量型的 SQLite 查看工具，打开苹果手机中的短信数据库 sms.db，可很清楚地看到短信的内容位于 sms 数据库的 message 表中的 text 字段中。

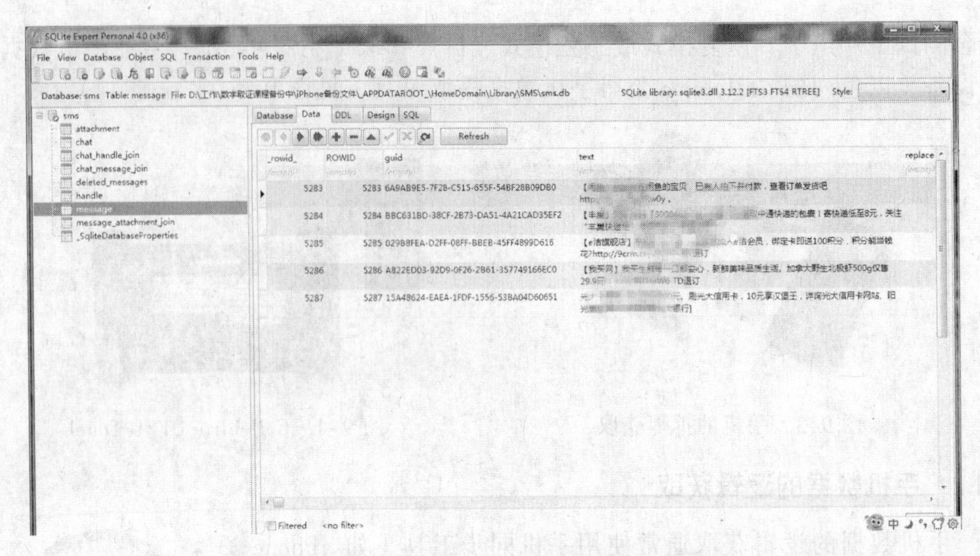

图 9-6 SQLite Expert Personal 4.0 的界面

也可以通过专业的工具有针对性的将相应的文件从手机中提取出来，再使用相应的查看软件进行浏览和查看。图 9-7 所示为 Cellebrite 的桌面版，通过安装了此软件的计算机连接手机后，提取三星 GT-i9205 的逻辑数据，左侧是提取的数据源手机，中间是提取的数据选项，其中对号勾选的是要提取的内容（Phonebook、SMS、MMS、Pictures、Audio/Music、Videos、Ringtones、Call Logs、Calendar、Apps data），灰色的为无法提取的数据（Email、IM、Browsing Data、User Dictionary），右侧是目标保存数据文件位置。

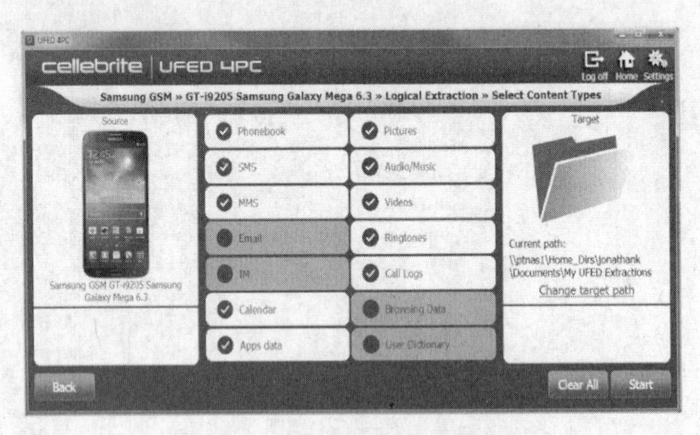

图 9-7 Cellebrite UFFD 4PC 的界面

9.2 手机的硬件数据

手机中存储的数据和计算机中存储的数据有很多相似的地方。计算机中有系统的硬件参数数据、系统数据、应用程序数据，在手机中同样存在。这里仅对几个硬件数据进行说明。

9.2.1 手机的识别码

手机的识别码用来全球唯一标识一部手机，不同的电信业运营公司有着不同的标识规范。这些标识如同身份证一样，含有大量的信息，包括产地、机型、出厂序列号等。

1. 中国移动的 IMEI

IMEI（International Mobile Equipment Identity，国际移动装备辨识码）是由 15 位数字组成的“电子串号”[IMEI（15）= TAC（6）+ FAC（2）+ SNR（6）+ SP（1）]，它与每台移动电话机一一对应，而且该码是全球唯一的。IMEI 号码可以通过手机外包装盒或手机键盘的按键“*#06#”查看，如图 9-8 所示。

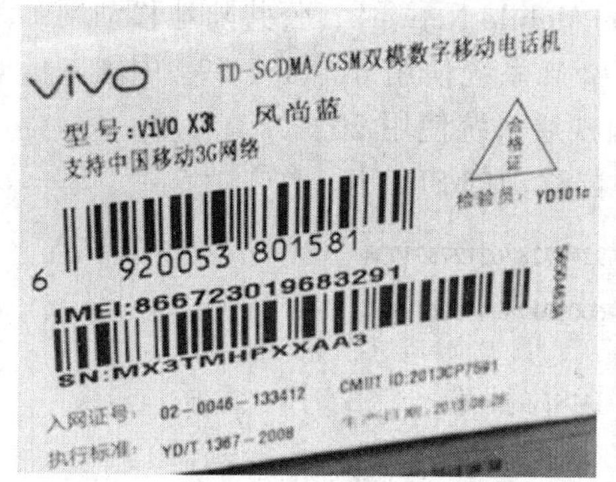

图 9-8 IMEI 的样例

TAC（Type Approval Code，型号核准码）：机型。同一型号的手机爱立信（T39MC），不同地区可能有不同的号码；FAC（Final Assembly Code，最后装配码）：产地。同一产地的产品可能会有多个 FAC 码，如 MOTO C300 的行货 FAC 码也有 80/81/82 三种；SNR（Serial Number，串号）：生产顺序号；SP（检验码）：备用。图 9-8 中的 FAC 码（7～8）的数字为 00，这是因为欧洲型号认证中心更改了 IMEI 分配，把 FAC 和 TAC 合并，无论什么型号什么品牌，7～8 位的数字均为 00。

2. 中国联通的 MEID

MEID（Mobile Equipment Identifier，移动设备识别码）是 CDMA 手机的身份识别码，由于 ESN 号段是有限的资源，基本上耗尽，所以制定了 56 位的 MEID 号段，用来取代 32 位的 ESN 号段，由美国电信工业协会 TIA（Telecommunications Industry Association）进行分配管理的。

9.2.2 SIM 卡的识别码

IMSI（International Mobile Subscriber Identification Number，国际移动用户识别码）是区别移动用户的标志，存储在 SIM（Subscriber Identity Module）卡中，可用于区别移动用户的有效信息。IMSI 由 MCC（Mobile Country Code，移动国家码）、MNC（Mobile Network Code，移动网络号码）和 MSIN（Mobile Subscriber Identification Number，移动用户识别号码）组成（见图 9-9），总长度不超过 15 位，MCC 分配 3 位，MNC 分配 2～3 位，剩余为 MSIN。

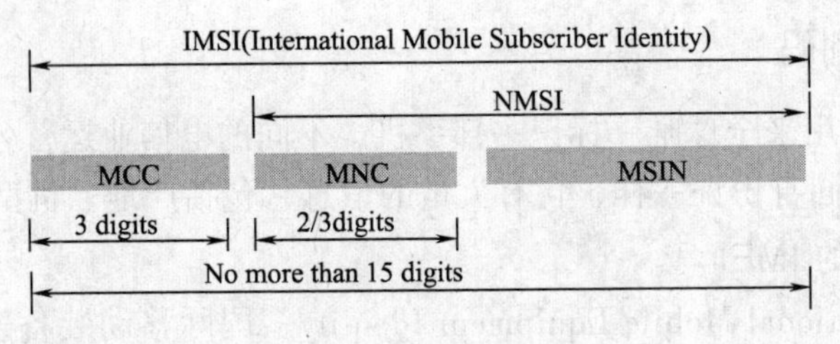

图 9-9　IMSI 的组成

MCC：国际电信联盟（ITU）在全球范围内统一分配和管理，唯一识别移动用户所属的国家，中国为 460。

MNC：我国有多个 PLMN（Public Land Mobile Network，公共陆地移动网）。中国移动系统使用 00、02、04、07，中国联通 GSM 系统使用 01、06、09，中国电信 CDMA 系统使用 03、05，电信 4G 使用 11，中国铁通系统使用 20。

图 9-10 按照 IMSI 的组成可知道是中国移动的 SIM 卡。

Sim序列号(ICCID)	49245728762127571734
Sim订阅ID(IMSI)	460009178403526

图 9-10　IMSI 的样例

9.2.3　UICC

UICC（Universal Integrated Circuit Card，通用集成电路卡）是定义了物理特性的智能卡的总称。作为用户终端的一个重要的、可移动的组成部分，UICC 完成了从 3G 到 4G 的转变，图 9-11 所示为外观的改变。同时，从 3G 单一的短信通讯录数据的存储，扩充到了 4G 的存储用户信息、鉴权密钥、短信、付费方式等信息，如表 9-1 所示。

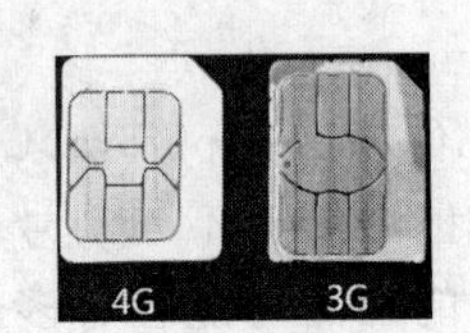

图 9-11　3G 与 4G 的物理卡对比

表 9-1　3G 与 4G 参数的对比

内　容	3G	4G
安全机制	单向鉴权（网络鉴权用户）	双向鉴权（网络鉴权用户外+用户也鉴权网络）
通信录	1 个联系人姓名对应 1 个号码	一个姓名对应多个电话号码、多邮件地址和昵称、总数
接口速率	57 kbit/s	230 kbit/s
逻辑应用程序支持的并发数	1	4
SMS（Short Message Service）	短信只记录发送号码、时间和内容	扩充更多的如发送人、发送状态等
MMS（Multimedia Message Service）	无彩信	存储用户相关的配置信息（网关地址、发送接收报告标识、MMS 信息优先级、信息有效期）
应用集成	无	支持 NFC 移动支付等手机应用

广东移动的 NFC-USIM 卡（见图 9-12）可将银行卡、公交地铁卡、会员卡、积分卡、企业门禁卡等集成在一张卡，用户可以在屈臣氏、全家、OK 便利店等 45 万台 POS 机上使用手机完成支付。

图 9-12 NFC-USIM 卡的手机支付功能

用户终端的入网要求满足 UICC 的一致性测试（物理特性、电气特性和传输协议）要求。其中传输协议测试涉及对 UICC 的文件访问和安全操作。ISO/IEC 国际化标准组织制定了一系列的智能卡安全特性协议，以确保用户终端对 UICC 文件的安全访问。

UICC 引入了多应用平台的概念，实现了多个逻辑应用同时运行的多通道机制。在 UICC 中可以包括多种逻辑模块，如 SIM（Subscriber Identity Module，用户标识模块）、USIM（Universal Subscriber Identity Module，通用用户标识模块）、ISIM（IP Multi Media Service Identity Module，IP 多媒体业务标识模块），以及其他如电子签名认证、电子钱包等非电信应用模块。UICC 中的逻辑模块可以单独存在，也可以多个同时存在。不同用户终端可以根据无线接入网络的类型，来选择使用相应的逻辑模块。

由于 UICC 物理卡的使用主要体现在 SIM 卡的功能上，有时在说明时会互相通用。图 9-13 所示为 UICC 不同尺寸的大卡和小卡。

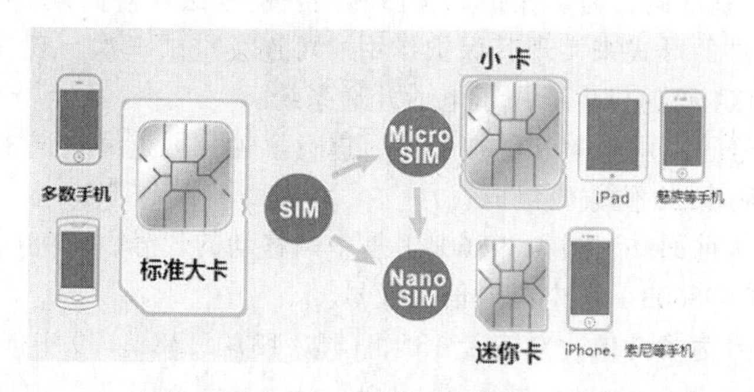

图 9-13 不同尺寸的手机卡

UICC 有 5 个模块（见图 9-14）：微处理器 CPU；程序存储器 ROM，用于存放系统程序，用户不可操作；工作存储器 RAM，用于存放系统临时信息，用户不可操作；数据存储器 EEPROM，用于存放号码、短信等数据和程序并可擦写；串行通信单元。

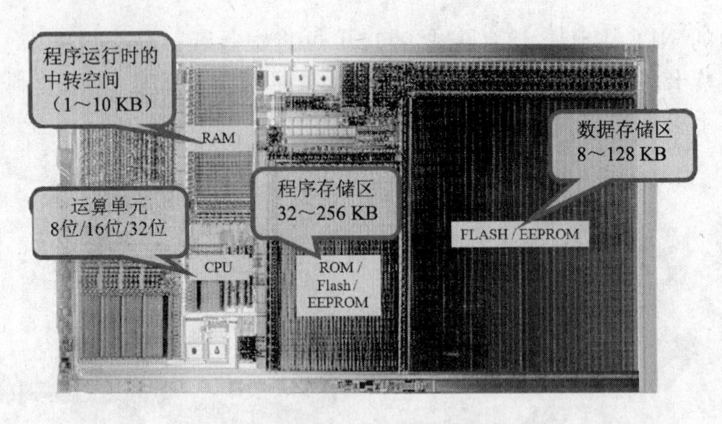

图 9-14　UICC 的功能模块

UICC 物理卡上可以存储的信息有：

ICCID-识别号码	IMSI-国际移动客户识别码
KI-用户鉴权密钥	PIN1-个人识别码（身份）
PIN2-个人识别号码（计费）	Phase-阶段标识
SST-业务表	LP-语言选择
AND-缩位拨号号码	FDN-固定拨号号码
LND-最后呼出号码	EXT1-扩展记录 1
EXT2-扩展记录 2	GID1-组标识
GID2-组标识	SMS-短信
SMSP-短信参数	SMSS-短信状态
CBMI-小区广播消息标识	PUCT-流通货币表及费率
ACM-当前呼叫累计次数	ACM max-最大累计呼叫次数
LOCI-位置信息	

PIN：个人识别号码，为了保护运营商和用户的合法权益而设。按 GSM 标准中以卡内文件访问条件的形式来实现其保护作用。可连续重试 3 次。现在初始的 PIN1 码是“1234”。PUK1 码随机生成用于电话开通系统。

PUK：解锁号码，用于 PIN 码被锁住后进行解锁。可连续重试 10 次。

ICCID 识别码由 20 位数码组成：

- 网络代号为前面 6 位：（898600）是中国移动的代号；（898601）是中国联通的代号；（898603）是中国电信的代号。
- 业务接入号为第 7 位：对应于 135、136、137、138、139 中的 5、6、7、8、9 是代号。
- 功能位为第 8 位：一般为 0，预付费 SIM 卡为 1 或 3。
- 省编码为第 9～10 位，如下所示：

01-北京	02-天津	03-河北	04-山西	05-内蒙古	06-辽宁
07-吉林	08-黑龙江	09-上海	10-江苏	11-浙江	12-安徽
13-福建	14-江西	15-山东	16-河南	17-湖北	18-湖南
19-广东	20-广西	21-海南	22-四川	23-贵州	24-云南

25-西藏　26-陕西　27-甘肃　28-青海　29-宁夏　30-新疆
31-重庆

- 年号为第 11～12 位：为当前年的后两位。
  - 如果网络代号说明此卡是中国移动，那么第 13 位为中国移动供应商代码，具体如下：

0-法国斯伦贝谢、雅斯拓　1-法国金普斯　2-德国欧伽（武汉天喻替代）
3-江西捷德　4-东信和平　5-大唐电信
6-航天九洲通　7-北京握奇　8-东方英卡
9-北京华虹　a-上海柯斯　b-航天智通

  - 如果网络代号说明此卡是中国联通，那么第 13 位为中国联通供应商代码，具体公司名如下：

A-东方英卡　B-布尔公司　C-上海柯斯　D-欧贝特　E-东信和平
G-法国金普斯　H-北京华虹　S-法国斯伦贝谢　T-大唐电信　W-北京握奇
Y-武汉天喻　J-江西捷德

  - 如果网络代号说明此卡是中国电信，那么第 13 位为中国电信供应商代码，其具体公司名如下：

D-大唐电信　G-江西捷德　Y-雅斯拓　X-东信和平　B-江苏恒宝
O-欧贝特　P-天津杰普　W-北京握奇　H-北京华虹　K-上海柯斯
T-武汉天喻　C-湖北楚天龙　Q-全球通　J-精工科技

- 用户识别码 6 位。
- 校验码 1 位。

图 9-15 所示为 UICC 手机卡，其 ICCID 号直接印在卡片背面。

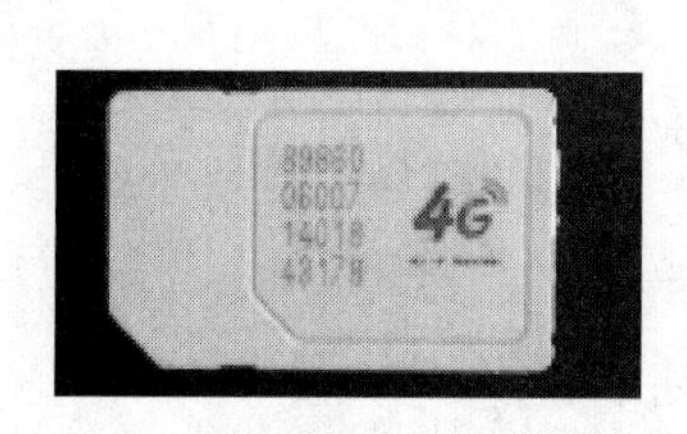

898600　中国移动
6　136********
0　功能位
07　吉林
14　2014年
0　法国斯伦贝谢、雅斯拓
184317　6位用户识别码
8　1位校验

图 9-15　ICCID 号的含义

9.3　手机的逻辑数据

手机上除了硬件数据外，还有逻辑数据。接下来将从几个部分说明手机中的逻辑数据有哪些。首先是逻辑数据的存储结构（iOS 的 APFS）、逻辑数据的组织结构（文件目录结构），其次是常见的通讯录（联系人姓名、号码、地址、照片、电子邮件、社交网络身份），短信（已收、已发、已删除、草稿、附件）、通话记录（已拨电话、已接电话、未接电话、发生时间、通话时长），收藏夹，浏览器等，最后是第三方应用程序数据（社交类工具微信、互联网 360 浏览器、高德导航等）。

9.3.1 APFS

2017 年 2 月，苹果公司决定在 iPhone 手机的 iOS10.3 操作系统上开始支持新的 64 位的 APFS（Apple File System，苹果文件系统），以此统一各种设备上不同的操作系统，如 mac OS 上有 HFS、HFS+和 HFS+J，而 iPhone、Apple Watch 上有 HFS+和 HFS+ Per-File Crypto，存储管理上又有 Fusion Drive 和 CoreStorage 等。

1．COW（Copy-On-Write，写时复制）

该技术的主要作用是对文件进行修改时，会先复制一份新文件，用户实际是在这份新文件上进行修改，原来文件不会做修改，修改完成后再用新文件替换掉原文件，这能充分发挥存储的读写性能和保持文件的完整性，而在修改过程中就算出现意外，也能保证原文件不丢失。

2．Clone（克隆）

Clone 指的是 APFS 在执行复制文件操作时，实际只是创建了一个类似快捷方式的副本，文件本身并没有增加，而对文件做了修改后，也只会保存修改的部分，这对于苹果系统采取的沙盒运行 APP 机制相当有用，可以节省 APP 的占用空间。

3．沙盒机制

iOS 应用程序只能在为该程序创建的文件系统中读取文件，不可以去其他地方访问。每个应用程序都有自己的存储空间；应用程序不能翻过自己的围墙去访问别的存储空间的内容；应用程序请求的数据都要通过权限检测，如果不符合条件，不会被放行。沙盒机制如图 9-16 所示。

APFS 的沙盒机制

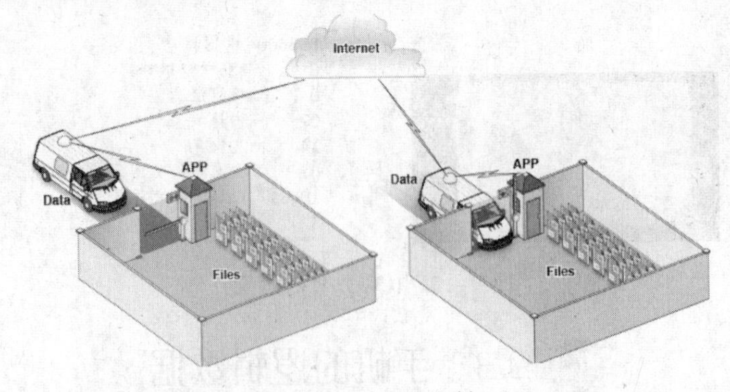

图 9-16　沙盒机制

4．Snapshot（快照）

在 APFS 文件系统中做了分区快照后，无论原分区内的文件进行了增加还是删除操作，快照分区内的文件都不会发生变化，这提高了文件备份效率，还可以实现撤销操作。

5．Space Sharing（空间共享）

Space Sharing 为解决在单个磁盘上分区固定位置、固定大小的限制，允许在不用重新分区的情况下，动态调整分区的大小，APFS 格式的磁盘实际为单个容器，多个分区共享容器的空余容量。例如，100 GB 的 APFS 格式盘上，有 10 GB 的 A 和 20 GB

的B分区,那么A和B都可以用剩下的70 GB,这样,即使在A中存储一个超过10 GB的文件也没问题，最大可以存储80 GB。

6. Sparse Files（稀疏文件）

稀疏文件为一种文件存储方式，在创建文件时就预留连续存储信息，但未实际占用存储空间，只有真正写入数据时才会分配空间。

7. Fast Directory（快速统计目录大小）

以往HFS+文件统计一个目录的总大小需要花费较长的时间，但在APFS中，目录的大小信息文件为分开保存，并用原子操作来更新。

8. Atomic Safe-Save（原子级安全保存）

在一个集群或目录类文件中进行重命名等原子级文件操作时，如果无法完全完成，原文件数据不会被替换或删除，这也体现了APFS的绝对一致性，要求文件只有在能修改成功的情况下才会被保存，否则不会进行操作。

9.3.2 iOS文件目录结构

iOS的文件系统APFS是逻辑数据的存储结构，而文件目录结构却是逻辑数据的组织结构，如图9-17所示。对于iPhone手机的文件目录结构，有着严格的命名规范和路径存储规范。

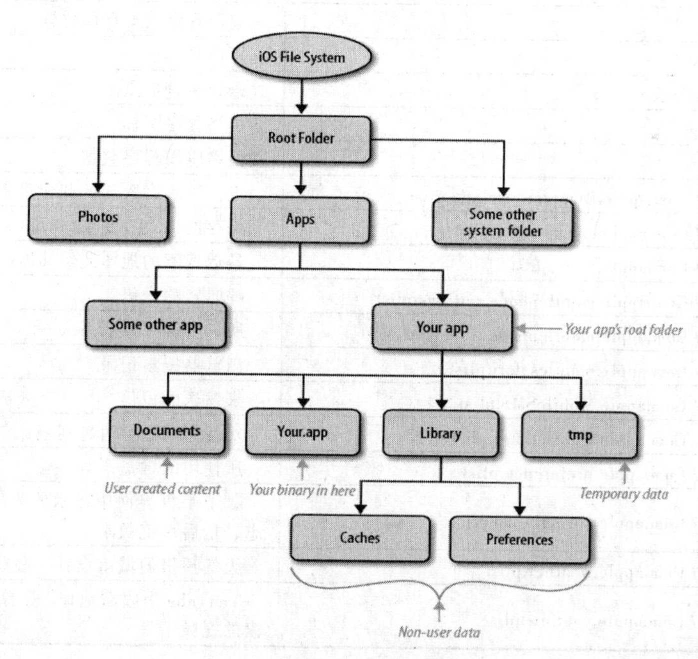

图9-17 iOS文件目录结构

iOS文件目录结构主要分为两大部分：System部分和APP部分。

可以从System部分很容易地找到个人多媒体文件和系统文件夹（见表9-2），如照片存储在CameraRollDomain域下的Media/DCIM文件夹中，并且建立子文件夹（101APPLE、102APPLE、103APPLE、…），文件命名为IMG_1995的形式。

表 9-2 iOS 系统文件目录结构

路 径	含 义
Mobile/Application	Plists:数据库
Library/ AddressBook /AddressBook.sqlitedb	联系人和图像信息
Library/Cashes/ Consolidated.db	基站地理数据、截屏图片
Library/ Calendar/ Calendar.sqlitedb	事件（日历、日程安排）
Library/ CallHistory/ CallHistory.db	通话记录
Library/Carrier Bundles	运营商
Library/Cashes/Com.apple.itunesstores	iTunes 购买记录
Library/ConfigurationProfiles/ PasswordHistory.plist	历史密码信息
Library/Cookies/ Cookies.plist	互联网 cookie
Library/DataAccess	邮件账户信息
Library/Keyboard/ Dynamic-text.dat	键盘输入词汇记录
Library/Logs	日志文件
Library/Mail/ Accounts.plist、Metadata.plist	邮件账号、日期和时间
Library/Maps/ Bookmarks.plist、Directions.plist、History.plist	地图标记收藏、线路规划、历史记录
Library/Mobileinstallation	使用位置的程序
Library/Notes/ Notes.db	便签
Library/RemoteNotification	Plist:具有推送信息功能的程序
Library/Safari/ Bookmarks.plist、SuspendedState.plist、History.plist	浏览器收藏、休眠记忆的网页、历史记录
Library/SafeHarbor	应用程序数据存储位置
Library/SMS/ Sms.db	短信和彩信
Library/Voicemail/.amr 文件	语音留言信息
Library/Webclip/.png	网络程序图标
Library/WebKit	网络应用程序数据
Library/Preferences/ Com.apple.Btserver.airplane.plist	飞行模式时默认的蓝牙设备
Library/Preferences/ Com.apple.commcenter.plist	保存的 ICCID 和 IMSI 编码
Library/Preferences/ Com.apple.maps.plist	最近搜索的地图及经纬度
Library/Preferences/ Com.apple.mobilephone.settings.plist	呼叫转移号码
Library/Preferences/ Com.apple.mobilephone.speeddial.plist	所有一键拨号联系人
Library/Preferences/ Com.apple.mobilesafari.plist	浏览器搜索记录
Library/Preferences/ Com.apple.MobileSMS.plist	未发送的短信
Library/Preferences/ Com.apple.mobiletimer.plist	所使用的世界时钟列表
Library/Preferences/ Com.apple.preference.plist	所使用的键盘语言
Library/Preferences/ Com.apple.springboard.plist	显示手机界面中显示的程序、密码保护标志、最后系统版本
Library/Preferences/ Com.apple.weather.plist	天气预报的城市设置、最后更新的日期
Library/Preferences/ Com.apple.youtube.plist	YouTube 中收藏地址、观看的视频地址；搜索的视频

APP 部分采用沙盒机制管理程序和数据，主要文件夹如下：

1. MyApp.app

目录包含了应用程序本身的数据，包括资源文件和可执行文件等。程序启动以后，会根据需要从该目录中动态加载代码或资源到内存。整个目录是只读的，为了防止被篡改，应用在安装时会将该目录签名。

2. Documents

应用程序的数据文件保存在该目录下。这些数据类型仅限于不可再生（存档、记录）的数据。

3. Documents/Inbox

此目录用来保存由外部应用请求当前应用程序打开的文件。例如，我们的应用叫A，向系统注册了几种可打开的文件格式，B 应用有一个 A 支持的格式的文件 F，并且申请调用 A 打开 F。由于此文件当前是在 B 应用的沙盒中，沙盒机制是不允许 A 访问 B 沙盒中的文件的，因此苹果的解决方案是将 F 复制一份到 A 应用的 Documents/Inbox 目录下，再让 A 打开 F。

4. Library

存放默认设置或其他状态信息。

5. Library/Preferences

应用程序的偏好设置文件。设置数据都会保存到该目录下的一个 plist 文件中。

6. Library/Caches

缓存文件。这个目录就用于保存那些可再生的文件，如网络请求的数据。鉴于此，应用程序通常还需要负责删除这些文件。

7. Tmp

临时文件。保存应用再次启动时不需要的文件。当应用不再需要这些文件时应该主动将其删除，因为该目录下的东西随时有可能被系统清理掉，目前已知的一种可能清理的原因是系统磁盘存储空间不足时。

9.3.3 通讯录

通讯录是 iOS 系统中最大而且最核心的数据库。AddressBook 目录下有两个数据库文件，如图 9-18 所示。

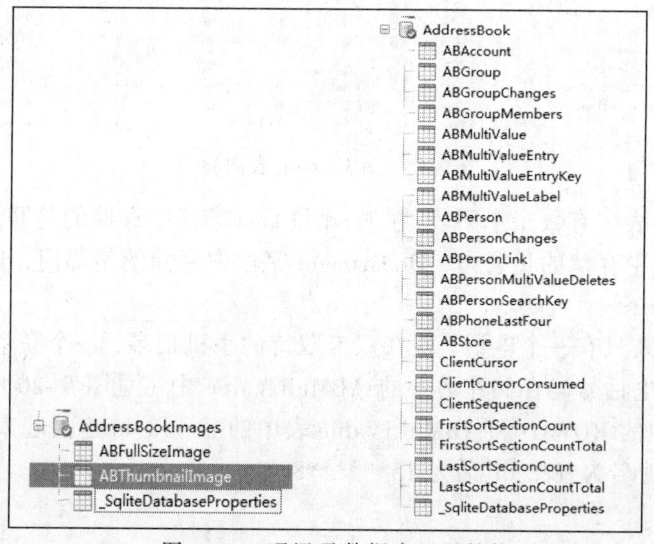

图 9-18　通讯录数据库目录结构

在若干张数据库表中，选择有价值的字段信息，如表 9-3 所示。

表 9-3　有价值的字段信息

表 名 称	相 关 数 据
ABGroup	分组信息
ABGroupMembers	分组联系人
ABMultiValue	联系人包含的其他信息，如电话号码、邮件、公司网址等
ABMultiValueEntry	联系人地址信息
ABPerson	姓名、单位、部门、备注等
ABRecent	最近使用的邮件地址

许多应用程序和软件开发者都需要调用这个数据库。解析 sqlitedb 这种格式的数据库工具有很多，比较方便的是 SQLite Expert Personal，使用它可直接解析此数据库，如图 9-19 所示。

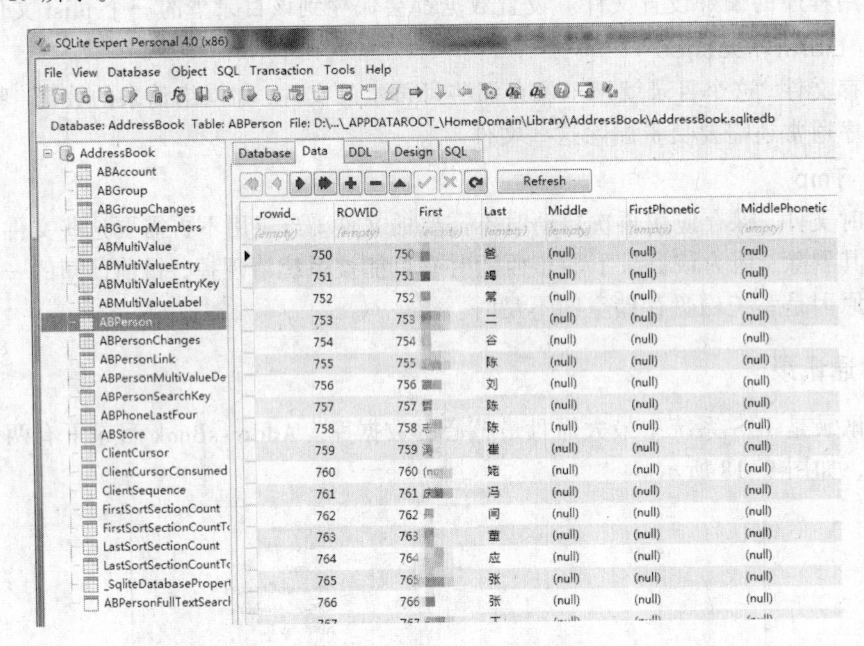

图 9-19　ABPerson 表内容

在 ABPerson 表中有数十个字段，在 First 和 Last 字段中存储的是联系人的姓和名，Organization 字段中存储的是公司，Department 字段中存储的是部门，Birthday 字段中存储的是生日，……

早期是一个人只有一个电话，现在双卡双待的手机很多，一个联系人可以有多个电话号码，所以电话号码存储在另外的 ABMultiValue 中（见图 9-20），它们之间通过 ABPerson 表中的 ROWID 和 ABMultiValue 表中的 record_id 连接起来，身份 ID 同为 754 的联系人的姓名为谷*，电话为 15******888。

AddressBook
- ABAccount
- ABGroup
- ABGroupChanges
- ABGroupMembers
- ABMultiValue
- ABMultiValueEntry
- ABMultiValueEntryKey
- ABMultiValueLabel
- ABPerson
- ABPersonChanges
- ABPersonLink
- ABPersonMultiValueDe
- ABPersonSearchKey
- ABPhoneLastFour
- ABStore
- ClientCursor
- ClientCursorConsumed
- ClientSequence
- FirstSortSectionCount
- FirstSortSectionCountTo
- LastSortSectionCount
- LastSortSectionCountTo
- _SqliteDatabasePropert
- ABPersonFullTextSearcl

Database Data DDL Design SQL Refresh

rowid	UID	record_id	property	identifier	label	value	guid
1	1	750	3	0	1	[illegible]	F8B293BE-4(
2	2	751	3	0	1	[illegible]	5380F2BB-2(
3	3	752	3	0	1	[illegible]	45D51B1F-6
4	4	753	3	0	1	[illegible]	98D5BA24-A
5	5	754	3	0	1	[illegible]	C1E5A8AA-9
6	6	755	3	0	1	[illegible]	206C2027-4
7	7	756	3	0	1	[illegible]	365F2F4E-BE
8	8	757	3	0	1	[illegible]	D38FA3F4-C
9	9	758	3	0	1	[illegible]	852CDE74-D
10	10	759	3	0	1	[illegible]	84728418-D
11	11	760	3	0	1	[illegible]	8750027C-D
12	12	761	3	0	1	[illegible]	70BB2771-A
13	13	762	3	0	1	[illegible]	38FEE8C5-8
14	14	763	3	0	1	[illegible]	C70AB0C9-0
16	16	765	3	0	1	[illegible]	29FA5811-1
17	17	766	3	0	1	[illegible]	E3D4589B-3
18	18	767	3	0	1	[illegible]	4E6BC4A0-E
19	19	768	3	0	1	[illegible]	2C7DBCF6-0
20	20	769	3	0	1	[illegible]	15F8BE80-D
21	21	770	3	0	1	[illegible]	26AE3B27-9
22	22	771	3	0	1	[illegible]	57ECA18F-4

图 9-20　ABMultiValue 表内容

9.3.4　通话记录

通话记录保存在 CallHistoryDB 目录下的 CallHistory.storedata 数据库文件中，早期时数据库名为 call_history.db 且数据库最多能存储 100 条通话记录，现在已经远超这个数据，本测试数据为 1 356 条。该数据库包括呼入电话，呼出电话，未接电话，通话的日期、时间、时长等，如图 9-21 所示。

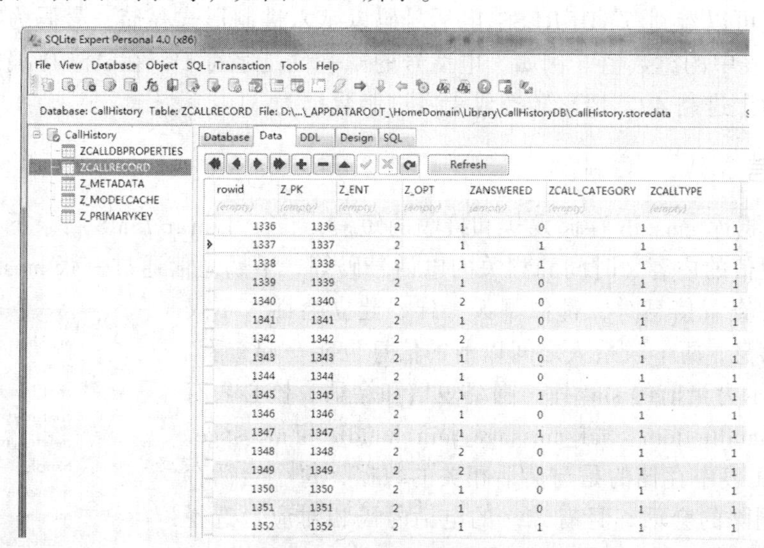

rowid	Z_PK	Z_ENT	Z_OPT	ZANSWERED	ZCALL_CATEGORY	ZCALLTYPE
1336	1336	2	1	0	1	1
1337	1337	2	1	1	1	1
1338	1338	2	1	1	1	1
1339	1339	2	1	0	1	1
1340	1340	2	2	0	1	1
1341	1341	2	1	0	1	1
1342	1342	2	2	0	1	1
1343	1343	2	1	0	1	1
1344	1344	2	1	0	1	1
1345	1345	2	1	1	1	1
1346	1346	2	1	0	1	1
1347	1347	2	1	1	1	1
1348	1348	2	2	0	1	1
1349	1349	2	2	0	1	1
1350	1350	2	1	0	1	1
1351	1351	2	1	0	1	1
1352	1352	2	1	1	1	1

图 9-21　通话记录

整个通话记录的详细数据都存储在 ZCALLRECORD 表（旧版为 call 表）中，选择有价值的字段信息，如下所示：

（1）ZADDRESS：呼入和呼出电话号码。

（2）ZDATE：UNIX 格式的日期和时间，需要使用软件或者转换器转化成标准时间。

（3）ZDURATION：通话时长，以秒计算，为 0 代表未接通。

（4）ZANSWERED：标志位，表示通话属于 1 代表呼入、0 代表呼出。

（5）ZISO_COUNTRY_CODE：国家代码，例如 cn 是中国。

（6）ZLOCATION：电话号码归属地。

（7）ZCALLTYPE：1 为正常的通话记录，8 为腾讯的 QQ 电话。

图 9-22 为通话记录表的部分截图。

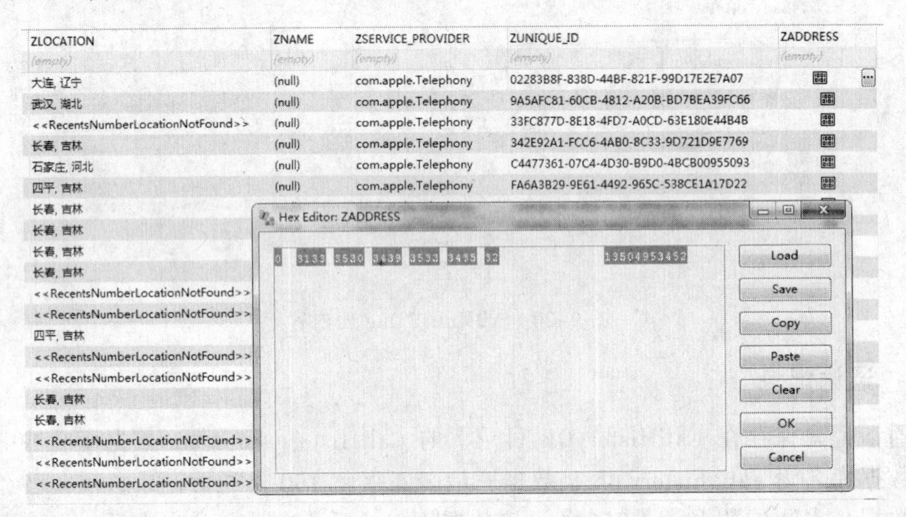

图 9-22　部分通话记录字段信息

在这里可以看到 ZADDRESS 电话号码以十六进制形式存储，号码为字符对应的 ASCII 编码表中的整数值。例如，电话号的第一位是字符'1'，在 ASCII 编码表中对应的整数值为十进制 49，把它转换成十六进制数据为 31。

9.3.5　短信

短信数据库 sms.db 存储发送和接收的短信，位于 Library/SMS 目录下。数据库存储每一条短信的内容、时间和相关的电话号码等，早期短信通过一张 message 表即可存储，现在查看信息时，都像聊天一样，建立会话，不仅能看当条信息，两个联系人之间以前的信息也能一起查看。图 9-23 所示为当前的 sms 库，围绕短信和会话，核心表有 chat、chat_handle_join、chat_message_join、handle 和 message。

图 9-23　短信数据库

在 chat 表中存储的是与会话相关的数据，每个会话存储的是未删除的会话，且有唯一的电话号码相对应，选择有价值的字段信息，如图 9-24 所示。

（1）ROWID：会话 ID 标识。

（2）chat_identifer：会话身份标识，存储的是与本机联系的电话号码。

在 handle 表中存储的是与本机发过短信的所有电话号码，即使来往的短信被删除了，电话号码依然被记录下来，存入 handle 表中。有价值的字段信息如图 9-25 所示。

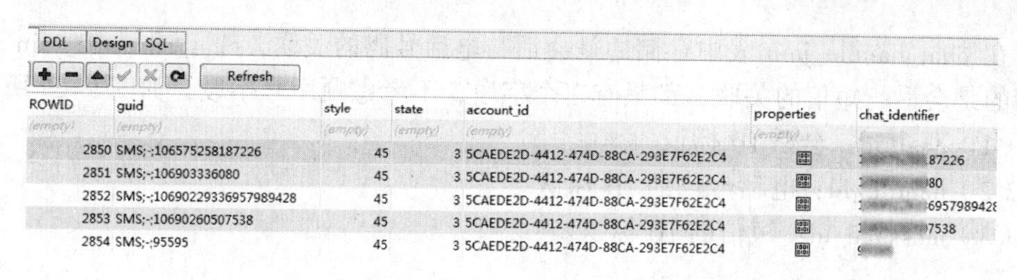

ROWID	guid	style	state	account_id	properties	chat_identifier
(empty)	(empty)	(empty)	(empty)	(empty)	(empty)	(empty)
2850	SMS;-;106575258187226	45	3	5CAEDE2D-4412-474D-88CA-293E7F62E2C4		[illegible]87226
2851	SMS;-;106903336080	45	3	5CAEDE2D-4412-474D-88CA-293E7F62E2C4		[illegible]80
2852	SMS;-;10690229336957989428	45	3	5CAEDE2D-4412-474D-88CA-293E7F62E2C4		[illegible]6957989428
2853	SMS;-;10690260507538	45	3	5CAEDE2D-4412-474D-88CA-293E7F62E2C4		[illegible]7538
2854	SMS;-;95595	45	3	5CAEDE2D-4412-474D-88CA-293E7F62E2C4		9[illegible]

图 9-24 会话数据

rowid	ROWID	id	country	service	uncanonicalized_id
(empty)	(empty)	(empty)	(empty)	(empty)	(empty)
1369	1369	10690165310068932048	cn	SMS	[illegible]68932048
1370	1370	+8618843161273	cn	SMS	[illegible]273
1371	1371	106903667290007	cn	SMS	[illegible]007
1372	1372	106575251113347	cn	SMS	[illegible]347
1373	1373	+8613504328686	cn	SMS	[illegible]86
1374	1374	+8618643128995	cn	SMS	[illegible]
1375	1375	10690165311961	cn	SMS	[illegible]61
1376	1376	106904477290007	cn	SMS	[illegible]007
1377	1377	1069068574948	cn	SMS	[illegible]8
1379	1379	+8613644305522	cn	iMessage	[illegible]
1380	1380	106575251100347	cn	SMS	[illegible]347
1382	1382	10690051316842595487	cn	SMS	[illegible]42595487
1383	1383	10690591008610260009	cn	SMS	[illegible]10260009
1384	1384	106904570950699	cn	SMS	[illegible]699

图 9-25 handle 表数据

（1）ROWID：电话号码 ID 标识。

（2）id：存储的是与本机联系的电话号码。

（3）service：信息服务的类型，可以是 SMS 短信，也可以是 iMessages 苹果手机之间的短信。

在 message 表中存储的是短信，并且详细记录了各种参数。这张表中共有数十个字段，挑选有价值的字段信息，如图 9-26 所示。

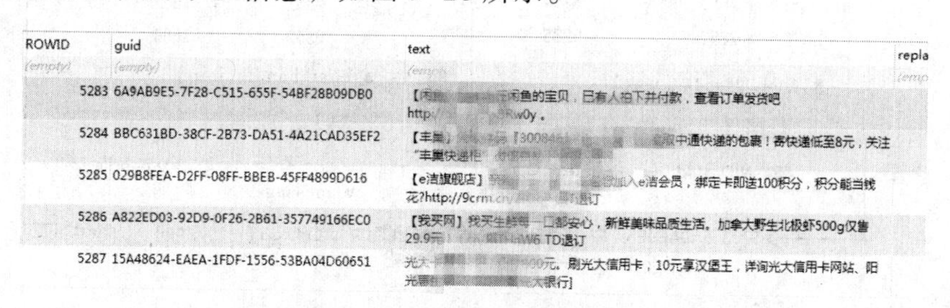

ROWID	guid	text	repla
(empty)	(empty)	(empty)	(emp
5283	6A9AB9E5-7F28-C515-655F-54BF28B09DB0	【闲[illegible]元闲鱼的宝贝，已有人拍下并付款，查看订单发货吧 http[illegible]Rw0y，	
5284	BBC631BD-38CF-2B73-DA51-4A21CAD35EF2	【丰巢】[illegible]中通快递的包裹！寄快递低至8元，关注"丰巢快递柜[illegible]	
5285	029B8FEA-D2FF-08FF-BBEB-45FF4899D616	【e洁旗舰店】[illegible]加入e洁会员，绑定卡即送100积分，积分能当钱花?http://9crm.cn/[illegible]退订	
5286	A822ED03-92D9-0F26-2B61-357749166EC0	【我买网】我买生鲜吗[illegible]安心，新鲜美味品质生活。加拿大野生北极虾500g仅售29.9元[illegible]TD退订	
5287	15A48624-EAEA-1FDF-1556-53BA04D60651	光大[illegible]元。刷光大信用卡，10元享汉堡王，详询光大信用卡网站、阳光惠[illegible]大银行】	

图 9-26 message 表的部分内容

（1）ROWID：短信的 ID 标识。

（2）text：短信内容。

（3）handle_id：本机所有的联系过的电话号码的唯一 ID 标识。

（4）service：信息服务的类型，可以是 SMS 短信，也可以是 iMessages 苹果手机之间的短信。

（5）date：UNIX 时间格式。

（6）is_read：代表是否已读。

在 chat_handle_join 表中存储的是会话与电话号码的关联，chat_message_join 表中存储的是会话与短信的关联，都只有三个字段，不考虑顺序号字段，如图 9-27 所示。

（1）chat_id：会话 ID 标识。

（2）handle_id：电话号码的 ID 标识。

（3）message_id：短信的 ID 标识。

rowid	chat_id	handle_id
(empty)	(empty)	(empty)
1	2850	1661
2	2851	1662
3	2852	1663
4	2853	1664
5	2854	1665

rowid	chat_id	message_id
(empty)	(empty)	(empty)
1	2850	5283
2	2851	5284
3	2852	5285
4	2853	5286
5	2854	5287

图 9-27　chat_handle_jion 表的部分内容

由于在一个会话中往来短信时有可能是一条，也有可能是多条，所以在 chat_message_join 表中，有可能会有很多的 message_id 对应相同的 chat_id。同时根据这 5 张表可以发现数据之间的关系，如图 9-28 所示。

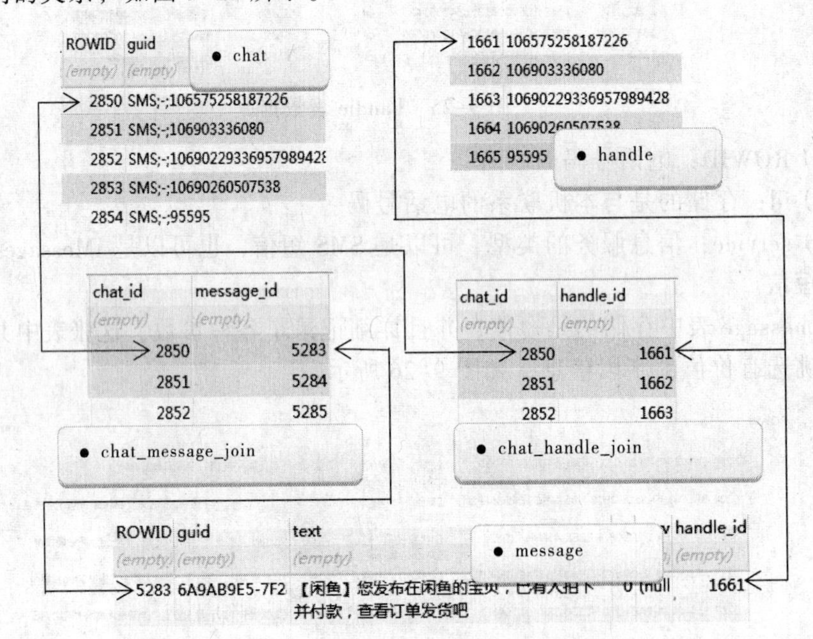

图 9-28　短信、数据库中的表关联

9.3.6　Safari 浏览器

Safari 浏览器是 iPhone 手机内置的工具，可以从其目录下获得网页浏览历史记录。其数据保存在 Library/Safari 目录下的若干个文件中，如图 9-29 所示，其中感兴趣的是 Bookmarks.db 数据库存储书签信息、History.db 数据库存储浏览信息以及 BrowserState.db 数据库存储记忆休眠信息。

domain	relativePath
(empty)	(empty)
AppDomain-com.apple.mobilesafari	Library/Safari/Thumbnails/53BC27DE-B5D8-4B65-B15E-2EF6252E7D60.png
AppDomain-com.apple.mobilesafari	Library/Safari/AutoFillCorrections.db
HomeDomain	Library/Safari/Bookmarks.db
AppDomain-com.apple.mobilesafari	Library/Safari/Thumbnails/82BB15A3-5ACE-4B72-B778-7C9FA7AF799B.png
AppDomain-com.apple.mobilesafari	Library/Safari/SearchDescriptions.plist
AppDomain-com.apple.mobilesafari	Library/Safari/FrequentlyVisitedSitesBannedURLStore.plist
AppDomain-com.apple.mobilesafari	Library/Safari/BrowserState.db
AppDomain-com.apple.mobilesafari	Library/Safari/History.db

图 9-29 浏览器历史记录的相关文件

浏览器的浏览历史保存在 History.db 数据库内，该数据库有 5 张表：history_client_versions、history_items、history_tombstones、history_visits、metadata。这里有价值的是浏览历史的记录项集（history_items）和浏览的访问记录（history_visits）。

为什么要单独存储浏览记录项集？

因为个人使用浏览器时，根据自己的个人喜好会经常集中在若干个页面的浏览，即使访问其他的页面，浏览的次数也会很少，所以记录保存浏览的页面信息访问重复网址时，就可以不记录详细信息，只需要更新浏览次数。这个原理如同内存访问的“最近最频繁使用”一样，提升性能和效率。

Safari 浏览器的历史记录存储方法

在 history_items 表中共有十个字段，有价值的如图 9-30 所示。

（1）id：每个访问过的网址的唯一的 ID 标识。

（2）url：网络地址。

（3）domain_expansion：域解释（中文域名）。

（4）visit_count：访问次数。

id	url	domain_expansion	visit_count	daily_visit_counts	weekly_
(empty)	(empty)	(empty)	(empty)	(empty)	(empty)
1728	http://m.xyzs.com/t/baidu.html	m.xyzs	81		
1729	http://www.baidu.com/	baidu	74		
3769	https://m.baidu.com/?from=844b&vit=fps	m.baidu	23		
4058	https://m.baidu.com/from=844b/s?word=%E9%95%BF%E6%98%A5%E5%85%AC%E4%	m.baidu	1		
4059	https://map.baidu.com/mobile/webapp/search/search/qt=s&wd=306&c=53¢er_ra	map.baidu	3		
4060	http://m.baidu.com/tc_path/w=0_10_%E9%95%BF%E6%98%A5%E5%85%AC%E4%BA%	m.baidu	2		
4061	http://map.baidu.com/mobile/webapp/search/search/qt=s&wd=306&c=53¢er_rar	map.baidu	2		
4062	https://map.baidu.com/mobile/webapp/search/search/qt=s&wd=306&c=53¢er_ra	map.baidu	1		
4063	https://map.baidu.com/mobile/webapp/search/search/qt=s&wd=306&c=53¢er_ra	map.baidu	1		
4064	https://m.baidu.com/from=844b/s?word=%E9%83%A8%E8%90%BD%E5%86%B2%E79	m.baidu	1		
4065	http://coc.5253.com/1303/228413652772.html	coc.5253	2		
4066	https://m.baidu.com/from=844b/bd_page_type=1/ssid=0/uid=0/pu=usm%401%2Csz%	m.baidu	1		
4067	http://coc.m.5253.com/1303/228413652772.html	coc.m.5253	2		
4068	https://m.baidu.com/from=844b/bd_page_type=1/ssid=0/uid=0/pu=usm%401%2Csz%	m.baidu	1		
4069	https://m.baidu.com/fm_kl=021394be2f/from=844b/s?word=%E9%83%A8%E8%90%BI	m.baidu	1		
4070	https://m.baidu.com/from=844b/bd_page_type=1/ssid=0/uid=0/pu=usm%401%2Csz%	m.baidu	1		
4071	https://m.baidu.com/from=844b/bd_page_type=1/ssid=0/uid=0/pu=usm@1,sz@1320	m.baidu	1		
4072	https://m.baidu.com/?from=1013934n	m.baidu	4		
4073	https://m.baidu.com/from=1013934n/s?word=%E4%B9%9D%E6%9D%A1%E5%91%BD	m.baidu	1		
4074	https://wapbaike.baidu.com/item/%e4%b9%9d%e6%9d%a1%e5%91%bd/16696727?ac	wapbaike.baidu	1		

图 9-30 history_items 里面有价值的字段信息

在浏览历史的记录中，通常需要保留两个内容，一个是浏览的网址，另一个是顺序（这个对于个性化推荐，数据挖掘工作是非常有用的）。网址已经存储到 history_items 中，而顺序则存储在 history_visits 表中。history_visits 访问表共有 14 个字段，有价值的如图 9-31 所示。

（1）id：访问记录的 ID 标识，每次打开一个新页面时，都将新建一个标识做记录。

（2）history_item：历史记录项。

（3）visit_time：UNIX 格式记录的访问时间。

（4）title：标题。

（5）redirect_source：来源的 id。

（6）redirect_destination：目标的 id。

id	history_item	visit_time	title	load_successful	http_non_get	synthesized	redirect_source	redirect_destination
(empty)	(empty)	(empty)	(empty)	(empty)	(empty)	(empty)	(empty)	(empty)
5090	1728	500169156.860999	♦j♦♦♦♦♦	☑	☐	☐	(null)	5091
5091	1729	500169157.56607	百度一下,你就知道	☑	☐	☐	5090	(null)
5233	1729	500869721.151046	(null)	☑	☐	☐	5234	(null)
5234	1728	500869719.387742	♦j♦♦♦♦♦	☑	☐	☐	(null)	5233
5483	1728	503026961.636251	♦j♦♦♦♦♦	☑	☐	☐	(null)	5484
5484	1729	503026962.471198	百度一下,你就知道	☑	☐	☐	5483	(null)
5522	1728	503198657.730271	♦j♦♦♦♦♦	☑	☐	☐	(null)	5523
5523	1729	503198658.453759	百度一下,你就知道	☑	☐	☐	5522	(null)
5557	1728	503880515.874633	♦j♦♦♦♦♦	☑	☐	☐	(null)	5558
5558	1729	503880516.614687	百度一下,你就知道	☑	☐	☐	5557	(null)
5728	1728	504788545.108344	♦j♦♦♦♦♦	☑	☐	☐	(null)	(null)
5746	1728	504889476.210159	♦j♦♦♦♦♦	☑	☐	☐	(null)	(null)
6004	3769	506525462.377159	百度一下	☑	☐	☐	6006	(null)
6005	1728	506525459.490626	♦j♦♦♦♦♦	☑	☐	☐	(null)	6006
6006	1729	506525462.37631	(null)	☑	☐	☐	6005	6004
6116	3769	506788081.363416	百度一下	☑	☐	☐	6118	(null)
6117	1728	506788079.043876	♦j♦♦♦♦♦	☑	☐	☐	(null)	6118
6118	1729	506788081.362591	(null)	☑	☐	☐	6117	6116
6179	3769	506847804.6023	百度一下	☑	☐	☐	6181	(null)
6180	1728	506847800.820544	♦j♦♦♦♦♦	☑	☐	☐	(null)	6181
6181	1729	506847804.601378	(null)	☑	☐	☐	6180	6179

图 9-31　history_visits 中有价值的字段

浏览历史记录的方式采用的是数据结构中的“双链表”，任意结点都有指向前一个结点的指针和指向后一个结点的指针。例如下面几个节点的关系（见图 9-32）：id 为 6006 的来源结点是 6005，目标结点是 6004。

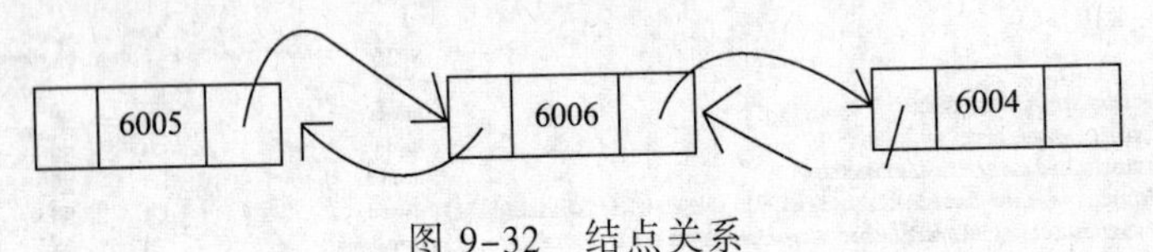

图 9-32　结点关系

9.3.7　书签

Safari 浏览器的书签和收藏夹

书签的功能和 Windows 下的收藏夹类似，保留一些访问过的网页地址。在 Bookmarks.db 数据库中有 5 张表：bookmarks、bookmark_title_words 、 folder_ancestors 、 generations 、sync_properties，书签的信息存储在 bookmarks 表中，共有数十个字段，挑选有价值的字段信息，如图 9-33 所示。

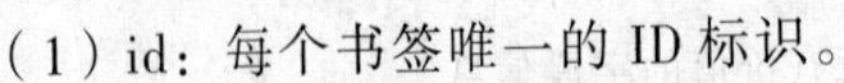

（1）id：每个书签唯一的 ID 标识。

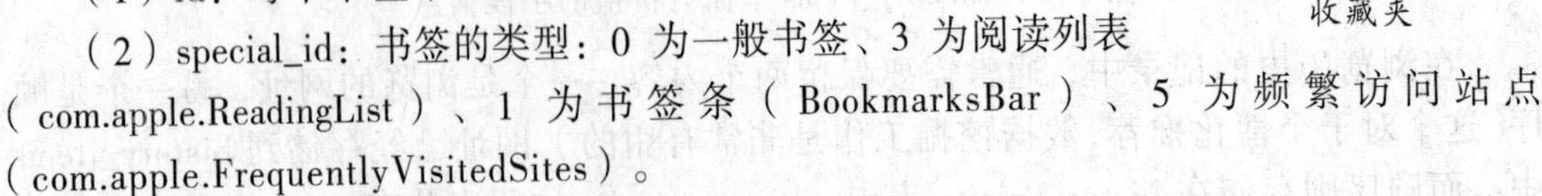

（2）special_id：书签的类型：0 为一般书签、3 为阅读列表（com.apple.ReadingList）、1 为书签条（BookmarksBar）、5 为频繁访问站点（com.apple.FrequentlyVisitedSites）。

（3）parent：当前书签的上级（父级）的 id 号。

（4）type：0 为书签、1 为目录。

（5）title：书签显示的文本内容。

（6）url：书签对应的网络地址链接。

（7）num_children：当前书签的孩子个数。即如果当前是常规书签则为 0，如果是目录则显示目录下的书签个数。

（8）editable：可否被编辑，0 为不可编辑，1 为可编辑。

（9）deletable：可否被删除，0 为不可删除，1 为可删除。

（10）hidden：是否隐藏，0 为隐藏，1 为未隐藏。

id	special_id	parent	type	title	url
(empty)	(empty)	(empty)	(empty)	(empty)	(empty)
0	0	(null)	1	Root	(null)
75	0	0	0	和生活	http://ios.wxcs.cn/
79	0	0	0	中国移动统一门户	http://10086.cn/
80	0	0	0	MM	http://a.10086.cn/j/ipty/
81	0	0	0	飞信	http://f.10086.cn/
82	0	0	0	和生活	http://ios.wxcs.cn/
83	0	0	0	和视界	http://www.lovev.com/html5/index.jsp
204	3	0	1	com.apple.ReadingList	
208	0	204	0	国内学生对coop有误区，谈谈我的认识_生活在加拿大-加拿大-留学_寄托天下出国留学网 寄托天下出国留学网	http://www.gter.net/a-17110-1.html
210	0	204	0	浅谈加拿大大学CO-OP培养模式——教育处 刘少华	http://ca.chineseembassy.org/chn/dcgf/t946500.htm
211	0	204	0	官网下载	http://blog.renren.com/share/193359226/4420815916
325	1	0	1	BookmarksBar	
326	0	325	1	hg	
327	0	325	0	PP助手	http://m.25pp.com/appstore/?tks=j77fuom5geCFtYy9ier

图 9-33　bookmarks 表中有价值的字段

众所周知，书签类似于目录的树结构，举例说明 Safari 是如何存储这个结构的，如图 9-34 所示。

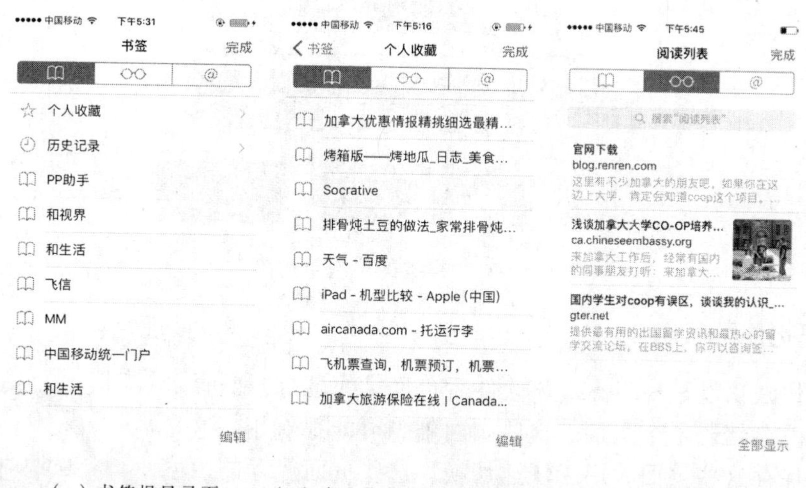

（a）书签根目录页　（b）个人收藏目录下的书签　（c）阅读列表

图 9-34　Safari 收藏的组织结构

图 9-35 所示为在 bookmarks 表中筛选的部分字段。

id	parent	type	title
(empty)	(empty)	(empty)	(empty)
0	(null)	1	Root
75	0	0	和生活
79	0	0	中国移动统一门户
80	0	0	MM
81	0	0	飞信
82	0	0	和生活
83	0	0	和视界
204	0	1	com.apple.ReadingList
208	204	0	国内学生对coop有误区，谈谈我的认识_生活在加拿大-加拿大-留学_寄托天下出国留学网寄托天下出国留学网
210	204	0	浅谈加拿大大学CO-OP培养模式——教育处 刘少华
211	204	0	官网下载
325	0	1	BookmarksBar
326	325	1	hg
327	325	0	PP助手
328	325	0	XY苹果助手
329	325	0	淘宝网触屏版
330	325	0	百度
332	325	0	21usDeal.com
333	325	0	加拿大优惠情报精挑细选最精明的购物资讯
334	325	0	烤箱版——烤地瓜_日志_美食天下

图 9-35　bookmarks 表中的有价值字段

根据 parent 存储的上级目录的 id，相当于数据结构中，指向父亲结点的指针，完成建立树的过程。生成的层级结构如图 9-36 所示，查看对应的标题验证与实际使用的层级完全一致，如 0 代表根（root）、204 代表阅读列表（com.apple.ReadingList），其下有 3 个书签：208（国内学生对 coop 有误区…）、210（浅谈加拿大大学 CO-OP 培养…）、211（官网下载）。

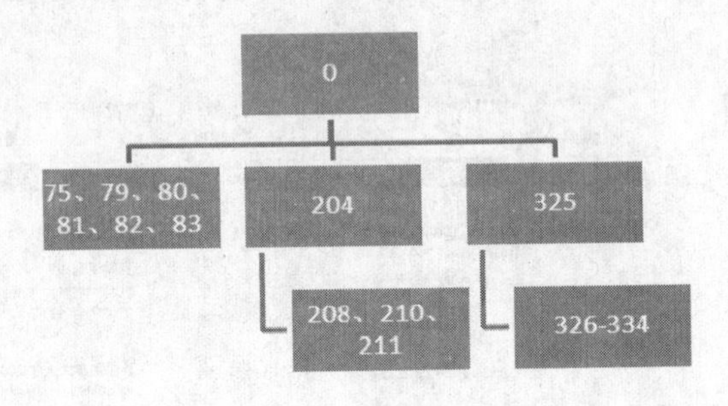

图 9-36　样本的层次结构图

9.3.8　记忆休眠状态

记忆休眠功能是来自 Safari 软件后台记录的已打开网页。它可以暂时存储若干个页面，这些页面信息可能很有用，这是因为用户保存这些页面，用于快速切换。这些页面保存的内容分为两部分：一是以图片形式存储的文件格式，系统存储了当时页面的截屏，可以在切换时能够层叠显示多个记忆休眠页供选择，如图 9-37 所示。

Safari 浏览器记忆休眠页如何快速访问

本例的记忆休眠页实际存储在 Library/Safari/Thumbnails 文件夹下，文件名为 53BC27DE-B5D8-4B65-B15E-2EF6252E7D60.png 和 82BB15A3-5ACE-4B72-B778- 7C9FA7AF799B.png。

图 9-37　记忆休眠页

另一部分，存储记忆休眠页的若干相关的数据信息，存储在 Library/Safari/BrowserState.db 数据库文件中，此库只有两张表：browser_windows 和 tabs。记忆休眠页都存储在 tabs 表中，表中含有数十个字段，挑选有价值的字段信息，如图 9-38 所示。

（1）id：每个记忆休眠页唯一的 ID 标识。

（2）title：每个记忆休眠页对应的显示标题。

（3）url：每个记忆休眠页对应的网络地址。

（4）order_index：记忆休眠页的显示顺序，从 0 开始计数，依次递增 1。

（5）last_viewed_time：每个记忆休眠页对应的最后一次浏览的访问 UNIX 时间。

图 9-38 所示为本例的两个记忆休眠页，在数据库中的存储数据。

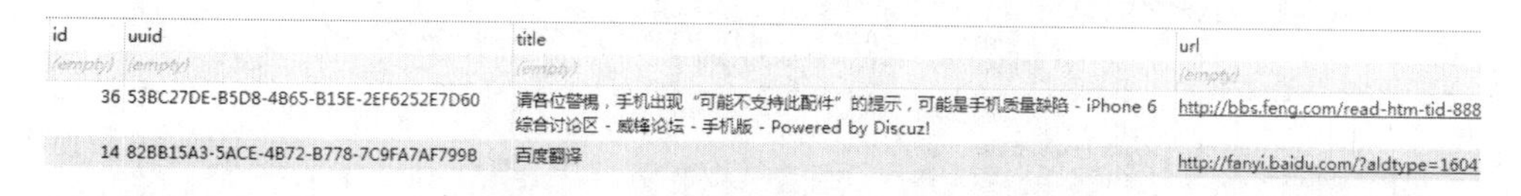

id	uuid	title	url
(empty)	(empty)	(empty)	(empty)
36	53BC27DE-B5D8-4B65-B15E-2EF6252E7D60	请各位警惕，手机出现"可能不支持此配件"的提示，可能是手机质量缺陷 - iPhone 6 综合讨论区 - 威锋论坛 - 手机版 - Powered by Discuz!	http://bbs.feng.com/read-htm-tid-888
14	82BB15A3-5ACE-4B72-B778-7C9FA7AF799B	百度翻译	http://fanyi.baidu.com/?aldtype=1604

图 9-38　记忆休眠页中有价值的字段信息

9.3.9　第三方数据

第三方数据种类很多，社交类 APP（QQ）、互联网 APP（360 浏览器）、金融服务类（光大银行）、地理位置（签到、高德导航）、移动通信基站记录、WLAN 连接记录、蓝牙连接记录、GPRS 数据通信记录等。下面以社交类的微信为例进行说明。

微信是一款跨平台的通信工具。支持单人、多人参与。通过手机网络发送语音、图片、视频和文字。这些数据存储在 AppDomain-com.tencent.xin/Documents 下的个人文件夹中的不同位置，其中微信联系人的身份信息存储在 session/Session.db 数据库中、聊天记录中的文字存储在 DB/MM.sqlite 数据库中、视频存储在 video 文件夹中、图片存储在 img 文件夹中。

在 Session 数据库中只有 SessionAbstract 和 SessionDeleteInfo 两张表，其中 SessionAbstract 存储微信联系人，其主要字段含义如图 9-39 所示。

（1）rowid：每个微信联系人的 ID 标识。

（2）usrName：微信联系人的用户名字，有很多是注册微信时候自动生成的名字，若未修改的名字如 wxid_***************（*为数字或字母）。

（3）CreatTime：创建的 UNIX 时间。

（4）ConStrRes1：联系人会话标识路径，最后的文件夹名可以代表联系人身份，图片和视频都与此对应存储。

rowid	UsrName	CreateTime	unreadcount	ConIntRes1	ConIntRes2	ConStrRes1
(empty)	(empty)	(empty)	(empty)	(empty)	(empty)	(empty)
32704	wxid_4sy9xhorvjsr22	1469001882	0	0	0	/session/data/8a/5319ea14f8c82c40b1d330ee4eaaec
32794	wxid_6jk4k7ol9esy21	1469504261	0	0	0	/session/data/b7/ab4c3c9cda6791795c8e1c8c9a77be
33039	dfdxbb	1469782883	0	0	0	/session/data/37/8f6db124bbf442a2af6b75d8857cb5
37404	wxid_weqpmewp7ltu12	1472816953	0	0	0	/session/data/d0/dc904728d1638937dc785d6fdccdf9
43368	wxid_rtakrew3n7m822	1476076585	0	0	0	/session/data/13/8501693ddb558dd8215a2b5c179d8d
43960	lubing474330	1456391273	0	0	0	/session/data/80/508e0abf678cd38b11ffa7e062ed00
45196	maomaolily001	1477788158	0	0	0	/session/data/0d/f78b9658380033be706c1eef2985c8
45995	wxid_qusafewy4p7c22	1474204516	0	0	0	/session/data/5a/86dc9e5f9b3ab24056ebdbc05985d1
46178	wxid_lc0mxl47kn4k21	1458705192	0	0	0	/session/data/3d/d3ea5d7454291b8623eb8d1feae336
47910	ramon80612	1461398651	0	0	0	/session/data/49/a8565bab962aad2a379540591f3662

图 9-39　微信联系人信息

在 MM 数据库中含有大量数据库表，每个微信联系人的会话都会单独建立一张表，选择一个，查看其主要字段的含义，如图 9-40 所示。

（1）rowid：每条微信信息的 ID 标识。

（2）CreatTime：创建的 UNIX 时间。

（3）Message：微信内容信息。

（4）Status：表示发送方还是接收方（2 为发送，4 为接收）。

MesSvrID	CreateTime	Message	Status	ImgStatus	Type
(empty)	(empty)	(empty)	(empty)	(empty)	(empty)
3935099054839264992	1469185843	<msg><img hdlength="0" length="86496" cdnbigimgurl="" cdnmidimgurl="3044020100043d303b0201000204af8b2c2f02033d0af702041e8e1 aeskey="deaeea40e605475c8d9d87ad01828aa6"	2	2	3
6295013985468620431	1469185848	<msg><voicemsg voicelength="5260" voiceformat="4" forwardflag="0" /></msg>	2	25	34
8451354081514639305	1469186971	没问题	4	1	1
70894298360065173	1469187322	[OK]	2	1	1
1389277598356693746	1473993630	<?xml version="1.0"?> <msg> <img aeskey="6b6c35db9c5345dab4e16b33d4fcbfb5" encryver="1" cdnthumbaeskey="6b6c35db9c5345dab4e16b33d4fcbfb5" cdnthumburl="304a0201000443304102010002044d8b4f2802033d11fd0204c1e2e cdnthumblength="2272" cdnthumbheight="120" cdnthumbwidth="67" cdnmidheight="0" cdnmidwidth="0" cdnhdheight="0" cdnhdwidth="0" cdnmidimgurl="304a0201000443304102010002044d8b4f2802033d11fd0204c1e2 length="41761" md5="4cb3ea51c6bc256b63989321c2076a3e" />	4	2	3
4855832111678140159	1474270013	手机壳要来了[呲牙]	2	1	1
7487709598260675667	1474270055	这么好[强]	4	1	1
1102853845190703906	1474270160	哪天庆祝一下[呲牙]	4	1	1

图 9-40　微信会话部分有价值的字段

以用户名为 maomaolily001 的微信号为例做说明，将微信联系人信息存储在 Session 数据库中，从 SessionAbstract 表中的 CreateTime 字段为会话创建的 UNIX 时间 1477788158，转换后为 2016 年 10 月 30 日 8 点 42 分 38 秒。从 ConStrRes1 字段可知，其数据存储路径为/session/data/0d/f78b9658380033be706c1eef2985c8。微信聊天的文本内容在 MM 聊天数据库中找到与此联系人对应的会话表为 Chat_0df78b9658380033be706c1eef2985c8，聊天内容见图 9-40。微信聊天的图片存储在与联系人对应的 Img/0df78b9658380033be706c1eef2985c8 文件夹中，并以 PIC 图片格式存储，如图 9-41 所示。

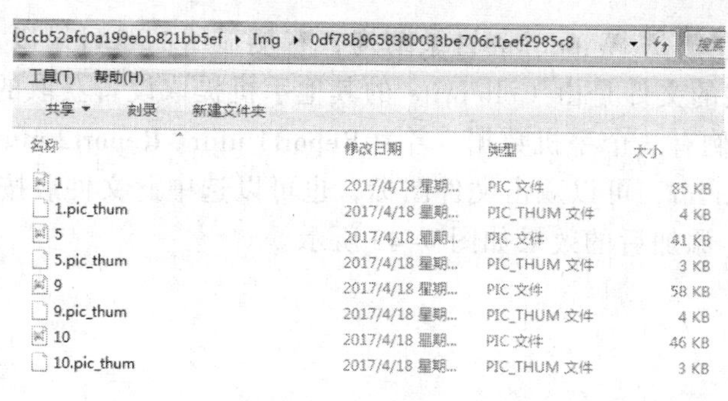

图 9-41 微信聊天的样例图片

9.4 应用案例——手机信息关联分析工具

UFED Link Analysis

Cellebrite公司的UFED Link Analysis手机信息关联分析工具支持通过物理镜像获取、逻辑获取和文件系统获取后的多部手机报告进行关联分析，工作人员可以在现场以图形化的方式快速展现手机之间的关联信息。

司法部门、军队以及企业安全工作人员可以通过UFED Link Analysis手机信息关联分析工具在大量的手机数据中以图形化的方式快速展现手机之间的关联信息，便于节省分析时间，使手机司法取证过程变得快速而高效。

通过UFED Link Analysis手机信息关联分析工具，工作人员可以在第一时间快速找到多部手机中的重要关联数据，并以图形化的形式展示它们的通信关系，将大量数据进行快速过滤，找到关键的手机信息。

UFED Link Analysis是一个非常出色的基于手机之间关联绘制社交关系网络的工具。它具有如下几个功能：

（1）支持对多部手机中的数据进行关联分析，包括已经存在的数据、隐藏数据和已删除数据，如联系人、通话记录、短信、彩信、电子邮件、聊天记录、应用程序以及蓝牙连接等。

（2）以图形化的形式展示多部手机之间的通信关系。

（3）支持以日期、时间、通话次数以及目录等多种形式对手机数据进行过滤。

（4）以图形化的形式展示多部手机之间的通信方向，如单向通信和双向通信。

（5）对特定事件和数据进行顺序排列。

（6）支持标签和分组功能，可将已分析的信息或图片添加到标签和分组中。

（7）支持权限共享。

例如：通过使用UFED Link Analysis工具，对通话记录、邮件、短信等内容分析，发现手机持有者之间的社交关系网络。

操作步骤如下：

（1）添加已经提取到的手机存储数据到此关联分析平台。

单击工具栏中的“Add UFDR file”按钮，如图9-42所示，在弹出的“Open UFDR

file”对话框中，左侧是 Windows 目录结构，右侧显示的是目录以及扩展名为*.ufdr 的文件，这种格式的文件是由 Cellebrite 的其他手机提取设备获取的手机信息报告数据，用以分析。本例有 3 个手机数据，名为 Report1.ufdr、Report2.ufdr 和 Report3.ufdr。首先选择 Report1.ufdr，可以双击文件图标，也可以选中此文件后按【Enter】键或单击“Open”按钮。添加后的效果如图 9-43 所示。

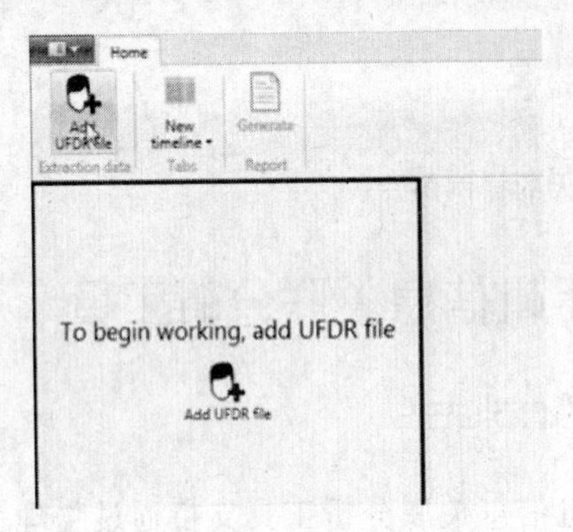

图 9-42　添加手机数据到平台

图 9-43　样本手机数据

（2）Report1 手机存储的联系人数据。

这时候，出现的是 Report1.ufdr 的手机联系人信息，包括姓（Last Name）、名（First Name）、地址（Address）、城市（city）、邮箱地址（Email address1 和 Email address2）、电话（Phone number）等。在这里可以通过修改这些字段，来进一步完善提取未获得的或者更新的数据，同时也可以添加更多的关联如微信字段，添加的方式只需要单击“Add Field”按钮即可。添加完成后，图 9-44 所示的各种信息即读入分析系统中。

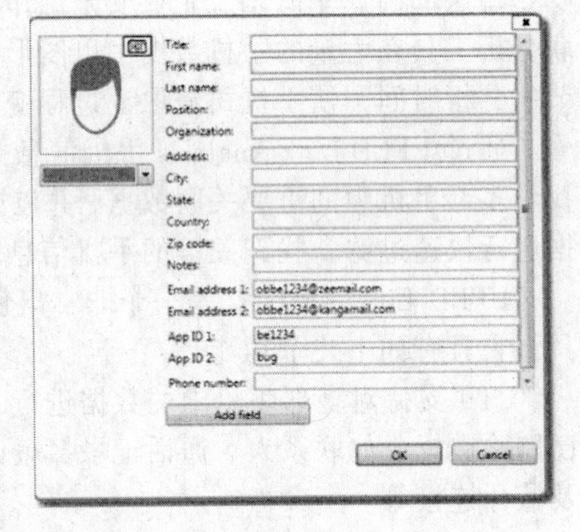

图 9-44　样本手机联系人的详细信息

（3）完成 3 个手机数据的读取。

每当增加一个联系人时，右侧的图形（Graph）显示都会发生变化，系统会把新的联系人和已有的联系人整合起来，如图 9-45 所示，其中中心的位置为导入的 3 个手机持有者，其他外围的联系人为与此 3 个人之间的关联，有的线有箭头代表联系的方向，这种联系包括电话、短信、邮件等。

（4）选择图形显示的布局模式。

在 Graph 布局中，可以选择某个联系人移动其位置，让自己方便观察和管理，但这些都是细节调整。实际上 UFED Link Analysis 分析工具具有各种不同的布局（Layout）显示模式，这里可以选择的模式有三种：水平模式（Horizontal ）、垂直模式（Vertical ）和放射模式（Radial ），如图 9-46 所示。

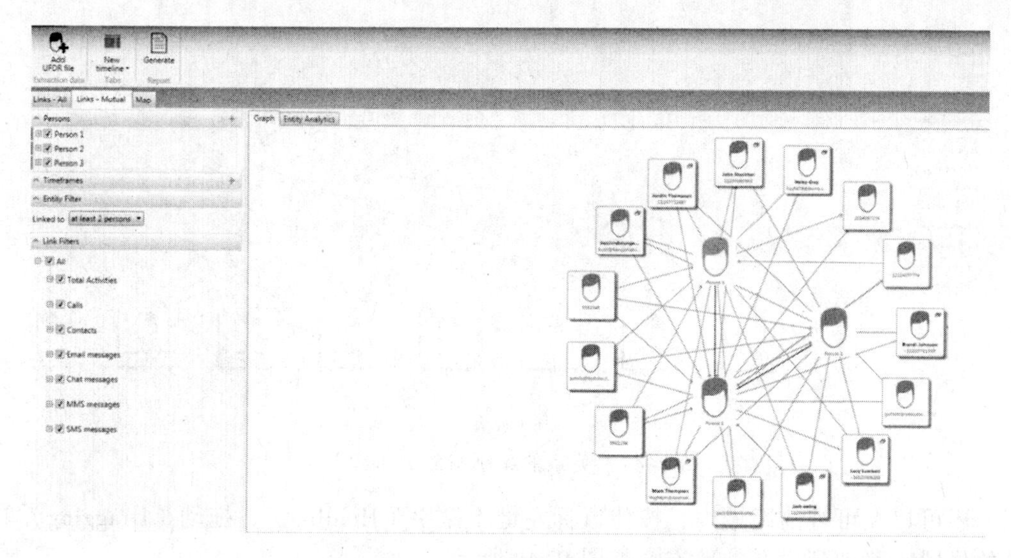

图 9-45 Graph 下的联系人关系图

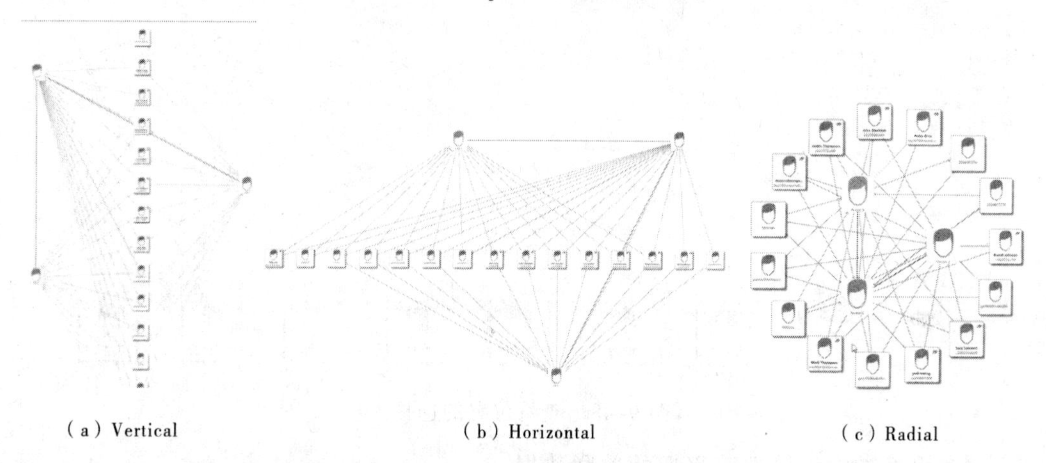

（a）Vertical　　（b）Horizontal　　（c）Radial

图 9-46 Graph 下的布局模式

同时，在选择一个模式之后，可以进行细节显示。如放大和缩小（如图 9-47 所示的对比），通过鼠标中间的滚轴按钮控制。

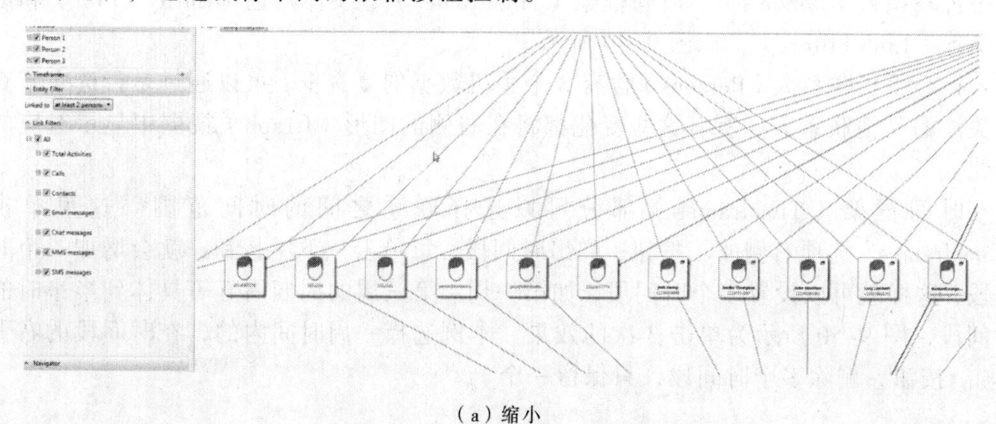

（a）缩小

图 9-47 关系的缩小与放大

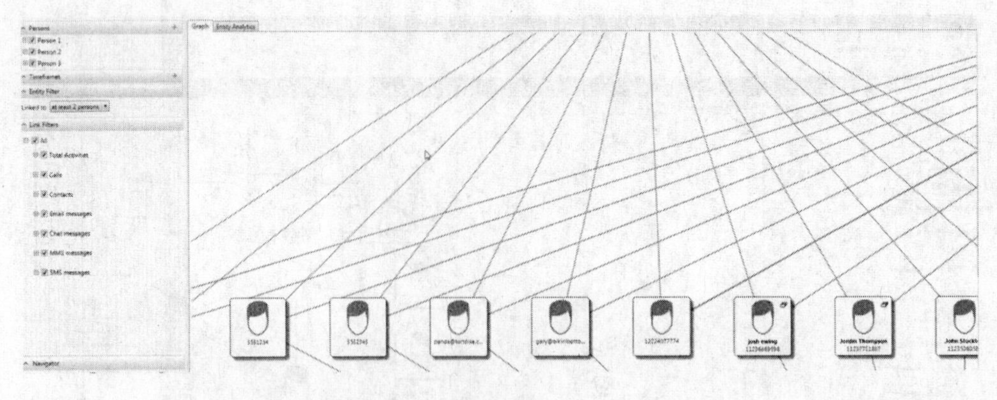

（b）放大

图 9-47　关系的缩小与放大（续）

还可以在可视的区域内，按住鼠标左键不撒手（Holding），拖动（Dragging）单击的位置，移动到想看的地方，如图 9-48 所示。

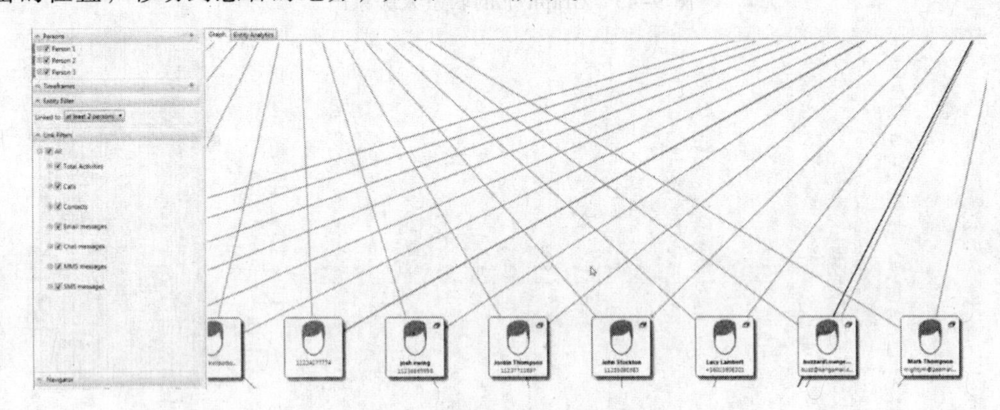

图 9-48　查看位置的选择

（5）设置参数，筛选感兴趣的关联数据。

上面的图形数据中，我们发现大量的联系人与核心的三人都有关联（Contact），要想得到感兴趣的关联，需要设置参数实现筛选（Filter）。这些参数的设置包括核心手机联系人（Persons）、时间框架（Timeframes）、实体筛选（Entity Filter）和链接筛选（Link Filters），如图 9-49 所示。

核心手机联系人（Persons）含有 3 个手机数据的复选框，可以通过是否选中来查看关注的其他联系人，所有这些变化都将在右侧的图形（Graph）视图中显示对应的变化。

时间框架（Timeframes）部分可以选择联系之间的时间范围。这里单击“Timeframes”选项右侧的按钮，弹出时间段，每单击一下按钮，就会增加一个时间段，这样就可以设置多个时间段，如第一周、第三周的周四周五等具体到半小时的时间段，图 9-50 所示为单击 3 次的效果。本例选择一周时间内的，在时间段的右下单击按钮，删除多个时间段，只保留一个。

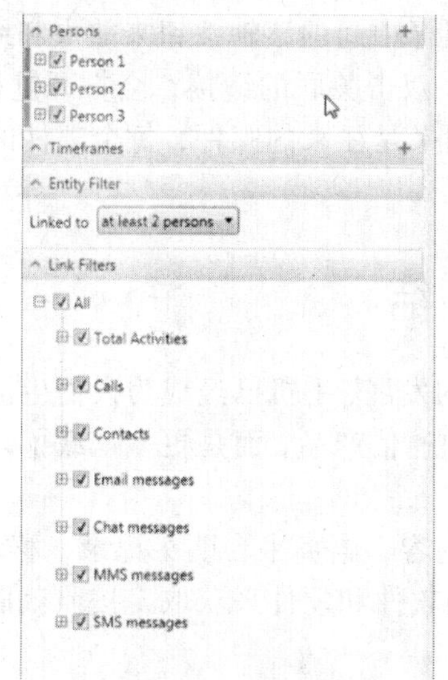

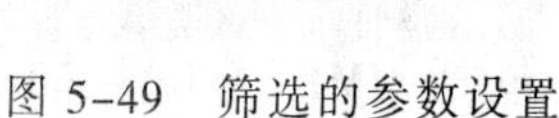

图 5-49 筛选的参数设置

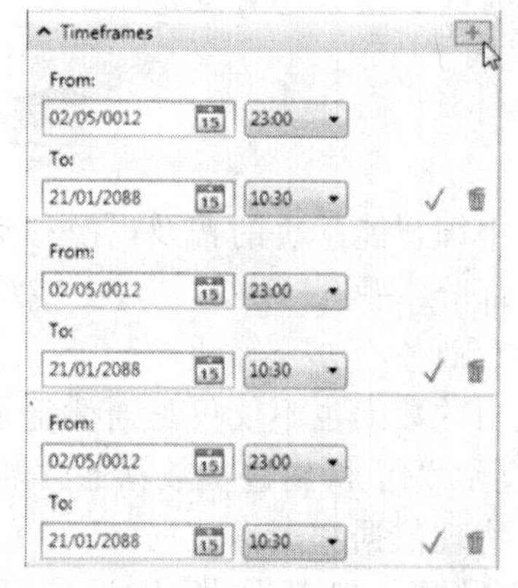

图 9-50 Timeframes 的筛选

设置时间格式为“日/月/年”形式，小时设置为下拉列表，每半小时为一选项，可以设置时间为 from【02/01/2018 8:30】to【09/01/2018 20:30】，单击 ✓ 按钮完成时间段设置。

实体筛选（Entity Filter），可以选择的筛选项有 3 个，包括至少两个人、至少 3 个人和所有人。

链接筛选（Link Filters）可以设置哪些数据的关联链接有效，这些设置包括活动统计（Total Activities）、通话次数（Calls）、通讯录（Contacts）、邮件信息（Email messages）、会话信息（Chat messages）、彩信（MMS messages）和短信（SMS messages）。

（6）UFED Link Analysis 可视化信息关联分析。

通过第（5）步的设置，可以关注部分关联内容，在图形（Graph）视图中，单击“Person3”以选中核心手机联系人，此时，在其相关联的其他联系人或其他核心手机联系人之间，关联线上有了权值，如 代表通话次数 20 次， 代表邮件发送或接收 3 次，如图 9-51 所示。

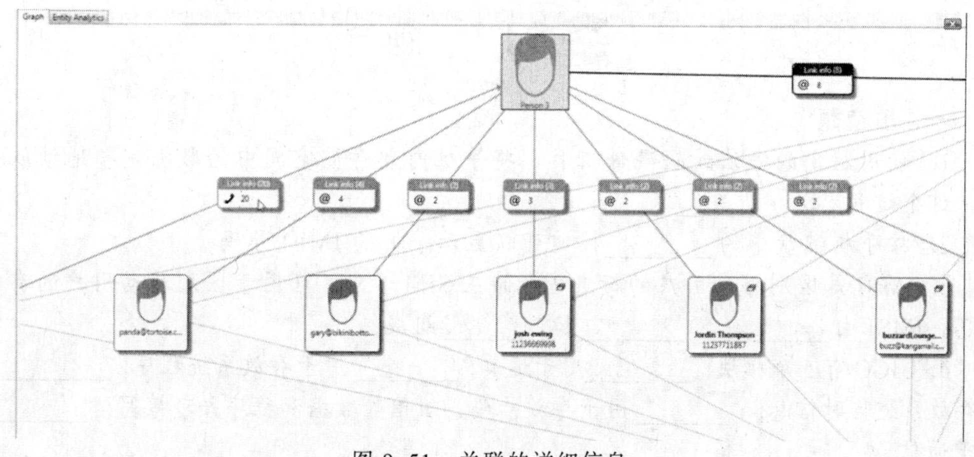

图 9-51 关联的详细信息

本例中都是邮件往来的数据，也可以通过鼠标中间的滚轴按钮来放大和缩小，可以查看往来的联系人或者电话邮箱等细节数据。双击关联的链接，会打开链接窗口，显示不同的事件，可以是通话次数、短信等，如果是往来的邮件，每个邮件的信息包括标题、时间、接收还有发送。

小　结

随着中国智能手机的普及以及移动互联网的发展，手机已经成为人们生活中非常重要的一部分，手机已经不是过去传统意义上的通信产品，而是更多承载了人们的娱乐、消费、商务、办公等活动。

手机中的数据也不仅仅是通话记录、短信内容，电商平台购买记录、移动导航、QQ 聊天等，为了得到这些数据通常需要专门的软件和硬件来获取，按照获取的内容不同分为物理数据和逻辑数据。

物理数据一般都是指手机上的硬件信息，包括 IMEI（International Mobile Equipment Identity，标识唯一的手机）、UICC（Universal Integrated Circuit Card，通用集成电路卡）。

逻辑数据部分包含以下内容：逻辑数据的存储结构（iOS 的 APFS）、逻辑数据的组织结构（文件目录结构），其次是常见的通讯录、短信、通话记录、收藏夹、浏览器等，最后是第三方应用程序数据（社交类工具 QQ、互联网 360 浏览器、高德导航等）。

思 考 题

1. 手机数据获取时，有哪些困难因素？

2. 如果警方接到一起银行卡被盗刷案件，由于被害人的银行卡一直存放于家中，且被害人经常使用（绑定此银行卡的）手机进行消费，警方认为对被害人手机的数据很有可能帮助案件的侦破。根据本章所学你能做些什么？

习　题

一、填空题

1. 使用特定的方法或软硬件工具，将手机内部存储空间中的数据完整地读取出来，这个过程称为________。

2. 按手机键盘中的________按键可以显示手机的 IMEI 号码。

3. IMSI 是区别移动用户的标志，存储在 SIM 卡中，可用于区别移动用户的有效信息。IMSI 由________、________和________组成。

4. UICC 有 5 个模块：________用于运算；________用于存放系统程序；________用于存放系统临时信息；________用于存放号码、短信等数据和程序并可擦写；________用于通信。

5. 在 iPhone 手机中，短信数据库 sms.db 用于存储发送和接收的短信，围绕着短信和会话，核心表有 chat、chat_handle_join、chat_message_join、handle 和 message。其中，chat 表的字段________和 chat_message_join 表的字段________相关联，chat 表的字段________和 chat_handle_join 表的字段________相关联，chat_message_join 表的字段________和 message 表的字段________相关联，chat_handle_join 表的字段________和 message 表的字段________相关联，message 表的字段________和 handle 表的字段________相关联。

6. Safari 浏览器是 iPhone 手机内置的工具，可以从其目录下获得网页浏览历史记录。其中________数据库存储书签信息、________数据库存储浏览信息以及________数据库存储记忆休眠信息。

7. UNIX 格式记录的时间是 1515698722，其真实时间应该是________。

8. 在 Safari 浏览历史的记录中，浏览网址的顺序存储到 history_visits 表中。其中________字段存储当前网址的前一个来源网址标识，________字段存储下一个网址的标识。

二、选择题

1. 影响手机数据获取的主要原因是（　　）。

A. 手机行业的规范化标准程度低

B. 手机厂商为了保证系统的稳定性，对很多数据的访问和控制加以限制

C. 手机中的数据量大

D. 驱动程序可用性不高，手机识别困难

2. 手机数据常用的物理获取方式大致有（　　）。

A. AT 命令获取　　B. 刷机盒

C. 专业手机数据提取设备　　D. 恢复模式或工程模式

3. 以下手机中的数据不是逻辑数据的是（　　）。

A. IMEI　　B. 通话记录　　C. 网页浏览历史　　D. QQ 聊天记录

4. 说明 20 位的 SIM 卡含义，其中前 6 位代表（　　），第 7 位代表（　　），第 9 和 10 位代表（　　），第 11 和 12 位代表（　　）。

A. 业务接入号　　B. 网络服务运营商

C. 年号　　D. 省份

5. 2017 年苹果推出最新的文件系统 APFS，以下（　　）是此系统的新功能。

A. Copy-on-write　　B. File and directory clones

C. Snapshots　　D. Fast directory sizing

6. APFS 中的共享空间（Space Sharing），若硬盘大小为 500 GB，有 100 GB 的分区 A 和 200 GB 的分区 B，剩余空间 200 GB。那么在 A 分区内最大可以使用的空间大小是（　　）GB。

A. 100　　B. 200　　C. 300　　D. 500

三、简答题

1. 手机中的数据与计算机中的数据在获取上有哪些不同？

2. 手机中的逻辑数据有哪些？

3. 简过手机中 IMEI 的含义。

4. 手机数据的物理获取中需要注意哪些问题？

5. 3G 卡到 4G 卡有何转变？

6. 在 2017 年苹果推出最新的文件系统 APFS，其中 Copy On Write 技术的原理是什么？

7. 在 2017 年苹果推出最新的文件系统 APFS，其中的 Clone 技术的原理是什么？

8. 说明手机中的 APP 沙盒原理。

9. 回忆 iPhone 手机中的浏览器收藏夹存储方法，设计一个数据库表，存储图 9-52 所示的数据及结构。

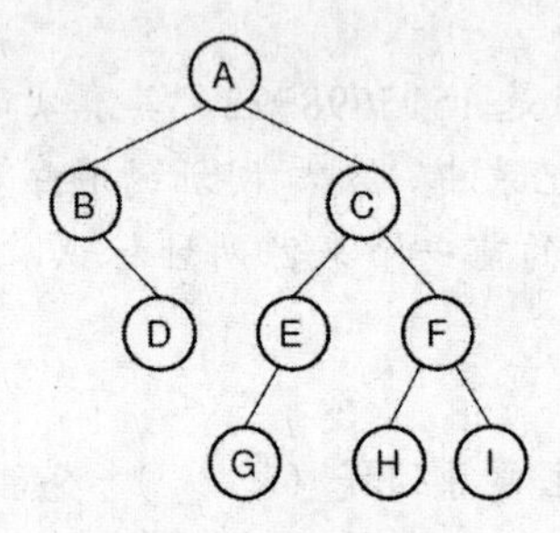

图 9-52　数据及结构

参考文献

[1] 王乐乐. 多媒体技术教程[M]. 北京：中国铁道出版社，2012.

[2] 彭波. 多媒体技术教程[M]. 北京：机械工业出版社，2010.

[3] 赵子江. 多媒体技术应用教程[M]. 6 版. 北京：机械工业出版社，2013.

[4] 彭波. 多媒体技术及应用[M]. 北京：机械工业出版社，2006.

[5] 朱洁. 多媒体技术教程[M]. 北京：机械工业出版社，2011.

[6] 韦文山. 多媒体技术与应用案例教程[M]. 北京：机械工业出版社，2010.

[7] 赵淑芬. 多媒体技术教程[M]. 北京：机械工业出版社，2009.

[8] 冈萨雷斯. 数字图像处理[M]. 北京：电子工业出版社，2004.

[9] 龙飞. Flash CS4 完全自学教程[M]. 北京：北京希望电子出版社，2006.

[10] 林福宗. 多媒体技术基础[M]. 京：清华大学出版社，2006.

[11] 吴国勇. 网络视频流媒体技术与应用[M]. 北京：北京邮电大学出版社，2001.

[12] 梵绅科技. 会声会影 X2 中文版从入门到精通[M]. 北京：北京科海电子出版社，2009.

[13] 钟玉琢. 多媒体技术基础及应用[M]. 北京：清华大学出版社，2006.